普通高等教育"十三五"规划教材

人居环境安全保障技术

主　编　刘小真
副主编　游　达　梁　越

科学出版社
北　京

内 容 简 介

　　本书共 13 章。首先系统地阐述了人居环境安全保障技术的研究对象、任务及其学科体系;其次就人居环境安全,从自然环境灾害及社会环境灾害两个方面来探讨自然灾害、社会环境污染、环境地质灾害、全球气候变化与生态系统退化等问题,全面、系统地论述了各类具体灾害的形成过程、特点、危害及其安全保障措施;最后对人居环境灾害的安全评估方法进行了系统论述,对灾害的防治、应急预案的制订及典型案例加以分析。为了便于学生掌握重点、系统学习,每章章末附有思考题。

　　本书可作为高等学校安全工程、环境科学、环境工程、资源科学、地理学、管理学、生态学、预防医学等专业的本科生、研究生的教材和参考书,也可作为环境类学科的公共课教材,还可供环境、安全、资源、灾害研究及规划管理领域的人员参考。

图书在版编目(CIP)数据

人居环境安全保障技术/刘小真主编. —北京:科学出版社,2018.1

普通高等教育"十三五"规划教材

ISBN 978-7-03-055944-9

Ⅰ. ①人… Ⅱ. ①刘… Ⅲ. ①居住环境-环境管理-安全管理-高等学校-教材 Ⅳ. ①X21②X321

中国版本图书馆 CIP 数据核字(2017)第 316823 号

责任编辑:赵晓霞　宁　倩/责任校对:杜子昂
责任印制:吴兆东/封面设计:陈　敬

科 学 出 版 社 出版
北京东黄城根北街 16 号
邮政编码:100717
http://www.sciencep.com

北京建宏印刷有限公司 印刷
科学出版社发行　各地新华书店经销
*
2018 年 1 月第 一 版　　开本:787×1092　1/16
2019 年 3 月第三次印刷　　印张:19 1/4
字数:456 000

定价:59.00 元
(如有印装质量问题,我社负责调换)

前　言

　　人居环境安全保障技术是高等学校环境科学、环境工程、安全工程、预防医学、管理学等专业的一门交叉性专业课。为了满足学科的发展需求，编者根据多年从事环境工程、安全工程以及公共卫生等方面的教学与科研工作经验，以及多年来的科研成果，在查阅大量中外资料的基础上编写了本书。

　　本书将理论与实际相结合，既反映学科前沿、交叉学科的发展态势，又对当今社会经济发展过程中遇到的问题起到科学的指导作用。本书的编写主要体现以下特点：

　　（1）人居环境安全保障技术是涉及多学科的一门交叉性专业课，为体现课程当今发展的新观点及新技术，编者收集了大量环境科学、环境工程、安全工程、预防医学、管理学等专业领域的最新研究成果，进行了科学系统的分析，进一步完善了学科的发展。

　　（2）在内容编排上，以影响人居环境的自然灾害及社会环境灾害的形成过程、特点、危害及预防控制措施为主线，以人居环境为核心，针对人居环境污染、生态系统退化等各种威胁探讨相关的安全保障技术。

　　（3）在写作上，本书结构清晰、深入浅出、通俗易懂。先论述基本概念、基本原理，再分析过程与评价、产生的危害、防控措施与应急预案。这样便于学生将所学知识应用于实际工作之中。

　　本书编写安排如下：刘小真负责第 1 章，第 2 章 2.6、2.7 节，第 4、6、7、9 章，第 12 章 12.1～12.3 节，第 13 章；游达负责第 2 章 2.1～2.5 节，第 3、5 章及第 10 章 10.1 节；梁越负责第 8 章，第 10 章 10.2～10.5 节，第 11 章，第 12 章 12.4～12.8 节。最后由刘小真统稿。王丹、吴菲、任羽峰、石湖泉等研究生在文献查找及资料整理过程中给予了大力支持。

　　本书的出版得到了江西省科学技术厅科研经费（项目编号 20161ACG70011，20151BBE50047）、南昌市科学技术局科研经费、南昌大学教材出版基金资助，在此一并表示感谢。

　　由于本书内容广泛，涉及多个学科，加之编者知识有限，难免有不足之处，敬请各位专家、学者及广大读者提出宝贵意见。

刘小真

2017 年 8 月于南昌大学卧龙港湾

目　　录

第1章 人居环境安全与健康

1.1 人居环境概况

城市化进程的加剧，大量农村人口涌向城市，为城市的发展注入了新的活力与动力，随之而来的是对居住环境、市内交通、城市生态等方面的不良影响。1995~2009 年间，亚洲和非洲的城市人口比例增长了 7%左右。在城市建设发展的同时，人们不断对大自然进行索取却疏于保护，导致生活环境恶化、居住条件下降。人居环境发生的剧烈变化主要体现在以下三个方面：①资源能源约束和生态环境压力不断加大，能源和资源消耗迅猛增长，世界能源消费的碳排放量由 1980 年的 185.03 亿 t 增加到 2006 年的 192.95 亿 t；2011 年我国的人均碳排放量已达到欧洲水平。从全球的角度而言，碳排放量在 2011 年增长了 3%，达到了历史的新纪录——340 亿 t。全球 29%的二氧化碳是由我国排放的，我国因碳排放总量大而成为 2011 年全球最大的污染国。②各种自然和人为引发的灾害事件频发，如印尼海啸、汶川地震、美国暴风雪、天津大爆炸等。③全球气候变化显著。1906~2005 年全球平均地表温度升高 0.74℃；未来 100 年，全球地表温度可能升高 1.6~6.4℃。IPCC 第四次评估报告中指出，20 世纪中期以来，全球平均气温的升高，至少 90%的可能性是人类活动排放的二氧化碳增多所致。未来 20~30 年，以中国为首的发展中国家仍然是世界现代化快速发展的引擎，由此引起的环境、生态的急剧变化仍将集中体现在与人们关系最密切的人居环境方面，人居环境剧烈变化的严峻态势也将危及世界可持续发展的基础，传统和非传统的安全挑战形势严峻。

人们生活水平逐年提高，但居住环境在人口迅速增长的压力下不断恶化，居民追求更高生活质量愿景的提升，导致政府和社会对所居住的环境越来越重视。环境（environment）是指周围所存在的条件，总是相对于某一中心事物（主体）而言的，并对该事物会产生某些影响的所有外界事物（客体），即环境是指相对并相关于某项中心事物的周围事物。通常所说的环境是指围绕着人类的外部世界，环境是人类赖以生存和发展的物质条件的综合体。环境既包括以空气、水、土地、植物、动物等为内容的物质因素，也包括以观念、制度、行为准则等为内容的非物质因素；既包括自然因素，也包括社会因素；既包括非生命体形式，也包括生命体形式。也有学者将环境分为自然环境、人工环境和社会环境。

自然环境是指未经人的加工改造而天然存在的环境；自然环境按环境要素，又可分为大气环境、水环境、土壤环境、地质环境和生物环境等，主要就是指地球的五大圈——大气圈、水圈、土圈、岩石圈和生物圈。

人工环境是指在自然环境的基础上经过人的加工改造所形成的环境，或人为创造的环境。人工环境与自然环境的区别主要在于人工环境对自然物质的形态做了较大的改变，使其失去了原有的面貌。

社会环境是指由人与人之间的各种社会关系所形成的环境,包括政治制度、经济体制、文化传统、社会治安、邻里关系等。

人居环境是人类工作劳动、生活居住、休息游乐和社会交往的空间场所。人居环境科学是以包括乡村、乡镇、城市等在内的所有人类聚居形式为研究对象的科学,它着重研究人与环境之间的相互关系,强调把人类聚居作为一个整体,从政治、社会、文化、技术等各个方面全面、系统、综合地加以研究,其目的是要了解、掌握人类聚居发生、发展的客观规律,从而更好地建设符合人类理想的聚居环境。

1.1.1 世界人居环境概况

20 世纪 40 年代,欧洲工业革命后大量农村人口流入城市,有限的城市居住容量带来了一系列的环境问题和社会问题,居住条件的恶化成为压抑城市居民的巨大阴影,诞生了一批以自然生态观为核心的人居环境理论,希望通过城市自然环境的优化改善城市人居环境。人们开始怀念旧式小城的安宁生活,发出了"回到自然中去"的呼声,如霍华德(Howard)的"田园城市"理论及盖迪斯倡导的人居环境区域观念等。霍华德的田园城市理想模式基本上属于单核同心圆状结构:主干道自中心城向外延伸,地域的职能分化按同心圆层展开。中心区为一空旷的公园,既可作休息区,也是公众集会场所。四周是公共建筑群,布置行政、文化、娱乐等市级公共机构。外层是公园绿地带,再外层是商业区,开展零售、商业展览等。商业区外层是宽阔的林荫大道,附近有学校、教堂、小型休憩场地等。花园式的住宅群布置在最外层,再向外就是广泛的永久性绿地——森林、草地及农耕地。

霍华德的理念是,按照健康和伦理道德的要求,对现有房屋进行改建,住宅在一定的环境中成组地组合,与周围环境完全协调。城墙把整个城市围起来,城内有美观的、充满活力的街道,城外是敞开的田野,有观赏花园和水果园组成的绿带,郊外不再有有害健康的贫困地带。城市任何地点的居民都可以用几分钟的时间,就能到郊外呼吸新鲜的空气,达到身处绿色环境之中,享受广阔地平线的境界。

田园城市是生活居住质量高度理想化的模式,对城市规划思想的影响却相当深远,在世界上许多城市的构筑方式上或多或少地可以找到田园城市的影子。

20 世纪 50 年代,希腊学者道萨迪亚斯(Doxiadis)提出的"人类聚居学"理论,标志着以人居环境规划理论为核心的人居环境研究在西方的形成;20 世纪 70 年代,城市发展开始强调提高居民生活质量,定量化方法开始应用在城市人居环境的指标体系中,人们认识到适宜的人居环境必须包括健康的自然生态和人文生态;20 世纪 80 年代以来,可持续发展成为人居环境发展的重要内容。2005 年年初,由联合国交流合作与协调委员会等创立全球人居环境论坛。

恩温倡导城市周围建立卫星城镇,也称卫星城市,以疏散城市中的多余人口,卫星城与母城之间用农田或绿带隔离,防止城市的无限蔓延而降低城市的适居性。格迪斯(Geddes)和芒福德(Mumford)主张以改善居住地的自然环境状况,把城市周围的自然地区作为城市规划的基本框架和背景,使城市更符合人类的生活需要。

随着人类社会的不断进步、人文理念的发展,人居环境理论开始倡导自然环境与人文环境和谐发展的生态主义,城市人居环境的不断变迁朝着可持续发展之路前进。

1.1.2　国内人居环境研究动态

从中国文化的起源、发展历程来看，我国自古以来就非常重视人与自然环境的关系，主张建造一种"天人合一"的理想居住环境，儒家的"天人合一"便构成了中国传统居住及其环境建设的理论与实践的框架。这与中国哲学始终强调的"天人合一"的思想也是分不开的，对人与自然关系的认识中体现了朴素的生态思想和农业生产实践的成果，堪称人类农业文明时代生态伦理传统的典范。

改革开放以来，许多专家学者结合我国城市发展特点，汲取古人智慧和国外人居环境建设理论，对我国人居环境理论进行了有益的探索。我国著名科学家钱学森最早提出"山水城市"这一理论，得到了城市科学和城市规划界的重视。我国人居环境理论不同程度上是受到西方人居环境理论的启发而发展起来的。

在借鉴道萨迪亚斯的人类聚居学的概念基础上，20 世纪 90 年代初吴良镛在我国第一次正式提出了建立"人居环境科学"的倡议，并认为人居环境由自然系统、人类系统、社会系统、居住系统和支撑系统 5 个子系统组成，应该从全球、区域、城市、社区（村镇）、建筑 5 个层次进行研究。人居环境是人类聚居生活的地方，是人类在自然中赖以生存的基地，是人类利用自然、改造自然的主要场所。并提出要以"建筑、园林、城市规划的融合"为核心来建构人居环境科学的学术框架。在充分吸收"田园城市"思想的基础上，浙江嘉兴提出了"网络型田园城市"（即城市与乡村相得益彰、历史与现代交相辉映、发展与共享互促共进、人与自然协调发展的现代化网络型田园城市）的设想。

人居环境是人类社会的集合体，包括所有社会、物质、组织、精神和文化要素，涵盖城市、乡镇或农村。由于人居环境科学是一个开放的学科体系，涉及地理学、城市规划、生态学和社会科学等，研究内容和方法体系具有人文科学与自然科学交叉特点，不同学科的切入点各不相同。宁越敏把人居环境分为人居硬环境和人居软环境。张文忠及李王鸣认为，人居环境是在一定的地理系统背景下，人类进行居住、工作、文化、教育、卫生、娱乐等活动；并按照不同的地理空间尺度，从自然和人文两大系统来分析人类聚集的空间，对不同规模区域的人居环境变化的态势进行分析。随着人居环境问题日益突出，学术研究开始关注人居环境及其动态演变。

通过改善城市宏观生活居住环境来优化城市人居环境，也有通过改善城市微观住区环境来优化城市人居环境，城市适居性程度已成为世界城市发展竞争的主题内容。从生态学的观点来看，"城市"是一个生态系统，是人为改变了结构、改变了物质循环和部分改变了能量转化的、受人类生产活动影响的生态系统，同时还是社会、经济和自然三个子系统构成的复合生态系统，包括结构合理、功能高效和关系协调三部分。结构合理是指适度的人口密度、合理的土地利用、良好的环境质量、充足的绿地系统、完善的基础设施、有效的自然保护；功能高效是指资源的优化配置、物力的经济投入、人力的充分发挥、物流的畅通有序、信息流的快速便捷；关系协调是指人和自然协调、社会关系协调、城乡协调、资源利用和资源更新协调、环境胁迫和环境承载力协调。所有创造性行为都离不开人居环境条件的影响，因此，建设良好的人居环境无疑是社会经济发展的重要目标和衡量指标，也是发展的先决条件。

1.2　人居环境与健康

1.2.1　人居环境是生存之本

人类文明的演变过程实际上是人类对自然不断改造和对自然界的变化不断适应的过程。人居环境应该是一个安全、健康、方便和舒适的居住环境，城乡人居环境的各项评价指标都应该达到舒适级或安逸级。

1. 人居环境的形成

人居环境是社会生产力的发展引起人类的生存方式不断变化的结果。在这个过程中，人类从被动地依赖自然到逐步地利用自然，再到主动地改造自然。在漫长的原始社会，人类最初以采集和渔猎等简单劳动为谋生手段。为了不断获得天然食物，人类只能"逐水草而居"，居住地点既不固定，也不集中。为了利于迁徙，人类或栖身于可随时抛弃的天然洞穴，或栖身于地上陋室、树上窠巢，这些极简单的居处散布在一起就组成了最原始的居民点。

随着生产力的发展，出现了在相对固定的土地上获取生活资料的生产方式——农耕与饲养，形成了从事不同的劳动人群：农民、牧人、猎人和渔夫。农业的出现和人类历史上第一次劳动分工向人类提出了定居的要求，从而形成了各种各样的乡村人居环境。这种真正的人居环境最早出现于新石器中期，如我国仰韶文化的村庄遗址。随着生产工具、劳动技能的不断改进，劳动产品有了剩余，产生了私有制，推动了又一次大规模的劳动分工——手工业、商业与农牧业的分离。手工匠人和商人寻求适当的地点集中居住，以专门从事手工业生产和商品交换，于是，距今大约 5500 年前，以担负非农业经济活动为主的城镇应运而生。

2. 人居环境的发展

作为人类的栖息地，人居环境经历了从自然环境向人工环境、从次一级人工环境向高一级人工环境的发展演化过程，并将持续进行下去。就人居环境体系的层次结构而言，这个过程表现为散居、村、镇、城市、城市群和城市带等。

人居环境涵盖了所有的人类聚居形式，通常分为乡村、镇和城市三大类，其中镇是处于城市和乡村中间的过渡类型。城、镇、村的差别主要体现在以下几个方面：首先是人口数量的差别。在我国，人口在 100 000 人以上的可设市，2000～100 000 人的可设镇，2000 人以下的居民点为乡村。其次是人口劳动构成的差别。乡村以从事第一产业的农业劳动人口为主，城市和镇以从事第二、第三产业的劳动人口为主。最后是人口密度的差别。城市人口比较稠密，乡村人口比较稀疏。

人口规模的变化显示了人居环境规模演化的基本特征。这个演化过程大致经历了三个阶段：

（1）在工业革命以前的漫长时期，农业和手工业生产缓慢发展，不要求人口的大规模聚集，各种人居环境的规模基本上处于缓慢增长状态。

（2）工业革命以后一直到 20 世纪 60 年代，世界各国先后进入城镇化时期，城镇规模急剧扩大，而乡村规模相对稳定，形成人口乡村→小城镇→中等城市→大城市的向心移动模式。随之兴起的第三产业以生产服务、科技服务、文化服务和生活服务等功能从多方面支持了城镇化，进一步扩大了就业门路，赋予城镇新的吸引力。

（3）20 世纪 60 年代以后，人居环境规模的演化进入第三个阶段。在发展中国家，工业化主导城镇化的进程正处于上升时期，城镇人口，尤其是大城市人口一直处于持续增长状态。1952 年我国有大城市 19 个，1985 年增加到 52 个，增加了 1.74 倍，大城市人口从 3231 万人增长到 6941 万人，增长了 114.8%。在发达国家，这一阶段却出现了新趋向。由于人口的高度密集，城市环境质量下降、用地紧张的矛盾不断加剧，城镇化的速度已大大减缓，甚至出现了大城市人口减少、小城镇人口增加，市中心区人口减少、郊区人口增加的逆城市化现象。

3. 乡村地域形态与城镇地域形态演化的比较

伴随着人居环境的演化，其地域形态也处于不断的发展变化之中。乡村地域形态的演化较简单，从零散分布的农舍到以中心建筑物或主要街道为线索布置的各类用地，基本上完成了地域形态的演化过程。

城镇地域形态的演化比较复杂。我国古代城镇基本上是以权力机构为中心的对称棋盘格形式，这与欧洲以教堂、宫殿或广场为中心展开布局的城镇同属原生城镇。随着生产力的发展，城市不断成长扩大，东西方城市殊途同归，都趋于形成树木年轮一样的单核同心圆式城市。资本主义早期，产业的迅猛发展使城市恶性膨胀，但城市仍固守原来的中心，地域的扩展从摊大饼式的漫溢发展转为沿交通线的蔓延，城市地域形态逐渐演化为单核多心放射环状。

为了克服城市病，人们设想以现代大城市郊区的"飞地"为新的成长核来分散中心城市的压力，从而出现了多核城市和星座式城镇群。人们在城市规划与建设的实践中逐渐认识到，城市沿既定方向作极轴形扩展有很大优越性，于是产生了定向卫星城、带状城市和锁链状城镇群等。

4. 城市化的特点

城市化（或称城镇化）是世界发展的一种重要的社会现象。当代世界城市化有以下特点：

（1）城市化进程大大加速。1950 年世界城市化水平为 29.2%，1980 年上升到 39.6%，增加 10.4%。2010 年达到 51.8%，即在世界范围内，居住在城市中的人口超过居住在乡村中的人口。从 20 世纪 70 年代起，发展中国家的城市人口数开始超过发达国家，到 2020 年两者之比将为 3.5∶1。这表明发展中国家的城市化已构成当今世界城市化的主体。

（2）大城市化趋势明显、大都市带出现。当代城市化的一个重要特征是大城市化趋势明显，其后果不仅使人口和财富进一步向大城市集中，大城市数量急剧增加，而且出现了超级城市（supercity）、巨城市（megacity）、城市集聚区（city agglomeration）和大都市带（megalopolis）等新的城市空间组织形式。

（3）郊区城市化、逆城市化和再城市化。20世纪50年代后，若干发达国家从乡村到城市的人口迁移逐渐退居次要地位，一个全新的规模庞大的城乡人口流动的逆过程开始出现，这称为郊区城市化。由于特大城市人口激增、市区地价不断上涨，生活水平改善，人们追求低密度的独立住宅；加上汽车的广泛使用、交通网络设施的现代化等原因，郊区城市化进程加速。同时，以住宅郊区化为先导，引发了市区各类职能部门纷纷郊区化的连锁反应。20世纪70年代以来，一些大都市区人口外迁出现了新的动向，不仅中心市区人口继续外迁，郊区人口也向外迁移，人们迁向离城市更远的农村和小城镇，整个大都市区出现了人口负增长，国外学者将这一过程称为逆城市化。逆城市化首先出现在英国，美国出现逆城市化的时间稍晚。面对经济结构老化，人口减少，美国东北部一些城市在20世纪80年代积极调整产业结构，发展高科技产业和第三产业，开发市中心衰落区，以吸引年轻的专业人员回城居住，加上国内外移民的影响，1980~1984年间，就有纽约、波士顿、费城、芝加哥等7个城市在市区内实现人口增长，出现了再城市化。

1.2.2　人居环境的自然灾害

人居环境与自然生态的相互关系中，人与自然之间的关系是人类生存与发展的最基本的关系之一。吴良镛院士提出的人居环境的五大系统自然系统、人类系统、社会系统、居住系统、支撑系统中，把自然系统放在首位，强调了自然系统的基础作用。

自然环境对人居环境的影响往往是以形形色色的灾害这一极端形式呈现于人类面前。自然灾害和生态环境危机越来越威胁着人类社会的生存与发展，它们导致住房和城市基础设施的破坏，并对其受影响者的生活造成毁灭性的打击。2008年1月中旬，我国涉及19个省的50年一遇的雪灾，转移人口1 759 000人；倒塌房屋22.3万间。同年5月12日汶川大地震，直接遇难人数7万人。世界范围内重大的突发性自然灾害包括旱灾、洪涝、台风、沙尘暴、雪灾、冻害、雹灾、海啸、地震、火山、滑坡、泥石流、森林火灾、农林病虫害等；也有地面沉降、土地沙漠化、干旱、海岸线变化等在较长时间中才能逐渐显现的渐变性灾害。

1.2.3　人居环境的社会环境灾害

社会环境灾害也称人为环境灾害，是由于人类活动影响，并通过自然环境作为媒体，反作用于人类的灾害事件。这种灾害不同于一般环境污染现象，在某种程度上具有突发性，而且在强度与所造成的经济损失方面远远超过一般环境污染，对人类身心健康与社会安定的影响不亚于自然灾害。

社会环境灾害不同于自然灾害，因为它不仅具有灾害的共性，还具有特性，它的发生不仅取决于自然条件，很大程度上更是人为因素所造成的。探索环境灾害的发生、发展与演变的客观规律，研究其成因机理与致灾过程，并据此确定科学有效的防灾、减灾和抗灾对策，最终达到减轻环境灾害所造成的损失、造福人类的目的。

在非洲、亚洲和拉丁美洲，由于森林植被的消失、耕地的过分开发和牧场的过度放牧，土壤剥蚀情况十分严重。裸露的土地变得脆弱，无法长期抵御风雨的剥蚀。有些地方土壤的年流失量可达每公顷100t。化肥和农药过多使用，与空气污染有关的有毒尘埃降落，泥浆到处喷洒，危险废料到处抛弃，这些都对土地构成难以逆转的污染。

社会环境灾害包括：①大气环境污染（城市烟雾灾害、酸雨灾害、臭氧层破坏、毒气泄漏灾害）；②水环境污染（含海洋环境灾害、重金属污染型水环境灾害、人为失误型突发性水环境灾害）；③土壤环境污染；④资源开发与环境地质灾害（地面沉降和地裂缝灾害、诱发性滑坡崩塌灾害、矿山泥石流）。

1.2.4　人居环境质量与健康

1. 人居环境与地方病

地方病是指发生在某一特定地区，同一定的自然环境有着密切关系的疾病。地方病在一定地区内流行年代比较久远，而且有一定数量的患者表现出共同的病征，如地方性甲状腺肿、地氟病。地方病多发生在经济不发达、同外地物资交流少以及卫生保健条件不良的地区。例如，流行在中国黑龙江省克山县等地区的克山病；流行于某些山区和半山区的大骨节病。地方病分为化学性地方病和生物源性地方病。

化学性地方病又称生物地球化学性疾病，与人的生长和发育在同一定地区的化学元素含量有关；由于地质历史发展原因或人为的原因，地壳表面的元素分布在局部地区内呈异常现象，如某些元素过多或过少等，因此当地居民人体同环境之间的元素交换出现不平衡；人体从环境摄入的元素量超出或低于人体所能适应的变动范围，就会患化学性地方病。例如，一个地区的碘元素分布异常，可引起地方性甲状腺肿或地方性克汀病；氟元素分布过多，可引起地方性氟中毒等。

生物源性地方病是在某些特殊的居住地区，某些致病生物或某些疾病媒介生物滋生繁殖造成的。例如，美国等国家的一些人烟稀少的草原和荒漠地区，存在着野鼠鼠疫的自然疫源地，人进入疫区就可能患病。生物源性地方病分布特点：生物源性地方病分布和宿主的生活习性等关系密切，因而在不同的分布地带、纬度及流行季节具有不同特点。生物源性地方病的疫源地会由于社会进步和经济开发而日趋缩小，但是也会由于交通便利和人口流动等社会因素使某些生物源性地方病扩散，如登革热、军团病已开始传入或在威胁我国；又如新疆本不存在流行性出血热，但是随着褐家鼠通过人员流动被带至哈密、大河沿和乌鲁木齐，而成为新的自然疫源地。

2. 人居环境与城市病

城市病是指由于城市人口、工业、交通运输过度集中而引起的一系列社会问题。城市规划和建设盲目向周边摊大饼式地扩延，大量耕地被占，使人地矛盾更尖锐。它给生活在城市的人们带来了烦恼和不便，也对城市的运行产生了一些负面影响，所以形象地称为"城市病"。城市病表现为人口膨胀、交通拥堵、环境恶化、住房紧张、就业困难等，会加剧城市负担、制约城市化发展以及引发市民身心疾病等。特别是城市的出行时间较长，因交通拥堵和管理问题，城市会损失大量的财富，无形中浪费了能源和资源，不利于城市的畅通发展。

城市病几乎是所有国家曾经或正在面临的问题，但城市病的轻重会因政府重视程度和管理方法的差异而有所不同。发展中国家城市化问题形成的原因很复杂，首先是经济原因。

拉美国家的城市病比发达国家更严重。东京、纽约等诸多城市早已出现城市病，然而一直以来并没有人提供令人信服的证据，来证明是城市病导致城市的衰退。

在工业革命期间，城市迅速的发展往往超出社会资源的承受力，导致各种城市病的出现，主要包括住宅奇缺、污染严重、卫生状况恶化等。随着城市规模的日益扩大，现代大中城市普遍存在人口增多、用水用电紧张、交通拥堵、环境恶化等社会问题，以及由上述问题引起的城市人群易患的身心疾病，这些问题和矛盾又在一定程度上制约了城市的发展，加重了城市政府的负担。防治城市病就是规范和监督权力，尊重民意，让民意成为能够和权力平等博弈的重要力量，每个公共决策都有民意广泛参与，劳民伤财的城市病才能根治。

城市病的根源在于城市化进程中人与自然、人与人、精神与物质之间各种关系的失调。长期的失调，必然导致城市生活质量的下降乃至文明的倒退。2010 年我国城市人口占总人口的比例是 49.68%，这已说明中国即将甚至已经进入"城市型社会"。

联合国将 2 万人作为定义城市的人口下限，10 万人作为划定大城市的下限，100 万人作为划定特大城市的下限。这种分类反映了部分国家的惯例。中国在城市统计中对城市规模的分类标准见表 1-1，我国常住人口超过 1000 万的城市有 6 个，而超过 700 万的已经有十几个。

表 1-1　中国城市规模的分类标准　　　　　　　　　（单位：万人）

分类	常住人口
小城市	<50
中等城市	50～100
大城市	100～300
特大城市	300～1000
巨型城市	>1000

常住人口超过 1000 万的城市或多或少地都患有城市病，而且还有向中小城市蔓延的趋势。常住人口超过 1600 万的城市大多患有严重的城市病。另外，当城市群（200km 范围内）常住总人口超过 3000 万时，或多或少地都患有城市群病；当城市群（200km 范围内）常住总人口超过 5000 万时，也会产生严重的城市群病，尤其是环境问题（城市废弃物难以就近消纳）和交通问题等。

1.2.5　生态城市群的规划——以环鄱阳湖城市群为例

我国人口正沿着农村—小城镇—小城市—大中城市—大都市的路径逐步加速迁移，全国将形成若干大型城市经济带、城市群和都市圈。根据建设部《全国城镇体系规划（2006—2020 年）》，我国形成了"一带七轴"发展框架。以环鄱阳湖城市群为核心的鄱阳湖生态经济区位于京九轴与长江发展轴、沪昆轴（上海—南昌—长沙—贵阳—昆明发展轴）的汇合区域，属于华中经济区与长三角经济区的连接区域，空间区位比较优越。城市群发展是区域经济发展的重要推动力，江西要实现在中部地区率先崛起，环鄱阳湖城市群的发展占有极其重要的地位。以环鄱阳湖城市群为例，对生态城市群的规划及其相关指标进行深度剖析，在更好地展现环鄱阳湖城市群的发展战略的同时，也有利于了解生态城市群的规划。

《环鄱阳湖生态城市群规划（2015—2030）》（以下简称《规划》）是国务院新批复《长江中游城市群发展规划》的江西省实施规划，是江西落实国家"一带一路"倡议、长江经济带战略，促进昌九一体化发展的重要载体；是实施《江西省城镇体系规划（2015—2030）》的重要区域性规划。《规划》是统筹协调城市群内跨区域发展问题，加强区域生态红线、城镇增长边界和负面清单管控的重要依据，是指导省级重大战略性地区规划建设的综合性空间协调管理平台，是科学指导各城市总体规划和县市域总体规划的依据。环鄱阳湖生态城市群涉及南昌、九江、景德镇、上饶、鹰潭、宜春、新余、萍乡等地级市全部行政辖区和抚州市辖区、东乡县、金溪县、崇仁县，吉安的新干县、峡江县，区域面积 9.23 万 km^2。

1. 生态城市群的规划特色

一是构筑全新的生态竞争力体系。以生态环境的持续好转作为区域发展的评判标准，将宜居环境提升到区域核心竞争力的认识高度，建立起"生态价值优越、产业功能优质、人文特色突出、高效空间组织、区域协同优良"的生态竞争力体系。

二是体现出宜居城镇空间建设。将生态优先、绿色低碳的理念扩展延伸至区域和城市、乡村等层面，延伸到交通服务体系建设中去，更加突出区域绿地、绿色交通、生态型基础设施等关键要素的作用。立足生态、生产、生活空间的统筹，建立起"生态格局保障、宜居环境优美、低碳交通通达、生态设施贯通"的宜居城镇空间布局。

2. 构筑"山水林田湖城村"融合发展格局

立足区域生态适宜性评价和区域水资源条件评价，建立山水林田湖为一体的生态保护空间，建立起"宜居、宜业、宜游、宜农"的城镇与乡村发展空间。合理布局生态、生产和生活空间，实现生态红线、区域性生态开敞空间（重要生态控制地带）和城镇集中连片建设地区的统筹发展。

坚持"创新、协调、绿色、开放、共享"发展思想，不断提升城市环境质量、人民生活质量、城市竞争力；以融入"一带一路"倡议和长江经济带为契机，加快建立起开放发展新格局，积极融入长江中游城市群，实现区域整体的绿色转型发展、创新发展和跨越式发展；建成"自然环境优美、人居环境一流、经济繁荣高效、人民幸福安康、人文特色鲜明"的现代化城市群与绿色城镇化先导区。

探索大湖流域地区的社会经济与自然环境保护协调发展模式，构建起区域开发与保护格局，引导生态、生产、生活空间的合理分布，实现城镇空间集中、集约发展；形成绿色城镇化发展新机制，引导多元化发展动力，培育绿色产业体系，并促进就近城镇化；构建起"集约、高效、绿色、人文"的城镇体系，协同建立起区域性铁路网、城际轨道网、高速公路网和高等级航道作为支撑，实现无缝换乘的现代化综合交通系统，建立起区域绿色基础设施体系和公共安全保障体系；创新区域协同发展机制和重要资源类空间管理体制，推进南昌大都市区和流域上下游地区之间的协同发展示范。

人口与城镇化发展目标：规划到 2020 年区域总人口为 3400 万人左右；2030 年区域总人口为 3700 万人左右。2020 年区域城镇化水平为 60%左右，2030 年城镇化水平为 70%左右。

区域发展指标体系：落实《中共江西省委 江西省人民政府关于建设生态文明先行示范区的实施意见》和《江西省城镇体系规划（2015—2030）》的相关指标要求，对于区域整体和昌九地区分别制定约束性和预期性目标。

3. 发展定位

1）联动"一带一路"的内陆开放高地

积极对接国家"一带一路"倡议，发挥联动长珠闽和中西部地区的传导作用，建成通江达海、联动陆桥的开放发展区域。进一步加强鄱阳湖各级城市与东南部沿海港口的联系，向西加强与湖北、重庆、陕西、新疆等省区的联动。

2）长江经济带绿色产业聚集区

立足区域的生态资源与宜居环境优势，对接国家长江经济带"生态优先、绿色发展"的重大战略部署，推动绿色循环低碳发展，形成节约能源资源和保护生态环境的产业结构、增长方式、消费模式。着力完善绿色产业体系，在战略性新兴产业、现代服务业、文化创意产业发展和传统产业绿色升级等方面做足文章；积极争取国家层面的优惠政策，围绕产业链部署创新链，围绕创新链配置资源链，重点在光伏新能源、生物医药、大飞机与直升机产业基地、铜产业精深加工与研发基地等方面寻求突破。

3）国家绿色城镇化先行示范区

将山水文化融入城乡发展建设，在国内率先建成生态环境品质一流的城市群。建立起城镇发展建设的绿色化机制，推动"生态、生产、生活"空间统筹布局，构筑"山水林田湖城村"融合发展格局，塑造独具鄱阳湖山水风光特色的城市景观风貌。围绕鄱阳湖周边的小城市、小城镇实现绿色产业与生态城市联动发展，构建起生态田园城镇带。建立起"通风、清水、绿林"的生态服务空间体系，100 万人口规模以上城市建成城市绿环。

4）具有国际影响力的山水文化旅游区

挖掘鄱阳湖及周边地区丰富的生态与人文资源，积极发展生态旅游、休闲旅游与文化创意产业，建成融生态旅游、文化体验、休闲娱乐和养生健康为一体，品质一流的国际知名旅游区；拓展面向国际、对接长珠闽地区和长江中游城市群的客源市场，建成长江国际黄金旅游带上的重要旅游经济圈。按照全域景区模式推动"风景入城"，构建若干区域性风景游憩地。重点建设景德镇国际文化瓷都，庐山-柏林湖、三清山-婺源、龙虎山、武功山（明月山）等世界遗产旅游目的地，建设南昌休闲旅游城市。

1.3　人居环境科学的研究体系

1.3.1　人居环境的构成

人居环境是人类工作劳动、生活居住、休息游乐和社会交往的空间场所。城市人居环境可分为两部分：人居硬环境和人居软环境。人居硬环境是指一切服务于城市居民并为居民所利用，以居民行为活动为载体的各种物质设施的总和，包括居住条件、生态环境以及基础设施和公共服务设施三项内容。人居软环境是指人居社会环境，是居民在利用和发挥硬环境系统功能中形成的一切非物质形态的总和，是一种无形的环境，如生活情趣、生活方便舒适程度、信息交流与沟通、社会秩序、安全和归属感等。硬环境是软环境的载体，而软环境的可居性是硬环境的价值取向。各类居民的行为活动轨迹与其所属的软、硬环境是衡量人居环境优劣和环境、社会、经济三种效益统一程度的标尺。

1943 年芬兰建筑师伊利尔·沙里宁在《城市：它的发展、衰败和未来》一书中，提出城市秩序的概念，把城市作为一个有机体，认为城市如细胞一样是有机的，其肌理如同细胞的肌理，如果发展过快或过量，就会打乱系统的有机秩序，因此要进行有机疏散。其精髓就是把城市无秩序的集中变为有秩序的分散，避免"摊大饼"式的发展模式，把密集的城市区域分裂成一个个的集镇，形成"多核区域"，各区域相对独立，彼此之间以大片的绿化带或河流间隔，这样不仅充分且较均匀地分散了城市人口，减缓旧城区压力，而且充分利用了自然资源，使城市规划及建设融入大自然中，与自然互为一体。

1973 年，格伦（Green）根据多年城市规划与环境设计的经验，提出了一个组合型城市地域结构模式。格伦认为，通过科学的规划与控制，一定用地规模的城市可以容纳较多的人口，并创出高质量的城市生活。将城市地域分为城市景观与技术景观两部分。前者的功能是居住、轻型加工、行政管理、商务、教育科研和文化娱乐等；后者的功能是采矿冶炼、重型加工、交通运输、供水供能、仓储、污染物处理和防灾等。城市景观可采取细胞群布局方式，并保持适当距离，以免干扰。格伦提出了一个诸多微型单元按一定方式排列组合的理想城市模式。该模式城市景观部分含一个核心区和若干个排列有序的次级单元，技术景观由若干个散布在外围的专用地组成，隙间为大小不等的绿地。每个次级单元相当于一个小城镇，内含一个单元中心和三个分区；每个分区含一个分区中心与三个社区；每个社区含一个社区中心和三个街坊。该模式可大可小，次级单元的个数视人口多少而定。如一座 200 万人口的城市可分为 30 个次级单元，内含 90 个分区、270 个社区、810 个街坊，约 25%的人居住在各级中心，其他散布在各个街坊。这样大规模的城市需用地 346km^2，其中将近 30%为城市景观，将近 10%为技术景观，其他 60%多为绿地。这样，城市景观内的人口密度达 2 万人/km^2，人均占有绿地面积为 107m^2，人口容纳量相当大，环境质量也相当高。

我国学者提出了"园林城市"的理想模式。这是一种单核多心模式，同时含有圆环和扇形两种结构。市中心-居住区中心-居住小区中心构成全市三级中心。居住区含 6 个居住小区，每个小区可视情况分为 2～4 个居住单元。各级中心可分别布置不同等级的公共设施和商业服务机构。这样，各级中心不仅是公共活动中心、购物中心，也给居民在闹市中提供了一片休息、游乐的绿土。公共建筑外围为大片住宅群，间有学校、医院和无污染的轻型、小型加工厂。每个居住区占地 150 公顷左右，人口规模 4 万～6 万人。以居住区为单位，向外延展为若干个相对独立的扇形面。居住区的外围是绿化带（如防护林），最外层是工业、仓库或对外交通用地。动物园、植物园、苗圃、郊区绿地从各扇形面之间呈楔形插入市区，并通过林荫带直接与市中心连通。园林城市是以园林绿地系统为线索组织各城市功能的,有以下特点:①生活用地与生产用地的组织比较合理,二者既有一定的联系,又有必要的隔离,生产性用地虽然布置在最外层,但不形成完全封闭环,不会对城市的发展造成很大限制;②按照放射环状道路系统组织市内交通;③园林绿地系统点、带、面相结合,与城市建筑环境浑然一体,达到了"园中是城,城中有园"。这种园林城市比较适合中小城市。

1.3.2　人居环境科学的基本框架与学科体系

随着中国城市化的进程加速,城市发展出现了种种问题,吴良镛先生经过探索,提出了"人居环境科学"。针对城乡建设中的实际问题,建立以居住环境为研究对象,以人与自然协调发展为中心的新学科群。人居环境科学研究的基本前提:人是核心,大自然是基础。

人居环境科学基本框架构想:从中国国情出发,借鉴西方的学术思想,吸取道氏学术精华,构建了中国人居环境科学。人居环境科学研究以人居环境为研究对象,从人出发,在坚持五大原则(生态、经济、技术、社会、文化艺术)的基础上,从五大系统(自然、人、社会、居住、支撑网络)、五大层次(全球、区域、城市、社区、建筑)对其进行研究,探讨可能的目标,经过分析选择合适的解决方案。针对城乡建筑中的实际问题,尝试建立人与自然和谐共处的社会。

21世纪,人类居住环境有着科学性、设施配套智能化、环境艺术设计人本化等多方面的特点。人居环境系统属于远至人与生物,近至人们的居住系统,以人为中心的生存环境;不同时期对人居环境有共同的追求,各时代各地区也有各自的特殊要求,基于中国的情况,将生态、经济、技术、社会、文化艺术作为人居环境的基本要求,称为五大原则,有自然、人、社会、居住、支撑网络五大系统。住宅,作为人类居住生活的物质载体,具有居住性、舒适性、耐久性、经济性等基本要求,方便、舒适、和谐是构建21世纪未来住区的主题,人居环境的可持续发展为新世纪的人居环境建设的重点,可持续发展的人类住区是人们所渴望的。

诠释人居环境建设的五大原则:

(1)正视生态困境,提高生态意识——生态观;

(2)人居环境建设与经济发展良性互动——经济观;

(3)发展科学技术,推动经济与发展和社会繁荣——科学观;

(4)关怀广大人民群众,重视社会发展整体利益——社会观;

(5)科学的追求与艺术的创造相结合——文化观。

人居环境科学学科体系的构成:

(1)以"建筑—地景—城市规划"三位一体,构成"主导专业",通过城市设计整合起来,作为人居环境科学的核心。

(2)开放的人居环境学科体系。随着经济飞速发展,现代城市发展速度不断加快。而人们生活水平提高的同时,对居住环境有着越来越高的要求。我国的人居环境科学起步较晚,与发达国家相比有一定差距,要以开放的学习态度,吸收有关学科的观点、理论和方法,推进人居环境科学的繁荣。

有学者综合国内外学者的人居环境理论，结合中国国情提出了"人居环境 6 层塔理论模型"。模型从第 6 层到底层分别是人类活动、建筑环境、居住社区环境、建成环境、社会环境和自然环境。从塔的顶层到底层，空间越来越广阔，但变化速度越来越慢。人居环境科学就是研究这 6 个层次环境及其之间关系学科。中国小城镇人居环境发展的基本条件包括工业发展、聚集规模、土地产权、规划整合、基础设施和集群发展。小城镇人居环境建设需坚持 5 条原则，即资源节约和经济原则、环境友好和生态原则、地方传统和文脉原则、城乡统筹和协调原则以及利益相关者参与原则。

1.4　人居环境安全保障技术

1.4.1　人居环境安全保障技术的研究对象与任务

以人居环境为研究对象，以人为本，在坚持五大原则（生态、经济、技术、社会、文化艺术）的基础上，从五大系统（自然、人、社会、居住、支撑网络）、五大层次（全球、区域、城市、社区、建筑），对其可能存在的安全隐患，针对有限目标进行科学研究，经过分析选择合适的解决方案，提出可行的保障技术。

以谭家山煤矿为例，开展矿区人居环境安全问题研究。结合对谭家山煤矿矿区地质环境破坏、环境污染等灾害现状的调查与研究，探讨煤矿生产所导致的地面塌陷及裂缝、矿震、边坡失稳与滑坡、矿区土地损毁、大气污染、水污染、土壤污染等灾害所引发的矿区人居环境安全问题；提出煤矿住区的建设不但要遵循一般的建设原则，还要针对威胁人居安全的各种具体灾害采取特殊的建设技术。并建议通过对住区功能环境、周边环境、安全环境、人文环境等方面的建设，来实现矿区人居环境安全的改善，以减轻煤矿区不利的环境因素对住区的影响。

1.4.2　人居环境安全保障技术的学科体系

基于人居环境学科基本框架的思想，以人居环境为研究对象，以人为本，针对人居环境的安全开展相关保障技术的研究，是人居环境学科体系发展的重要分支。主要涉及自然灾害（旱灾、洪涝灾害、地震、沙尘暴、自然疫源性疾病、地方性疾病等）、社会环境灾害（大气环境污染、水环境污染、土壤环境污染、固废污染等）、人居环境安全的容量与承载力、环境地质灾害、全球变化与生态系统退化等方面的安全保障技术，以便建立人与自然和谐共处的社会。

1.5　人居环境新问题与对策

1.5.1　人居环境发展新问题

根据世界城市发展的一般历程，城市发展的过程大致可分为四个阶段，即城市化、郊区化、逆城市化、再城市化。在城市化发展阶段，如果人口的过度集聚超过了工业化和城市经济社会发展水平，就会发生某些发展中国家出现的"过度城市化"现象，产生一系列被称为"城市病"的矛盾和问题,国际上特大型城市的"城市病"主要表现在以下几个方面。

1. 人口膨胀

特大型城市通常对人口具有强大的集聚作用,而人口的快速集聚也成为各大城市发展的重要动因之一。在人口快速集聚的过程中,一旦城市建设和管理跟不上人口迅速增长的需求,各类城市基础设施的供给滞后于城市人口的增长,就会引发一系列的矛盾,导致环境污染、就业困难、治安恶化等城市病。例如,19世纪末前后,英国城市人口急剧膨胀,造成住房短缺,贫民窟比比皆是;公共卫生设施奇缺,空气及水源污染严重,环境恶化;就业竞争激烈,工人处境艰难;犯罪率居高不下等。20世纪中叶,拉美地区进入工业化发展阶段后,城市人口迅速集聚,城市化水平(城市人口占总人口的比重)甚至超过发达国家,出现城市化速度大大超过工业化发展速度的"过度城市化"(或称为"超前城市化")。

2. 交通拥堵

交通问题一直是大城市的首要问题。迅速推进的城市化以及大城市人口的急剧膨胀使得城市交通需求与供给的矛盾日益突出,主要表现为交通拥堵以及由此带来的污染、安全等一系列问题。据英国 SYSTRA 公司对发达国家大城市交通状况的分析,交通拥堵使经济增长付出的代价约占 GDP 的 2%,交通事故的代价占 GDP 的 1.5%~2%,交通噪声污染的代价约占 GDP 的 0.3%,汽车空气污染的代价约占 GDP 的 0.4%,转移到其他地区的汽车空气污染的代价占 GDP 的 1%~10%。

在伦敦,由于市中心区域集中了政府机关、法院以及大量的企业、金融机构和娱乐场所,并有超过 100 万个就业岗位,每天在高峰时段每小时有超过 100 万人口和 4 万辆机动车进出中心城区,造成该区域严重的交通拥堵,区域内平均车速只有 14.3km/h,成为全英国最为拥挤的区域。

交通拥堵不仅会导致经济社会诸项功能的衰退,而且还将引发城市生存环境的持续恶化,成为阻碍发展的城市顽疾。交通拥堵对社会生活最直接的影响是增加了居民的出行时间和成本。出行成本的增加不仅影响工作效率,而且阻碍人们的日常活动,城市活力大打折扣,居民的生活质量也随之下降。另外,交通拥堵导致事故增多,进而又加剧了拥堵。据统计,欧洲每年因交通事故造成的经济损失达 500 亿美元之多。此外,交通拥堵还破坏了城市环境。在机动车迅速增长的过程中,交通对环境的污染也在不断增加,并且逐步成为城市环境质量恶化的主要污染源。交通拥堵导致车辆只能在低速状态行驶,频繁停车和启动不仅增加了汽车的能源消耗和噪声,也增加了尾气排放量。

3. 环境恶化

近百年来,以全球变暖为主要特征,全球的气候与环境发生了重大的变化:水资源短缺、生态系统退化、土壤侵蚀加剧、生物多样性锐减、臭氧层耗损、大气化学成分改变等。根据政府间气候变化委员会的预测,未来全球将以更快的速度持续变暖,未来 100 年还将升温 1.4～5.8℃，对全球环境带来更严重的影响，如农作物将减产、病虫害发生频率和危害速度将明显增加、水资源短缺将恶化等。环境污染使得城市从传统公共健康问题（如水源性疾病、营养不良、医疗服务缺乏等）转向现代的健康危机，包括工业和交通造成的空气污染、噪声、震动、精神压力导致的疾病等。环境污染对城市经济的影响很大，世界银行估算，由污染造成的健康成本和生产力的损失相当于国内生产总值的 1%～5%。

4. 资源短缺

2002 年在南非召开的可持续发展世界高峰会议上，一致通过将水资源列为未来十年人类面临的最严重挑战之一。同年，联合国环境署（United Nations Environment Programme，UNEP）在《全球环境展望》中指出，"目前全球一半的河流水量大幅度减少或被严重污染，世界上 80 多个国家或占全球 40% 的人口严重缺水。如果这一趋势得不到遏制，今后 30 年内，全球 55% 以上的人口将面临水荒"。在缺水型国家或地区中，大城市的水资源紧缺问题最为严重，不论是发展中国家还是发达国家的大中型城市，包括北京、上海、休斯敦、雅加达、洛杉矶、华沙、开罗、拉各斯、达卡、圣保罗、墨西哥城、新加坡等都将面临严重的水荒。

此外，土地资源紧缺问题也是国际大都市在城市化进程中所必然出现的问题。由于土地存在供给的绝对刚性，在大量的人口和产业向中心城区集聚过程中，像东京、纽约、伦敦等大都市都出现了较为严重的土地紧张问题，土地对现代化大都市可持续发展的制约作用更加突出。如何开辟新的发展空间、拓展地域范围已成为各大都市实现可持续发展的必然要求。

5. 城市贫困

贫民窟问题是许多国家的大中城市在加快城市化进程中所出现的特有现象，贫困人口多数集中于城市，而城市贫民又大部分住在贫民窟，如印度孟买、巴西圣保罗等。贫民窟带来的社会问题主要有：①贫民窟居民大部分处于贫困线，享受不到作为公民所应享有的经济社会发展成果，居住、出行、卫生、教育条件极差，不仅影响当代人，也影响下一代人的发展。②生活水平的巨大差异造成国民感情隔阂，加之贫民窟游离于社区和正常社会管理之外，一些贫民窟成为城市犯罪的窝点。1900 年纽约市近 400 万人中就有 150 万居住在 4.3 万个贫民窟里，直到 21 世纪纽约还有哈莱姆贫民窟的存在。当前，孟买 1600 万人口中有 60% 居住在仅占城市土地面积 1/10 的贫民窟和路边的简陋建筑中，贫民窟已经成为这个世界著名港口城市以及印度经济中心城市的最大特色。

贫民窟的出现在很大程度上是由于外来人口的大量涌入以及本城市内人口的收入差距过大所造成的。主要有以下几个原因：①土地占有严重不平等，造成大量农民无地可耕。以巴西为例，巴西绝大部分土地一直为少数大地主所控制，大量无地农民向城市流动迁移，且这种流动是单向的，他们不可能再回流到农村。②城市化过程中就业机会严重不足。失业、就业不足、就业质量差，是造成城市贫困人口长期大量存在的重要原因。在城市化进程中，发展中国家往往把工业重点转向资本、技术密集的部门，造成劳动力大量进入第三产业中的传统服务业和非正规部门，而在非正规就业部门的工资一般只相当于正规部门人员工资的一半，没有签订劳动合同，没有社会保障，得不到法律保护。③城市规划、建房

用地、基础设施、社区发展没有充分考虑低收入人群的要求。在城市贫民窟居住的人 80%
收入低于最低工资标准，他们很难在城市获得建房用地和住房，又不能退回农村，只能非
法强占城市公有土地和私人土地，搭建简陋住房及其他违章建筑。④公共政策不够完善。
如国家教育开支向中、高等教育过度倾斜，初等教育相对萎缩，在中等教育阶段重视普通
教育和人文学科教育，而轻视中等职业技术教育和师范教育，不利于改善低收入阶层子女
受教育和就业状况。

1.5.2　改善人居环境的策略

1. 健康城市

现代化的城市流动人口增加，就业压力增大，交通拥堵，环境污染，住房紧张，能源
短缺，"城市病"日趋严重。为了加快世界健康城市建设的步伐，WHO 曾将 1996 年 4 月
7 日的世界卫生日主题确定为"城市与健康"，并公布了健康城市的 10 项具体标准及其内
容，为各国开展健康城市建设提供了良好的借鉴和参考。

建设健康城市对未来城市的健康发展具有战略意义，主要包括：①为市民提供清洁和
安全的环境；②让居民参与制定涉及日常生活，特别是健康和福利的各种政策；③保护文
化遗产并尊重所有居民（不分种族或宗教信仰）的各种文化和生活特征；④能够使人们更
健康长久地生活和少患疾病。健康城市建设是一场积极应对城市化进程中的各种问题，并
用现代文明代替传统文明的深刻革命；是促进人与自然、人与人之间和谐相处，提升人类
健康水平的根本出路。"天人合一""和谐"的理念本来就是中国文化的核心部分；创建"健
康城市"和"宜居城市"是治疗"城市病"的最佳选择。

2. "城市病"的解决措施

为了解决大城市人口膨胀与城市规模的矛盾，《中国新型城市化报告 2012》给出了
"药方"：①科学制定城市规划；②加强基础设施建设；③调整城市空间布局；④完善
就业机制。

我国城市化进程中，北京、上海、广州等城市发展过度膨胀，出现了交通堵塞、环境
污染、住房拥挤、人口过多等问题——"大城市病"。未来大城市发展应该采取多中心组
团式，以避免或缓解大城市病，可从以下几个方面着手：

（1）采取空间调整的策略，多中心组团式发展大城市。过去的城市发展模式是"单中
心，摊大饼"，城市是发展中心，周边是居住区，大家早晨往中间走，晚上往外走，使得
交通拥堵，并产生热岛效应。如果改变城市发展方式，如采取多中心组团式发展，在城市
之外构建一个中心，建设城市新区，成为另外一个组团，这就和单中心分开并形成互补，
热岛效应也能够得以缓解。

（2）发展过程中不断调整产业结构。随着城市的不断发展扩大，应该把制造业、重化
工业逐步转移出去，重点发展服务业、文化创意产业等。一般情况下，随着产业结构的调
整，"大城市病"会缓解。

（3）大城市的发展要和周边城市采取分工合作的方式，如把零部件的生产转移到小城镇。

（4）走新型城市化道路。传统城市化走的是一条"拼土地、拼资源、拼成本"的道路，带来了基础设施建设滞后、环境污染严重、城市管理水平粗放等一系列问题。新型城市化道路就是在科学发展观的指导下，以统筹兼顾为原则，以民生幸福为方向，以新型工业化为基础，遵循工业化与城市化、农村与城市、人口与城市协调发展的城市化规律，倡导建立政府主导、市场主体、社会参与的城市化机制，着力推进人口、资源、环境协调发展的集约型、可持续的城市化模式。新型城市化过程中，强调布局上科学合理，功能上宜居宜业，品位上特色鲜明，产业上高端化，管理上精细化，执行上落实到位。

3. 城市绿化

城市病的防治还要高度关注绿化的作用。一个大城市应有多个中心城区（即组团），在这之间打造绿地和休息的空间。例如，广东省实行的"绿色廊道"计划，即主张在城市里建"绿心"，市中心大量建设公园绿地，使城市不再只有钢筋水泥，而成为"会呼吸的城市"。又如，合肥市的环城公园，绿化带的建设可以吸烟滞尘、净化空气、美化环境。

思　考　题

1. 简述人居环境的形成过程。
2. 简述城市化的特点与城市病的特点。
3. 论述人居环境建设的五大原则。
4. 论述人居环境的问题与改进措施。

第 2 章　自然灾害及其防控措施

2.1　旱　　灾

旱灾指因气候严酷或不正常的干旱而形成的气象灾害。一般指因土壤水分不足，农作物水分平衡遭到破坏而减产或歉收从而带来粮食问题，甚至引发饥荒。旱灾是对我国危害面积最大，对社会经济影响最为深远的自然灾害。干旱之年不仅雨水稀少，河水断流，地下水位下降，使人畜饮水困难，农作物歉收甚至绝收，而且往往伴随蝗灾、疾病及严重的环境灾害。

纵观中国历史，旱灾给中国人民带来的灾难，给中华文明造成的破坏，要远比其他灾害严重得多。旱灾，尤其是周期性暴发的特大旱灾，往往并不是一种孤立的现象，而是和其他各类重大灾害一样，一方面会引发蝗灾、瘟疫等各种次生灾害，形成灾害链条。另一方面也与其他灾害如地震、洪水、寒潮、飓风等同时或相继出现，形成大水、大旱、大寒、大风、大震、大疫交织群发的现象，进一步加重了对人类社会的危害。

据邓拓《中国救荒史》的统计，自公元前 1766 年至公元 1937 年，旱灾共便有发生1074 次，平均约每 3 年 4 个月发生 1 次；中国旱灾频繁，旱灾记载见于历代史书、地方志、宫廷档案、碑文、刻记以及其他文物史料中。公元前 206 年至公元 1949 年，中国曾发生旱灾 1056 次。1640 年（明崇祯十三年）在不同地区先后持续受旱 4～6 年，旱区"树皮食尽，人相食"；1785 年（清乾隆五十年）有 13 个省受旱，据记载，"草根树皮，搜食殆尽，流民载道，饿殍盈野，死者枕藉"；1835 年（清道光十五年）15 个省受旱，有"啃草嗑土，饿殍载道，民食观音粉，死徒甚多"的记述。20 世纪以来，1920 年陕、豫、冀、鲁、晋 5 省大旱，灾民 2000 万人，死亡 50 万人；1928 年华北、西北、西南地区 13个省 535 个县遭旱灾；1942～1943 年大旱，仅河南一省饿死、病死者即达数百万人。1950～1986 年全国平均每年受旱面积 3 亿亩（1 亩≈666.7m²），成灾 1.1 亿亩。干旱严重的 1959 年、1960 年、1961 年、1972 年、1978 年和 1986 年全国受旱面积都超过 4.5 亿亩，成灾面积超过1.5 亿亩。1972 年北方大范围少雨，春夏连旱，灾情严重，南方部分地区伏旱严重，国内受旱面积 4.6 亿亩，成灾 2 亿亩。1978 年全国受旱范围广、持续时间长，旱情严重，一些省份 1～10 月的降水量比常年少 30%～70%，长江中下游地区的伏旱最为严重，全国受旱面积 6 亿亩，成灾面积 2.7 亿亩，是有统计资料以来的最高值。

2.1.1　旱灾的形成

旱灾的形成主要取决于气候。通常将年降水量少于 250mm 的地区称为干旱地区，年降水量为 250～500mm 的地区称为半干旱地区。世界上干旱地区约占全球陆地面积的25%，大部分集中在非洲撒哈拉沙漠边缘、中东和西亚、北美西部、澳大利亚的大部和中国的西北部。这些地区常年降雨量稀少而且蒸发量大，农业主要依靠山区融雪或者上游地区来水，如果融雪量或来水量减少，就会造成干旱。世界上半干旱地区约占全球陆地面积的 30%，包括非洲北部一些地区、欧洲南部、西南亚、北美中部以及中国北方等。这些地区降雨较少，而且分布不均，因而极易造成季节性干旱，或者常年干旱甚至连续干旱。

中国大部属于亚洲季风气候区，降水量受海陆分布、地形等因素影响，在区域间、季节间和多年间分布很不均衡，因此旱灾发生的时间和程度有明显的地区分布特点。秦岭淮河以北地区春旱突出，有"十年九春旱"之说。黄淮海地区经常出现春夏连旱，甚至春夏秋连旱，是全国受旱面积最大的区域。长江中下游地区主要是伏旱和伏秋连旱，有的年份还会因梅雨期缩短或少雨而形成干旱。西北大部分地区、东北地区西部常年受旱。西南地区春夏连旱对农业生产影响较大，四川东部则经常出现伏秋连旱。华南地区旱灾也时有发生。

2.1.2　旱灾的危害

1. 2000 年特大干旱

2000 年是中华人民共和国成立以来发生干旱最为严重的年份。在 1999 年冬旱基础上，2000 年春季和夏季黄淮、江淮持续少雨，导致冬小麦主产区严重干旱，给夏粮生产造成严重损失。进入春夏时节，东北三省、长江下游和四川先后出现春夏连旱和伏秋连旱，给相关省份秋粮造成严重灾害。全国受旱面积 60811 万亩，成灾 40175 万亩。因旱灾减产粮食 599.6 亿 kg。

2. 2006 年重庆发生百年一遇旱灾

2006 年重庆全市伏旱日数普遍在 53 天以上，12 区县超过 58 天。直接经济损失 71.55 亿元，农作物受旱面积 1979.34 万亩，815 万人饮水困难。

3. 2009 年我国多省遭遇严重干旱

2009 年连续 3 个多月，华北、黄淮、西北、江淮等地 15 个省、市未见有效降水。冬小麦告急，大小牲畜告急，农民生产生活告急；包括工业生产用水告急，城市用水告急，生态告急。

4. 西南旱灾

2010 年发生于中国云南、贵州、广西、四川及重庆的西南大旱成为一场百年一遇的特大旱灾。其中一些地方的干旱天气可追溯至 2009 年 7 月。2010 年 3 月旱灾蔓延至广东、湖南西部、西藏等地以及东南亚湄公河流域。截至 3 月 30 日，中国耕地受旱面积 1.16 亿亩，其中作物受旱 9068 万亩，重旱 2851 万亩、干枯 1515 万亩，待播耕地缺水缺墒 2526 万亩；有 2425 万人、1584 万头大牲畜因旱饮水困难。

5. 2014 西班牙大旱

这是西班牙 150 年来最严重的一次旱灾，严重到了专家认为整个国家水利都瘫痪的程度。

6. 2016 年越南遭受 90 年不遇的严重旱灾

缺水问题对越南农业造成严重冲击，共有近 14 万公顷稻米耕种面积受损，产量与品质大幅下降。严重的干旱也影响到当地超过 57.5 万人的日常生活，民众饱受缺水之苦。

2.1.3　旱灾的预防控制措施

针对干旱成因，采取以下措施可以有效预防干旱或者减轻旱灾的损失：

（1）退耕还林，涵养水源，大规模绿化造林，减少水土流失。

（2）兴修水利，增加水库蓄水量，合理灌溉。

（3）掌握气候规律，抓住有利时机，适时开展人工增雨作业，缓解旱情。

（4）发展节水农业，研究应用现代技术和节水措施，采用塑料大棚与地膜覆盖、滴灌技术，显著提高水分的利用效率。

（5）优化农业生产布局，改进生产技术，选育和种植耐旱品种，深耕覆盖，在易旱区推行旱作农业。

国外依据各自的具体情况在旱灾预防控制中制定了有效的措施。

1. 美国

美国政府为了防治旱灾，制定了有关法律，建立了一系列干旱防灾减灾措施。例如，1970 年国会通过了《环境保护法》，1997 年通过了《土壤和资源保护法》，1998 年通过了《国家干旱政策法》，2002 年美国国会通过了《国家干旱预防法》，上述立法为美国干旱防灾减灾提供了法律依据。美国应对旱灾政策的指导原则是"预防重于保险，保险重于救灾，经济手段重于行政措施"，将工作重点放在防灾减灾工作上。美国与干旱有关的补贴政策主要包括灾害补贴。为了减轻因旱灾给农业造成的损失，还提供作物保险。在不断改善防灾工程措施的同时，强调非工程措施，即生物抗旱，美国已经培育出能够在极端干旱条件下存活并生长的转基因作物。

2. 澳大利亚

1990 年，澳大利亚提出了转化干旱管理理念的建议，其核心内容认为干旱在澳大利亚是正常自然现象的一部分，农场主的农业生产应该与其他商业行为一样，把干旱作为一种成本风险来考虑；政府应以提高社区的自我适应力和恢复力为目标，建立风险管理机制。澳大利亚从 1994 年开始实施抗旱新政策，新政策鼓励农民与农业生产有关部门采取自力更生的方法应对旱灾。澳大利亚新抗旱政策包括帮助农民实施风险管理，实施农民收入税平均方案，提供旱灾福利补贴，政府提供专项资金用于资助旱灾预报、风险管理等研究工作。

3. 以色列

以色列是个半沙漠的国家，大部分地区年降水量少于 500mm，常出现旱灾。由于大部分地区年降水量短缺，以色列政府大力发展农田灌溉。但以色列水源分布不均，灌溉水源的 95%分布在北部，而需要灌溉的耕地却主要在南部。为防御旱灾，以色列政府实行了北水南调。

2.2　洪涝灾害

　　洪涝灾害包括洪水灾害和涝淹灾害两大类型。洪水灾害通常指气候季节性变化所引起的特大地表径流不能被河道容纳而泛滥，或因山洪暴发而使江河水位陡涨，导致河堤决口、水库溃坝、道路和桥梁被毁坏、城镇和农田被淹没的现象。涝淹灾害指因长期大雨或暴雨导致洼地积水不能及时清除，因泽生灾的现象。海洋水位突然升高，海水登陆而泛滥也会造成洪涝灾害。洪水灾害和涝淹灾害往往同时发生，难以区别，所以常常把二者统称为洪涝灾害。

　　自古以来我国就是洪涝灾害特别严重的国家。据统计，1950～2000 年全国水灾共造成 26.3 万人死亡，11074 万间民房倒塌，平均每年造成的农作物受灾和成灾面积分别占耕地面积的 10%和 5%，直接经济损失一般几百亿元，重灾年达 1000 亿元以上。20 世纪中国发生的洪涝巨灾见表 2-1。

表 2-1　20 世纪中国发生的洪涝巨灾

年份	地区	受灾人口/万人	死亡人口/万人	经济损失/亿元
1911	安徽、江苏洪涝灾害		80	
1915	广东洪涝灾害		10	
1931	江淮流域安徽、湖北等 16 省 659 县受灾		40	
1935	长江流域湖北、湖南洪涝灾害		14.2	
1938	黄河人工炸堤决口		89	
1954	江淮流域洪涝灾害	4000	3	240
1963	海河流域洪涝灾害	2200	0.5	120
1975	河南洪水多座水库垮坝	820	2.6	210
1981	四川洪涝灾害	1600	0.0888	40
1985	辽河中下游洪涝灾害	1300	0.0240	76
1991	江淮流域洪涝灾害	>10000	0.1444	756
1994	珠江流域洪涝灾害	4000	0.0981	430
1998	长江流域、淮河流域、嫩江松花江流域及广东洪涝灾害	18000	0.4150	1400

　　在我国对社会影响最大的洪水主要是山洪和暴雨洪水，尤其是后者，由于来势猛，面积大，加之暴雨、洪水、涝灾齐发，往往造成极大的灾害损失。1963 年海河流域的大水灾即是一例。

　　洪涝对社会经济的危害是多方面的，除造成人畜死亡、伤残外，还造成严重的直接损失、间接损失和衍生损失。直接损失是指洪水淹没造成的损失，如农作物减产甚至绝收，房屋、设备、物资、交通和其他工程设施的损坏，工厂、企业、商店因灾停工、停业和防汛、抢险费用等。间接损失是由直接损失而引起的损失，如农产品减产给农产品加工企业和轻工业造成的损失，交通设施冲毁给工厂企业造成产品积压、原材料供应中断或运输绕道费用增加所造成的损失等。衍生损失是灾害损失的外延，如由洪灾造成的人员伤亡、文化古迹遭受破坏以及文化教育和生态环境恶化等方面的损失。

洪涝灾害所造成的危害具有明显的阶段性特征，包括洪水暴发瞬间所引起的直接（原生）灾害和水灾后由水灾引起的次生灾害两个阶段。直接（原生）灾害是指洪涝灾害发生过程中直接造成的危害，例如，破坏农作物生长，造成农作物减产或绝收，毁坏房屋、建筑、水利工程设施、交通设施、电力设施等，并造成不同程度的人员伤亡和工厂被迫停产等危害人民生计的危害。次生灾害是由洪涝灾害诱发产生的灾害。常见的次生灾害有污渍、供应瘫痪、交通电力通信中断、生态环境恶化、传染病发生流行、卫生设施破坏以及社会秩序混乱所造成的伤害等。

2.2.1 洪涝灾害的特点

洪涝灾害严重危害广大人民群众的生命财产的安全，不仅造成严重的经济损失，而且还会造成诸多的公共卫生问题，引发多种疾病并致使包括传染病、寄生虫病等的暴发和流行。具体危害如下：

（1）环境破坏。洪水泛滥，淹没了农田、房舍和洼地，灾区人民大规模的迁移；各种生物群落因洪水淹没引起群落结构的改变和栖息地的变迁，从而打破原有的生态平衡。野鼠有的被淹死，有的向高地、村庄迁移，野鼠和家鼠的比例结构发生变化；洪水淹没村庄的厕所、粪池，大量的植物和动物尸体的腐败，引起蚊蝇滋生和各种害虫的聚集。

（2）水源污染。洪涝灾害使供水设施和污水排放条件遭到不同程度的破坏，如厕所、垃圾堆、禽畜棚舍被淹，可造成井水和自来水水源污染，大量漂浮物及动物尸体留在水面，受高温、日照的作用后，腐败逸散恶臭。这些水源污染以生物性污染为主，主要反映在微生物指标数量的增加，饮用水安全性降低，易造成肠道传染病的暴发和流行。洪水还将地面的大量泥沙冲入水中，使水体感官性状差、混浊、有悬浮物等。一些城乡工业发达地区的工业废水、废渣、农药及其他化学品未能及时搬运和处理，受淹后可导致局部水环境受到化学污染，或者个别地区储存有毒化学品的仓库被淹，化学品外泄造成较大范围的化学污染。

（3）食品污染。洪涝灾害期间，食品污染的途径和来源非常广泛，对食品生产经营的各个环节产生严重影响，常可导致较大范围的食物中毒事件和食源性疾病的暴发。

（4）媒介生物滋生。①蚊虫滋生：灾害后期由于洪水退去后残留的积水坑洼增多，使蚊类滋生场所增加，导致蚊虫密度迅速增加，加之人们居住的环境条件恶化、人群密度大、人畜混杂、防护条件差、被蚊虫叮咬的机会增加而导致蚊媒病的发生。②蝇类滋生：在洪水地区，人群与家禽、家畜都聚居在堤上高处，粪便、垃圾不能及时清运，生活环境恶化，为蝇类提供了良好的繁殖场所。促使成蝇密度猛增，蝇与人群接触频繁，蝇媒传染病发生的可能性很大。③鼠类接触增多：洪涝期间由于鼠群往高地迁移，因此，导致家鼠、野鼠混杂接触，与人接触机会也增多，有可能造成鼠源性疾病暴发和流行。

（5）传染病流行。①疫源地的影响。由于洪水淹没了某些传染病的疫源地，使啮齿类动物及其他病原宿主迁移和扩大，易引起某些传染病的流行。出血热是受洪水影响很大的自然疫源性疾病，洪涝灾害对血吸虫的疫源地也有直接的影响，如因参加防汛抢险、堵口复堤的抗洪民工与疫水接触，常暴发急性血吸虫病。②传播途径的影响。洪涝灾害改变生态环境，扩大了病媒昆虫滋生地，病媒昆虫密度增大，常导致某些传染病的流行。疟疾是常见的灾后疾病。③洪涝灾害导致人群迁移引起疾病。由于洪水淹没或行洪，一方面使传染源转移到非疫区，另一方面使易感人群进入疫区，这种人群的迁移极易导致疾病的流行。其他如眼结膜炎、皮肤病等也可因人群密集和接触，增加传播机会。④居住环境恶劣引起发病。洪水毁坏住房，灾民临时居住于简陋的帐篷之中，白天烈日暴晒易致中暑，夜晚易着凉感冒，年老体弱、儿童和慢性病患者更易患病。

2.2.2　洪涝灾害的防治措施

（1）提高防灾减灾意识。洪涝灾害对经济社会发展、人民群众生活以及生态环境造成了严重的影响。据记载，1949 年前的 2000 多年中，我国发生过 1600 多次大水灾。几乎年年有灾，所造成的直接经济损失数额巨大。针对我国是一个洪涝灾难频发国家这一现实，胡锦涛同志多次强调，为了保护国家的财产和广大人民群众的利益，必须切实加强对全体国民进行灾难知识教育，提高对防灾减灾抗灾重要性的熟悉，高度重视防灾减灾抗灾工作，时刻树立防灾减灾抗灾意识，积极投入防灾减灾抗灾具体工作实践中。我国洪涝灾害发生频繁，因此，必须强化防灾减灾抗灾意识，做好防灾减灾抗灾工作。

（2）加强组织领导，健全组织体系，落实防汛责任。在抵御各种自然灾难的过程中，也必须始终坚持中国共产党的领导，做好动员和组织工作，保证防灾减灾抗灾工作的有序开展。面对严重的防汛防洪形势，各级政府及有关部门一定要以对人民群众高度负责的精神，精心部署，科学调度，密切配合，真正把各项防汛抗洪措施落到实处。面对各种突发事件和自然灾难，有关地区和部门全力以赴，组织群众抗灾救灾，为群众排忧解难，切实维护群众利益。根据防汛抗旱工作中出现的新情况，不断调整充实指挥部成员单位，增强防抗灾害的协作部门，并将防汛责任落实到地方、单位、个人，实现横向到边、纵向到底。各级防汛指挥部依照法律法规赋予的指挥责任，统一组织领导辖区内的防汛抗旱防台风工作，把应急管理工作常态化，为应急管理在紧要时刻发挥作用奠定坚实基础。当灾害到来时，各级政府按照预案及时启动应急响应，按照责任逐级下派专家组或工作组，深入乡镇、村庄，深入基层一线开展防御工作。防汛指挥部对防灾抗灾工作实行统一领导，对有关部门和下一级防汛指挥部下达指令，监督指令执行情况，使灾前防御、灾时避险、灾后救助等阶段性重点工作真正落实到位。在指挥决策过程中，应科学指挥决策，优先保障人民的生命财产安全，落实应急措施，确保有序有效。

（3）做好水利基本建设，保护自然生态环境。近几十年来，由于各种原因，中国更多地在规划洪水使其驯服上下功夫，江河防洪以加高加固堤防为主，在加高加固堤围工程上还要继续加强，必须把江、河道清淤疏浚也同样重视起来。大江大河堤围近年来年年加高，但许多江河基本上被泥沙淤积抬高河床抵消了。只有两条措施一起抓，河道行洪能力才能提高。因此，在防洪涝灾害工作中应当采取蓄泄统筹，标本兼治相结合，治水与治山相结合，工程防治与生物防治相结合，合理规划，综合治理，将下降的水量进行合理再分配，减少洪涝灾害损失。要把绿化造林、大搞农田水利建设、建设旱涝保收的高产稳产农田作为防御洪涝灾害的根本措施来抓。首先要重视生态环境，加强江河上游水土保持，减少泥沙入江河量。对此，应在江河流域封山育林、限制采伐、涵养水源，治洪先要堵住水土流失这个洪灾之源。在山区做好水土保持，这是根治河流水患的重要环节，主要措施是植树造林、种牧草、修梯田、挖蓄水坑和蓄水塘等。第一，山区做好水土保持，上游建库、中下游筑堤、洼地开沟，就能调节蓄水，有蓄有排，收到既能防洪又能防旱的效果。第二，扭转重库轻堤、重建轻管的倾向。增加防洪投入，提高防洪工程标准，尽快扭转江河防洪能力普遍偏低的被动局面。修筑江河堤围，做好防治屏障，并建立排灌两用抽水机站。第三，疏通河道，还地于水，提高防洪行洪能力。消除堤坝内人为障碍物，严禁和限制围湖造田、围海造田，坚持退耕还湖，加快江河的水电工程建设进度，尽快发挥工程防洪调蓄的作用。第四，增强水患意识，提高大江大河防洪除涝能力。在江河的上游和各河流汇集的地方兴修水库，拦蓄洪水，调节河流夏涝冬枯的变化。

（4）利用科学技术，加强国际合作。及时准确地监测、预报和警报是防灾减灾工作的关键。在防御灾害过程中，气象、水文等部门充分利用现代化的监测手段，及时对洪涝灾害等进行监测预报，适时发出预警信息。省、市、县三级气象部门联动，在全面预报暴雨、台风、洪涝趋势的基础上，利用覆盖全省的多普勒雷达系统，对低空云团进行实时监测，进一步开展小范围的灾害性天气精确预报，并逐步延伸到对乡一级的监测预报。迅速发布预警信息和扩大信息覆盖面是应急工作的重要环节。预警信息的发布和传播渠道主要有：一是通过电视台、广播电台、政府网站等传媒，发布预警信号，插播洪水消息，向社会公众传播预警信息；二是政府组织电信营运商向手机用户发布防灾公益短信息，提醒群众注意防范；三是在紧急时刻，城镇拉响警报器，偏远乡村采取敲锣、鸣炮等事先约定的办法，传播预警信息和转移信号。当今社会是全球化的社会，世界各国联系更加紧密，政治经济文化等各个方面往来日益频繁，任何国家的发展都不可能离开这个国际背景，而且很多问题是世界性的问题，任何一个国家都不可能单独依靠自身的力量解决全球性的问题，必须加强合作，采取联合行动。经济关系、贸易交流、减灾救灾等诸多方面，都是全球性问题，是相互依存的，无一不需要开展合作，需要有共同遵守的规范。2005 年 7 月 5 日，胡锦涛同志在上海合作组织阿斯塔纳峰会上的讲话中指出，"要采取有效措施，开展和深化在文化、救灾、教育、旅游、新闻等领域的合作"。2006 年 4 月 19 日，胡锦涛同志在美国友好团体举行的晚宴上的讲话中再次指出："中方也愿同美方加强在环境保护、公共卫生、赈灾减灾等领域的磋商和协调。"同时，对一些发达国家防灾减灾抗灾工作中的经验应学习和借鉴，以提高我国防灾减灾抗灾工作的能力。

2.3　雪　　灾

雪灾也称白灾，是因长时间大量降雪造成大范围积雪成灾的自然现象。我国历史上出现过多次大雪灾，《资治通鉴》等书记载，长沙地区最早的大雪记录在 2000 年前，即公元前 37 年，西汉建昭二年，包括湖南长沙在内的楚地，降了一场深五尺、形成灾害的大雪。因为文献失记，直到唐帝国以后的五代十国时期（950 年），史书才第一次明确标记发生在长沙城的大雪，即"潭州大雪，盈四尺"。潭州治地即今天的长沙。明熹宗天启元年（1621 年），长沙、善化、益阳、浏阳等地大冰雪，在善化（即今天的湖南长沙）大椿桥刘宅，"六人，一夜俱冻死"；康熙年间湘江冰上"人马可行"；清嘉庆五年（1800 年），"长沙、善化、平江、湘乡、晃州厅，九月大雪，深尺许"。

1954 年的"大冰冻"起于 1954 年 12 月 26 日。当天晚上，"寒流开始第二次袭扰洞庭湖，洞庭湖全部堤岸很快就冰封雪盖了，堤岸上的树木被冰雪压得弓变低垂，数十里电线被冰凌坠折。气温由 20℃，骤然降到-8℃，风雪持续了 11 天，湖上的老人们说：这是洞庭湖 20 多年没见过的大严寒、大冰冻"。

1961 年湖南历史考古研究所编撰的《湖南自然灾害年表》记载：在中华人民共和国成立以前的湖南地区，有 40 日未解冻的（平江），冰冻达三个月之久。在冰雪为灾的日子里，湖南的冰冻，时常有大雪或连续降雨，有降雪连续四十余日的（永州）、有积雪由小除日至次年二月始霁的（安化）、有大雪深四五尺的（湘乡、湘阴、平江、邵阳）。不仅损害林木果蔬，冰毙人畜，而且阻碍交通。

2008 年 1 月 10 日，雪灾在南方暴发。受灾严重的地区有湖南、贵州、湖北、江西、广西北部、广东北部、浙江西部、安徽南部、河南南部。截至 2008 年 2 月 12 日，低温雨雪冰冻灾害已造成 21 个省（区、市、兵团）不同程度受灾，因灾死亡 107 人，失踪 8 人，紧急转移安置 151.2 万人，累计救助铁路公路滞留人员 192.7 万人；农作物受灾面积 1.77 亿亩，绝收 2530 亩；森林受损面积近 2.6 亿亩；倒塌房屋 35.4 万间；造成直接经济损失 1111 亿元人民币。

2.3.1　雪灾的形成

根据我国雪灾的形成条件、分布范围和表现形式，将雪灾分为 3 种类型：雪崩、风吹雪灾害（风雪流）和牧区雪灾。形成大范围的雨雪天气过程，最主要的原因是大气环流的异常，尤其是欧亚地区的大气环流发生异常。大气环流有着自己的运行规律，在一定的时间内维持一个稳定的环流状态。在青藏高原西南侧有一个低值系统，在西伯利亚地区维持一个比较高的高值系统，也就是气象上的低压系统和高压系统。这两个系统在这两个地区长期存在，低压系统给我国的南方地区，主要是南部海区和印度洋地区，带来比较丰沛的降水。而来自西伯利亚的冷高压，向南推进的是寒冷的空气。很明显，正常情况下，冬季控制我国的主要是来自西伯利亚的冷空气，使得中国大部地区干燥寒冷。而在一些特殊的年份，如 2008 年由于气候异常（受拉尼娜现象影响），西南暖湿气流北上影响我国大部分地区，而北边的高压系统稳定存在，从西伯利亚地区不断向南输送冷空气，冷暖空气在长江中下游及以南地区就形成了交汇，冷空气密度比较大，暖空气就会沿着冷空气层向上滑升，这样暖湿气流所携带的丰富的水汽就会凝结，形成雨雪天气。由于这种冷暖空气异常地在这一带地区长时间交汇，中国南方大范围的雨雪天气持续时间就比较长。

2.3.2　雪灾的类型

雪灾按其发生的气候规律可分为两类：猝发型和持续型。猝发型雪灾发生在暴风雪天气过程中或以后，在几天内保持较厚的积雪对牲畜构成威胁。多见于深秋和气候多变的春季，如青海省 2009 年 3 月下旬至 4 月上旬和 1985 年 10 月中旬出现的罕见大雪灾，便是近年来这类雪灾最明显的例子。持续型雪灾达到危害牲畜的积雪厚度随降雪天气逐渐加厚，密度逐渐增加，稳定积雪时间长。此型可从秋末一直持续到第二年的春季，如青海省 1974 年 10 月至 1975 年 3 月的特大雪灾，持续积雪长达 5 个月之久，极端最低气温降至零下三四十摄氏度。

根据调查资料分析，我国草原牧区大雪灾大致有十年一遇的规律。雪灾是中国牧区常发生的一种畜牧气象灾害，主要是指依靠天然草场放牧的畜牧业地区，由于冬半年降雪量过多和积雪过厚，雪层维持时间长，影响畜牧正常放牧活动的一种灾害。对畜牧业的危害，主要是积雪掩盖草场，且超过一定深度，有的积雪虽不深，但密度较大，或者雪面覆冰形成冰壳，牲畜难以扒开雪层吃草，造成饥饿，有时冰壳还易划破羊和马的蹄腕，造成冻伤，致使牲畜瘦弱，常常造成牧畜流产，仔畜成活率低，老弱幼畜饥寒交迫，死亡增多。同时还严重影响甚至破坏交通、通信、输电线路等生命线工程，对牧民的生命安全和生活造成威胁。雪灾主要发生在稳定积雪地区和不稳定积雪山区，偶尔出现在瞬时积雪地区。中国牧区的雪灾主要发生在内蒙古草原、西北和青藏高原的部分地区。

一般性的雪灾，其出现次数就更为频繁。据统计，西藏牧区 2～3 年一次，青海牧区也大致如此。新疆牧区，因各地气候、地理差异较大，雪灾出现频率差别也大，阿尔泰山区、准噶尔西部山区、北疆沿天山一带和南疆西部山区的冬牧场和春秋牧场，雪灾频率达 50%～70%，即在 10 年内有 5～7 年出现雪灾。其他地区在 30% 以下。雪灾高发区，也往往是雪灾严重区，如阿勒泰和富蕴两地区，雪灾频率高达 70%，重雪灾高达 50%。反之，雪灾频率低的地区往往是雪灾较轻的地区，如温泉地区雪灾出现频率仅为 5%，且属轻度雪灾。但不管哪个牧民大雪灾都很少有连年发生的现象。雪灾发生的时段，冬雪一般始于 10 月，春雪一般终于 4 月。危害较重的，一般是秋末冬初大雪形成的“坐冬雪”。随后又不断有降雪过程，使草原积雪越来越厚，以致危害牲畜的积雪持续整个冬天。雪灾发生的地区与降水分布有密切关系。例如，内蒙古牧区，雪灾主要发生在内蒙古中部的巴盟、乌盟、锡盟及昭盟和哲盟的北部一带，发生频率在 30% 以上，其中以阴山地区雪灾最重最频繁；西部因冬季异常干燥，则几乎没有雪灾发生。新疆牧区，雪灾主要集中在北疆准噶尔盆地四周降水多的山区牧场；南疆除西部山区外，其余地区雪灾很少发生。青海牧区，雪灾也主要集中在南部的海南、果洛、玉树、黄南、海西 5 个冬季降水较多的州。西藏牧区，雪灾主要集中在藏北唐古拉山附近的那曲地区和藏南日喀则地区。

2.3.3　雪灾的减灾措施

1. 国家指挥中心的成立

国务院煤电油运和抢险抗灾应急指挥中心，负责及时掌握有关方面的综合情况，统筹协调煤电油运和抢险抗灾中跨部门、跨行业、跨地区的工作。

2. "保交通"方面措施

受灾地区人民政府和铁路、交通、民航、公安、通信等部门启动应急预案，组织广大职工群众以及人民解放军、武警官兵、公安民警上路破冰除雪，采取多种措施畅通交通干线，疏导滞留车辆，救助滞留旅客。

3. "保供电"方面措施

及时启动电网大面积停电应急预案，在全国范围紧急抽调技术力量抢修受损设施，并采取调集柴油发电机（车）临时供电等措施；产煤省（区）加强煤炭企业组织生产，保证煤炭调出；铁路、交通部门突击抢运电煤；中国石油天然气集团公司、中国石油化工集团公司克服困难，千方百计保证成品油供应。

4. "保民生"方面措施

民政部、商务部及灾区各级人民政府迅速调拨发放救灾物资，妥善救助受灾群众和铁路、公路滞留人员。中央和地方财政部门及时安排和预拨各项救灾资金，及时预拨、增拨城乡低保资金；各级卫生部门及时派出医疗、防疫、卫生监督队伍救治伤病人员和受灾群众，要高度关注因灾滞留旅客的卫生保障和防病治病工作，做好有关卫生应急物资准备；建设部门加强对城镇受损基础设施修复工作；农业部门加强对抗灾救灾的技术指导和服务，及时调度救灾种子和急需物资；林业部门进行保树保苗，抢救被困的林业职工；商务、粮食部门投放储备肉和粮食、食用植物油，加强蔬菜产销衔接；供销社系统积极组织麻袋、草袋等抗灾物资和农村生活必需品的购销调运工作；交通、物价、财政部门减免鲜活农产品道路通行费和运销环节收费，加强市场价格监管。

2.4　沙　尘　暴

沙尘暴是指强风将地面尘沙吹起使空气混浊，水平能见度小于 1km 的天气现象。沙尘暴是干旱地区特有的一种灾害性天气。强沙尘暴的风力可达 12 级以上，沙尘暴产生的强风能摧毁建筑物、树木等，造成人员伤亡，刮走农田表层沃土，使农作物根系外露，通常以风沙流的形式淹没农田、渠道、房屋、道路、草场等，使北方脆弱的生态环境进一步弱化；恶劣的能见度可造成机场关闭及引发各种交通事故。我国沙尘暴主要集中在春季，塔里木盆地周围、河西走廊—陕北一线、内蒙古阿拉善高原、河套平原和鄂尔多斯高原是沙尘的多发区。近 50 年来，除青海、内蒙古和新疆局部地区沙尘日数增多外，我国北方大部分地区的沙尘日数在减少。1993 年 5 月 5 日发生在甘肃武威地区的强沙尘暴，致使87 人死亡，31 人失踪，直接经济损失约 6 亿元。2001 年 4 月上旬宁夏、内蒙古出现强沙尘暴，有 2.5 万头（只）牲畜丢失或死亡，直接经济损失达 1.5 亿元。2002 年 4 月 5～9日，内蒙古、河北及辽宁等地的部分地区出现强沙尘暴，致使内蒙古 9 人死亡，1.5 万头（只）牲畜丢失或死亡。2004 年 3 月 26～28 日，沙尘暴造成锡林郭勒盟 5000 多只牲畜走失或死亡，苏尼特左旗 22 人走失；造成全国 1200 多架次航班延误。

2.4.1 沙尘暴形成的条件

有利于产生大风或强风的天气形势，有利的沙、尘源分布和有利的空气不稳定条件是沙尘暴或强沙尘暴形成的主要原因。强风是沙尘暴产生的动力，沙、尘源是沙尘暴物质基础，不稳定的热力条件是利于风力加大、强对流发展，从而夹带更多的沙尘，并卷扬得更高。除此之外，前期干旱少雨、天气变暖、气温回升，是沙尘暴形成的特殊的天气气候背景；地面冷锋前对流单体发展成云团或飑线是有利于沙尘暴发展并加强的中小尺度系统；有利于风速加大的地形条件即狭管作用，是沙尘暴形成的有利条件之一。

总之，沙尘暴的形成需要三个条件：一是地面上的沙尘物质。它是形成沙尘暴的物质基础。二是大风。这是沙尘暴形成的动力基础，也是沙尘暴能够长距离输送的动力保证。三是不稳定的空气状态。这是重要的局地热力条件。沙尘暴多发生于午后傍晚说明了局地热力条件的重要性。除此之外，过度放牧、开荒破坏草场、破坏绿化导致无法有效地阻挡风沙，也是形成沙尘暴的原因之一。

2.4.2 沙尘暴的危害

沙尘暴天气是中国西北地区和华北北部地区出现的强灾害性天气，沙尘暴可造成房屋倒塌、交通供电受阻或中断、火灾、人畜伤亡等，污染自然环境，破坏作物生长，给国民经济建设和人民生命财产安全造成严重的损失和极大的危害。沙尘暴的危害主要在以下几方面。

1. 生态环境恶化

出现沙尘暴天气时狂风裹挟的沙石、浮尘到处弥漫，凡是经过的地区空气混浊、呛鼻迷眼、呼吸道等疾病人数增加。例如，1993 年 5 月 5 日发生在金昌市的强沙尘暴天气，监测到的室外空气含尘量为 1016mm/cm^3，室内为 80mm/cm^3，超过国家规定的生活区内空气含尘量标准的 40 倍。

2. 生产生活受影响

沙尘暴天气携带的大量沙尘蔽日遮光，天气阴沉，造成太阳辐射减少，几小时到十几个小时恶劣的能见度，容易使人心情沉闷，工作学习效率降低。轻者可使大量牲畜患染呼吸道及肠胃疾病，严重时将导致大量"春乏"牲畜死亡，刮走农田沃土、种子和幼苗。沙尘暴还会使地表层土壤风蚀、沙漠化加剧，覆盖在植物叶面上厚厚的沙尘，会影响正常的光合作用，造成作物减产。沙尘暴还使气温急剧下降，天空如同撑起了一把遮阳伞，地面处于阴影之下而变得昏暗、阴冷。

3. 生命财产损失

1993 年 5 月 5 日，发生在甘肃省金昌市、武威市、武威市民勤县、白银市等地市的强沙尘暴天气，受灾农田 253.55 万亩，损失树木 4.28 万株，造成直接经济损失达 2.36 亿元，死亡 85 人，重伤 153 人。2000 年 4 月 12 日，永昌、金昌、武威、民勤等地市强沙尘暴天气，据不完全统计，仅金昌、武威两地市直接经济损失达 1534 万元。

4. 影响交通安全

影响交通安全（飞机、火车、汽车等交通事故）。沙尘暴天气经常影响交通安全，造成飞机不能正常起飞或降落，使汽车、火车车厢玻璃破损、停运或脱轨。

5. 危害人体健康

当人暴露于沙尘天气中时，含有各种有毒化学物质、病菌等的尘土可透过层层防护进入口、鼻、眼、耳中。这些含有大量有害物质的尘土若得不到及时清理将对这些器官造成损害，或者病菌以这些器官为侵入点，引发各种疾病。

2.4.3　沙尘暴的防控措施

1. 宏观措施

（1）广泛深入地开展环保意识的宣传教育，提高全民族的思想认识水平。关心、爱护环境，自觉地参与改造和建设环境，形成全社会的风尚。

（2）完善法律法规，强化执法监督，依法保护环境，促进荒漠化防治。

（3）发展荒漠化地区的各类科教事业。培养基层的科技技术力量，尽快完善农村科技市场，搞好科技服务，提高荒漠化地区群众的文化技术素质。

（4）建立先进的荒漠化动态监测与预报系统，做好决策、信息管理与服务。

（5）建立有效的防治荒漠化的投资机制和符合现阶段国情的经营机制。加强防治荒漠化的国际交流与合作，争取资金与外援。

（6）在荒漠化地区开展持久的绿色革命，以加速荒漠化过程逆转，逐步改善农业生态系统的基础功能。

（7）加快产业结构调整，按照市场要求合理配置农、林、牧、副各业比例，积极发展养殖业、加工业，分流农村剩余劳动力，减轻人口对土地的压力。

（8）优化农牧区能源结构，大力倡导和鼓励人民群众利用非常规能源，如风能、光能，以减轻对林、草地等资源的破坏。

2. 技术措施

1）生物措施

（1）封沙育林育草，恢复天然植被。

（2）飞机播种造林种草固沙。

（3）通过植物播种、扦插、植苗造林种草固定流沙。

（4）建立风沙区防护林体系。

（5）沙区牧场防护林。

2）工程措施

沙障固沙：用枝条、柴草、秸秆、砾石、黏土、板条、塑料板及类似材料在沙面设置各种形式的障碍物，以控制风沙流方向、速度、结构，达到固沙、阻沙、拦沙、防风、改造地形等目的。沙障作用重大，是生物措施无法替代的。

化学固沙措施：将稀释的有一定胶结构的化学物质喷洒于流沙表面，水分迅速下渗，化学物则滞留在一定厚度（1～5mm）沙层间隙中，形成一层坚硬的保护壳，以增强沙表层抗风蚀能力，达到固沙目的。目前已研究出几十种化学固沙材料，但由于成本高，未普及推广。

风力治沙：是以输出为主的治沙措施，减小粗糙度，使风力加强，风沙流呈不饱和状态，造成拉沙和地表风蚀的效果。

农业措施：一是发展水利，扩大灌溉面积，增施肥料，改良土壤；二是防风蚀旱农作业措施，带状耕作、伏耕压青、种高秆作物等。

2.5　地　震　灾　害

地震又称地动、地振动，是地壳快速释放能量过程中造成振动，期间会产生地震波的一种自然现象。地球上板块与板块之间相互挤压碰撞，造成板块边沿及板块内部产生错动和破裂，是引起地震的主要原因。地震开始发生的地点称为震源，震源正上方的地面称为震中。破坏性地震的地面振动最烈处称为极震区，极震区往往也就是震中所在的地区。地震常常造成严重人员伤亡，能引起火灾、水灾、有毒气体泄漏、细菌及放射性物质扩散，还可能造成海啸、滑坡、崩塌、地裂缝等次生灾害。

据统计，地球上每年发生 500 多万次地震，即每天要发生上万次地震。其中绝大多数太小或太远，以至于人们感觉不到；真正能对人类造成严重危害的地震有一二十次；能造成特别严重灾害的地震有一两次。人们感觉不到的地震，必须用地震仪才能记录下来；不同类型的地震仪能记录不同强度、不同距离的地震。世界上运转着数以千计的各种地震仪器日夜监测着地震的动向。当前的科技水平预测地震难度很大，未来相当长的一段时间内，也是很难准确地预测地震的。对于地震，人们更应该做的是提高建筑抗震等级、做好防御，而不是预测地震。我国发生的严重危害地震：

1556 年中国陕西华县 8 级地震，死亡人数高达 83 万人。是目前世界已知死亡人数最多的地震。

1668 年 7 月 25 日晚 8 时左右，山东郯城地震震级为 8.5 级，波及 8 省 161 县，是中国历史上最大的地震之一，破坏区面积 50 万 km^2 以上，史称"旷古奇灾"。

1920 年 12 月 16 日 20 时 5 分 53 秒，中国宁夏海原县发生震级为 8.5 级的强烈地震。死亡 24 万人，毁城四座，数十座县城遭受破坏。

1927 年 5 月 23 日 6 时 32 分 47 秒，中国甘肃古浪发生震级为 8 级的强烈地震。死亡 4 万余人。地震发生时，土地开裂，冒出发绿的黑水——硫磺，毒气横溢，熏死饥民无数。

1932 年 12 月 25 日 10 时 4 分 27 秒，中国甘肃昌马堡发生震级为 7.6 级的大地震。死亡 7 万人。地震发生时，有黄风白光在黄土墙头"扑来扑去"；山岩乱蹦冒出灰尘，中国著名古迹嘉峪关城楼被震坍一角；疏勒河南岸雪峰崩塌；千佛洞落石滚滚，余震频频，持续竟达半年。

1933 年 8 月 25 日 15 时 50 分 30 秒,中国四川茂县叠溪镇发生震级为 7.5 级的大地震。地震发生时，地吐黄雾，城郭无存。巨大山崩使岷江断流，壅坝成湖。

1950 年 8 月 15 日 22 时 9 分 34 秒，中国西藏察隅县发生震级为 8.6 级的强烈地震。喜马拉雅山几十万平方千米大地瞬间面目全非：雅鲁藏布江在山崩中被截成四段；整座村庄被抛到江对岸。

邢台地震由两个大地震组成：1966 年 3 月 8 日 5 时 29 分 14 秒，河北省邢台专区隆尧县发生震级为 6.8 级的大地震，1966 年 3 月 22 日 16 时 19 分 46 秒，河北省邢台专区宁晋县发生震级为 7.2 级的大地震，共死亡 8064 人，伤 38 000 人，经济损失约 10 亿元。

1970 年 1 月 5 日 1 时 0 分 34 秒，中国云南省通海县发生震级为 7.7 级的大地震。死亡 15621 人，伤残 32 431 人。为中国 1949 年以来继 1954 年长江大水后第二个死亡万人以上的重灾。

1975 年 2 月 4 日 19 时 36 分 6 秒，中国辽宁省海城县发生震级为 7.3 级的大地震。此次地震被成功预测、预报、预防，使更为巨大和惨重的损失得以避免，它因此被称为 20 世纪地球科学史和世界科技史上的奇迹。

1976 年 7 月 28 日 3 时 42 分 54 点 2 秒，中国河北省唐山市发生震级为 7.8 级的大地震。死亡 24.2 万人，重伤 16 万人，一座重工业城市毁于一旦，直接经济损失 100 亿元以上，为 20 世纪世界上人员伤亡最大的地震。

1988 年 11 月 6 日 21 时 3 分、21 时 16 分，中国云南省澜沧、耿马发生震级为 7.6 级（澜沧）、7.2 级（耿马）的两次大地震。相距 120km 的两次地震，时间仅相隔 13min，两座县城被夷为平地，伤 4105 人，死亡 743 人，经济损失约 25.11 亿元。

2008 年 5 月 12 日 14 时 28 分，四川汶川县（31.0°N，103.4°E），发生震级为 8.0 级地震，直接严重受灾地区达 10 万 km^2。截至 7 月 4 日 12 时，四川汶川地震已造成 69 225 人遇难、374 640 人受伤、18 624 人失踪，紧急转移安置 1500.6341 万人，累计受灾人数 4624 万人。

2013 年 04 月 20 日 08 时 02 分在四川省雅安市芦山县（30.3°N，103.0°E）发生 7.0 级地震，震源深度 13km。造成重大人员伤亡和财产损失。据中国地震局消息，地震遇难人数 193 人，10 974 人受伤，累计造成 38.3 万人受灾。

2.5.1　地震的形成

地震是一种极其普通和常见的自然现象，但由于地壳构造的复杂性和震源区的不可直观性，关于地震特别是构造地震是怎样孕育和发生的、其成因和机制是什么的问题至今尚无完满的解答，但目前科学家比较公认的解释是构造地震是由地壳板块运动造成的。据统计，全球有 85% 的地震发生在板块边界上，仅有 15% 的地震与板块边界的关系不那么明显。而地震带是地震集中分布的地带，在地震带内地震密集，在地震带外，地震分布零散。由于地球在无休止地自转和公转，其内部物质也在不停地进行分异，所以围绕在地球表面的地壳，或者说岩石圈也在不断地生成、演变和运动，这便促成了全球性地壳构造运动。关于地壳构造和海陆变迁，科学家经历了漫长的观察、描述和分析，先后形成了不同的假说、构想和学说。板块构造学说又称新全球构造学说，则是形成较晚（20 世纪 60 年代），已为广大地学工作者所接受的一个关于地壳构造运动的学说。地球表层的岩石圈称作地壳。地壳岩层受力后快速破裂错动引起地表振动或破坏就称为地震。由地质构造活动引发的地震称为构造地震；由火山活动造成的地震称为火山地震；固岩层（特别是石灰岩）塌陷引起的地震称为塌陷地震。

2.5.2 地震的危害

地震，是地球上所有自然灾害中给人类社会造成损失最大的一种地质灾害。破坏性地震往往在没有什么预兆的情况下突然来临，大地震撼、地裂房塌，甚至摧毁整座城市，并且在地震之后，火灾、水灾、瘟疫等严重次生灾害更是雪上加霜，给人类带来了极大的灾难，主要包括以下几方面：

（1）房屋修建在地面，量大面广，是地震袭击的主要对象。房屋坍塌不仅造成巨大的经济损失，而且直接恶果是砸压屋内人员，造成人员伤亡和室内财产破坏损失。

（2）人工建造的基础设施，如交通、电力、通信、供水、排水、燃气、输油、供暖等生命线系统，大坝、灌渠等水利工程等，都是地震破坏的对象，这些结构设施破坏的后果也包括本身的价值和功能丧失两个方面。城镇生命线系统的功能丧失还给救灾带来极大的障碍，加剧地震灾害。

（3）工业设施、设备、装置的破坏显然带来巨大的经济损失，也影响正常的供应和经济发展。

（4）牲畜、车辆等室外财产也遭到地震的破坏。

（5）地震引起的山体滑坡、崩塌等现象还破坏基础设施、农田等，造成林地和农田的损毁。

世界上主要有三大地震带：①环太平洋地震带：分布在太平洋周围，包括南北美洲太平洋沿岸和从阿留申群岛、堪察加半岛、日本列岛南下至中国台湾省，再经菲律宾群岛转向东南，直到新西兰。这里是全球分布最广、地震最多的地震带，所释放的能量约占全球的四分之三。②欧亚地震带：从地中海向东，一支经中亚至喜马拉雅山，然后向南经中国横断山脉，过缅甸，呈弧形转向东，至印度尼西亚；另一支从中亚向东北延伸，至堪察加，分布比较零散。③大洋中脊地震活动带：此地震活动带蜿蜒于各大洋中间，几乎彼此相连。总长约 65 000km，宽 1000～7000km，其轴部宽 100km 左右。大洋中脊地震活动带的地震活动性较之前两个带要弱得多，而且均为浅源地震，尚未发生过特大的破坏性地震。此外，还有大陆裂谷地震活动带，该带与上述三个带相比规模最小，不连续分布于大陆内部。在地貌上常表现为深水湖，如东非裂谷、红海裂谷、贝加尔裂谷、亚丁湾裂谷等。

中国的地震活动主要分布在 5 个地区，这 5 个地区是：台湾省及其附近海域；西南地区，包括西藏、四川中西部和云南中西部；西部地区，主要在甘肃河西走廊、青海、宁夏以及新疆天山南北麓；华北地区，主要在太行山两侧、汾渭河谷、阴山—燕山一带、山东中部和渤海湾；东南沿海地区，广东、福建等地。从中国的宁夏，经甘肃东部、四川中西部直至云南，有一条纵贯中国大陆、大致呈南北走向的地震密集带，历史上曾多次发生强烈地震，被称为中国南北地震带。2008 年 5 月 12 日汶川 8.0 级地震就发生在该带中南段。该带向北可延伸至蒙古境内，向南可到缅甸。

2.5.3　地震的防灾措施

1. 地震的预报

预报地震的方法大体有三种：地震地质法、地震统计法、地震前兆法，但三者必须相互结合、相互补充，才能取得较好的效果。

尽管地震预报还没有过关，但是地震工作者根据长期的理论研究和工作实践，形成了一定的地震预报体系，当然这种体系并不十分有效，有待于进一步改进和完善。目前的预报主要建立在理论计算和前兆观测的基础上。

（1）测震学预报方法：简称"以震报震"。用地震活动的空间、时间、强度的变化来预报地震三要素的一类方法，包括波速比、b 值、围空、条带、统计预报等。目前，以震报震的方法得到地震工作者越来越多的重视，常作为综合分析预报的主要依据之一。

（2）地震前兆观测：根据地震前兆监测设施所提供的资料，经过一定的处理，提取异常，预报地震。常见的前兆监测手段有地下水观测、地形变观测、电地场观测等。

（3）宏观异常：通过人的感官所能发现的一类地震前异常现象。主要包括动物的习性异常、地下水水位的涨落、水井翻花冒泡、浮油花、变色、地光、火球、果树重花等。大面积、短时间内大量出现这类异常，是最准确的地震来临的信号。相信随着地震科普知识和通信设施的不断普及，利用宏观异常预报地震的可能性会越来越大。

为了不同的用途和目的，地震预报分为四个类型。按照国家的标准说法，对十年以后的破坏型地震预报称为长期预报，两年以后的称为周期预报，三个月以后的称为短期预报，十天左右以后的称为临震预报。长期预报在将来工业、民用建筑、经济发展以及城市布局上非常有用，也很重要。国家对一些危险程度高，或者地震密度值高的地方，要求建筑物采取设防的要求高一些，要求它有起码的抵御能力。有些在地震前采取人员疏散措施，而有些采取紧急疏散措施等。地震预报就不一样，因为有严重的社会后果，政府必须采取措施，所以国家对地震预报有严格的规定。各个地方的地震预报权不在地震预报部门，不在科学家，而是政府，各个省市都有地震预报，当然地震部门首先要提出有根据性的预报，报告政府，政府马上作出决策。

2. 地震防御措施

1）工程性防御措施

地震灾害主要是由于工程结构物的地震破坏，因此，加强工程结构抗震破坏，提高现有工程结构的抗震能力的工程性措施是减灾的重要手段。抗震设防主要对建（构）筑物而言，是加强建（构）筑物抗震能力或水平的综合性工作。新建工程抗震设防工作应在场地、设计、施工三个方面严格把关，即由地震部门审定场地的抗震设防标准，设计部门按照抗震设防标准进行结构抗震设计，施工单位严格按设计要求施工，建设部门检查验收。已建工程可视工程的重要程度和风险水平进行抗震性能鉴定，并补做相应的抗震加固。

2）非工程性防御措施

建立健全的法律法规，编制防震减灾规划，制订地震应急预案，组织地震科普宣传，特别是各级人民政府依照法律的规定，协调全社会做好各方面的防震减灾准备。

3. 地震后的救灾措施

地方抗震救灾指挥部组织各类专业抢险救灾队伍开展人员搜救、医疗救护、灾民安置、次生灾害防范和应急恢复等工作。上级抗震救灾指挥部根据工作实际需要或下级抗震救灾指挥部请求，协调派遣专业技术力量和救援队伍，组织调运抗震救灾物资装备，指导下级开展抗震救灾各项工作；必要时，请求国家有关部门予以支持。

中国地震局等国家有关部门和单位协助地方做好地震监测、趋势判定、房屋安全性鉴定和灾害损失调查评估，以及支援物资调运、灾民安置和社会稳定等工作。必要时，派遣公安消防部队、地震灾害紧急救援队和医疗卫生救援队伍赴灾区开展紧急救援行动。

4. 灾后重建

1）恢复重建规划

特别重大地震灾害发生后，按照国务院决策部署，国务院有关部门和灾区省级人民政府组织编制灾后恢复重建规划；重大、较大、一般地震灾害发生后，灾区省级人民政府根据实际工作需要组织编制地震灾后恢复重建规划。

2）恢复重建实施

灾区地方各级人民政府应当根据灾后恢复重建规划和当地经济社会发展水平，有计划、分步骤地组织实施本行政区域灾后恢复重建。上级人民政府有关部门对灾区恢复重建规划的实施给予支持和指导。

2.6 自然疫源性疾病的危害

传染源在一定具体条件下，病原体向周围传播时可能波及的范围称为疫源地，包括传染源的停留场所和传染源周围区域。构成疫源地两个不可缺少的条件：①传染源的存在；②病原体能够从传染源向外散播。每个传染源都可单独构成一个疫源地，但是在一个疫源地内也可同时存在一个以上的传染源。

2.6.1 自然疫源地与自然疫源性疾病

自然疫源性疾病本来存在于动物中，引起动物发病或不发病。若干种动物源性传染病（动物作为传染源的疾病），如鼠疫、森林脑炎、兔热病、蜱传回归热、钩端螺旋体病（下称钩体病）、恙虫病、肾综合征出血热、乙型脑炎、炭疽、狂犬病、莱姆病、布鲁氏菌病等，经常存在于某地区，是由于该地区具有该病的动物传染源、传播媒介及病原体在动物间传播的自然条件，当人类进入这种地区时可能被感染得病，这些地区称为自然疫源地，这些疾病称为自然疫源性疾病。

自然疫源性疾病的病原体能在自然界动物中生存繁殖，在一定条件下，可传播给人。自然疫源性疾病进入人类社会，与社会经济、技术的发展，生态环境的破坏，人群特征变化，人类不良行为方式以及卫生保健政策等许多社会因素有密切关系。

新发现的病原体相当一部分属于动物源性，如禽流感、朊毒体病、埃博拉出血热、Nipah 病毒性脑炎、Hendra 病毒性脑炎、人欧利希氏体病、猫抓病、莱姆病等，寄生于野生动物和家畜中的病原体，通过某些途径传染给人。

在森林深处猴类中带有埃博拉病毒，加蓬采金者到森林深处砍伐，吃了猩猩肉，感染了埃博拉病毒而发病，死亡 13 人。1976 年由于非洲当地的居民吃了森林里死去的灵长类动物，引起挨博拉出血热的流行，造成 270 人死亡。瑞士一位女科学家在科特迪瓦西部，解剖一只可能是通过吸血昆虫而传播的死亡黑猩猩而受到感染。

SARS 也可能来源于动物，WHO 专家分析了 900 个 SARS 病例，其中 5% 是食品商人或厨师，从事这些职业的人在普通肺炎患者中的比例小于 1%。专家在野生动物果子狸、獾、貉、猴、蝙蝠、蛇等的样品检到与 SRAS 病毒基因序列几乎完全一致的冠状病毒。广东省 13 市 SARS 首发病例流行病学分析，与动物接触机会较多的厨师发病相对集中。广东人在秋、冬季习惯食野生动物。2002 年、2003 年两年的 SARS 首发都在广东，又都在秋冬季，这其中可能存在联系，加上在动物身上找到基因序列与病人身上的 SARS-CoV 序列极相似的病毒，更可推断 SARS 的源头可能来自于动物。

2.6.2　影响自然疫源性疾病的因素

1. 自然疫源性疾病的地方性及季节性

当传染源是动物时，地理、气候及气象等因素都能对传染源有显著的影响。我国北方以黄鼠作为传染源的鼠疫，存在这些动物的地方才有这种鼠疫；黄鼠在寒冷季节冬眠，鼠疫菌在其体内转入潜伏状态，只有当气温转暖，黄鼠出蛰后，才在它们中间发生鼠疫。人只在啮齿动物活跃的温暖季节感染鼠疫（肺鼠疫为例外）。在南方，稻田夏收夏种时鼠活动猖獗，鼠尿污染田水的机会较大，容易形成钩体病流行。

2. 动物的危险程度

动物作为传染源的危险程度主要取决于人们与受染动物及其分泌物、排泄物等接触的机会和密切程度。动物的感受性、敏感性与年龄有关。幼年动物易于感染疾病，而一些携带病原体时间长的疾病，如钩体病，成年鼠感染率也高，其所占比例越大，发生钩体病流行的可能性也越大。同种病原体在不同种动物体内携带时间不同，一般携带时间久者，流行病学研究意义较大。动物进入冬眠状态后，病原体的繁殖受抑制，不起传染源作用。

3. 地形地貌作用

土质疏松地带（沙漠、草原、耕地、沙土地）适于鼠类作洞繁殖，植物种类丰富时有利于鼠类生存繁殖。反之，土质坚硬、植物缺少、鼠类天敌种类多的地区鼠类生存受到限制。所以，以鼠类为传染源的疾病，如鼠疫多局限于草原和沙土地带。南方丘陵地区水域较多，容易形成钩端螺旋体传播的途径，因此钩体病在南方丘陵地区发病率较高。

4. 蚊的作用

蚊是乙型脑炎的传播途径，气温在 25～35℃时蚊活动较多，吸血也频繁；此时雨量较多，地面上积水增多，形成了蚊的滋生条件，因此乙型脑炎的流型季节在春、夏季。

人在草地或森林活动，有更多的机会被恙虫叮咬。除了自然因素，社会因素也对自然疫源性疾病的流行有一定影响。近年来随着各种动物宠物进入家庭，弓形虫、狂犬病的发病率有所增加。

2.6.3　自然疫源性疾病对人类的危害

1. 缺乏特异性免疫力

人类一般对这些疾病缺乏特异性免疫力，通常感染后难以控制，容易漫延，尤其新出现的传染病。

2. 可能带给机体严重的病理损伤

由于这些病原体的抗原对人类来讲都是新的，感染后一旦启动了机体的免疫反应就可能对机体造成严重的病理损伤。2003 年 SARS 流行时，患者的临床过程很凶险，特别在每一个新出现的疫区，都集中出现了一些危重病例。

3. 警惕性不高时束手无策

由于自然疫源性疾病常存在一个特定的环境，动物与病原体之间已有长久的接触过程，已达到一定的动态平衡，因此这个特定的环境表面上很平静，这就让人类放松了警惕，一旦感染得病可能会束手无策。20 世纪 50 年代后期，广州某中学就有学生到郊外感染了钩端螺旋体后，因警惕性不高而延误了治疗的沉痛教训。

4. 给人类社会带来不稳定的因素

近三十年出现的新传染病多数是自然疫源性疾病，人类缺乏认识，在治疗和预防上都是空白。由于容易漫延、临床表现凶险，这些自然疫源性疾病，如埃博拉出血热、禽流感病、疯牛病、SARS 等给人类社会带来极大的恐慌。

2.6.4　自然疫源性疾病的防治

（1）自然疫源性疾病的治疗原则关键在于了解引起疾病的病原体。一般来说，细菌、螺旋体、立克次体等引起的疾病都有特效治疗。新发现的传染病往往未能及时研制出疫苗，使预防工作更加困难。

（2）一旦出现新的自然疫源性疾病，必须追寻传染的源头。注意有些动物病常常有多种动物可以作为一种病的传染源，如自然感染鼠疫的啮齿动物有 164 种以上；自然感染森林脑炎的动物除哺乳类外，还有许多种鸟类；Q 热立克次体能存在于大砂土鼠、细趾黄鼠、雀、燕等；除家畜外，羚羊、黄鼠、砂土鼠体内有布鲁氏杆菌的存在。而同一种动物可以是多种病的传染源，如鼠可以是肾综合征出血热、钩体病、鼠疫等病的传染源。所以在调查与防治这些动物病时，应该全面调查某地区的动物传染源，以便能采取有效的措施。

（3）从环境保护入手预防自然疫源性疾病。病原的传播很可能是人与动物密切接触造成的。病原变异与自然环境的变化，特别是与环境污染有密切关系。为了抵御将来可能发生的类似灾害，倡导每个公民都应反思自己的行为方式，切实提高环保意识，尊重自然，珍爱生命，不污染环境，不破坏生态，不危害野生动物，倡导生态文明，倡导科学、健康、环保的行为方式和消费方式。

2.7　地方性疾病的危害

地方病是指一定地区内发生的生物地球化学性疾病、自然疫源性疾病和与特定的生产生活方式有关的疾病的总称。地方病主要发生在广大农村、山区和牧区等偏僻地带。

判断某病属于地方性疾病的依据是：

（1）居住在该地区的各人群发病率均高。

（2）其他地区居住的人群发病率低，甚至不发病。

（3）迁入该地区的人经过一定时间后，发病率同当地居民一致。

（4）当地居民迁出该地区后，发病率可下降，症状减轻，或者自愈。

（5）除人类外，当地的易感动物也可发生同样的疾病。

2.7.1　地方病的种类

根据其存在的形式，地方病可以分为两大类：

（1）自然地方性疾病：主要受某些地区自然环境的影响，使一些疾病只在这些地区存在，包括碘缺乏病、地方性氟中毒、地方性砷中毒等。

（2）自然疫源性疾病：鼠疫、布鲁氏杆菌病等。

2.7.2　布鲁氏杆菌病

布鲁氏杆菌病，简称布病，俗称懒汉病、羊儿病，是由布鲁氏杆菌引起的一种以全身系统损害为特征的人畜共患传染病。布病主要传染源是患布病的家畜以及患布病啮齿类动物，如羊、牛、猪、鹿、马、骆驼、狗、鼠、家兔、猫等。

布病的主要传播途径：

（1）经皮肤黏膜直接接触感染，如接产员、兽医、饲养、放牧、皮毛加工、屠宰、挤奶，直接接触被病畜污染的水源、土壤、草场、工具，从事布病防治的医生、检验人员等。

（2）经消化道感染：主要是食入被污染的水或食物，经口腔、食道黏膜进入体内，如吃生拌或未经煮熟的肉类，不洗手直接拿食物吃等。

（3）经呼吸道感染：人吸入了被布氏菌污染的飞沫、尘埃，如皮毛加工、饲养放牧、打扫畜圈卫生等。

布病临床主要表现：

（1）发烧，呈长期低热状态，也有波浪状或弛张性发热等。

（2）患者多汗，尤其发病初期更为明显，经常出现骨关节疼痛、肿胀等。

（3）乏力、食欲不振、精神倦怠等类似于感冒。

（4）影响生殖。

布病患者及时治疗，方法得当，一般预后良好。所以，为防止布病由急性转为慢性，反复发作，影响身体健康，患者应遵循以下原则：早发现、早诊断、早治疗，以抗菌为主，联合、规范、全程用药治疗。注意休息，加强营养。

布病预防控制措施：布病预防的三个重要环节为控制传染源、切断传播途径、保护易感人群。

1. 控制传染源

加强畜间检疫管理，买卖家畜要有免疫证和检疫证，避免将病羊买回家；对于检疫阳性的病畜要全面扑杀，病畜流产物要严格进行深埋（0.5m 以下）或烧毁处理。对家畜进行布氏菌苗有效免疫，保护健康畜群，避免布病在畜间流行和蔓延。

2. 切断传播途径

（1）家畜要圈养，不得散养或串街乱走。

（2）家畜远离农舍、居民点和饮用水源，减少人与畜的接触机会，避免水源被污染。

（3）对于病畜及其流产物污染的圈舍和场地要彻底清理和消毒。

（4）各种乳和乳制品要消毒后食用；切记不食生拌肉或未熟透的肉。

（5）皮毛加工、检疫检验和畜圈清扫等从业人员工作时要穿工作服、戴帽子、口罩和手套。

（6）接羔助产人员、屠宰工人，除备有工作服、帽子、口罩外，还应戴橡皮围裙、胶皮手套和胶靴，不要赤手抓流产物和屠宰家畜。

3. 保护易感人群

重点人群接种布氏菌活菌苗，可预防布病的发病。如有不适及早就医，尤其是感冒两周以上不愈者，应做布氏凝集试验。

2.7.3 碘缺乏病

碘缺乏病是由于自然环境缺碘而对人体造成损害，可表现出各种疾病形式，主要包括地方性甲状腺肿、地方性克汀病、地方性亚临床型克汀病及影响生育出现的不育症、早产儿、死产、先天畸形儿等；还可导致儿童智力和体格发育障碍，造成碘缺乏地区人口的智能损害。

碘在自然界的分布特别广泛，岩石、土壤、水、植物和动物中都有分布，空气中也含有微量碘，但在不同地区，碘的分布是不均匀的。

地球的土壤中碘含量曾经非常丰富，后来，在距今 8000～18000 年第四纪冰川期的末期，很多地区的冰川融化成冰水从高处向低处流淌，含碘丰富的土壤被大量冲入大海，而新生的土壤中含量很低。此外，大量的降雨或洪水泛滥，造成水土流失，也使土壤中的碘不断丢失，致使山区、丘陵地带和平原上的土壤含碘减少。大量的碘被冲入大海，所以海水是最大的"碘库"，同样，海洋中的海带、海鱼和贝类等动植物含碘量都很高。

人体可以通过食物、饮水等方式食入和吸收碘，但主要是通过食物吸收的，80%～90%来自食物，10%～20%来自饮水，不足 5%来自空气。人体的碘实际上主要取决于土壤中的碘含量。土壤含碘少，生长在这种土壤的作物，其含碘量也是较低的，人类及动物吃了这种含碘低的粮食而造成碘摄入不足，时间一长就会患病。

人每天吃的碘主要集中在甲状腺中。甲状腺能产生甲状腺激素，对于动物包括人具有特殊的意义。甲状腺激素可以调节身体的代谢活动，提供人的生活活动所必需的能量，维持恒定的体温；还可以促进身体骨骼、肌肉和性的生长发育；更为重要的是甲状腺激素可以促进人的大脑智力发育，特别是胎儿期和 0～2 岁的儿童期。

碘缺乏对人体健康的危害：

（1）地方性甲状腺肿大。人体轻度缺碘时，一部分颈部的甲状腺会出现明显肿大，俗称"粗脖子"、"大脖子病"。

（2）地方性克汀病。胎儿期或新生儿期碘缺乏严重时，会发生地方性克汀病，即"呆小病"，随着他们逐渐长大，会表现为明显的智力缺陷，具有典型的痴呆表情，身材矮小，聋哑，甚至瘫痪在床，即所说的"呆、小、聋、哑、瘫"。碘缺乏病对人类的最大危害是造成智力损伤。

（3）地方性亚临床克汀病。胎儿期碘缺乏程度较轻或时间较短，没有克汀病那么明显的表现，但会有轻度的智力低下、轻度的神经损伤或甲状腺功能减退。因为亚临床克汀病的发生率远超过克汀病，而且不容易被发觉，甚至专业人员也难以诊断。

碘缺乏病的预防：碘盐中碘的浓度是 20～50mg/kg，每天食用适量的碘盐就可以补充人体每天需要的碘，因此食用碘盐是防治碘缺乏病的最方便、最经济、最安全、确实有效的办法。另外，日常生活中还可多吃含碘丰富的海产品，如海带、海鱼和贝类等含碘高的海产品，作为辅助措施以达到补碘的作用。

2.7.4　地方性氟中毒

地方性氟中毒是一定地区的环境中氟元素过多，而导致生活在该环境中的居民经饮水、食物和空气等途径长期摄入过量氟所引起的以氟骨症和氟斑牙为主要特征的一种慢性全身性疾病，又称为地方性氟病。

地方性氟中毒与地理环境中氟的丰度有密切关系，其基本病症是氟斑牙和氟骨症。这是由当地岩石、土壤中含氟量过高，饮水和食物中含氟量增高而引起的。过量氟的摄入，使人体内的钙、磷代谢平衡受到破坏。

地方性氟中毒的预防方法在于降低水中的氟含量。

2.7.5　地方性砷中毒

地方性砷中毒简称地砷病，是一种生物地球化学性疾病，是居住在特定地理环境条件下的居民，长期通过饮水、空气或食物摄入过量的无机砷而引起的以皮肤色素脱失或/和过度沉着、掌跖角化及癌变为主的全身性的慢性中毒。地砷病是一种严重危害人体健康的地方病。除致皮肤改变外，无机砷是国际癌症研究中心确认的人类致癌物，可致皮肤癌、肺癌，并伴有其他内脏癌高发。在重病区，当切断砷源后或离开病区，经过多年仍有地砷病的发生，表明由砷引起的毒害可持续存在很长时间，并逐渐显示出远期危害——皮肤改变、恶性肿瘤及其他疾病等。

地方性砷中毒的预防控制措施：采用"环境干预-行为干预-医学干预"的综合防治措施控制地方性砷中毒流行是行之有效的方法。

（1）从环境方面阻止或减少易感人群与砷及其化合物的接触。切断砷源（如改水降砷、禁绝采挖和禁止燃用高砷煤、改炉或改灶、发展新能源等）是预防和控制的根本措施。

（2）通过砷中毒危害与防控宣传教育，使病区暴露者自觉改变不良生活习惯，并改变食物干燥、保存、食用方法。

（3）改变取暖方式，禁用高砷煤。

（4）对砷中毒高危人群、已患病者及癌症患者进行早期的医学干预，做到早发现、早诊断、早治疗并探索符合实际的处理方法，尽可能达到可持续性防控、有效改善症状、最大限度减少病残以及延长生命的综合防控目标。

思 考 题

1. 简述洪涝灾害的防控措施。
2. 简述沙尘暴的形成与减灾措施。
3. 简述地方性疾病的危害与预防措施。

第 3 章　人居环境面临的威胁

3.1　交　通　拥　挤

随着我国城市化进程的加快，城市交通拥挤现象非常普遍，产生一系列社会问题，如能源消耗、环境污染，并且有日益恶化的趋势，阻碍城市经济的正常发展，这一点在大城市尤为突出。

3.1.1　交通拥挤的定义

交通拥挤是指某一时段车辆在道路系统的某一路段上移动时，不断被迫中止而在道路上产生排队、延误的现象。这主要是由交通流内部产生的干扰（连续流），或者是几股车流共同产生的干扰（间断流）所引起的，是交通设施所能提供的交通容量不能满足当前的需求量，同时又得不到疏通产生的结果。

交通拥挤具有时间性及空间性的特点。城市交通拥挤现象并非是呈现在城市一天的任何时刻或任何地点，在很多情况下，交通拥挤的出现只是出行需求对于交通资源的一种不充分或是不恰当利用，还有道路结构的不合理性所造成的，并不是道路面积的严重缺乏。

3.1.2　交通拥挤的危害

城市交通是影响和带动整个城市功能布局发展、改善人们居住生活与出行条件的重要因素。随着城市化进程的不断加快和交通机动化进程的迅速发展，城市道路交通拥堵已经成为制约现代城市发展的一个世界性难题。交通拥堵不仅导致经济社会诸项功能的衰退，而且引发城市生存环境的持续恶化，成为阻碍发展的"城市顽疾"。

（1）居民出行时间和成本的增加。出行成本的增加不仅影响工作效率，而且也抑制人们的日常活动，城市活力大打折扣，居民生活质量随之下降。

（2）事故的增多。事故增多又加剧了拥挤。据相关统计，欧洲每年因交通事故造成的经济损失达 500 亿美元。

（3）城市环境的破坏。在机动车迅速增长的过程中，交通对环境的污染也在不断增加，并且逐步成为城市环境质量恶化的主要污染源。大气中 74%的氮氧化物来自汽车尾气排放。交通拥挤导致车辆只能在低速状态行驶，频繁停车和启动不仅增加了汽车的能源消耗，也增加了油料不完全燃烧的尾气排放量，噪声也有所增加。

交通拥挤带来的经济损失、效率降低、环境污染和能源的大量消耗、交通安全威胁等危害，严重制约社会经济发展。城市交通日趋紧张，已经成为制约城市有序发展的瓶颈。

3.1.3 缓解交通拥挤的对策

交通是社会活动力的一种表征,它所呈现的秩序代表整个社会的运动规则与政府的主导能力,应该力图从交通拥挤的不同方面对交通拥挤改善措施进行制定和评价,提高交通可达性,降低总延误。

1. 加强行政体制、经济体制和教育体制的改革

行政方面要统一交通业务,结束政出多门的局面;经济方面要正确认识到交通与经济发展的关系;要加大文化教育方面的投资力度,一方面加强交通技术的研究,注重交通调查资料的大数据分析,培育更多的交通科技人才和领导人才,另一方面要加强民众特别是青少年的交通普及教育,提高现代交通意识,自觉遵守交通规章制度。交通建设项目的选择和确定更应服从于城市规划。

2. 均衡路网交通流量

交通拥挤呈现的时空特性表明交通出行的不均衡性和交通资源利用的不充分。交通管理也是缓解交通拥挤的重要途径。可以对公共交通的收费制度加以改革,给非高峰出行的人员适当的优惠,力图从时空上均衡路网交通流量。

3. 大力发展符合国情的公交系统

交通拥挤缓解是一个以改善可达性和降低延误为核心的多目标综合过程,需不断完善现有道路交通结构,最大化道路交通资源利用率,积极优先发展公共交通,尤其要大力发展符合国情的公交系统。

4. 提高交通规划地位,加强对土地开发的交通影响分析

长期以来交通规划总是处于从属地位,不能与城市规划和土地利用规划相协调,因而一切的交通科技只是在既成事实上对交通问题进行补救。交通建设项目的选择和确定应服从城市规划,在最初的建设当中就应考虑到"便民""利民",提高交通可达性。

5. 完善交通法规制度和交通管理政策

交通秩序是国家现代化的一个指标,要达到良好的交通秩序,需要有交通教育、交通科技、交通执法专职机构的分工合作。还要拟订交通秩序的国家政策目标,实施长期连续的推动方案,从本质上治理交通拥挤问题,使交通发展进入良性循环,推动国民经济的迅速发展。

3.2　汽车尾气污染

自从 1886 年第一辆汽车诞生以来,汽车经过发展已成为近现代物质文明的支柱之一。2010 年全球汽车数量已经突破 10 亿辆。目前,全世界的汽车保有量仍以每年 3000 万辆的速度增长，汽车作为提高生活质量、加快生活节奏、提高工作效率的载体，给人们的生产与生活带来了极大方便，可是汽车尾气排放物却给大气环境造成了严重污染，正在成为空气污染的"罪魁祸首"。

3.2.1　汽车尾气污染

汽车尾气污染，主要是指柴油、汽油等机动车燃料因含有添加剂和杂质，在不完全燃烧时，所排放的一些有害物质对环境及人体的污染和破坏。这是由汽车排放的废气造成的环境污染，据有关资料显示：一辆轿车每年排放的有害废气比轿车自重大三倍，并且其中含有 100 多种有害物质，主要包括固体悬浮微粒、一氧化碳、氮氧化物、碳氢化合物、铅和黑烟等有害成分。

汽车的排气管就像一个释放着很多污染物的烟囱，不停地把有害的气体抛散到空中，而且这些烟囱的数量还在以每年 7%的速度增加，这些被污染的空气危害着城市居民的身体健康，并能引起光化学烟雾等环境灾害。

3.2.2　汽车尾气污染的影响

1. 对人体健康的危害

汽车排放的一氧化碳侵入人体与血液中血红素结合形成的一氧化碳血红素占到人体10%就会对人的学习工作带来不良影响，达到 20%就会出现头晕头痛中毒的现象，占到60%～65%人就会死亡。大气中过高的一氧化碳对人体的危害非常大。此外，碳氢化合物、氮氧化合物及二氧化硫、黑烟等对人体的呼吸系统、循环系统、神经系统都有很大危害。医学研究表明：肺癌的发病率和死亡率与大气污染成正比，城市的肺癌发病率大于近郊区，近郊区大于远郊区，其比例约为 150∶16∶1。

2. 对大气的影响

（1）全球气温急速增高。二氧化碳、二氧化硫这些温室气体，一旦进入空气中，一方面可产生温室效应，促进气温升高；另一方面破坏地球的保护层——臭氧层，让阳光直接照射地球表面，加速气温增高。

（2）地球气候不正常。近些年有些地区出现酸雨、黑雨等现象，造成这种污染的原因之一就是汽车尾气的过量排放。

（3）光化学烟雾。城市光化学烟雾是指含有碳氢化合物和氮氧化合物等一次污染物的城市大气，由于阳光辐射发生化学反应所产生的生成物与反应物的特殊混合物。光化学烟雾对人体有很大的刺激性和毒害作用。由于城市里氮氧化合物排放量较大以及特有的气候条件而形成光化学烟雾。减少和预防光化学烟雾的根本途径之一就是减少大气污染物的排放。

3.2.3　治理汽车尾气污染的对策

1. 发展电动汽车

针对车用能源的发展面临着发展速度快、消耗量大、环境污染严重的问题，原有车用能源结构的改变和节能技术的发展是当前技术和产业发展的必然要求。电动汽车的研发生产可根本地解决汽车尾气污染的问题，它已成为环保汽车发展的技术方向，其中动力电池是电动汽车的核心。开发新型实用、绿色环保的动力电池，成为国内各科研机构和生产企业的努力方向。

2. 发展乙醇汽油

随着能源危机日益临近，新能源已经成为今后世界上的主要能源之一。乙醇汽油是一种由粮食及各种植物纤维加工而成的燃料乙醇和普通汽油按一定比例混配形成的新型替代能源。按照我国的国家标准，乙醇汽油是用 90% 的普通汽油与 10% 的燃料乙醇调和而成。它可以有效改善油品的性能和质量，降低一氧化碳、碳氢化合物等主要污染物排放。它不影响汽车的行驶性能，还减少有害气体的排放量。乙醇汽油作为一种新型清洁燃料，是目前世界上可再生能源的发展重点，符合中国能源替代战略和可再生能源发展方向，技术上成熟、安全可靠，在中国完全适用，具有较好的经济效益和社会效益。

3. 开发先进的尾气净化技术

汽车尾气净化技术是目前广泛应用在大量用车和新车的净化技术。它是指在汽车排放系统中安置各种净化装置，采用物理或化学方法对汽车产生的废气进行净化以减少污染的一项技术。使用催化器与尾气排放中的污染物通过化学反应生成对人体没有直接伤害的物质，其中最常见的是三元催化器，采用高能电子点火装置，即通过精确控制汽油机点火提高点火能量，从而创造理想的燃烧条件，减少发动机的污染排放。采用电子控制燃油喷射技术，将发动机空燃比控制在最佳理论值附近，使发动机无论在任何环境条件和任何工况下都能精确地控制混合气的浓度，使汽油得到充分燃烧，从而降低废气中的有害气体。排放后处理技术是指发动机的排气系统中进一步消减污染物的技术。

4. 其他减少汽车尾气污染的措施

提高汽、柴油的质量，减少其中的含硫量；重点发展电喷型汽车，在汽车上安装净化器，城市禁止摩托车行驶，适度限制私人汽车发展；适时报废尾气排放未达标的车型；加大绿色环保的电动车、自行车作为代步工具在城市交通中的比例，都将对净化环境、减少污染有所帮助。

3.3　城市垃圾处理

随着我国城市数量增加、规模扩大、人口增多以及人民生活方式的变化和生活水平的提高，城市生活垃圾以年均 8.98% 增长率的速度迅猛增加。垃圾直接堆放和简易填埋会向大气释放大量的有害气体，其中还含有致癌、致畸物，垃圾在堆放腐败过程中产生大量酸性和碱性有机污染物，并溶解出其中的重金属，形成有机物、重金属和病原微生物三位一体的污染源。此外，垃圾堆积场爆炸事故不断发生，造成重大损失。

3.3.1　我国城市垃圾的现状

1. 我国城市生活垃圾产生量

1979 年以来，我国城市生活垃圾的产生量以每年平均 9%的速度增加，2001 年城市生活垃圾的清运量已经达到 7835 万 t。大、中城市，尤其是特大城市的人均垃圾产生量相对较高，其城市垃圾的增长速度有的已经高达 20%。数量庞大的城市垃圾已对城市及城市周围的生态环境构成日趋严重的威胁：全国 668 座城市中至少有 200 座以上处于垃圾的包围之中。在城市周围历年堆存的生活垃圾量已达 60 亿 t，侵占了 5 亿多平方米的土地。

2. 我国城市垃圾成分的多级组成

我国城市垃圾在总量迅速增长的同时，成分也发生了很大变化。城市垃圾的组成趋于复杂化，且自然环境、城市发展规模、居民生活习性、能源结构以及经济发展水平等都对其有不同程度的影响，因而各个城市的垃圾组成各有不同（表 3-1）。比较而言，南方城市较北方城市的垃圾中有机物多、无机物少。总体上我国生活垃圾中无机物的含量持续下降，有机物不断增加，可燃物增多。城市垃圾对人类的危害日益增大。我国 2/3 城市处在生活垃圾的包围之中，大量垃圾堆放，侵占土地甚至农田，使得垃圾占地矛盾日益尖锐。垃圾在存放时，其淋洗和渗透液中所含的有害物质会改变土壤的性质而污染土壤。这些有害成分不仅妨碍植物根系的发育和生长，而且会在植物体内积蓄，通过食物链危及人体的健康。垃圾也随天然降水或径流污染地表水和地下水，其释放的有害气体及粉尘还会造成大气污染，危害严重。

表 3-1　2002 年我国垃圾成分对比

地区	有机物/%					无机物/%				
	厨房垃圾	纸张	塑料、橡胶	破布	合计	煤渣、土砂	玻璃、陶瓷	金属	其他	合计
香港	27.29	20.73	19.63	6.97	74.62	16.00	4.18	3.20	2.00	25.38
上海	43.28	2.00	5.32	1.78	52.38	45.15	1.27	0.51	0.69	47.62
北京	47.78	4.56	7.30	1.83	61.47	34.54	1.36	0.63	2.00	38.53
广州	50.00	8.50	12.93	1.42	72.85	20.70	2.60	1.20	2.65	27.15
哈尔滨	17.38	3.79	1.51	0.55	23.23	71.25	2.47	1.03	2.02	76.77

3.3.2　我国现行城市垃圾处理的主要方式

垃圾是人类日常生活和生产中产生的固体废弃物，由于其排出量大，成分复杂多样，且具有污染性、资源性和社会性，需要无害化、资源化、减量化处理，如不能妥善处理，就会污染环境，影响环境卫生，浪费资源，破坏生产生活安全。垃圾处理就是要把垃圾迅速清除，并进行无害化处理，最后加以合理的利用。目前，我国城市垃圾处置的最主要方式是卫生填埋，占全部处置总量的 70%以上，其次是高温堆肥，占 20%以上。垃圾处理的目的是无害化、资源化和减量化。

1. 我国城市生活垃圾的卫生填埋

我国的卫生填埋历史不到 20 年，长期以来采用随意堆放，任其自然分解，使得问题越来越多，主要表现在：①生活垃圾中的有机物、病原性微生物、重金属三位一体的污染源，严重污染水环境；②城市生活垃圾在堆放场或填埋场中产生的大量沼气，具有易燃性和易爆性，既对周围的大气环境造成污染，也成为爆炸和火灾的隐患；③城市生活垃圾产生量的迅猛增加以及没有很好地利用压实技术，使得一些垃圾填埋厂未到设计使用年限就已填满，加之用于填埋的土地越来越少，使得填埋技术的使用受到越来越多的限制。

2. 我国城市生活垃圾的堆肥化处理

在我国，初期的垃圾堆肥化处理技术是将垃圾露天堆积，表面用土壤覆盖，在厌氧或自然通风的条件下进行发酵，得到的产品简单筛分后作为农用肥。改革后，虽然我国在上海、杭州、无锡、天津、重庆等地陆续建成一批城市生活垃圾的机械化连续堆肥化设施，取得了较好的处理效果，但由于我国城市生活垃圾未分类，玻璃、塑料等杂质多，导致堆肥效率低、成本高等，加之堆肥产品销售不畅，使得堆肥厂的建设工作不易进一步扩展。

3. 我国城市生活垃圾的焚烧处理

我国在生活垃圾焚烧技术的研究方面，起步比较晚，在"八五"期间才被列为国家科技攻关项目，目前仅有深圳、广州、上海等极少数城市采用。当前制约我国垃圾焚烧技术进一步推广的因素主要有：城市生活垃圾中灰渣含量较高，造成垃圾的低位热值较低（不大于 3344kJ/kg）；焚烧技术成本高，并且国内尚未系统掌握垃圾焚烧技术。尽管如此，由于我国大多数城市土地资源相对缺乏，迫切需求一种减容减量程度高、无害化效果好的垃圾处理技术。焚烧法具有减容减量效果好、无害化程度高的特点，将成为我国高效能源化利用处理城市生活垃圾的主要方式。随着我国经济的不断发展，有利于垃圾焚烧应用和推广的各种因素也日趋成熟。如今，北京、上海、广州、厦门、北海、沈阳等地正引进国外先进技术和设备建设大型垃圾焚烧厂，一些中小城市也逐渐将投建垃圾焚烧厂列入规划建设日程。

3.4　室内环境污染

近年来，随着人们生活水平的不断提高，人们对生存环境，尤其是室内生活环境的要求也有所提高。室内环境污染对人体健康的影响已越来越为人们所关注。医学研究证明环境污染已经成为诱发白血病的主要原因，世界银行也已把室内环境污染列为全球四个最关键的环境问题之一。随着越来越复杂的室内装潢材料的出现,造成的环境污染也更为严重。据国家监测中心统计,中国每年由室内空气污染引起的死亡人数达 11.1 万人,由此可见防治室内环境污染已迫在眉睫。

3.4.1　室内环境污染的特点

室内空气污染有别于环境空气污染,由于污染源不同、场所不同,其污染特点也不同,室内空气污染主要特点如下:

(1)累积性。室内由于受周边墙体或建筑材料的遮挡,其环境相对封闭,空气流通缓慢,室内各种建筑装饰材料、家电等都可能释放出一定的污染物,它们在室内逐渐积累,导致污染物浓度增大,造成对人体的危害。

(2)多样性。污染源多,污染物种类也多。

(3)长期性。人的一生大部分时间在室内度过,即使室内空气中污染物浓度不高,由于长期作用于人体,依然会影响健康。况且,有些污染物,如放射性物质的潜伏期很长。

3.4.2　室内污染物的来源

1. 来源于室外

室外空气污染物,有 SO_2、NO_x 和颗粒物等;地层中固有的,如氡及其子体;地基在建房前已受到工农业废弃物的污染,而又未得到彻底清理,如某些农药、化工燃料、汞等;质量不合格的生活用水、淋浴、冷却空调、加湿空气等,可存在各种致病菌和化学污染物,如军团菌、苯等;人为带入室内,如将工作服带入室内;从邻近家中传来,如厨房排烟道受堵,下层厨房排出的烟气可随烟道进入上层厨房内。

2. 来自建筑物

建筑施工中使用的混凝土外加剂和以氨水为主要原料混凝土的防冻剂,这些含有大量氨类物质的外加剂,在墙体中随着温度、湿度等环境因素的变化而还原成氨气,从墙体中缓慢释放出来,造成室内空气中氨的浓度增加。另外,从建筑材料中析出的氡也会造成室内放射性物质含量过高,联合国原子辐射效应科学委员会的报告中指出,建筑材料是室内氡的主要来源。例如,原房屋已受污染,使用者迁出后未予彻底清理,使后迁入者受到伤害。

3. 来源于室内

人体排出的大量代谢废弃物;室内燃料燃烧产物:煤、煤制气、液化石油气、天然气,对健康产生危害的主要产物是 CO、NO_x、甲醛和颗粒物;烹调油烟;吸烟烟雾;来自室内装修和装饰材料;家用化学品:洗涤产品、清洁产品、家用农药、化肥和医药品等;来自室内使用的家具,一些厂家为了追求利润,使用不合格的人造板和含苯的沙发喷胶,在制造家具时工艺不规范,使木制家具和沙发大量释放有害气体,等于增添了一个小型废气排放站(表 3-2)。

表 3-2　室内环境主要污染物的来源

污染物	来源
甲醛	建筑材料、绝缘材料、墙面涂料、油漆、黏合剂、化纤地毯、化妆品、清洗剂、消毒剂、香烟烟雾、液化气燃烧排放等
苯系物	装饰材料中溶剂性的涂料、黏合剂、水性处理剂、稀释剂等
氨气	施工中添加的防冻剂、装饰材料漆饰之前使用的添加剂和增白剂等
挥发性有机物	建筑装饰材料使用的油漆和涂料、地毯、化妆品、清洁剂、杀虫剂、鞋油、塑料制品、香烟烟雾、液化气燃烧排放等
氡气	挥发性有机物品、清洁剂、杀虫剂、鞋油、塑料制品、香烟烟雾、液化气燃烧排放等建筑水泥、矿渣砖、装饰石材、地壳本体、地下坑道中的冷气等

3.4.3　室内主要污染物及其危害

1. 甲醛

甲醛又称蚁醛，是无色有强烈刺激性气味的气体，略重于空气。甲醛易聚合成多聚甲醛，其受热易发生解聚作用，并在室温下可缓慢释放单体甲醛。甲醛主要用于生产各种人造板黏合剂、树脂（酚醛树脂、脲醛树脂）、塑料、皮革、造纸、人造纤维、玻璃纤维、橡胶、涂料、药品、油漆、肥皂等产品。甲醛对人的皮肤、眼睛及呼吸道有很强的刺激性，有些人可发生过敏反应，已被世界卫生组织（WHO）和国际癌症研究中心（IARC）列为人类可疑致癌物质。

低浓度甲醛对人体影响主要表现在皮肤过敏、咳嗽、多痰、失眠、恶心、头痛等。刚住进以刨花板做地板的居室的人，有厌恶气味、头痛、头晕和咳嗽的反应，这一现象说明甲醛对中枢神经系统的影响是明显的。当甲醛浓度在 $0.12 \sim 1.2 \mathrm{mg/m^3}$ 时，能致使肝功能、肺功能异常，免疫功能异常；当浓度为 $0.06 \sim 0.07 \mathrm{mg/m^3}$ 时，儿童会发生哮喘病。同时，甲醛与空气中离子形成氯化物反应，生成致癌物质——二氯甲醚，已引起人们高度重视。甲醛还有致敏作用，皮肤直接接触甲醛就可以引起过敏性皮炎、色斑、坏死。吸入高浓度甲醛时，可诱发支气管哮喘。甲醛对人的视觉、嗅觉和呼吸器官有强烈的刺激及过敏反应，易引发流泪、咳嗽、气喘等症状，严重时可导致人的肺功能、肝功能、免疫功能发生异常。另外，甲醛具有潜在的致癌性，对儿童和孕妇的伤害尤其大，甚至会引起鼻咽癌、头痛、头晕、乏力以及视力障碍。国家标准规定，室内甲醛的体积浓度不能超过 $0.08 \mathrm{mg/m^3}$。

2. 苯

苯及其同系物甲苯和二甲苯都无色，有芳香气味，是室内挥发性有机物，都具有易燃、易挥发的特点。苯主要用作油、脂、橡胶、树脂、油漆、喷漆和氯丁橡胶等溶剂及稀薄剂，可制造多种化工产品。苯系物被世界卫生组织、国际癌症研究中心确认为高毒致癌物质，急性主要作用于中枢神经系统，慢性主要作用于造血组织及神经系统。但若造血功能完全破坏，可发生致命的颗粒性白细胞消失症，并引起白血病，对皮肤也有刺激作用。

苯、甲苯和二甲苯是以蒸气状态存在于空气中，中毒作用一般是由吸入蒸气或皮肤吸收所致。由于苯属芳香烃类，使人一时不易警觉其毒性。如果长期接触一定浓度的甲苯、二甲苯，会引起慢性中毒，出现头痛、失眠、精神萎靡、记忆力减退等神经衰弱症。甲苯、二甲苯对生殖功能也有一定影响，并导致胎儿先天性缺陷（即畸形），对皮肤和黏膜刺激性大，对神经系统损害比苯强，长期接触还有可能引起膀胱癌。苯对人的皮肤和黏膜有局部刺激作用，人长期接触一定浓度的苯化合物会引起慢性中毒，表现为头昏、失眠、精神萎靡、记忆力减退、思维及判断力减弱等症状，严重时会对人体造血系统、神经系统造成损伤，是诱发新生儿再生障碍性贫血和白血病的主要原因。

3. 氨

氨是一种碱性物质，它对接触的皮肤组织具有腐蚀和刺激作用。氨可以吸收皮肤组织中的水分，使组织蛋白变性，破坏细胞膜结构。氨对上呼吸道有刺激和腐蚀作用，可麻痹呼吸道纤毛和损害黏膜上皮组织，使病原微生物易于侵入，减弱人体对疾病的抵抗力。氨的溶解度极高，所以常被吸附在皮肤黏膜和眼结膜上，从而产生刺激和炎症。氨被吸入肺后，容易通过肺泡进入血液，与血红蛋白结合，破坏运氧功能。氨气吸入过多，可出现流泪、咽痛、声音嘶哑、咳嗽，可伴有头晕、头痛、恶心、呕吐等，严重者可发生肺水肿、成人呼吸窘迫综合征，同时可能发生呼吸道刺激症状。轻度中毒表现有鼻炎、咽炎、气管炎、支气管炎，所以碱性物质对组织的损害比酸性物质深而且严重。

4. 总挥发性有机化合物

总挥发性有机化合物（total volatile organic compounds，TVOC）是常温下能够挥发成气体的各种有机化合物的总称。TVOC 作为室内污染物，种类多、成分非常复杂，而且新的种类不断被合成出来。由于它们单独存在时浓度低，不予逐个分别表示，而以 TVOC 表示总量。该污染物种类繁多，若干种 TVOC 同时存在协同作用，对人体健康危害不容小觑。长期吸入 TVOC 会引起机体免疫水平失调，影响中枢神经系统功能，出现头晕、头痛、嗜睡、乏力、胸闷、食欲不振、恶心、贫血等症状，严重时可损伤肝脏和造血系统，出现变态反应等。

5. 氡

氡是从放射性元素镭衰变而来的一种无色无味的放射性惰性气体，即使是浓度很高时也毫无感觉。氡是自然界唯一的天然存在于各样矿石、岩石以及土壤中的放射性元素，常在开采和建筑施工时释放出来，并能与空气中的尘埃结合被人体吸入。人如果长期生活在氡浓度过高的环境中，沉积在呼吸道上皮组织内的氡对人体产生强烈的内照射，导致肺癌等疾病的发生概率增加，危害人体健康。研究表明，室内氡暴露与肺癌之间具有一定的剂量反应关系。另外，氡对人体脂肪有很高的亲和力，从而影响人的神经系统，使人精神不振，昏昏欲睡。

3.5　企业意外事故对人居环境的威胁

随着经济社会的不断发展，社会对化工产品的需求增加，因此越来越多的化工厂在各地建成投产，同时发生的各类意外事件也越来越多，部分事故产生了非常严重的后果。例如，2015 年 8 月 12 日 23 时许，在天津滨海新区第五大街与跃进路交叉口的一处集装箱码头发生爆炸。第一次爆炸发生在 2015 年 8 月 12 日 23 时 34 分 6 秒，近震震级约 2.3 级，相当于 3t TNT；第二次爆炸在 30s 后，近震震级约 2.9 级，相当于 21t TNT。现场火光冲天，多位市民反映，事发时 10km 范围内均有震感，抬头可见蘑菇云。爆炸发生时天津塘沽、滨海等，以及河北河间、肃宁、晋州、藁城等地均有震感，造成轻轨东海路站建筑及周边居民楼受损。该次化工厂爆炸事故对周边人居环境产生巨大的影响，对周边的土壤、水源、空气以及建筑物等均造成了巨大的破坏。

（1）当量巨大的爆炸发生时对周边居民区建筑产生了极大破坏，大量建筑产生了破损，少数甚至出现了倒塌。

（2）天津爆炸现场测出的神经性毒气可致心脏骤停。爆炸发生后，事故区域的空气就处于严密的监测中，每天都会有多支小分队对空气进行监测。2015 年 8 月 16 日上午，对爆炸核心区域的空气进行采样。为了保证安全，进入核心区域前，所有队员，包括记者在内都必须穿着防护服、佩戴空气呼吸器。由于空气呼吸器的供氧时间只有 0.5h，侦检队员们必须迅速完成计划区域的检测工作。车载监测系统和手持监测仪同时发出了警报声，提示空气中的有害气体已经超过了仪器能够测量的最高值。这里可以看出此次化工厂爆炸，造成大量有毒有害气体产生并进入大气，对周边空气产生了巨大的污染，时至今日仍不能说完全消散。

（3）由于爆炸威力惊人，爆炸事故现场的中心位置是一个被爆炸力炸出的巨大深坑，仍不时有烟雾冒出，周边建筑、堆垛、车辆还保留着被爆炸冲击波猛烈冲击的状态，现场一片狼藉。可以看到此次严重的事故对地表土壤也产生了严重而深远的危害，大量化学产品直接接触地表土壤，势必会对土壤产生毒害，造成周边土壤生态的破坏。

企业意外事故对人居环境的威胁主要体现在以下 4 个方面。

1. 对居住地大气的威胁

对于部分化工类企业，一旦发生意外事故，假若没有及时地采取有效的措施将会对周边居民的居住环境产生巨大威胁，其中化工类企业的意外事故对大气的威胁是最直接的。因为爆炸泄漏等意外事故所散发出的粉尘、二氧化硫等其他化学气体，将促成大气污染、酸雨等自然灾害。

2. 对居住地土壤的威胁

“毒地”是指曾生产、储存、堆放过有毒有害物质，或者因迁移、突发事故等，造成土壤污染和地下水污染，并产生危害人体健康或存在生态风险的地块。企业意外事故造成大量的化学产品或原材料接触地面，污染土壤，受污染土壤所种植的植物被人食用，直接伤害人体；若是含有放射性的物体泄漏，居住地土壤受到污染，居民甚至需要全部撤离，以保证人身安全。

3. 对居住地水源的威胁

在污染土壤的同时，地下水也会受到污染，部分地表水因化学成分受重污染，使得这些井水不宜作为饮用水与生活用水。污染的结果是使地下水中的有害成分如酚、铬、汞、砷、放射性物质、细菌、有机物等的含量增高。污染的地下水对人体健康和工农业生产都有危害。

4. 对居住地建筑物的威胁

企业爆炸事故对居民区建筑的破坏极大，在爆炸发生的瞬间，冲击波会对迎波面的竖向承重构件和围护构件产生强大的作用荷载，围护构件会被瞬间破坏，竖向承重构件被破坏的同时会通过梁板将冲击波荷载传递到其他竖向承重构件，当荷载超过竖向承重构件的承载极限后将会导致整个建筑结构的破坏，而爆炸冲击波的作用时间都很短暂，远远小于建筑物的自振周期，所以建筑物的大部分破坏（以变形为标准的）都将在爆炸冲击波作用结束后完成。因冲击波导致的窗户震碎、屋顶掀盖、楼房开裂，甚至部分房屋倒塌都严重危害了居住环境。

3.6　食品安全面临的威胁

食品安全（food safety）指食品无毒、无害，符合应有的营养要求，对人体健康不造成任何急性、亚急性或者慢性危害。世界卫生组织则认为食品安全是"食物中有毒、有害物质对人体健康影响的公共卫生问题"。食品安全问题已经深入生活中的各个方面，贯穿于食品加工、存储、销售等之中。

3.6.1　食品安全面临的问题

目前我国食品安全面临的主要问题有：
（1）食品制造过程中使用劣质原料，添加有毒物质的情况难以杜绝。
（2）超量使用食品添加剂，滥用非食品加工用化学添加剂。
（3）抗生素、激素和其他有害物质残留于禽、畜、水产品体内。
（4）转基因食品的潜在威胁。
1999 年元旦期间江西省赣州地区定南、龙南两县猪油有机锡中毒事件，2006 年瘦肉精中毒事件、苏丹红咸鸭蛋事件，2008 年日本毒饺子事件、三鹿奶粉含有三聚氰胺事件等，这些事件导致我国食品安全已经达到了谈"食"色变的地步。

3.6.2　食品安全问题的主要原因

（1）微生物引起的食源性疾病，特别是以细菌、病毒为主引起的食物中毒。
（2）农药、兽药在农业种植和养殖业滥用的源头污染对食品安全的威胁越来越严重。

（3）排放有毒、有害物质的工厂、粪场、垃圾堆等污染源的危害日益严重。

（4）装修材料释放有害物质，如甲醛、苯化合物等，不仅直接污染食品，还直接危害人群健康。

（5）食品生产经营单位使用的消毒剂、空气清新剂等，其卫生与否也是影响食品卫生安全的重要因素。

（6）食品工业中应用新原料、新工艺带来食品卫生安全的新问题，如转基因食品、益生菌和酶制剂等技术。

（7）食品生产、经营中添加违禁物品（瘦肉精、吊白块等），滥用食品添加剂。

（8）食品从业人员的安全卫生意识淡薄。

（9）不良的饮食和生活方式带来的不安全因素，如食用较多的方便食品和超过保质期的食品；煎炸烧烤食品增多；洗涤物品、化学制剂在餐饮业中大量使用。

3.6.3　食品安全保障措施

（1）强化对食品安全检测监督结果的定期公开制度。

（2）在各部门综合协调监管的基础上推进监管的专业化。应该推动食品安全监管的适度专业化，并完善地方政府综合协调机制。

（3）强化执法检查，提倡制度刚性化。

（4）加强食品安全监管中的公众参与和消费者保护机制。民以食为天，食品安全关系到国计民生，责任重于泰山。公众参与程度的差别，是我国与其他国家在食品安全监管中最大的不同。只有广泛激发消费者对食品安全的监督权，充分保证消费者的知情权，切实维护消费者的权利，食品安全问题才不会在朗朗青天之下遁于无形，食品供应链上的利益相关者才不敢冒天下之大不韪以身试法。

思 考 题

1. 简述目前城市居住遇到的威胁。

2. 交通拥挤的危害有哪几个方面？

3. 简述目前我国城市垃圾的现状。

4. 如何减少室内环境污染对人体健康的影响？

第4章　人居环境安全容量和环境承载力

4.1　环境质量标准

4.1.1　环境质量标准定义

环境质量标准（environmental quality standard）是为了保障人体健康、维护生态环境、保证资源充分利用，并考虑技术、经济条件，而对环境中有害物质和因素作出的限制性规定。

4.1.2　环境质量标准分类

环境质量标准是随着环境问题的出现而产生的。产业革命以后，英国工业发展造成的环境污染日益严重。1912 年，英国皇家污水处理委员会对河水的质量提出三项标准，即五日生化需氧量不得超过 4mg/L，溶解氧量不得低于 6mg/L，悬浮固体不得超过 15mg/L，并提出用五日生化需氧量作为评价水体质量的指标。近几十年来，一些国家先后颁布了各种环境质量标准。环境质量标准按环境要素分为大气质量标准、水质量标准和土壤质量标准，每一类又按不同用途或控制对象分为各种质量标准。

1. 大气质量标准

大气质量标准是对大气中污染物或其他物质的最大容许浓度所作的规定。世界卫生组织 1963 年提出二氧化硫、飘尘、一氧化碳和氧化剂的大气质量标准。美国、苏联等国家规定了企业生产车间或劳动场所空气中有害气体或污染物的最高容许浓度。建立这些标准是为了保护劳动者间歇（工作时间内）的长期接触中不发生急性或慢性中毒。

中国在 1962 年颁布的《工业企业设计卫生标准》中首次对居民区大气中的 12 种有害物质的最高容许浓度作了规定。中国《工业企业设计卫生标准》（GBZ 1—2010）规定了工业企业选址与总体布局、工作场所、辅助用室以及应急救援的基本卫生学要求。本标准适用于工业企业新建、改建、扩建和技术改造、技术引进项目的卫生设计及职业病危害评价，涉及生产车间作业环境空气中有毒气体、蒸气及粉尘的最高容许浓度，包括硫酸、氯化氢、氨、苯等 120 个项目。

中国 1982 年 4 月颁布的《大气环境质量标准》按标准的适用范围分为三级（表 4-1），适用于《大气环境质量标准》所列的总悬浮微粒、飘尘、二氧化硫、氮氧化物、一氧化碳和光化学氧化剂（O_3）等项目。每一项目按照不同取值时间（日平均和任何一次）和三级标准的不同要求，分别规定了不同的浓度限量。该标准分别于 1996 年第一次修订、2000 年第二次修订、2012 年第三次修订并形成《环境空气质量标准》（GB 3095—2012），调整了环境空气功能区的分类，将三类区并入二类区，并于 2016 年 1 月 1 日起全国实施（表 4-2）。

表 4-1 《大气环境质量标准》的适用范围（1982 年）

分级标准	适用范围
一级标准	国家规定的自然保护区、风景游览区、名胜古迹和疗养地等
二级标准	城市规划中确定的居民区、商业交通居民混合区、文化区、名胜古迹和广大农村等
三级标准	大气污染程度比较重的城镇和工业区以及城市交通枢纽、干线等

表 4-2 《环境空气质量标准》的适用范围（2012 年）

分级标准	适用范围
一级标准	自然保护区、风景名胜区和其他需要特殊保护的区域
二级标准	居民区、商业交通居民混合区、文化区、工业区和农村地区

我国实施的《环境空气质量标准》（GB 3095—2012）是新时期加强大气环境治理的客观需求，污染物浓度限值见表 4-3。随着我国经济社会的快速发展，以煤炭为主的能源消耗大幅攀升，机动车保有量急剧增加，经济发达地区氮氧化物（NO_x）和挥发性有机物（VOCs）排放量显著增长，臭氧（O_3）和细颗粒物（$PM_{2.5}$）污染加剧。在可吸入颗粒物（PM_{10}）和总悬浮颗粒物（TSP）污染还未全面解决的情况下，京津冀、长江三角洲、珠江三角洲等区域 $PM_{2.5}$ 和 O_3 污染加重，灰霾现象频繁发生，能见度降低，迫切需要实施新的《环境空气质量标准》，增加污染物监测项目。加严部分污染物的限制，以客观反映我国环境空气质量状况，推动大气污染防治。

表 4-3 环境空气污染物基本项目浓度限值

序号	污染物项目	平均时间	浓度限值 一级	浓度限值 二级	单位
1	二氧化硫（SO_2）	年平均	20	60	$\mu g/m^3$
		24 小时平均	50	150	
		1 小时平均	150	500	
2	二氧化氮（NO_2）	年平均	40	40	
		24 小时平均	80	80	
		1 小时平均	200	200	
3	一氧化碳（CO）	24 小时平均		4	mg/m^3
		1 小时平均		10	
4	臭氧（O_3）	日最大 8 小时平均	100	160	$\mu g/m^3$
		1 小时平均	160	200	
5	颗粒物（粒径小于等于 10μm）	年平均	40	70	
		24 小时平均	50	150	
6	颗粒物（粒径小于等于 2.5μm）	年平均	15	35	
		24 小时平均	35	75	

2. 水质量标准

水质量标准是对水中污染物或其他物质的最大容许浓度所作的规定。水质量标准按水体类型分为地面水质量标准、海水质量标准和地下水质量标准等；按水资源的用途分为生活饮用水水质标准、渔业用水水质标准、农业用水水质标准、娱乐用水水质标准和各种工业用水水质标准等。由于各种标准制定的目的、适用范围和要求的不同，同一污染物在不同标准中规定的标准值也不同。例如，铜的标准值在中国的《生活饮用水卫生标准》、《工业企业设计卫生标准》和《渔业水质标准》中分别规定为 1.0mg/L、0.1mg/L 和 0.01mg/L。

世界各国制定的各种水质量标准中规定的项目多寡不一，多数国家的地面水水质标准中都规定有酚、氰化物、砷、汞、铅、铬、镉等主要项目。中国 1979 年修订颁布的《工业企业设计卫生标准》关于地面水中有害物质的最高容许浓度列有 53 个项目。为了有效地控制地面水污染，中国修订了《地表水环境质量标准》（GB 3838—2002），依据《地表水环境质量标准》，中国将水体划分为 5 类（表 4-4）。中国已颁布的水质标准还有《海水水质标准》、《农田灌溉水质标准》等。

表 4-4　《地表水环境质量标准》的水体划分（2016 年）

分类	适用范围
I 类	源头水、国家自然保护区
II 类	集中式生活饮用水水源保护区、珍贵鱼类保护区、鱼虾产卵场等
III 类	集中式生活饮用水水源地二级保护区、一级鱼类保护区、游泳区
IV 类	工业用水区，人体非直接接触的娱乐用水区
V 类	农业用水区，一般景观要求水域

将生活饮用水源水按水质划分为二级。一级水源水：水质良好。地下水只需消毒处理，地表水经简易净化处理（如过滤）、消毒后即可供生活饮用。二级水源水：水质受轻度污染。经常规净化处理（如絮凝、沉淀、过滤、消毒等），其水质即可达到《生活饮用水卫生标准》（GB 5749—2006）规定，可供生活饮用。根据《城市给水工程规划规范》（GB 50282—2016）的要求，经净水厂净化处理后的生活饮用水水质应当达到《生活饮用水卫生标准》（GB 5749—2006）的要求，水质指标由《生活饮用水卫生标准》（GB 5749—1985）的 35 项增加到 GB 5749—2006 的 106 项。

3. 土壤质量标准

对污染物在土壤中的最大容许含量所作的规定。土壤中污染物主要通过水、食用植物、动物进入人体，因此，土壤质量标准中所列的参数主要是土壤中不易降解和危害较大的污染物。土壤质量标准的制订工作开始较晚，苏联土壤质量标准中列有滴滴涕、六六六、砷、敌百虫等十多个项目，日本有镉、铜和砷等项目。我国《土壤环境质量标准》（GB 15618—1995）将土壤划分为三级标准，主要参数涉及镉、汞、砷、铜、铅、锌、铬、六六六、滴滴涕等。

除上述三类环境质量标准外，中国还颁布了《地下水质量标准》（GB/T 14848—2017）和《声环境质量标准》（GB 3096—2008）。还有生物、声环境、辐射、振动、放射性物质和一些建筑材料、构筑物等方面的质量标准。

4.1.3　环境质量标准制定遵循的原则

（1）以人为本的原则。保护人体健康和改善环境质量是制定环境标准的主要目的，也是制定标准的出发点和归宿，是各类环境标准都要贯彻的主要原则。

（2）科学性、政策性原则。制定环境标准要有充分的科学依据，要体现国家关于环境保护的方针、政策、法律、法规和符合我国国情，促进环境效益、经济效益、社会效益的统一；使标准的依据和采用的技术措施达到技术先进、经济合理、切实可行。

（3）以环境基准为基础，与国家的技术水平、社会经济承受能力相适应的原则。基准和标准是两个不同的概念。环境质量基准是由污染物或因素与人或生物间的剂量反应关系确定的，不考虑人为因素，也不随时间变化。而环境质量标准是以环境质量基准为依据，综合考虑社会、经济、技术等诸因素制定的，可以根据情况变化不断修改、补充。

（4）综合效益分析，实用性、可行性原则。制定环境标准必须进行详细的环境、社会、经济效益分析，剖析代价和效益间的关系，力争最小代价和最大效益。标准要定在最佳实用点上，即从实际需要出发，落实"最佳实用技术"（BPT 法）、"最佳可行技术"（BAT 法）和"最佳实验技术"（BDT 法）。BPT 法是指工艺和技术可靠，从经济条件上国内能普及的技术；BAT 法是指技术上证明可靠、经济上合理，属于代表工艺改革和污染治理方向的技术。BDT 法是指国内现有平均技术水平。

（5）因地制宜、区别对待原则。我国各地自然条件和经济发展情况不同，环境容量不同，加之国家标准中有些项目并未做规定，所以允许地方环境保护部门根据当地的环境特点、技术经济条件，制定地方环境保护标准。

（6）与有关标准、规范、制度协调配套原则。质量标准与排放标准、排放标准与收费标准、国内标准与国际标准应相互协调才能贯彻执行。

（7）采用国际标准，与国际标准接轨的原则。随着经济全球化，标准趋同已成为世界各国标准化的目标。采用国际标准既是加入 WTO 的一般要求，也是提高我国环境监测能力和水平，参与国际国内竞争的需要。

4.2　环境容量概述

4.2.1　环境容量定义

环境容量（environment capacity）又称环境负载容量、地球环境承载容量或负荷量，是在人类生存和自然生态系统不致受害的前提下，某一环境所能容纳的污染物的最大负荷量；或一个生态系统在维持生命机体的再生能力、适应能力和更新能力的前提下，承受有机体数量的最大限度。

环境容量包括绝对容量和年容量两个方面。前者是指某一环境所能容纳某种污染物的最大负荷量；后者是指某一环境在污染物的积累浓度不超过环境标准规定的最大容许值的情况下，每年所能容纳的某污染物的最大负荷量。

环境容量是在环境管理中实行污染物浓度控制时提出的概念。污染物浓度控制的法令规定了各个污染源排放污染物的容许浓度标准，但没有规定排入环境中污染物的数量，也没有考虑环境净化和容纳的能力，这样在污染源集中的城市和工矿区，尽管各个污染源排放的污染物达到（包括稀释排放而达到的）浓度控制标准，但由于污染物排放的总量过大，仍然会使环境受到严重污染。因此，在环境管理上开始采用总量控制法，即把各个污染源排入某一环境的污染物总量限制在一定的数值之内。采用总量控制法，必须研究环境容量问题。

4.2.2　环境容量内容

1. 环境容量和城市环境容量

1）环境容量的概念和类型

环境容量指某一环境在自然生态的结构和正常功能不受损害，人类生存环境质量不下降的前提下，能容纳污染物的最大负荷量。其大小与环境空间的大小、各环境要素的特性和净化能力、污染物的理化性质有关。所以环境容量又定义为：对一定区域，根据其自然净化能力，在特定的污染源布局和结构条件下，为达到环境目标值，所允许的污染物最大排放量。某环境单元所允许承纳污染物质的最大数量，是一个变值，包括两个组成部分，即基本环境容量和变动环境容量。前者可以通过拟定的环境标准减去环境本底值得到，后者是指该环境单元的净化能力。

一个环境单元环境容量的大小与该单元本身组成结构及功能有关。在地域系统中，环境容量变化具有明显的地带性规律与地区性差异。通过人为调节控制环境单元的物理、化学及生物过程，改善物质的循环转化方式和能量投入数量，可以提高环境容量，改善环境的污染状况。

环境容量可分为整体环境单元容量和单一环境要素容量。若根据环境要素，又可分为大气环境容量、水环境容量（其中包括河流、湖泊和海洋环境容量）、土壤环境容量等。如果按照污染物划分，可分为有机污染物（包括易降解的和难降解的）环境容量、重金属与非金属污染物环境容量。

整体环境单元的环境容量与单一环境要素的容量之间的关系，可用下表示：

$$E = A + W + S + B \tag{4-1}$$

式中，E 为某环境单元的环境容量；A 为某环境单元中大气环境容量；W 为某环境单元中水体环境容量；S 为某环境单元中土壤环境容量；B 为某环境单元中生物环境容量。

2）城市环境容量的概念和类型

城市环境容量是环境对于城市规模及人的活动提出的限度。即城市所在地域的环境，在一定的时间空间范围内，在一定的经济水平和安全卫生条件下，在满足城市生存生活等各种活动正常进行的前提下，通过城市的自然条件、经济条件、社会文化历史等的共同作用，对城市建设发展规模及人们在城市中各项活动的状况提出的容许限度，包括城市人口容量、自然环境容量、城市用地容量、城市工业容量、城市交通容量和城市建筑容量等。

城市对各种城市活动要素的容纳能力。超过限度将使人体健康、生态环境、城市机能受到严重威胁和危害。一个城市的容量大小，受到生产力发展水平和地理环境的制约。

提高城市容量的措施：建立完善的城市市政建设；加强对城市交通的管理；提高居民素质；建立城市周边卫星城；拓展城市周边农村和城乡接合部，等等。

城市人口容量是指特定时期内城市可供开发利用的空间区域所能容纳的具有一定生态环境质量和社会环境质量水平的城市人口。

城市环境质量是指城市环境的总体或者某些要素对人类的生存繁衍以及社会经济发展的适宜程度，是反映人类的具体要求而形成的对环境评定的一种概念。

城市性质（designated function of city）是城市在一定地区、国家以至更大范围内的政治、经济与社会发展中所处的地位和所担负的主要职能。城市性质代表着城市的个性、特点和发展方向。

城市总体布局是城市的社会、经济、环境以及工程技术与建筑空间组合的综合反映。城市总体布局是通过城市主要用地组成的不同形态表现出来的。

建筑容积率简称容积率，是指在建设用地范围内，所有建筑物地面以上各层建筑面积之和与建设用地面积的比值。

建筑密度是指规划地块内各类建筑基底面积占该块用地面积的比例，它可以反映出一定用地范围内的空地率和建筑密集程度。

绿地率（ratio of green space/greening rate）描述的是居住区用地范围内各类绿地的总和与居住区用地的比率（%）。

日照间距是指前后两排房屋之间，为保证后排房屋在规定的时日获得所需日照量而保持的一定间距距离。

千人指标是指进行居住区规划设计时，用来确定配建公共建筑数量的定额指标。一般以每千居民为计算单位。

干道网密度是指城市道路系统中交通干道在城市用地面积中所占的比例，通常用每平方千米城市用地面积内平均所具有的干道长度表示。一般选择快速路、主干道、次干道的密度之和作为干道网密度。

原国务院参事、中国科学院可持续发展战略研究组首席科学家牛文元教授主编的《中国新型城市化报告2011》，报告中指出中国新型城市化进程面临五大主要挑战：

（1）城市财富积累速率与民生幸福要求的不同步。此前中国城市发展，比较关注经济成长，看轻社会建设和民生改善，出现"一条腿长一条腿短"。改革开放以来，中国经济发展一直高位增长，但居民收入和消费的增长比值基本上低于GDP增速。在城市财富迅速积累的前提下，居民富裕程度没有同步提升。

（2）城市规模快速扩张与要素集约水平的不匹配。虽然中国进入城市快速发展时期，但城市建设却非常低效粗放。当前，资源环境瓶颈效应日益强烈，中国城市的快速发展迫切需要迈向内涵式、集约化发展轨道。

（3）城市规模的适度控制与流动人口的过分集聚不协调。现阶段，中国面临着由于大、中、小城市发展不均而导致大城市人口急剧膨胀、中小城市人口增长乏力现象，促进大、中、小城市协调发展，提供基本生存福利的均等化，是政府的必然选择。

（4）城市物质文明建设与生态文明建设的不同调。

（5）城市化高速发展与现代城市管理水平的不适应。包括初级产业用工荒与高端人才求职难并存、公共交通工具的增长小于城市建设的扩张、土地的城市化水平快于人口的城市化、基本公共服务大小城市分布不均衡等。

2. 城市环境容量的类型及其影响因素

1）城市环境容量的类型

（1）城市环境容量Ⅰ：指城市环境的自然净化能力，在该容量限度内，排入城市环境的各类污染物，通过物质和能量的自然循环，一般不会引起对该城市居民健康或自然生态的危害和破坏。

（2）城市环境容量Ⅱ：指对城市满意的环境容量，既包括城市环境的自然净化能力，又包括城市市政府的环保设施对污染物排放的限制和处理能力。

（3）城市环境容量Ⅲ：指对城市居民活动的地域容量，包括城市环境容量Ⅰ和城市环境容量Ⅱ。

2）城市环境容量的影响因素

（1）城市自然环境因素。

（2）城市物质因素。包括工业、物质储备场所、生活居住地、公共建筑、城市基础设施及郊区供应等。

（3）经济技术因素。一个城市的经济技术条件越雄厚，所具有的改造城市环境的能力越大，城市环境容量越有可能提高。

绝对容量：环境的绝对容量（WQ）是某一环境所能容纳某种污染物的最大负荷量，达到绝对容量没有时间限制，即与年限无关。环境绝对容量由环境标准的规定值（WS）和环境背景值（B）来决定。数学表达式有以浓度单位表示的和以质量单位表示的两种。以浓度单位表示的环境绝对容量的计算公式为

$$WQ = WS - B \qquad (4\text{-}2)$$

WQ 单位为 ppm（$1\text{ppm} = 10^{-6}$）。例如，某地土壤中镉的背景值为 0.1ppm，农田土壤标准规定的镉的最大容许值为 1ppm，该地土壤镉的绝对容量则为 0.9ppm。

任何一个具体环境都有一个空间范围，如一个水库能容多少立方米的水；一片农田有多少亩，其耕层土壤（深度按 20cm 计算）有多少立方米（或 t）；一个大气空间（在一定高度范围内）有多少立方米的空气等。对这一具体环境的绝对容量常用质量单位表示。以质量单位表示的环境绝对容量的计算公式为

$$WQ = M（W_s - B） \qquad (4\text{-}3)$$

当某环境的空间介质的质量 M 以吨表示时，WQ 的单位为克。如按上面例子中的条件，计算 10 亩农田镉的绝对容量，可以根据土壤的密度，求出耕层土壤的质量（M），

并把它代入式（4-3），即可求得。如土壤容重 $1.5g/cm^3$，10 亩农田对镉的绝对容量为 1800g。

年容量（WA）是某一环境在污染物的积累浓度不超过环境标准规定的最大容许值的情况下，每年所能容纳的某污染物的最大负荷量。年容量的大小除了同环境标准规定值和环境背景值有关外，还同环境对污染物的净化能力有关。若某污染物对环境的输入量为 A（单位负荷量），经过一年以后，被净化的量为 A'，$(A'/A) \times 100\% = K$，K 称为某污染物在某一环境中的年净化率。以浓度单位表示的环境年容量的计算公式为 $WA = K(W_s - B)$。以质量单位表示的环境年容量的计算公式为 $WA = K \cdot M(W_s - B)$。年容量与绝对容量的关系为 $WA = K \cdot WQ$。如某农田对镉的绝对容量为 0.9ppm，农田对镉的年净化率为 20%，其年容量则为 $0.9 \times 20\% = 0.18$ppm。按此污染负荷，该农田镉的积累浓度永远不会超过土壤标准规定的镉的最大容许值 1ppm。

城市环境效应分析是指城市中人类的生产活动和生活活动给自然环境带来一定程度的积极影响和消极影响的综合效果。包括城市环境污染效应、城市环境生态效应、城市环境地学效应、城市环境资源效应、城市环境美学效应等。

4.2.3 环境容量的基本特征

1. 有限性

在一定的时间、空间、自然条件及社会经济条件下，当区域保持一定的稳定结构与功能时，环境所能容纳的物质量是有限的。由于城市是人口、社会生产最集中、经济活动最频繁的地方；人类活动强烈地改变了城市原有的自然条件，所以城市环境是一个不完全的生态系统，无法通过正常的生态循环来净化自身。同时，由于城市功能越来越复杂，也使得城市环境系统在某种意义上变得越来越脆弱，导致某一方面问题很容易影响整个环境而限制城市的发展。人们在城市中的活动一旦超越某个界限（城市的结构形式和总体布局），就必然会对城市生产和生活产生恶劣影响。

2. 客观性

环境容量作为一种自然系统净化、处理、容纳污染物的能力，是客观存在的。

3. 稳定性

在一定的自然条件、一定的人类社会活动方式与规模，以及一定的经济技术水平和保持相对稳定的各部分结构、功能的前提下，环境单元作为一个独立的环境系统处于动态平衡之中，在其中发生的能量与物质的流动保持相对稳定的状态，环境容量是这种能量、物质流动中的一部分，必然具有相对的稳定性。

4. 变更性

从总体趋势看，总容量会趋于增大，但在各组成部分中，特别是环境自身的净化能力可能会随着环境质量标准提高及目前环境破坏的实际情况有所下降，人类自身处理污染物的能力随技术改进而增强。

5. 可调性

也就是伸缩性。城市环境容量的可调性是指在城市环境容量这个大系统内获得缓解。但这种调节能力也有一定的限度，超过这个限度就必然会对整个系统产生有害影响。人们可以通过自身的行为、活动影响甚至改良环境容量。

6. 周期性、地域性

环境单元的容量是与环境中大气、水体、土地、生物、人类社会等各因素容量分不开的。各因素不仅在分布上有明显的地域差别，在时间上也有一定的变化，尤其自然环境因素会随时间发生周期性变化。

4.3　大气环境容量

4.3.1　大气环境容量定义

大气环境容量是针对某一种污染物而言，简单地说，是指某一环境区域内对人类活动造成影响的最大容纳量。环境容量是确定污染物排放总量指标的依据，排放总量小于环境容量才能确保环境目标的实现。由于空间的开放性及气象条件的复杂性，大气污染研究相对来说更为复杂。特定的环境容量与该环境的社会功能、环境背景、污染源位置（布局）、污染物的物理化学性质、区域的气象条件以及环境自净能力等因素有关。在环境影响评价工作中所提到的大气环境容量一般是指狭义上的大气环境容量，主要针对于个别污染物因子的大气环境容量，一般都是常规的大气环境污染物总量控制指标，如 SO_2、NO_2、烟尘（PM_{10}）等。

4.3.2　大气环境容量类型及特征

1. 理想环境容量

1）理想环境容量简介
理想环境容量是基于有限空间范围内，在考虑大气环境背景浓度的情况下，污染物在排放与清除的水平上达到一定平衡状态时，以该区域所属大气功能区浓度目标值作为污染物平均浓度值，一定时间内在该浓度下容纳的污染物总量。
2）理想环境容量特征
（1）参数要求简单，对复杂的气象条件简化计算。
（2）计算模型基于箱式模型，将给定空间范围内的污染物浓度假定为均匀混合状态。
（3）未考虑区域内污染源的详细参数对大气环境的影响。

2. 实际环境容量

1）实际环境容量简介
实际环境容量是指所研究控制区范围内，在污染源布局现状条件下，结合地区实际的气象条件,建立区域内污染源排放与其在地面环境质量之间的输入响应关系,以区域内各功能区浓度限值为标准,通过计算获得各污染源的最大允许排放量,加和后获得的总量。

2)实际环境容量特征

(1)计算时考虑的气象条件具有区域特征,可以较为真实地反映污染物在区域内的迁移转化与扩散。

(2)考虑污染源现状布局对区域内地面浓度的影响,计算时需对污染源及区域内地面浓度资料进行调查收集。

3. 规划环境容量

规划环境容量是指在控制区研究范围内,继续污染源排放调整、污染源布局优化条件下,结合该控制区域现状的气象条件,建立控制区范围内污染源排放与其对环境产生的浓度影响值的联系(传递函数),以区域内各功能区浓度标准为限值,计算控制区域内每个污染源所允许排放污染物的最大值并将其加和。

规划环境容量具有的特征:不同规划下计算获得的容量值不同,污染源布局、排放不同,因此,规划环境容量的计算依据不同,规划差异很大。

4.3.3　影响大气环境容量的因素

(1)涉及的区域范围与下垫面复杂程度。

(2)空气环境功能区划及空气环境质量保护目标。

(3)区域内污染源及其污染物排放强度的时空分布。

(4)区域大气扩散、稀释能力。

(5)特定污染物在大气中的转化、沉积、清除机理。

4.3.4　大气环境容量的模型及计算方法

1. 修正 A 值法

A 值法(A value method)是国家标准方法,在大气污染物扩散稀释规律的基础上,以污染物浓度满足环境质量标准为控制目标得出在该扩散条件下控制区的排放总量最大允许限值,最后计算大气环境容量。其中,A 值的取值标志着区域扩散条件对污染物允许排放量的影响,传统的 A 值法将我国划分我为 7 个区域,并赋予不同 A 值的范围,此法过于粗糙,传统 A 值法利用箱式模型对其进行修正,两种方法中 A 值有偏差,结果表明以箱式模型为基础的修正 A 值法具有较好的可靠性。A 值法具有方法简便易行的特点,可以用作宏观指导,但不能进行预测、评估敏感点环境质量。

2. 多源模型法——平权法

通过模拟可以定量描述现状污染源的排放量与其产生的控制点处浓度之间关系,对污染物浓度超标的控制点,可采用平权法对排放量进行削减,使控制点浓度符合环境功能要求,测算的环境容量可具体指导区域污染控制方案的制定。

平权法包括等比例削减法、浓度贡献加权法、传递系数加权法：

（1）等比例削减法：浓度贡献越大，削减量越大，表达式：$\Delta C_{ij} = K_j \times C_{ij}$。

（2）浓度贡献加权法：浓度贡献越大，削减率越大，表达式：$\Delta C_{ij} = K_j \times C_{ij}^2$。

（3）传递系数加权法：污染效应越大，削减率越大，表达式：$\Delta C_{ij} = K_j \times F_{ij} \times C_{ij}$。

其中针对污染物排放量的削减方法有按照污染物浓度贡献成比例削减的平权法（B 值法），对污染源允许排放量进行分配削减，分配之后的各污染源的排放量即为平权允许排放量。

3. 优化方法

优化方法，是指在控制区满足环境质量目标为约束的条件下，使污染物排放量在相应控制条件下最大化的优化规划方法。该方法考虑到在控制区域内污染源现状布局条件下，可用大气环境容量较小，仅依靠对现有污染源进行分配削减不能达到很好的效果，并且，随着城市发展会出现部分新增源、调整现状污染源布局以及淘汰取缔部分污染源。因此，该方法可针对城市现状以及城市发展、规划趋势，进行控制区域规划环境容量的计算。规划环境容量是对区域内污染源进行调整后，利用扩散模型，建立传递函数，以环境质量达标为约束，得出的区域内允许排放污染物的最大量。

4.4　水环境容量

4.4.1　水环境容量的定义

水环境容量是指一定水体在规定环境目标下所能容纳污染物的量。容量大小与水体特征、水质目标及污染物特性有关，同时水环境容量还与污染物的排放方式及排放的时空分布有密切的关系。

基于以上定义，本书作如下假设：研究河流的混合输移过程通常只关心污染物浓度的沿程变化，而不关心其在断面上的变化，这时可采用一维水质模型进行描述。考虑到国内，尤其是关中地区的具体治理能力及有关水环境保护要求，同时考虑到稳态模型发展较成熟，此外，当前国内河流的污染都以有机物污染为主，渭河的有机物污染相当严重，所以主要以 COD（化学耗氧量）为代表对有机物的环境容量计算方法进行研究。

4.4.2　影响水环境容量的因素

1. 水体特征

包括一系列的自然参数，如几何参数、水文参数、水化学参数及水体的物理化学和生物自净作用参数，这些参数决定了水体对污染物的稀释扩散能力，从而决定水环境容量的大小。

2. 水质目标

水体对污染物的纳污能力是相对于水体满足一定的功能和用途而言的，因而不同的水质目标决定了水环境容量的大小。

3. 污染物特性

不同污染物在水体中的允许量不同，因而水环境容量也因污染物的不同而不同。

4. 排污方式

水域的环境容量与污染物的排放方式有关，因此，限定的排污方式是确定环境容量的一个重要因素。

4.4.3　水环境容量的模型及计算方法

1. 河流模型

1）一维模型

一维对流推移自净平衡方程：

$$U\frac{-\partial C}{\partial X} = -k_{\mathrm{p}} \cdot C \tag{4-4}$$

$$C(x) = f(x) = C_0 \exp\left(-k_{\mathrm{p}} \cdot \frac{x}{u}\right) \tag{4-5}$$

式中，$C(x)$ 为江（河）段控制断面污染物浓度，mg/L；C_0 为江（河）段起始断面浓度，mg/L；k_{p} 为污染物综合自净系数，1/s；x 为起始断面距控制断面纵向距离；u 为设计流量下的平均流速。

污染物一般是沿河岸分多处排放的，即每一河段内可能存在多个污染源。研究的远期水平年期间各排污口的位置具有不确定性，为便于计算，采用以下方法进行简化，将计算河段内的多个排污口概化为一个集中的排污口，该排污口位于河段中点处，相当于一个集中点源，如图 4-1 所示。

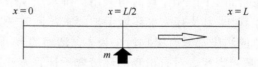

图 4-1　河流中点集中点源示意图

根据图 4-1 所示，该集中点源的实际自净长度为河段长的一半，设河段长度为 L，单位为 m，则污染物自净长度为 $L/2$，因此，对于功能区下断面，其污染物浓度为

$$C_{x=L} = C_0 \exp(-kL/u) + \frac{m}{Q}\exp(-kL/2u) \tag{4-6}$$

则河流水功能区的水环境容量应为

$$[m] = [C_{\mathrm{s}} - C_0 \exp(-kL/u)]\exp(-kL/2u)Q_{\mathrm{r}} \tag{4-7}$$

式中，m 为河段的纳污能力，t/a；C_{s} 为目标水质，mg/L；C_0 为起始断面浓度，mg/L；Q_{r} 为设计流量，m^3/s；u 为设计流量下的平均流速，m/s；k 为污染物综合自净系数，1/s；L 为河段长度，m。

2）二维模型

二维对流扩散方程：

$$U\frac{\partial C}{\partial X}=\frac{\partial}{\partial z}\left(E_z\frac{\partial C}{\partial z}\right)-k\cdot C \qquad (4\text{-}8)$$

上式在连续点源稳态时，以岸边浓度作为下游控制断面的控制浓度，其解析解为

$$C(x,0)=\left(C_0+\frac{m}{uh\sqrt{\pi E_z x/u}}\right)\exp\left(-k\frac{x}{u}\right) \qquad (4\text{-}9)$$

式中，$C(x,0)$ 为排污口下游控制断面岸边（$z=0$）污染物浓度，mg/L；C_0 为起始断面浓度，mg/L；k 为污染物综合自净系数，1/s；m 为排污口污染物排放速率，m/s；u 为设计流量下污染带内纵向平均流速，m/s；h 为湖（库）平均水深，m；E_z 为横向扩散系数，m²/s；x 为计算点距排污口距离。

同样，将污染物概化从河段中部（$x=L/2$）处排入，则河段下断面处（$x=L$ 处）污染物浓度为

$$C(L,0)=C_0\exp\left(-k\frac{L}{u}\right)+\frac{m}{uh\sqrt{\pi E_z L/2u}}\exp\left(-k\frac{L}{2u}\right) \qquad (4\text{-}10)$$

则水环境容量为

$$[m]=\left[\frac{C_s-C_0\exp\left(-k\dfrac{L}{u}\right)}{\exp(-kL/2u)}\right]\cdot h\cdot\sqrt{\pi E_z uL/2} \qquad (4\text{-}11)$$

二维模型主要用于计算河段内污染物达不到均匀混合的江段。对于这些江段，由于资料的限制，有的采用简化的方式进行计算，即将其岸边部分概化为一条较小的河流，采用一维模型进行计算时，流量及平均流速采用岸边部分流量及平均流速参与计算，其他与一般河流一维模型计算方法相同。

2. 水库模型

河道型湖库进行水环境容量计算时，采用河流模型。

（1）小湖（库）（平均水深≤10m，水面面积≤5km²）情况下，采用均匀混合模型：

$$C(t)=\frac{m+m_0}{K_hV}+\left(C_0-\frac{m+m_0}{K_hV}\right)\exp(-K_ht) \qquad (4\text{-}12)$$

$$K_h=\frac{Q}{V}+K \qquad (4\text{-}13)$$

平衡时：

$$C(t)=\frac{m+m_0}{K_hV} \qquad (4\text{-}14)$$

式中，$C(t)$ 为计算时段污染物浓度，mg/L；m 为污染物入湖（库）速率，g/s；$m_0=C_0Q$ 为入湖（库）河流污染物排放速率，g/s；C_0 为入湖（库）河流污染物浓度，mg/L；K_h 为中

间变量，1/s；V 为湖（库）容积，m^3；Q 为入湖（库）河流流量，m^3/s；K 为污染物综合衰减系数，1/s；t 为计算时段，s。

则得到小湖（库）水环境容量：

$$[m] = C_s K_h - m_0 = C_s KV + C_s Q - m_0 \tag{4-15}$$

式中，$[m]$ 为污染物最大允许入湖（库）速率，g/s；C_s 为污染物控制标准值，mg/L。

（2）大、中湖（库）（平均水深＞10m，水面面积＞5km^2）情况下，采用非均匀混合模型：

$$C_r = C_0 + C_p \exp\left(\frac{K_p \Phi H r^2}{2Q_p}\right) = C_0 + \frac{m}{Q_p} \exp\left(\frac{K_p \Phi H r^2}{2Q_p}\right) \tag{4-16}$$

式中，C_r 为距排污口 r 处污染物浓度，mg/L；C_p 为污染物排放浓度，mg/L；C_0 为湖（库）背景浓度，mg/L；H 为扩散区湖（库）平均水深，m；Q_p 为污水排放流量，m^3/s；Φ 为扩散角，由排放口附近地形决定。排污口在开阔的岸边垂直排放时，$\Phi = \pi$；排污口在湖（库）中排放时，$\Phi = 2\pi$；r 为距排污口距离，m。

则得到大湖（库）的水环境容量：

$$[m] = \frac{C_s - C_0}{\exp\left(-\dfrac{K_p \Phi H r^2}{2Q_p}\right)} Q_p = (C_s - C_0) \exp\left(-\frac{K_p \Phi H r^2}{2Q_p}\right) Q_p \tag{4-17}$$

式中，$[m]$ 为污染物最大允许入湖（库）速率，g/s；C_s 为污染物控制标准值，mg/L；其余参数同上述各式。

（3）营养化湖库情况下，采用狄龙模型或沃伦维德模型：

（a）狄龙模型：

$$[P] = \frac{I_P(1-R_P)}{rV} = \frac{L_P(1-R_P)}{rV} \tag{4-18}$$

$$R_P = 1 - \frac{\sum q_a [P]_a}{\sum q_i [P]_i} \tag{4-19}$$

式中，$[P]$ 为湖（库）中氮、磷的平均浓度，mg/m^3；I_P 为年入湖（库）的氮、磷量，mg/a；L_P 为年入湖（库）的氮、磷单位面积负荷，$mg/(m^2 \cdot a)$；V 为湖（库）容积，m^3；r 为 Q/V，Q 为湖（库）年出水量，m^3/a；R_P 为氮、磷在湖（库）中的滞留系数；q_a 和 q_i 分别为年出流和入流的流量，m^3/a；$[P]_a$ 和 $[P]_i$ 分别为年出流和入流的氮、磷平均浓度，mg/m^3。

湖（库）中氮、磷的水环境容量为

$$[m] = I_s \cdot A \tag{4-20}$$

$$L_s = \frac{[P]_s hQ}{(1-R_P)V} \tag{4-21}$$

式中，$[m]$ 为湖（库）中氮、磷的最大允许纳污量，mg/a；L_s 为单位湖（库）水面积中氮、磷最大允许负荷，$mg/(m^2 \cdot a)$；A 为湖（库）容积，m^2；$[P]_s$ 为湖（库）中氮、磷的年平均控制浓度，mg/m^3；h 为湖（库）平均水深，m；Q 为湖（库）年出水量，m^3/a。

（b）沃伦维德模型：

$$[m] = [P]_s \cdot Q_0 + [P]_s \cdot V \cdot a \tag{4-22}$$

式中，$[m]$ 为湖（库）中氮、磷的最大允许纳污量，mg/a；$[P]_s$ 为湖（库）中氮、磷的年平均控制浓度，mg/m³；Q_0 为湖（库）年出水量，m³/a；V 为湖（库）容积，m³；a 为沉淀速率常数，1/a，按经验公式 $a = 10/h$；h 为湖（库）平均水深，m。

4.5　土壤环境容量

4.5.1　土壤环境容量的定义

土壤环境容量则可以从环境容量的定义延伸为土壤环境单元所容许承纳的污染物质的最大数量或负荷量。由定义可知，土壤环境容量实际上是土壤污染起始值和最大负荷量的差值。若以土壤环境标准作为土壤环境容量的最大允许极限值，则该土壤的环境容量的计算值，便是土壤环境标准值（或本底值），即上述土壤环境的基本容量；但在尚未制定土壤标准的情况下，环境学工作者往往通过土壤环境污染的生态效应试验研究，以拟定土壤环境所允许容纳污染物的最大限值——土壤的环境基本含量，这个量值（即土壤环境基准值减去背景值），有的称之为土壤环境的静容量，相当于土壤环境的基本容量。

土壤环境的静容量虽然反映了污染物生态效应所容许的最大容纳量，但尚考虑和顾及到土壤环境的自净作用与缓冲性能，也即外源污染物进入土壤后的累积过程中，还要受土壤环境地球化学背景与迁移转化过程的影响和制约，如污染物的输入与输出、吸附与解吸、固定与溶解、累积与降解等，这些过程都处于动态变化中，其结果都能影响污染物在土壤环境中的最大容纳量。因而目前的环境学界认为，土壤环境容量应是静容量加上这部分土壤的净化量，才是土壤的全部环境容量或土壤的动容量。

4.5.2　影响土壤环境容量的因素

1. 土壤类型

不同土壤类型所形成的环境地球化学背景与环境背景值不同，同时土壤的物质组成、理化性质和生物学特性，以及影响物质迁移转化的水热条件也都因土而异，因而其净化性能与缓冲性能不同。因此，一般说土壤类型相同或土壤具有相似的土壤环境容量，土壤类型虽然不同，但土壤机械组成物质相似的情况下，如砂质性质的，也可能有相似的环境容量。

2. 污染元素与化合物的特性

污染元素和化合物的特性是它们在土壤环境中迁移转化的内因，而土壤环境因素则是它们迁移转化的外部条件，两者共同影响与制约着污染物在土壤环境系统中的化学行为。研究污染物的化学行为是揭示污染物的环境基准与环境容量及其区域分异的实质内容，并将其作为确定土壤环境基准的重要依据。污染物的化学行为涉及污染物在土壤中的形态、特征及其迁移转化的最终归宿。

3. 土壤生态效应

土壤生态效应包括污染物对农作物的生长发育与产量的影响，以及作物对污染物的吸收、累积特征与作物产品质量的影响和后果。

4. 环境效应

环境效应是指污染物对地球表层环境系统的综合影响，即土壤环境中的污染物的累积量，除不能影响土壤生态系统的正常结构与功能外，还要求从土壤环境输出的污染物不会导致其他环境子系统的污染，如大气、水环境的污染。因此，环境效应应是确定土壤环境容量的重要方面和更严格的要求。

5. 土壤环境基准含量的确定

土壤环境基准含量（或土壤临界含量）是指将土壤生态系统作为整体而采用各种生态效应的综合临界指标，以确定土壤环境对污染物的容纳量。土壤临界含量在很大程度上决定着土壤的容纳能力，因而它是建立土壤环境容量模型、计算土壤环境容量、制定环境标准的依据，是土壤环境容量研究中的重要步骤。

4.5.3　土壤环境容量模型及计算方法

1. 土壤环境容量数学模型概述

物质平衡线性模型假定土壤污染物的输出量与土壤污染物含量之间呈线性关系，且一定环境单元的污染物量的变化符合物质平衡方程。当前时刻的污染物累积量 = 前一时刻的累积量 + 输入量−输出量，则应用逐年递推方法，可导出如下方程：

$$C_t = C_0 K^t + BK^t + QK(1-K^t)/(1-K) - Z(K-K^t)/(1-K) \tag{4-23}$$

式中，Q 为污染物总输入量；K 为污染物的残留率（常量）；K^t 为 t 时刻污染物的残留率；C_t 为 t 时刻的土壤污染物含量；C_0 为土壤污染物初值；B 为背景值；Z 为常数。该模型所描述的是土壤中污染物的累积过程。

2. 土壤污染动力学模型

污染物在土壤中残留累积的动态特性，是土壤污染过程的核心问题，也是土壤环境容量研究的一个基础理论问题。土壤污染过程涉及的因素众多，伴随污染同时发生的过程，进一步细化则有物理的、化学的和生物学的；宏观地看，各种变化过程又可概括为两类，即输入过程和输出过程。凡使污染物含量不断增加的过程，均可视为输入；凡使污染物减少的过程，均可视为输出。土壤环境的污染，本质上就是输入与输出两种过程的净效果。

记编号为 i 的某种污染物在土壤中的累积量为 S_i，其在 t 时刻的值为 $S_i(t)$，在 $t+\Delta t$ 时刻为 $S_i(t+\Delta t)$，则在 t 时间段间隔内，污染物的变化量为

$$S_i(t+\Delta t) - S_i(t) = \Delta S_i(t) \tag{4-24}$$

式中，$\Delta S_i(t)$ 为各种输入、输出过程的净效果。

4.6　环境承载力分析方法

4.6.1　环境承载力的定义

环境承载力是指在一定时期内,在维持相对稳定的前提下,环境资源所能容纳的人口规模和经济规模的大小。地球的面积和空间是有限的,资源也是有限的,显然,它的承载力也是有限的。因此,人类的活动必须保持在地球承载力的极限之内。

环境承载力又称环境承受力或环境忍耐力。它是指在某一时期,某种环境状态下,某一区域环境对人类社会、经济活动的支持能力的限度。人类赖以生存和发展的环境是一个大系统,它既为人类活动提供空间和载体,又为人类活动提供资源并容纳废弃物。对于人类活动来说,环境系统的价值体现在它能对人类社会生存发展活动的需要提供支持。由于环境系统的组成物质在数量上有一定的比例关系,在空间上具有一定的分布规律,所以它对人类活动的支持能力有一定的限度。当今存在的种种环境问题,大多是人类活动与环境承载力之间出现冲突的表现,即人类社会经济活动对环境的影响超过了环境所能支持的极限。

生态承载力大体可以分为土地资源承载力、水资源承载力等类型。在人类面临粮食危机、土地日趋紧张的情况下,科学家提出了土地承载力的概念。在环境污染蔓延全球、资源短缺和生态环境不断恶化的情况下,科学家相继提出了资源承载力、环境承载力、生态承载力等概念。

4.6.2　环境承载力的特征

环境承载力作为判断人类社会经济活动与环境是否协调的依据,具有以下主要特征:①客观性和主观性。客观性体现在一定时期、一定状态下的环境承载力是客观存在的,是可以衡量和评价的,它是该区域环境结构和功能的一种表征;主观性体现在人们用怎样的判断标准和量化方法去衡量它,也就是人们对环境承载力的评价分析具有主观性。②区域性和时间性。环境承载力的区域性和时间性是指不同时期、不同区域的环境承载力是不同的,相应的评价指标的选取和量化评价方法也应有所不同。③动态性和可调控性。环境承载力的动态性和可调控性是指对其加以保护,环境承载力可以得升。环境承载力是随着时间、空间和生产力水平的变化而变化的。人类可以通过改变经济增长方式、提高技术水平等手段来提高区域环境承载力,使其向有利于人类的方向发展。

从上述的环境承载力的定义和特征可以看出,环境承载力既不是一个纯粹描述自然环境特征的量,又不是一个描述人类社会的量,它与环境容量是有区别的。环境容量是指某区域环境系统对该区域发展规模及各类活动要素的最大容纳阈值。这些活动要素包括自然环境的各种要素如大气、水、土壤、生物等和社会环境的各种要素如人口、经济、建筑、交通等。环境容量侧重反映环境系统的自然属性,即内在的禀赋和性质;环境承载力则侧重体现和反映环境系统的社会属性,即外在的社会禀赋和性质,环境系统的结构和功能是其承载力的根源。在科学技术和社会关系发展的一定历史阶段,环境容量具有相对的确定性、有限性；而一定时期，一定状态下的环境承载力也是有限的，这是两者的共同之处。为了将环境容量和环境承载力统一起来，李辛琪等学者提出了环境容载力的概念。

环境承载力反映了人类与环境相互作用的界面特征，是研究环境与经济是否协调发展的一个重要判据，它与生态承载力也是有区别的。生态承载力可以概括为生态系统的自我维持、自我调节能力，资源与环境子系统的供容能力及其可维育的社会经济活动强度和具有一定生活水平的人口数量。从这个定义可以看出，生态承载力取决于生态系统的弹性能力、资源承载能力和环境承载能力；而环境承载力则取决于环境系统本身的结构和功能。生态承载力的"施力者"是整个生态系统；环境承载力的"施力者"是环境系统。可以认为生态承载力比环境承载力更复杂，环境承载力比生态承载力更具体、针对性更强。

4.6.3　环境承载力的定量分析方法

1. 指数评价法

指数评价是目前环境承载力量化评价中应用较多的一种，该种评价法需要根据各项评价指标的具体数值，应用统计学方法或其他数学方法计算出综合环境承载力指数，进而实现环境承载力的评价。目前用于计算环境承载力指数的方法主要有矢量模法、模糊评价法、主成分分析法等。

矢量模法是将环境承载力视为 n 维空间的一个矢量，这一矢量随人类社会经济活动方向和大小的不同而不同；设有 m 个发展方案或 m 个时期的发展状态，分别对应着 m 个环境承载力，对每个环境承载力的 n 个指标进行归一化，则归一化后向量的模即是相应方案或时期的环境承载力。通过比较各矢量模的大小来比较不同发展方案或发展状态下的环境承载力的大小。

模糊评价法是将环境承载力视为一个模糊综合评价过程，通过合成运算，可得出评价对象从整体上对于各评语等级的隶属度，再通过取大或取小运算就可确定评价对象的最终评语。模糊评价法进行了区域水资源承载力的研究。这种方法的局限性来自于模型本身，因其取大取小的运算法则会遗失大量有用信息，当评价因素越多，遗失有用信息就越多，信息利用率就越低，误判可能性越大。

主成分分析法在一定程度上克服了矢量模法和模糊评价法的缺陷，它是在力保数据信息丢失最少的原则下，对高维变量进行降维处理。即在保证数据信息损失最小的前提下，经线性变换和舍弃一小部分信息，以少数综合变量取代原始采用的多维变量，其本质目的是对高维变量系统进行最佳综合与简化，同时也客观地确定各个指标的权重，避免了主观随意性。

2. 承载率评价法

承载率评价方法需要通过计算环境承载率来评价环境承载力的大小。承载率是指区域环境承载量（环境承载力指标体系中各项指标的现实取值）与该区域环境承载量阈值（各项指标上限值）的比值，环境承载量阈值可以是容易得到的理论最佳值或者是预期要达到的目标值（标准值）。

3. 系统动力学方法

系统动力学方法也是目前使用的一种重要的进行环境承载力评价的量化方法。这种方法的主要特点是通过一阶微分方程组来反映系统各个模块变量之间的因果反馈关系。在实用中，对不同发展方案采用系统动力学模型进行模拟，并对决策变量进行预测，然后将这些决策变量视为环境承载力的指标体系，再运用前述的指数评价方法进行比较，得到最佳的发展方案及相应的承载能力。

4. 多目标模型最优化方法

多目标模型最优化方法是采用大系统分解-协调的思路将整个系统分解为若干个子系统，各子系统模型既可单独运行，又可配合运行。多目标核心模型为总控模型，它是将各子系统模型中的主要关系提炼出来，根据变量之间的相互关系，对整个大系统内的各种关系进行分析和协调，而子系统模型对系统局部状态进行较详细的分析，子系统模型之间通过多目标核心模型的协调关联变量相连接。

通过以上分析可知，当前可用于环境承载力量化评价的方法很多，它们各有利弊，但由于环境承载力本身的复杂性、模糊性以及影响因素的多样性，对于环境承载力的客观分析与科学评价还有待于进一步研究。

思　考　题

1. 了解环境容量的基本概念。
2. 了解大气环境容量的基本计算方法。
3. 了解水环境容量的基本计算方法。
4. 了解环境承载力的定量分析方法。

第 5 章　大气环境污染安全保障技术

包围在地球周围的厚厚的大气层，为人类提供着生存、生活不可缺少的物质——空气。人们也通过生产和生活实践，影响着周围大气的质量，人与大气环境之间的这种经常的连续不断的物质和能量交换，决定了大气环境在整个环境中的重要地位。

5.1　大气环境污染

人们生活在空气的海洋里，当这种人类赖以生存的空气不断被人类自身活动（生产活动和消费活动）所产生的各种异常的有害气体和微粒物质混入，大气环境质量便受到了影响。

5.1.1　大气环境污染的概念

大气环境污染是指人类活动排放的污染物扩散到室外空气中，对人体、动植物和器物产生不利影响的大气状况，而混入大气的各种有害成分统称大气污染物。

随着人类经济活动和生产的迅速发展，在大量消耗能源的同时，将大量废气、烟尘杂质排入环境大气，严重地影响了大气环境的质量，尤其在人口稠密的城市和存在大规模排放源的附近更为突出。表 5-1 列举了一些重要气体污染物，这些污染物在污染区的典型浓度值与清洁区的典型浓度值相比可高出几倍至几百倍。所以大气环境污染的概念通常是指人类活动造成的污染。

表 5-1　清洁空气与污染空气的浓度对比

成分	清洁空气	污染空气
SO_2	$0.001 \sim 0.01$ppm	$0.02 \sim 2$ppm
CO_2	$310 \sim 330$ppm	$350 \sim 700$ppm
CO	<1ppm	$5 \sim 200$ppm
NO_2	$0.001 \sim 0.01$ppm	$0.01 \sim 0.5$ppm
硫氢物	1ppm	$1 \sim 2$ppm
颗粒物质	$10 \sim 20 \mu g/m^3$	$70 \sim 700 \mu g/m^3$

5.1.2　大气环境污染的过程

形成大气环境污染的三个要素是污染源、大气状态、污染汇——受体；大气污染的三个主要过程是污染物排放、大气相互作用和接受体的影响。大气污染的流程顺序是：污染源排放污染物；进入大气环境的污染物与大气相互作用进行散布、转化和排除等过程；根据接受体的影响确定大气环境的污染程度（图 5-1）。

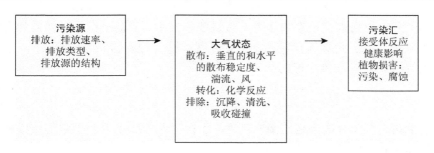

图 5-1　大气污染流程图

空气中所含污染物的数量和类型主要是由污染物的排放率及它们的物理和化学性质所决定的，了解污染源其他的某些特征，如排放区的形状、排放的持续时间以及污染物喷射的有效高度也十分重要。

污染物释放后，它们的散布受多种尺度的大气运动（风的湍流）控制。温度层决定了大气稳定度，而稳定度本身又左右热力湍流强度（浮力）和地面混合层厚度。混合层厚度和湍流强度则调节污染物向上散布和以较清洁空气从上空取代污染空气的速率。边界层内的风场对污染物的水平散布起着决定性的作用。风速不但决定污染物向下风向输送的距离，而且还决定由烟云变化所引起的稀释。风向则控制污染物输送的一般路径，它的变化约束烟云在横风方向展开的范围。

悬浮在大气中的污染物可能同时经受物理和化学的转化，这些变化又与气象特征如水汽或水滴多少、空气湿度、太阳辐射强度和其他大气物质的有无等有关。类似地，污染物最后通过与降水有关的过程（降水清洗）、重力沉降或地面吸附和碰撞从大气中排除掉，这些过程都与大气的状态紧密相连。

在一个确定的地方即使污染物排放保持稳定，但空气环境的质量显然可以有很大变化。这种变化是由不断改变的天气状况，即大气输运、稀释、转化和排除污染物的能力经常变化而引起的。一般来说，大气对污染物的散布能力很强，但在一定时间或地点，这种能力可能会被削弱，这种情况下空气污染可能成为一个严重问题。

每个大气污染事件的形成需要具备三个条件：一是大量的污染物排入大气中；二是由于当地不利的气象条件等影响，这些污染物不能在大气中及时扩散稀释；三是由于污染物在大气中积累或变化，以及有些污染物的协同作用，污染物的浓度达到危害的程度。在这三个条件中，起主要作用的是大气污染物。

5.1.3　大气环境污染的危害

大气污染物，尤其城市大气污染物主要是粉尘、二氧化硫、一氧化碳、氮氧化物、臭氧、挥发性有机物以及碳氢化合物中的苯并芘及一些有毒重金属等。这些大气污染物不仅危害广大居民身体健康、影响生产、降低产品质量，而且影响气候、缩短视程、增加交通事故、腐蚀建筑物和物品，并能妨碍农作物和树木的生长。

大气污染物侵入人体主要有三条途径：表面接触，食入含污染物的食物和水，吸入被污染的空气，其中以第三条途径最为重要。大气污染对人体健康的危害主要表现为引起呼吸道疾病，在突然的高浓度污染物作用下可造成急性中毒，甚至在短时间内死亡，长期接触低浓度污染物，会引起支气管炎、支气管哮喘、肺气肿和肺癌等病症。

主要大气污染物对人体危害的毒理简介如下。

1. 粉尘

粉尘的危害，不仅取决于它的暴露浓度，还在很大程度上取决于它的组成成分、理化性质、粒径和生物活性等。

粉尘的成分和理化性质是对人体危害的主要因素，有毒的金属粉尘和非金属粉尘（铬、锰、镉、铅、汞、砷等）进入人体后，会引起中毒以至死亡。例如，吸入铬尘能引起鼻中溃疡和穿孔、肺癌发病率增加；吸入锰尘会引起中毒性肺炎；吸入镉尘能引起心肺机能不全。无毒性粉尘对人体也有危害，例如，含有游离二氧化硅的粉尘被吸入人体后，在肺内沉积，能引起纤维性病变，使肺组织逐渐硬化，严重损害呼吸功能，发生硅沉着病。

粉尘的粒径大小是危害人体健康的另一重要因素，它主要表现在两个方面：粒径越小，越不易沉降，长时间飘浮在大气中容易被吸入体内，且容易深入肺部；粒径越小，粉尘比表面积越大，物理、化学活性越高，加剧了生理效应的发生与发展。此外，尘粒的表面可以吸附空气中的各种有害气体及其他污染物，而成为它们的载体，如可以承载强致癌物质苯并芘及细菌等，特别是含有重金属的飘尘，能促进大气中的各种化学反应，形成二次污染物。

2. PM_{10}、$PM_{2.5}$ 的污染及其危害

PM_{10} 是空气动力学直径小于或等于 $10\mu m$ 的颗粒物，也称可吸入颗粒物或飘尘。$PM_{2.5}$ 是指大气中直径小于或等于 $2.5\mu m$ 的颗粒物，也称为可入肺颗粒物，它的直径还不到人的头发丝直径的 $1/20$。虽然 $PM_{2.5}$ 只是地球大气成分中含量很少的组分，但它对空气质量和能见度等有着重要的影响。与较粗的大气颗粒物相比，$PM_{2.5}$ 粒径小，富含大量的有毒、有害物质且在大气中的停留时间长，输送距离远，因而对人体健康和大气环境质量的影响更大。

PM_{10}、$PM_{2.5}$ 长期累积会引起呼吸系统疾病，如气促、咳嗽及诱发哮喘、慢性支气管炎、慢性肺炎、心血管病等方面的疾病。PM_{10} 在环境空气中持续的时间很长，对人体健康和大气能见度影响都很大。一部分颗粒物来自污染源的直接排放，如未铺沥青、水泥的路面上行使的机动车、材料的破碎碾磨处理过程以及被风扬起的尘土等。可吸入颗粒物被人吸入后，会累积在呼吸系统中，引发许多疾病。粗颗粒物可侵害呼吸系统，诱发哮喘病。细颗粒物可能引发心脏病、肺病、呼吸道疾病，降低肺功能等。因此，对于老人、儿童和已患心肺病者等敏感人群，风险是较大的。越细小的颗粒物对人体的危害越大，粒径超过 $10\mu m$ 的颗粒物可被鼻毛吸留，也可通过咳嗽排出人体，而粒径小于 $10\mu m$ 的可吸入颗粒物可随人的呼吸沉积在肺部，甚至可以进入肺泡、血液。在肺部沉积率最高的是粒径为 $1\mu m$ 左右的颗粒物。这些颗粒物在肺泡上沉积下来，损伤肺泡和黏膜，引起肺组织的慢性纤维化，导致肺心病，加重哮喘病，引起慢性鼻咽炎、慢性支气管炎等一系列病变，严重的可危及生命。颗粒物对儿童和老年人的危害尤为明显。可吸入颗粒物还具有较强的吸附能力，是多种污染物的"载体"和"催化剂"，有时能成为多种污染物的集合体，是导致各种疾病的罪魁祸首。

3. 二氧化硫

SO_2 为一种无色的中等强度刺激性气体。在低浓度下，SO_2 主要影响呼吸道，最初呼吸快，每次呼吸量减小，浓度较高时，喉头感觉异常，并出现咳嗽、喷嚏、咳痰、声哑、胸痛、呼吸困难、呼吸道红肿等症状，造成支气管炎、哮喘病，严重的可以引起肺气肿，甚至致人死亡。

4. 臭氧

光化学烟雾产生的臭氧有特殊臭味，是强氧化剂，对呼吸器官有强烈的刺激性，对鼻子和脑部也有刺激。呼吸一定量的臭氧后，眼和呼吸器官发干、有急性烧灼感、头痛、中枢神经发生障碍。长时间暴露在臭氧含量较高的环境中，还会导致思维紊乱。

当大气出现严重污染时，会对人体表现出急性影响。这种急性影响，有些情况下是以某种或某些毒物急性中毒形式表现出来，另一些情况则是使原呼吸系统疾病和心脏病等患者的病情恶化，进而间接加速这些患者死亡。

大气污染除了对人体造成急性影响外，还有慢性影响。低浓度大气污染的城市虽不如急性影响那样显而易见，但其影响面广，受影响的人数多。尤其以二氧化硫和飘尘为指标的大气污染与慢性呼吸道疾病有密切关系，对人体机能造成的损伤也不容忽视。

5.1.4　大气环境污染的安全保障措施

重污染天气频发引起了人们的忧虑和不安，大家都希望采取强有力的制度和措施进行大气污染治理。2013 年 9 月，国务院颁布了《大气污染防治行动计划》，江西省政府配套印发了《江西省落实大气污染防治行动计划实施细则》和重点工作部门分工方案，加快了大气污染治理步伐，实现了空气质量进一步改善。2015 年江西省细颗粒物 $PM_{2.5}$ 年均浓度为 $45\mu g/m^3$，是国家标准 $35\mu g/m^3$ 的 1.3 倍，重污染天气时有发生。《江西省大气污染防治条例》以新修订的《大气污染防治法》为基本依据，按照"源头严控、过程严管、后果严惩"的思路，对江西省的大气污染防治进行全面规范，重点解决 4 个方面的问题：确保政策措施的常态化和制度化；细化和完善政府部门的职责分工；细化不同类型污染源的控制措施；提高违法成本，加大处罚力度。按国家要求，到 2020 年江西省细颗粒物（$PM_{2.5}$）浓度要在 2015 年的基础上下降 18%，即年均浓度从 $45\mu g/m^3$ 降到 $37\mu g/m^3$ 左右。

针对机动车尾气污染，2015 年江西省完成了 34429 辆 2005 年年底前注册营运黄标车的淘汰任务。《江西省大气污染防治条例》对烟花燃放、露天焚烧和餐饮油烟等社会影响较广的大气污染防治重点作出了具体规定；南昌城区开始禁止生产、销售、燃放烟花爆竹；加强城市道路清洗作业水平，使用吸尘式机械清扫车辆对道路进行机扫作业，道路机械清扫已有 71.6% 的干式清扫转变为湿式清扫，减少了人工清扫可能造成的扬尘污染。

5.2　城市烟雾灾害

城市大气环境污染开始于 18 世纪末资本主义产业革命时期。当时，蒸汽机普遍使用，钢铁工业迅速发展，煤炭得到大规模的应用。目前城市大气环境污染主要以烟雾的危害较大，本节重点介绍城市烟雾灾害中的伦敦型烟雾和光化学烟雾。

1. 伦敦型烟雾

伦敦型烟雾，是由烧煤所产生的烟尘、二氧化硫与自然雾混合在一起，积聚在低层大气中形成的烟雾。这种烟雾在英国伦敦最早发现，其中以 1952 年 12 月发生在英国伦敦的烟雾事件，出现的烟雾持续时间最长、最典型、危害最严重，所以称为伦敦型烟雾，又称烟煤型烟雾。

伦敦型烟雾的主要污染物是二氧化硫和烟尘，这两者对人体健康都有较大的影响。

1）二氧化硫

二氧化硫是重要的大气污染物，主要来自矿物燃料燃烧，表 5-2 介绍了各种燃料燃烧产生的二氧化硫。

表 5-2　各种燃料燃烧过程中散发的 SO_2

燃料	SO_2 散发量
煤	80kg/t（假定含硫 5%）
天然气	6.4kg/100 万 m^3
加工气体	45.6kg/100 万 m^3
原油	19.8kg/1000L
汽油	1.1kg/1000L（假定含硫 0.07%）
柴油	5kg/1000L（假定含硫 0.3%）

二氧化硫比较活泼，在大气中一般只存留几天，除被雨水冲洗和地面物体吸收一部分外，都被氧化为硫酸雾和硫酸盐气溶胶。

二氧化硫是无色气体，具有刺激性气味。大气中 SO_2 浓度达 1～5ppm 时，会刺激呼吸道，可使气管和支气管的管腔缩小，气道阻力增大。SO_2 和飘尘具有协同效应，二者对人体健康的影响往往是密不可分的。慢性支气管炎患者在飘尘和 SO_2 条件下生活病情会恶化。成年人长期生活在飘尘与 SO_2 浓度较高的环境中，可观察到呼吸系统疾病的症状，儿童比成年人更为敏感。

2）煤烟粉尘

煤烟粉尘是煤在燃烧时，排出的含有烟、炭黑、燃烧后的灰粉、粒状浮游物质的烟气混合物。从烟囱排出来的煤尘颗粒直径在 10μm 以上，易于降落到地面上的称为降尘。煤尘中颗粒直径在 10μm 以下的称为飘尘。工业用煤排烟量大致是燃煤质量的 3%～18%，褐煤为 8%～9%。燃煤产生尘毒量见表 5-3。由表 5-3 可见，同样 1t 煤，居民用煤比工业用煤产生的粉尘要多 2～3 倍。

表 5-3　燃烧 1t 煤排放的尘毒质量　　　　　　　　　（单位：kg）

污染物	电厂锅炉	工业用炉	取暖锅炉
二氧化硫	8～80	8～80	8～80

续表

污染物		电厂锅炉	工业用炉	取暖锅炉
	二氧化碳	0.23	1.4	22.7
	二氧化氮	9	9	3.6
	碳氢化合物	0.1	0.5	5
粉尘	一般情况	11	11	11
	燃烧良好	3	6	9

　　飘尘粒小体轻,能长期在大气中飘浮,飘浮的范围从几千米到几十千米。因此它会在大气中不断蓄积,使污染程度逐渐加重。粒径不同的飘尘随空气进入肺部,就会以碰撞、扩散、沉积等方式,滞留在呼吸道的不同部位,大于 $5\mu m$ 的飘尘,多滞留在上呼吸道,小于 $5\mu m$ 的多滞留在细支气管和肺泡,对人体健康危害很大。

　　伦敦型烟雾是大气中三种成分 SO_2、雾(微小水滴)、粉尘相互叠加而成。在煤粉尘颗粒的表面 SO_2 氧化成 SO_3,随即与水蒸气结合成硫酸,进而形成硫酸盐气溶胶。同时, SO_2 也可溶解在微小水滴中再氧化为硫酸,如有铁、锰等金属离子的催化作用,氧化速率增大。因此,当大气中 SO_2、雾(微小水滴)、煤粉尘三种成分同时存在,且有足够浓度时,很快能形成硫酸雾。所以,烟煤型烟雾实质上是硫酸烟雾。它具有的特征是:①低层大气中飘尘和二氧化硫的浓度相当高;②灰褐色的烟雾笼罩,能见度很差;③有一股硫磺和煤烟的刺激性气味。

　　伦敦型烟雾对眼、鼻和呼吸道有强烈刺激作用,并且飘尘和酸雾滴被人体吸入后,能沉积在肺部,一些可溶性物质还能入血液及肺组织,造成呼吸困难、危及心脏,或形成急性和慢性疾病,甚至造成死亡。

　　3)控制伦敦型烟雾的主要措施

　　使用低硫燃料;燃料与烟气脱硫;采用高烟囱扩散,利用高空风速大、扩散快的特点,降低地面的二氧化硫浓度。

2. 光化学烟雾

　　由汽车、工厂等污染源排入大气的碳氢化合物(HC)和氮氧化合物(NO_x)等一次污染物,在阳光的作用下发生光化学反应,生成臭氧、醛、酮、酸、过氧乙酰硝酸酯(PAN)等二次污染物,参与光化学反应过程的一次污染物和二次污染物的混合物所形成的烟雾污染现象,称为光化学烟雾。美国洛杉矶市从 1943 年第一次发生光化学烟雾以后,于 1949 年、1950 年、1952 年、1953 年、1954 年、1960 年、1967 年又接连不断地发生比较严重的光化学烟雾事件,因此这种烟雾污染,又称为洛杉矶型光化学烟雾污染。

　　光化学烟雾的形成及其浓度,除直接取决于汽车尾气中污染物的数量和浓度之外,同时受太阳辐射强度、气象以及地理等条件的影响。其中,太阳辐射强度是一个主要条件。以洛杉矶一天的烟雾变化情况为例,在典型的烟雾天,氧化剂的浓度随时间而变化。清晨,氧化剂浓度低,大约到 7:00 在交通量增大之后,氧化剂浓度开始增长,至中午达到高峰,然后下降，至 20:00 降到 8:00 的数值，23:00 降到清晨的数值，夜间烟雾就消失了。中午的高峰基本上是太阳光强度作用的结果。太阳辐射的强弱，主要取决于太阳的高度，即太阳辐射线与地面所成的投射角以及大气透明度等。因此，光化学烟雾的浓度，除受太阳辐射强度的日变化影响外，还受该地的纬度、海拔高度、季节、天气和大气污染状况等条件的影响。

1）光化学烟雾形成的条件

（1）首先要有 HC 和 NO_x 等一次污染物，且要达到一定的浓度。

（2）要有一定强度的阳光照射，才能引起光化学反应，生成 O_3 等二次污染物。

（3）要有适宜的气象条件配合——大气稳定、风小、湿度小、气温高（24~32℃）等。

2）光化学烟雾的危害

光化学烟雾成分复杂，呈浅蓝色或白色，表现特征是烟雾弥漫、大气能见度降低。其中 O_3、PAN 和丙烯醛、甲醛等二次污染物对动物、植物和材料有较大危害。人和动物受到的主要伤害是眼睛和黏膜受刺激、头痛、呼吸障碍、慢性呼吸道疾病恶化、儿童肺功能异常等。它会刺激人的眼、鼻、气管和肺等器官，产生眼红流泪、气喘等症状，长期慢性危害使肺机能减退致癌。植物受到 O_3 的损害，开始时表皮褪色，呈蜡质状，经过一段时间后色素发生变化，叶片上出现红褐色斑点。PAN 还可使植物褪掉绿色，使叶子背面呈银灰色或古铜色，影响植物的生长，降低植物对病虫害的抵抗力，造成叶伤叶落、花落、果落，直至减产或绝收。此外，还可使家畜发病率增高、使橡胶制品龟裂老化、腐蚀金属、损坏材料建筑物等。O_3、PAN 等还能造成橡胶制品老化、脆裂，使染料褪色，并损害油漆涂料、纺织纤维和塑料制品等。

3）光化学烟雾的预防控制

控制光化学烟雾同控制其他污染一样，首先要控制污染源。光化学烟雾的主要污染源是汽车废气，因而防治措施集中于减少汽车排放的 HC、NO_x 和 CO。例如，改善汽车发动机的工作状态，改进燃料供给和在排气系统安装催化反应器等。城市中心区采取限行限号或淘汰尾气不达标的汽车。不过汽车并不是唯一的排放源，几乎所有的燃烧过程都产生氮氧化物。炼油工业、加油站和焚烧炉等也是重要的排放源。因此，如何有效地控制光化学污染是许多学者目前仍在探讨的问题。

5.3 酸雨灾害

酸雨是地球化学气候中人类影响的重要特征，也是一个国家和地区大气污染的重要标志之一。酸雨就是呈酸性的大气降水，它包括酸性雨、雪、冰雹、露水、霜等多种形式，通常把 pH 低于 5.6 的降水称为酸雨。近十几年来，它在世界许多地区频繁出现，对自然环境和人体健康危害极大。

5.3.1 酸雨的形成

酸雨的形成是一个极为复杂的过程，雨水的酸化主要是由于大气中 SO_2 和 NO_x（主要指 NO 和 NO$_2$）在雨水中分别转化成 H$_2$SO$_4$ 和 HNO$_3$。平均来讲，有 80%～100%是 H$_2$SO$_4$ 和 HNO$_3$。另据美国东北部的资料统计，雨水中的酸度大约 65%是 H$_2$SO$_4$，其余主要是 HNO$_3$。

在潮湿大气中，SO$_2$ 转化成 H$_2$SO$_4$ 往往和成云雾过程同时进行，因为大气中悬浮着大量气溶胶粒子，当它们作为凝结核开始凝聚水汽而变成小水滴时，SO$_2$ 连同 O$_2$ 也通过扩散过程被吸附到水滴的表面，并从表面扩散到水滴内部，生成 H$_2$SO$_3$（亚硫酸），特别当这类粒子含有铁、锰等金属盐杂质时，它们作为催化剂使 H$_2$SO$_3$ 与水中的 O$_2$ 迅速氧化成 H$_2$SO$_4$。当空气中含有 NH$_3$（氨），雨水的酸化过程便会进一步发展。因为 SO$_2$ 在水中的溶解度随着水中酸度的增大而减少，然而空气中的 NH$_3$ 被含硫酸的水滴所吸收，便与 H$_2$SO$_4$ 结合成(NH$_4$)$_2$SO$_4$（硫酸铵），从而使 SO$_2$ 转化成 H$_2$SO$_4$ 的进程得以持续。

另外，空气中大量存在的 NaCl 与 H$_2$SO$_4$ 作用后还可以产生 Na$_2$SO$_4$ 和 HCl（盐酸）。

在成云和降水冲刷过程中，H$_2$SO$_4$ 和 HCl 都可以增加水中所含的 H$^+$，从而降低雨水的 pH。

5.3.2 我国酸雨灾害情况

目前我国酸雨的地理分布,有着极其明显的区域特征,这说明酸雨的出现与地理环境、位置有着密切的关系。

中国从 20 世纪 80 年代开始对酸雨污染进行观测调查研究。20 世纪 80 年代，中国的酸雨主要发生在以重庆、贵阳和柳州为代表的西南地区，酸雨的面积约为 170 万 km^2。20 世纪 90 年代中期，酸雨已发展到长江以南、青藏高原以东及四川盆地的广大地区，酸雨地区面积扩大了 100 多万 km^2。以长沙、赣州、南昌、怀化为代表的华中酸雨区现在已经成为全国酸雨污染最严重的地区，其中心区平均降水 pH 低于 4.0，酸雨的频率高达 90% 以上，已达到了"逢雨必酸"的程度。在南方地区，如重庆降水 pH 低值为 3.32，贵阳 pH 低值为 3.70，武汉为 3.73，庐山部分测站也出现了 pH 为 4.00 以下的低值，贵州为 3.10，广州和苏州为 3.80，以南京、上海、杭州、福州和厦门为代表的华东沿海地区也成为我国主要的酸雨地区。以杭州为例，酸雨污染较为严重，大部分地区处在重酸雨区。2006 年降水 pH 范围为 3.31～7.27，最低值出现在富阳，中心城区 pH 年均值为 4.39，杭州市区酸雨频率为 79.8%。2007 年降水 pH 范围为 3.23～7.88，最低值出现在余杭，中心城区 pH 年均值为 4.28，酸雨率为 90.2%。

20 世纪 80 年代，我国南方地区酸雨出现的频率大大高于北方地区，北方的城镇除少数几个地区如承德，华北地区大部分为中性。从观测资料说明，东北、华北、西北地区除个别城市外，极少出现酸雨。然而值得注意的是，目前华北的北京、天津，东北的丹东、图们等地区也频频出现酸性降水。对于我国降水酸度的区域性，虽然大气污染状况是最主要的影响因素，但是一般认为这种明显区域性主要是地理环境，特别是土壤的性质起到了一定的缓冲作用。我国的土壤分布概括地说北方多为石灰岩，偏碱性，南方土质多为酸性土壤。因此，北方大气中的颗粒物也多为碱性物质，在降水过程中，这些污染物的粒子与云水相碰并吸附、溶解在降水中，使之具有较强的缓冲能力，因此降水呈中性或偏碱性。

反之，大气中颗粒污染物呈偏酸性，则缓冲能力差，会较多地出现酸雨。当然，我国幅员辽阔，自然条件多种多样，酸雨形成的机制又非常复杂，对于我国酸性降水的区域性还有待于继续研究。

我国的酸雨化学特征是 pH 低，硫酸根（SO_4^{2-}）、铵（NH_4^+）和钙（Ca^{2+}）离子浓度远远高于欧美，而硝酸根（NO_3^-）浓度则低于欧美。研究表明，我国酸性降水中硫酸根与硝酸根的物质的量之比大约为 6.4∶1。因此，中国的酸雨是硫酸型的，主要是人为排放 SO_2 造成的。

某地收集到酸雨样品，还不能算是酸雨区，因为一年可有数十场雨，某场雨可能是酸雨，某场雨可能不是酸雨，所以要看年均值。一般认为：年均降水 pH 高于 5.65，酸雨率低于 20%，为非酸雨区；pH 为 5.30～5.60，酸雨率是 10%～40%，为轻酸雨区；pH 为 5.00～5.30，酸雨率是 30%～60%，为中度酸雨区；pH 为 4.70～5.00，酸雨率是 50%～80%，为较重酸雨区；pH 小于 4.70，酸雨率是 70%～100%，为重酸雨区，这就是五级标准。其实，北京、拉萨、西宁、兰州和乌鲁木齐等城市也收集到几场酸雨，但年均 pH 和酸雨率都在非酸雨区标准内，故为非酸雨区。

我国三大酸雨区分别为：

（1）西南酸雨区（包括重庆和贵阳周围地区），仅次于华中酸雨区的降水污染严重区域。

（2）华中酸雨区（包括长沙、广州、南宁、桂林），目前已成为全国酸雨污染范围最大、中心强度最高的酸雨污染区。

（3）华东沿海酸雨区（包括上海、苏州、常州、杭州），它的污染强度低于华中、西南酸雨区。

总之，从酸雨出现的地理分布来看，我国降水酸度由北向南逐渐加重。长江以北，很少出现酸雨；长江以南则比较普遍，已有连成酸雨片区的趋势。年均 pH 低于 5.6 的区域面积已占我国国土面积的 40%左右，由此看来，我国酸雨污染已经相当严重。

5.3.3　酸雨的危害

酸沉降循环是以污染物排入大气为起点的，酸在大气中沉降的过程包括：形成酸的物质扩散进入大气，输送和混合到云中，最后随干湿沉降过程返回地面。形成酸的物质输送的距离则取决于污染物所处的位置、当时的气象条件（风、温度、湿度、日照等），以及输送过程中所发生的化学反应等。这些污染物在大气中停留的时间可以短至排放后便直接进入云、雾、降水中，或者延长至几天甚至几个星期。后一情况下，污染物可以被输送到几百或几千千米之外。污染物最后被"捕获"或"吸收"到云中或者直接被降水所冲刷，最后都沉降到地面，这个过程称为湿沉降。其中，云对酸性物质的化学清洗和浓缩则起着关键的作用。还有第二种沉降过程——干沉降，这就是无降水时酸性物质直接降落到地面上，这里包括粒子靠重力沉降或被撞击到地面以及地面及其覆盖物对气态污染物的吸收等。沉降后的酸性物质同土壤和地面水的相互作用可以看作是酸雨的第二个阶段，也就是酸性沉降物对地球生态的影响。酸雨的危害大致有以下三个方面。

1. 湖泊酸化，鱼类减少

淡水湖泊酸度的增加已经成了欧洲和北美影响水生生态的主要环境因素。斯堪的纳维亚、加拿大以及美国都发现鱼在酸性湖泊中数量减少。据试验，pH 在 6.5～9.0 之间对多数鱼无害，高于或低于这个范围便会产生程度不同的影响。当 pH 在 6.0～6.5 之间，鱼的孵化率明显下降；pH = 4.0～5.0，部分鱼种消失，少数鱼种的数量减少；pH = 4.0～5.0，对红点鲑鱼、鲷鱼、石斑鱼、金鱼、普通鲑鱼都有影响；pH 降到 3.5～4.0，便对鲑鱼有致命的影响；pH<3.5，对多数鱼都有致命的影响。

湖水的酸化使微生物的活动能力减弱，降低了它们对生物尸体的分解速率，从而影响整个水生生态系统中有机质的积累和循环，而有机质在湖水中的生态系动力学中则起着关键的作用。同时，由于 pH 的降低改变了水生植物系的组成和结构、减少产量、改变品种等，湖水的酸化还会引起浮游生物系、矿物质以及其他营养物的减少，这样一来，自然也就减少了对鱼类的食物供应。

酸雨对美国水生生态系统造成了极大的危害，如美国最漂亮的一个区域——阿迪龙达克山脉的 214 个湖泊中，有 107 个湖泊的 pH 低于或等于 5，其中 32 个湖泊已成"死湖"。部分湖泊和池塘的 pH 接近临界污染阶段，使鱼类不能再生存，鳟鱼、黑雅罗鱼已消失，节肢动物如钩虾等也已消失。加拿大已有 5 万个湖泊酸化，40 多个人工湖泊的鱼类已消失，9 条河流的 pH 为 4.7，致使鲑鱼和鳟鱼停止繁殖。

2. 土壤酸化，植物受损

酸雨对土壤的影响视土壤性质而异，如果土壤含有碱性物质（如碳酸钙），酸性则被中和，具有抵御降水酸化的能力；如果土壤是酸性，抵御酸化的能力就很差，此时酸雨对土壤的影响较为严重。如果土壤含有胶质颗粒并与重金属结合，与酸雨接触后就会放出游离重金属，从而被植物、鱼类摄取，因而使其受害。由于酸雨使土壤中金属游离，这些金属成分通过食物和饮水的污染直接危害人体。

植物体的成长是需要硫和氮元素的，然而过量的 SO_2 和 NO_2 通过叶面的气孔被植物吸收后（干沉降的一种），会引起植物机体新陈代谢的失调。因此在公路旁、工厂等大气污染较严重区域的附近，有时可以观测到植物的叶子出现褪黄色的斑点。同时，被酸雨侵蚀的土壤会使植物的生长减缓、农作物的产量降低。

3. 腐蚀建筑物

酸雨对建筑物这方面的影响是十分明显的，因为酸雨中的硫酸成分能与活泼金属反应生成硫酸盐并放出氢气，使建筑物的金属表面受到腐蚀。硫酸还容易和 $CaCO_3$ 作用生成 $CaSO_4$ 和水，这会使主要成分为 $CaCO_3$ 的纪念碑、塑像等受到腐蚀。华盛顿附近的林肯纪念像，自 1922 年以来已被酸雨侵蚀掉 8mm 的大理石；法国鲁昂教堂表面受侵蚀，雕像的脸已无凹凸感；波兰克拉科夫市石像受到严重侵蚀，致使有的专家提出将其放入博物馆保存；挪威南部的下水道也已遭到酸雨的严重破坏。

除了湿沉降的危害，沉淀在建筑物上面的硫化物的干沉降物遇到雨露霜雾，同样会产生酸分而腐蚀它的表面，因此酸雨对建筑物的危害极大。

酸雨落到地面跟普通雨雪无多大区别，但是它对自然环境的危害极大。酸雨有相当大的腐蚀性，它会侵蚀和穿透油漆、金属，腐蚀建筑物，酸雨会污染江河湖泊，影响饮用水质，直接危害人体健康。它还会破坏土壤肥力，影响农作物生长，特别是酸雨会引起湖水发酸，使水中浮游生物逐渐消亡，致使湖泊和河溪里的鱼纷纷死亡，以致对生态系统造成不可估量的损害。因此，人们称它是一颗毁灭人类和环境的定时炸弹，成为当今环境方面举世瞩目的三大潜在危害之一。酸雨已经成为人类目前所面临的一个重大的环境问题。

5.3.4　酸雨的预防控制措施

防治酸雨是一个国际性的环境问题，不能依靠一个国家单独解决，必须共同采取对策。防治酸雨最根本的措施是减少人为硫氧化物和氮氧化物的排放。

（1）调整以矿物燃料为主的能源结构，增加无污染或少污染的能源比例，发展太阳能、核能、水能、风能、地热能等不产生酸雨污染的能源。

（2）加强技术研究，积极开发利用煤炭的新技术，推广煤炭的净化技术、转化技术，改进燃煤技术，改进污染物控制技术，采取烟气脱硫、脱氮技术等重大措施。由于二氧化硫是我国酸雨的祸根，国家环境保护部已在全国范围对二氧化硫超标区和酸雨污染区进行了严格控制（两控区）。控制高硫煤的开采、运输、销售和使用，同时采取有效措施发展脱硫技术，推广清洁能源技术。

（3）加强汽车尾气排放监测，减少废气排放，加快清洁汽车的研究开发和推广应用。目前，我国已形成了包括汽车、摩托车、农用运输车和发动机在内的较为完备的排放标准体系，加强汽车尾气排放监测和控制，减少废气排放。同时，加快使用天然气、液化石油气、电能等清洁能源汽车的研究开发和推广应用，降低汽车尾气排放，减少大气污染。

（4）政府职能部门应制定严格的大气环境质量标准，调整工业布局，改造污染严重的企业，加强大气污染的监测和科学研究，及时掌握大气中的硫氧化物和氮氧化物的排放和迁移状况，了解酸雨的时空变化和发展趋势，以便及时采取对策。

（5）在酸雨的防治过程中，生物防治可作为一种辅助手段。在污染重的地区可栽种一些对二氧化硫有吸收能力的植物，如山楂、洋槐、云杉、桃树、侧柏等。

5.4　毒气泄漏灾害

5.4.1　毒气与毒气泄漏灾害

毒气是对生物体有害的气体的统称。毒气有自然界产生和人工制造两种，其中人工通过化学手段制造的毒气一般被用于军事目的，属于化学武器。有些毒气内所含的物质能够附着于红细胞，使红细胞的载氧量降低，吸入的毒气越多，会使得红细胞的载氧量越低。吸入过量的毒气可以使人窒息，甚至死亡。

毒气泄漏灾害是指人为失误等原因造成的有毒气体由其储存容器中泄漏出来，进入人类赖以生存的空气环境，并通过空气环境媒体迁移转化反作用于人类，严重危及人类与动植物的生命安全，进而造成人类生命财产严重损失的灾害事件。

在现代石油化工和其他相关行业中，生产、储存和使用着各种类型的有毒气体和液体，这些物质一旦由于人为因素、设备因素、生产管理和环境因素发生泄漏事故，则可能向空中释放大量有毒气体，扩散而与空气混合形成气云，使得泄漏区附近来不及疏散或未采取有效防护措施的人员发生中毒。毒气泄漏灾害具有突发性，属于突发性环境灾害。

5.4.2　毒气泄漏侵入人体的途径

我国现有数万个石化企业和仓库，这些企业的生产大多存在高温高压、易燃易爆、有毒有害等特点，有些还有剧毒。仓库储存及废弃化工厂遗留的化学品在浸泡或受潮的情况下，容易产生有毒化学气体。气体危险化学品在生产、经营、储存和使用过程中极易发生泄漏事故，一旦出现有毒化学品泄漏，就有可能导致急性中毒甚至群体性中毒事件的发生。近年来，有害化学品泄漏事件时有报道，且有频发之势，对企业职工和附近居民的安全与健康构成巨大的威胁。

1. 经呼吸道进入人体

毒气经呼吸道进入人体是最主要的途径。人体的呼吸道具有较强的吸收毒气的能力，主要吸收部位是支气管和肺泡，一般人体肺泡的总面积为 $75\sim130m^2$，而肺泡只有 $1\sim4\mu m$ 的薄壁，其表面为含碳酸的液体，肺泡壁有极其丰富的毛细血管，所以肺泡对毒气的吸收能力非常强。一些工业毒气，在生产过程中使用或生产时是以气体、蒸气、烟、尘、雾等不同形态存在于生产环境中的。气体、蒸气可直接被肺泡吸收；烟、尘、雾的微粒粒径大多小于 $5\mu m$，其中粒径小于 $3\mu m$ 的烟、尘、雾的微粒可直接被肺泡吸收；大于 $10\mu m$ 的烟、尘、雾粒绝大部分被鼻腔纤毛及上呼吸道所阻。经呼吸道吸收的毒气，可直接进入血液循环而分布全身，在未经肝脏解毒之前这些毒气就发挥了毒性作用。所以，毒气从呼吸道进入人体具有较大的危险性。

2. 工业毒气经皮肤进入人体

在生产过程中，毒气直接经人体的皮肤吸收而出现中毒的情况也时有发生。如喷洒农药时，药雾被人体皮肤所吸收而发生农药中毒。

3. 工业毒气经消化道进入人体

由于呼吸道侵入的毒气有些黏性，附在鼻咽部或混合于口、鼻咽的分泌物中，这些分泌物可借助吞咽动作进入消化道而产生中毒。另外，在有毒气体的生产车间内饮食、吸烟或用被污染的手取食物等，毒气直接进入消化道而产生中毒。

消化道对毒气的吸收程度主要取决于毒气在胃液中的溶解度。应该注意的是，虽然有些毒气的水溶性较差，但在酸性的胃液中，其溶解度会增大，中毒的可能性也会增加。氰化物等某些脂溶性毒气和某些盐类可经口腔黏膜直接吸收。毒气经消化道吸收和肝脏解毒后分布到全身。

5.4.3 毒气泄漏的危害

有毒化学品泄漏事故发生急骤，常常难以预料，这对医学救援是一种考验。其致病及急救特点为：①突发性：人数多、病情重、累及面广，甚至导致多人死亡，必须提供最快速、最有效的医疗急救服务；②复杂性：毒物种类繁多，可通过多种途径侵入，累及不同的靶器官，伤情错综复杂；③紧迫性：事故发生时大批患者同时发生，病情进展快，损伤后果严重，对伤员的现场急救、检伤分类、医疗后送等各个环节提出挑战；④差异性：接触途径、时间、剂量不同，病情不一，应特别注意群体中毒中非共性表现者；⑤迟发性：某些毒物接触早期无明显症状和体征，需要安静休息，严密观察。

毒气一旦泄漏，带来的结果是惨重的，不仅造成巨大的经济损失，更危害着群众的生命安全，甚至波及周围居民的生命财产安全。印度博帕尔灾难是历史上最严重的工业化学事故，影响巨大。1984 年 12 月 3 日凌晨，印度中央邦的博帕尔市的美国联合碳化物属下的联合碳化物（印度）有限公司设于贫民区附近的一所农药厂发生氰化物泄漏，引发了严重的后果。很多人因毒气而失明，只能一路上摸索着前行。一些人在逃命的途中死去，尸体堆积在路旁。至 1984 年年底，该地区有 2 万多人死亡，20 万人受到波及，附近的 3000 头牲畜也未能幸免于难。在侥幸逃生的受害者中，孕妇大多流产或产下死婴，有 5 万人可能永久失明或终生残疾，余生将苦日无尽。这是一场造成了 2.5 万人直接致死，55 万人间接致死，另外有 20 多万人永久残废的人间惨剧。现在当地居民的患癌率及儿童夭折率，仍然因这场灾难而远高于印度其他城市。

5.4.4 毒气泄漏的安全保障措施

毒气泄漏的后果令人心惊，有毒化学品泄漏事故造成的危害，往往事发突然、蔓延迅速、致病急、伤情复杂，有时甚至危及生命，而公众对该类事故缺乏了解，认识上存在一定盲目性，更缺乏相应的逃生常识和自救互救训练，一旦发生泄漏事故，容易造成大范围恐慌心理，并有可能导致损害加重的后果。

因而在日常生活中应加强对群众面对突发灾难的自救互救教育，化工企业更应加强安全措施，定期组织有关现场急救、疏散与布控演练、演习，以最大限度地减少事故危害。

刺激性气体扑面而来时，可用毛巾或其他针织品浸湿后捂住口鼻，最大限度地保护呼吸系统不被灼伤。应在统一指挥下进行疏散，疏散的安全点应该处在上风向，居民应逆风逃生。

当危险化学品大量泄漏，并在泄漏处稳定燃烧，应在制止泄漏成功后再灭火，否则，极易引起再次爆炸、起火，并造成更严重的后果。

思 考 题

1. 试简述大气环境污染的过程。

2. 比较分析伦敦型烟雾和光化学烟雾的异同点。

3. 简述臭氧层破坏的原因。

4. 有毒化学品泄漏的救援特点是什么？

5. 你长期居住的地区有没有遇到酸雨问题？如果有，表现在哪些方面？

第 6 章　水环境污染安全保障技术

水体是指海洋、江河、湖泊、沼泽、水库以及潜藏在土壤岩石空隙的地下水等的总称，可分为地表水和地下水。水体污染是指排入水体中的污染物在数量上超过了水体的环境容量，从而导致水体的物理特征、化学特征和生物特征发生不良变化，破坏了水中固有的生态系统及水体功能，从而影响水的有效利用和使用价值的现象。

6.1　地表水体污染

6.1.1　水资源现状

中国是一个干旱、缺水严重的国家，淡水资源总量为 28 000 亿 m³，占全球水资源总量的 6%，居世界第四位，但人均只有 2200m³，为世界平均水平的 1/4，是全球 13 个人均水资源最贫乏的国家之一。20 世纪末，我国 600 多个城市中已有 400 多个城市存在供水不足问题，其中比较严重的缺水城市达 110 个（图 6-1），全国城市缺水总量为 60 亿 m³。并且由于水体污染，水质型缺水问题也相当严重。

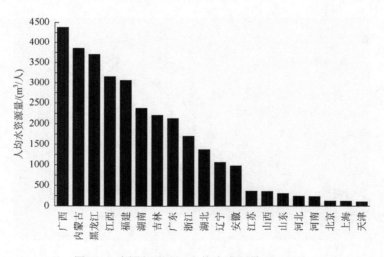

图 6-1　中国部分地区人均水资源量（2013）

6.1.2　我国水资源现存的问题

1. 水资源紧缺

目前中国有三分之二的城市供水不足，六分之一严重缺水，其中也包含如天津、北京等特大城市（图 6-2）。突出的水稀缺与水污染问题逐步威胁到中国的经济与社会安全，是当前亟待解决的问题。在 32 个百万人口以上的特大城市中，有 30 个长期受缺水困扰。在 46 个重点城市中，45.6%水质较差，14 个沿海开放城市中有 9 个严重缺水。北京、天津、青岛、大连等城市缺水最为严重；农村还有近 3 亿人口饮水不安全。工业生产的快速增长和对污水排放治理的监督滞后又更进一步加重了水体的污染。

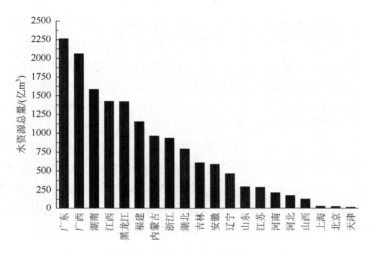

图 6-2　中国部分地区水资源总量（2013 年）

　　我国水资源整体缺乏，地区分布差异性极大。中国是人均淡水资源贫乏的国家（图 6-3），其基本特点体现在水资源可用量、人均和亩均的水资源数量极为有限，降雨时空分布严重不均，地区分布差异性极大。我国年降水量约为 61 900 亿 m^3，相当于全球陆地总降水量的 5%；地表水年径流量约为 27 115 亿 m^3，居世界第六位。但由于我国人口众多，按人均年径流量计，仅为每人每年 2100m^3，不足世界平均水平的 1/4。从地区来看，水资源总量的 81%集中分布于长江及以南地区，其中 40%以上又集中在西南五省区。总的来说，我国北方属于资源型缺水地区，而南方地区水资源比较丰富。

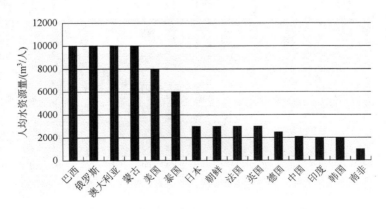

图 6-3　世界及亚洲主要国家人均水资源量

2. 水资源污染严重

工业生产对水资源的利用量少于农业,但是工业生产在水资源的污染中处于主体的地位,随着工业的不断发展,许多污水直接被排入河流,工业污水的排放不仅使水资源中的各项化学指标超标,同时对水生物的生存造成了很大的威胁,水资源富营养化也会导致蓝藻现象的发生。同时农业用水过程中化肥、农药的大量使用也会对水资源造成污染,影响区域内的水质。水污染问题在我国各个地区以不同程度存在着,对可利用水资源造成了很大程度上的浪费。

水源地污染日益严重,威胁供水安全。根据 2011 年中国环境公报显示,全国地表水污染依然较重。长江、黄河、珠江、松花江、淮河、海河和辽河七大水系总体为轻度污染。204 条河流 409 个地表水国控监测断面中,全国全年 I 类水河长占评价河长的 4.6%,II 类水河长占 35.6%,III 类水河长占 24.0%,IV 类水河长占 12.9%,V 类水河长占 5.7%,劣 V 类水河长占 17.2%,主要污染指标为高锰酸盐指数、五日生化需氧量和氨氮。26 个国控重点湖泊(水库)全年水质为 I 类的水面占评价水面面积的 0.5%、II 类占 32.9%、III 类占 25.4%、IV 类占 12.0%、V 类占 4.5%、劣 V 类占 24.7%,主要污染指标是总氮和总磷。从数据分析,我国湖泊(水库)的水质劣 V 类占比高,且三湖中,除太湖环湖河流总体为轻度污染外,滇池、巢湖环湖河流总体均为重度污染(表 6-1,图 6-4)。

表 6-1　2011 年重点湖泊(水库)水质状况

湖泊类型	I 类	II 类	III 类	IV 类	V 类	劣 V 类
三湖*	0	0	0	1	1	1
大型淡水湖	0	0	1	4	3	1
城市内湖	0	0	2	3	0	0

数据来源:环境保护部 2011 年公报"淡水环境"。

* 三湖指太湖、滇池和巢湖。

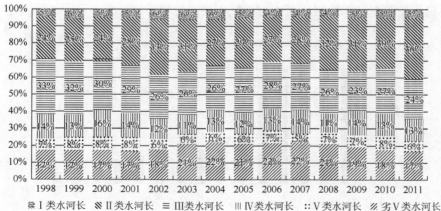

图 6-4　1998~2011 年中国河流水质统计

3. 水安全缺乏保障

我国城市化进程过快，城市排水仅强调"排"字，而未考虑可持续的资源利用，屋面、道路、地面等设施建设导致的下垫面硬化，城市地面下渗量的减少，在大量开采地下水且没有必要补充的情况下，出现水环境的恶化，同时地表径流增大，导致出现逢雨必涝、遇涝则瘫、城里看海的现象，而在雨水径流中携带了大量的污染物，如无机化合物、氮、磷等，导致一系列水环境问题。

部分地区已经出现水资源供需严重失调的情况，而在人们生活用水以及农业、工业快速发展的情况下，对水资源的过度开发也成为了当前普遍存在的现象之一。水资源的恶性开采会导致地下水漏斗的形成，从而引发地面沉降等地质灾害，在我国的华北地区，水资源开发过量表现得非常明显，而对水资源过量开发不仅不符合可持续发展原则，同时也会给当前居民的人身安全埋下隐患。

6.1.3　水安全保障技术

1. 提高节水率

水资源合理开发利用与配置，农业上采用节水灌溉和保护性耕作，减少水分的流失，推广节水技术和农业节水灌溉设施建设；生活用水循环利用，提高工业用水的重复利用率。

2. 提升城市污水处理水平

进一步加强城镇污水处理设施建设，大力提升污水处理能力；加快城镇污水收集管网建设，提高城镇污水处理厂运行负荷。

3. 防治工业水污染

加大清洁生产力度，大力推进生态工业园区的建设，达到生产废物与生产原料之间的转换，发展工业园区循环经济；加快工业、企业内部技术改造与产业升级，加快节能减排技术产业示范与推广，从而减少工业污染物的产生。

4. 防治畜禽养殖污染

畜禽养殖污染物主要为粪便、污水等有机质，可加强规模化畜禽养殖场污染治理设施建设，推进畜禽养殖无害化和资源化利用工程，将这些污染物作为宝贵资源，用于农田施肥或制取沼气、发电等；积极改善养殖方式，通过资源化利用的途径在农业上得到再利用，鼓励清洁养殖方式减少污染物的产生。

5. 加大水源地保护力度

严格保护水源地，加强水源地上游地区环境管理，确保上游来水的安全；建立完善水源地的水质监测制度，提高水源地环境监测能力；提高水源地预警能力和突发事故应急能力，保障水安全。

6.1.4　海绵城市

1. 城市防洪排涝

现状城市防洪排涝设施普遍配套不足，老城区防洪排涝设施标准低，设施老化，管理不善；城市新区因为建设速度过快，防洪排涝设施滞后于城市发展，所以需要完善防洪排涝标准，优化城市防洪系统。

1）控制热岛效应，保护气候环境

严格控制城市大规模耗能排热，提倡节能减排，保护大气环境，避免因成片的城市热岛效应而引发气候环境变化，减少暴雨频发概率。

2）疏浚河流水系，提高泄洪能力

城市建设与水利建设统筹协调，疏浚城市和周边区域的河流水系，降低河床底部标高，拓宽河道，增大泄洪断面，注重近期建设，严格按照规范标准加强河流堤防建设，提高抵御洪水的能力。

3）合理布局，避让洪涝灾害

对于处于洪水淹没区域或低洼积水区域的老城区，可采用加高加固河道的措施。

2. 海绵城市的概念

海绵城市（sponge city），从海绵的水分特性上，可以简单地理解为：城市可以像海绵一样，让雨水在城市的利用与迁移过程中，更加"便利"。水资源短缺是限制我国新型城镇化进程的一大瓶颈问题，合理利用雨洪资源是缓解城市水资源压力的有效途径之一，也是海绵城市设计中的核心问题之一。雨洪资源化利用包括收集、存储、处理和利用等各个环节。更进一步地理解，可以认为，在降雨的过程中，雨水可以通过吸收、调蓄、下渗及处理净化等方式积累起来，等待需要时再将存蓄的水"释放"出来，用以灌溉、冲洗路面、补充景观水体和地下水等；从海绵的力学特性上，可以认为，城市能够像海绵一样压缩、回弹和恢复，能够很好地应对自然灾害、环境变化，从而最大限度地防洪减灾。

传统城市只是利用雨水口、雨水管道和管渠、雨水泵站等设施对雨水进行收集和快速排出。随着城市化的不断发展，道路不透水路面的增多，盲目的开发使得雨水无法及时地下渗和利用，造成了城市内涝和径流污染的频繁发生。海绵城市，可以有效地解决城市内涝问题，对于维持开发前后的水文特征、保持生态平衡、促进人与自然和谐发展也具有重要的意义。海绵城市的建立，使现代城市具有像海绵一样吸纳、净化和利用雨水的功能，以及应对气候变化、极端降雨的防灾减灾、维持生态功能的能力（图6-5）。

海绵城市的设计需要正确处理防洪排涝与雨洪资源化利用之间的关系，明确雨水资源化利用的目标和方式。相关工程措施有绿色屋顶、雨水花园、下沉式绿地等。

3. 绿色屋顶

绿色屋顶，也称种植屋面、屋顶绿化等。它是指在不同类型的建筑物、立交桥、构筑

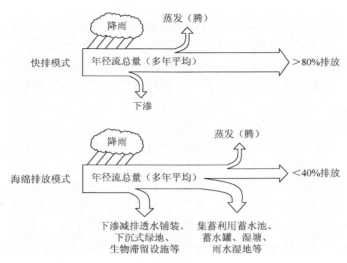

图 6-5　传统快排模式与海绵排放模式

物等的屋面、天台或者露台上种植花草树木，保护生态，营造绿色空间的屋顶。根据种植基质深度和景观复杂程度，绿色屋顶又分为简单式和花园式。

1）绿色屋顶的构造

绿色屋顶由建筑屋顶的结构层、防水层、保护层、排水层、过滤层（隔离滤水垫层）、蓄水层和基质层（种植基质）、植被层组成，如图 6-6 所示。

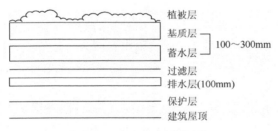

图 6-6　绿色屋顶结构图

（1）保护层。植物的根系逐步地生长，向土壤深处汲取水分、养料等，若无根阻层的保护，植物的根系容易穿透防水层，对屋顶结构造成破坏。根阻层位于屋面结构层的上部，通常位于混凝土屋面或沥青屋面之上。根阻层通常有两种：物理层和化学层。物理层主要由橡胶、PE 低密度聚乙烯或 HDPE 高密度聚乙烯等组成；化学层主要由铜等元素来抑制水的渗透。

（2）排水层。排水层可以防止植物根系淹水，同时迅速排出多余的水分，可与雨水排水管道相结合，将收集到的瞬时雨水排出，减轻其他层的压力。通常由排水管、排水板、鹅卵石或天然砾石和膨胀页岩等铺设。

（3）隔离滤水垫层。隔离滤水垫层的目的是防止绿色屋顶土壤中的中、小型颗粒随着雨水流走，同时防止雨水排水管道堵塞。过滤层通常较轻，故材质可选取聚酯纤维无纺布，采用土工布进行铺设。

（4）蓄水层。蓄水层可以控制雨水的径流总量，蓄存适量雨水，维持屋顶植被的生长。蓄水层安装在过滤层上部，主要由聚合纤维或矿棉组成。这种组成成分是蓄水层最大的特点。蓄水层的厚度可根据屋面荷载的不同来确定，以适应不同的屋面类型。

（5）基质层。基质层主要为植被供应营养物质、水分等，提供屋顶植物生活所必需的条件。种植基质层通常选取浮石、炉渣、膨胀页岩等密度小、耐冲刷、孔隙度较高的天然或人工石材，通过与土壤有机地混合，达到土质的优化。

（6）植被层。植被层是屋面的一个标志，决定着屋面的美观及实用性。通常，要选取抗风能力较强、抗寒抗旱能力强、无需过多修剪的植物。

2）绿色屋顶的功能

绿色屋顶适用于符合屋顶荷载、防水等条件的平屋顶建筑和坡度≤15°的坡屋顶建筑，可有效减少屋面径流总量和径流污染负荷，具有节能减排的作用。

（1）绿色屋顶可以增加人均的绿化面积。传统的屋面材料主要为沥青、混凝土等，视觉效果较差，并且对雨水的收集起不到很好的效果，绿色屋顶给人以赏心悦目的享受。

（2）绿色屋顶不仅可以起到保温的作用，还可以有效地防止屋面由于温度变化大引起老化变形，减小了屋面裂缝的可能，提高了建筑物的使用寿命。

（3）绿色屋顶可以有效地截留雨水，削减雨水径流总量，减少排水不畅和洪涝灾害。同时，绿色屋顶可有效地节约水资源，促进环境的保护和水循环的平衡。

4. 雨水花园

雨水花园通常建设在地势低洼的地区，由种植的植物来实现初期雨水的净化、滞留和消纳，是低影响开发技术的一项重要措施。雨水花园具有造价低、管理维护方便、易于与当地的景观融合等特点。它被欧美等多个国家广泛应用在居住小区、商业区等不同的地方。

1）雨水花园的构成

雨水花园主要由蓄水层、覆盖层、种植土层、人工填料层和砾石层五部分组成（图6-7）。

（1）蓄水层。沉淀物在该层沉淀，同时雨水径流在此层短暂积聚，有利于雨水的下渗。沉淀物上的部分金属离子及有机物也可以被有效去除。蓄水层的深度通常为10～25cm。

（2）覆盖层。通常由树叶和树皮等进行覆盖，最大深度可为8cm。覆盖层是雨水花园的重要组成部分，不仅可以使植物根系保持湿润，还可以提高渗透性能，防止水土流失。同时，为微生物的生长提供了良好的环境，利于有机物的降解。

（3）种植土层。为植物生存提供了水分和营养物质。雨水通过下渗、植物吸收和微生物降解等，有效地去除了污染物。雨水花园的土壤可选用砂子成分配比为60%～85%的砂质土，有机物含量为5%～10%，黏土含量不要超过5%。种植植物的类型决定了种植土层的厚度，最小厚度为12cm。

（4）人工填料层。通常选取渗透性较强的人工或天然材料，其厚度取决于当地的降雨特性、规划的建设面积等。人工填料可选择砂质土壤或炉渣、砾石等。

（5）砾石层。收集下渗后的雨水径流，厚度一般为20～30cm。砾石层底部可设置排水穿孔管，使雨水及时排出。

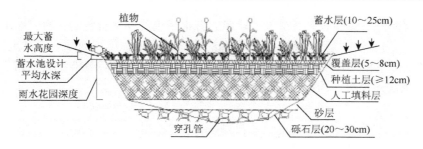

图 6-7　典型雨水花园的构造

2）雨水花园的功能

（1）雨水花园种植不同的植物，能创造出不同的景观效果。

（2）通过植物的吸收、微生物的作用等，可以将水中的氮、磷、重金属、沉淀物等污染物去除。同时，植物的根系对土壤的净化也起到了一定的作用。具有成本低、与周围环境融合度高、不产生其他污染等优点。

（3）雨水汇入雨水花园，通过植物的茎叶等，起到了一定的滞留雨水的作用。植物可以使雨水的径流流速减慢，降低了雨水对土壤表面的冲刷，防止水土的流失。

（4）雨水花园为昆虫、鸟类等提供了良好的栖息地，植物的根系也促进了微生物等的生长。绿色植物的光合作用、蒸腾作用，对于减少城市温室效应、改善城市气候等具有明显的效果。

5．下沉式绿地

下沉式绿地，又称下凹式绿地、低势绿地，指高程低于周围的路面或铺砌硬化地面约20cm 内的绿地，还包括渗透塘、雨水湿地、生物滞留设施等（图 6-8）。

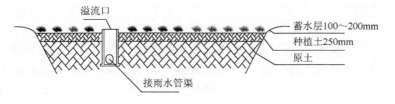

图 6-8　下沉式绿地的构造

下沉式绿地可广泛应用于城市建筑与小区、道路、绿地和广场内。对于径流污染严重、设施底部渗透面距离季节性最高地下水位或岩石层小于 1m 及距离建筑物基础小于 3m（水平距离）的区域，应采取必要的措施防止次生灾害的发生。

（1）减少洪涝灾害。下沉式绿地可以在降雨时，让雨水较大程度地入渗至绿地中，滞留大量的雨水，避免了传统方式中雨水管渠的阻塞、下水缓慢等问题。下沉式绿地的雨水下渗，增加了地下水资源和土壤中的水资源，避免了绿地的频繁浇灌，减少了绿地的浇灌量。从源头上实现"节能减排"的任务。

（2）控制面源污染。雨水中携带了较多的有机污染物和无机物等，随着雨水径流进入下沉式绿地。下沉式绿地可有效地阻断面源污染，使污染物得到削减。通过土壤的渗透、植物的吸收、微生物的作用等一系列的物理-化学-生物的反应，污染物质得到了有效的处理，同时产生腐殖质等，为绿色植被提供良好的营养物质。

6.2　地下水体污染

6.2.1　地下水资源概况

1. 地下水资源分布

地下水资源的地区分布主要受降水控制，其次还受地表水体、岩性、地形地貌及植被条件等因素的影响。我国地下水资源地区分布的主要特点如下：

（1）南方多，北方少。南方地下水平均年资源量占全国地下水资源量的 69.2%，而北方仅占 30.8%。

（2）平原区地下水资源模数一般大于其周围山丘区的地下水资源模数。

（3）平原区地下水资源量主要分布在北方，山区地下水资源量主要分布在南方。北方平原区地下水资源量占全国平原区地下水资源量的 78%；南方山丘区地下水资源量占全国山丘区地下水资源量的 79%。南方山丘区地下水平均资源模数是北方山丘区地下水平均年资源模数的 4 倍；南方平原区地下水平均年资源模数是北方平原区地下水平均年资源模数的 2.5 倍。

地下水是水资源的重要组成部分，我国地下水天然资源约为 8288 亿 m^3/a，占我国水资源总量（河川径流量和地下水量）的 30%左右，能够直接利用的地下水资源为 2900 亿 m^3/a。全国有近 70%的人口饮用地下水。地下水类型分为平原-盆地地下水、黄土地区地下水、岩溶地区地下水和基岩山区地下水四种。我国地下水资源中，平原-盆地松散沉积层地下水、喀斯特地下水和裂隙岩层地下水三者之间的比例，大体上为 3：2：4。地下水资源的开发利用对我国的重要工业基地及城市发展建设、国土开发、农林业、畜牧业的发展都起着举足轻重的作用。我国地下水资源紧缺状况是十分严重的，造成我国地下水资源紧缺状况的原因，一方面是需水量大幅度增加，另一方面是地下水资源开发利用不合理、浪费严重。同时水体污染正加剧中国的地下水危机，我国约有 90%的地下水遭受了不同程度的污染，其中 60%污染严重。

2. 我国地下水资源现状

截至 2014 年，全国 198 个地市级行政区共有 4929 个地下水水质监测点，其中综合评价水质呈较差级的监测点为 1999 个，占 40.6%，水质呈极差级的监测点为 826 个，占 16.8%。主要超标组分为铁、锰、氟化物、"三氮"（亚硝酸盐氮、硝酸盐氮和氨氮）、总硬度、溶解性总固体、硫酸盐、氯化物等，个别监测点存在重（类）金属项目超标现象。在这些监测点中，综合评价水质呈优良级的监测点为 580 个，占全部监测点的 11.8%；水质呈良好级的监测点为 1348 个，占 27.3%；水质呈较好级的监测点为 176 个，占 3.6%。其中水质综合变化呈稳定趋势的监测点有 2974 个，占 63.6%；呈变好趋势的监测点有 793 个，占 17%；呈变差趋势的监测点有 910 个，占 19.5%。

6.2.2　地下水污染的基本概念

1. 地下水污染

地下水污染（ground water pollution）主要指人类活动引起地下水化学成分、物理性质和生物学特性发生改变而使质量下降的现象。地表以下地层复杂，地下水流动极其缓慢，因此，地下水污染具有过程缓慢、不易发现和难以治理的特点。地下水一旦受到污染，即使彻底消除其污染源，也需要十几年，甚至几十年才能使水质复原。至于要进行人工的地下含水层的更新，问题就更复杂了。地下水污染物是指由于人类活动导致进入地下水环境，引起水质恶化的溶解物或悬浮物。按其性质可分为 3 类：化学污染物、生物污染物和放射性污染物。按其形态又分为液体污染物和固体污染物两大类。

2. 地下水污染的特点

一般而言，地下水由于储存于地下含水介质中，不易被污染。一方面，包气带具有过滤屏障作用，可将进入地下的有害物质优先过滤掉；另一方面，污染物在进入地下水沿途易被土壤、岩石及水体中的微生物降解成无害的物质，因而地下水的污染常被人们忽视。但是，由于环境容量的有限性，污染物进入地下水系统超出其自净能力时，将会对地下水造成一定污染。地下水一旦被污染，很难被及早发现，其后果莫测。地下水污染具有如下特点：

（1）不确定性。地下水含水介质的差异性和复杂性，决定了地下水污染范围的不确定性。地下水一旦被污染，其范围很难准确确定。

（2）隐蔽性。地下水一旦被污染，很难被发现，不像地表水污染直观明显而易于监测，因而常不会引起人们的关注。

（3）延时性。地下水污染早期不易被觉察，待人们发觉水质有明显变异特征时，才确定地下水已被污染或严重污染。

（4）广泛性。由于地下水是处于不断运移和循环中，经历着补给、径流、排泄各个途径，在地质环境复杂的体系中，各个水力系统又有着密切的水力联系，从而决定了地下水污染范围的广泛性。而地表水污染仅局限于水体所流经或储存的有限空间内。

（5）不可还原性。地下水运移于含水介质中，由于受含水介质差异性、空隙、裂隙系统的限制，地下水的运移速率极其缓慢，地下水在含水系统中的循环周期也相当长（几年、几十年、几百年），从而决定了污染地下水体在地下滞留时间也长，使污染的地下水在近期内很难得以彻底修复还原。而地表水循环流动迅速，只要排除污染源，并加以一定的改善措施，水质还是能在短期内得到改善、净化的。

6.2.3　地下水污染的原因及来源

1. 地下水污染的主要原因

地下水污染的主要原因有过度开采地下水，引起地下水位下降，沿海地区海水倒灌；农业生产中大量使用化肥、农药以及污水灌溉等，污染物渗入地下水中；受污染的地面水体或废水渠、废水池、废水渗井等连续渗漏；石油的大规模勘探、开采、石油化工业的发展及其产品的广泛应用，石油及石油化工产品的泄漏及垃圾填埋场滤液的渗漏。地下水一经污染后，总矿化度、总硬度升高，硝酸盐、氯化物含量升高，有毒物质增加，溶解氧下降，有时还会出现病原体。地下水污染不易被发现，难以治理和恢复，影响供水水质，加剧水资源短缺，应限制开发，合理使用，从而保护地下水资源。

2. 地下水污染的来源

向水体排放或释放污染物的来源和场所都称为水体污染源，这是造成水体污染的罪魁祸首。各种水体及其循环过程中涉及许多类型复杂的污染源，从不同的角度可将水体污染分为多种类型。就地下水污染而言，地下水污染源可分为人为污染源和天然污染源两大类。地下水污染途径是指污染物从污染源进入地下水所经过的路径，按照水力学特点可分为4类：间歇入渗型、连续入渗型、越流型和径流型。研究地下水的污染途径有助于制订正确的防治地下水污染的措施。

1）农牧业污染源

由农业活动而造成的地下水污染源主要包括土壤中剩余农药、化肥、动植物遗体的分解以及不合理的污水灌溉等，它们引起大面积浅层地下水水质恶化，最主要的是农药、化肥的污染。

2）工业污染源

工业"三废"（废水、废气、固体废弃物）是地下水污染的主要因素之一。工业废水如工业电镀废水、工业酸洗污水、冶炼工业废水、轻工业废水和石油化工有机废水不经过处理而排入城市下水道、江河湖海或直接排到水沟、大渗坑里，导致地下水化学污染。

3）生活污染源

生活垃圾及生活污水随着日晒雨淋及地表径流的冲洗，其溶出物会慢慢渗入地下，污染地下水。

4）垃圾填埋场渗漏污染

许多垃圾填埋场采用的是混合填埋法，各种垃圾没有进行分类，统统堆放在一起，且大部分垃圾填埋场的防渗层都只有单层结构。垃圾填埋场长期渗漏积累造成有毒物污染地下水，很容易进入食物链系统，进而造成更大的危害。

6.2.4　地下水污染的安全保障技术

地下水受到污染会给人类的生产生活带来严重的影响。①对环境的危害。导致生物的减少或灭绝，造成各类环境资源的价值降低，破坏生态平衡。②对生产的危害。被污染的水达不到工业生产或农业灌溉的要求，而导致减产。污染的水引起的感官恶化，会给人的生活造成不便，如果饮用了污染水，会引起急性和慢性中毒、癌变、传染病及其他一些病症。

《中华人民共和国水污染防治法》中规定，禁止利用渗井、渗坑、裂隙和溶洞排放、倾倒含有毒污染物的废水、含病原体的污水和其他废弃物；禁止利用无防渗漏措施的沟渠、坑塘等输送或者储存含有毒污染物的废水、含病原体的污水和其他废弃物；多层地下水的含水层水质差异大的，应当分层开采；对已受污染的潜水和承压水，不得混合开采；兴建地下工程设施或者进行地下勘探、采矿等活动，应当采取防护性措施，防止地下水污染；人工回灌补给地下水，不得恶化地下水质。

治理地下水污染，需要更多的公民行动起来调查、取证，向公众、媒体和政府提供线索，当然也需要政府强化监管执法。各级政府部门不但应该重视这些公民的监督，同样也应该善待这些监督的公民。在地下水污染这个共同的敌人面前，鼓励公民举报，欢迎媒体调查，政府与民众展开良性互动，才能揭开那些不法企业的面纱，让它们受到应有的惩罚。

近几年地下水污染事件如下：

1）山东潍坊高压水井排污（2013 年 2 月 11 日）

2013 年 2 月 11 日，有人称山东潍坊部分化工企业、造纸厂将污水通过高压水井压入地下。2013 年 2 月下旬至 3 月，环境保护部组织北京、天津、河北、山西、山东、河南六省（市）环境保护厅（局）全面排查华北平原地区工业企业废水排放去向和污染物达标排放情况，结果发现华北地区 55 家企业存在利用渗井、渗坑或无防渗漏措施的沟渠、坑塘排放、输送或者储存污水的违法问题。

2）山东淄博萌水镇井水黑如"墨汁"（2013 年 2 月 23 日）

2013 年 2 月 23 日，山东淄博萌水镇村民从井中打上来的水黑如墨汁，原因可能是爱迪森油脂化工厂涉嫌将生产废弃物直接倒入井中，导致村中数百人的正常饮水受到影响。

3）北京密云水库上游存在垃圾填埋坑，威胁当地水源（2013 年 2 月 25 日）

密云县不老屯镇兵马营村的村民反映，牛河的河道边有一个大型垃圾填埋坑，占地数千平方米，已存在 3 年之久。环保组织实地调查后发现，垃圾渗滤液直接威胁到当地水源和密云水库。

4）河北沧县张官屯乡小朱庄村红色井水事件（2013 年 3 月 29 日）

2013 年 3 月 29 日，河北沧县张官屯乡小朱庄村发生红色井水事件，根据 4 月 8 日水质抽样检测结果显示，河北建新化工股份有限公司（沧县分公司）排水沟坝南的苯胺含量为 4.59mg/L，超出排污标准 2mg/L 的 1 倍多；小朱庄村养鸡场内井水苯胺含量为 7.33mg/L，为饮用水标准 0.1mg/L 的 73.3 倍。

5）山东潍坊用神龙丹剧毒农药种植生姜，或污染地下水（2013 年 3 月）

山东潍坊农民种姜时，使用神农丹通过不断地浇水灌溉，会使得大量的农药成分溶解到地下水中。滥用神农丹会造成生姜中农药残留超标，还会对地下水造成污染。

6）武汉北洋桥垃圾场渗滤液直排，或致地下水污染（2013 年 3 月）

　　比起恶臭，北洋桥垃圾填埋场的渗滤液问题可能危害更大。有调查发现，武汉市金口垃圾场周边的地表水、地下水（包括上层滞水、潜水、承压水）中，都受到了不同程度的有机物污染，浅层地下水比深层地下水污染更严重。值得特别注意的是，在上层滞水、潜水、承压水中，都发现了邻苯二甲酸酯类有机污染物。这种有机污染物危害极大，即使数量极少，也能导致动物体和人体生殖器官障碍、行为异常、生殖能力下降、幼体死亡，其来源可能是塑料垃圾的分解。

6.3　海洋环境灾害

6.3.1　海洋环境灾害原因分析

　　人类生产和生活过程中，产生的大量污染物质不断地通过各种途径进入海洋，对海洋生物资源、海洋开发、海洋环境质量产生不同程度的危害，最终又将危害人类自身。

　　（1）局部海域水体富营养化。

　　（2）由海域至陆域使生物多样性急剧下降。

　　（3）海洋生物死亡后产生的毒素通过食物链毒害人体。

　　（4）破坏海滨旅游景区的环境质量，使之失去应有价值。

　　人们在海上和沿海地区排污可污染海洋，而投弃在内陆地区的污物也能通过大气的搬运、河流的携带而进入海洋。海洋中累积着的人为污染物不仅种类多、数量大，而且危害深远。自然界如火山喷发、自然油溢也造成海洋污染，但相比于人为的污染物影响小，不作为海洋环境科学研究的主要对象。

　　一种物质入海后，是否成为污染物，因物质的性质、数量（或浓度）、时间和海洋环境特征而异。有些物质，若入海量少，对海洋生物的生长有利；量大则有害，如城市生活污水中所含的氮、磷，工业污水中所含的铜、锌等元素。

　　在多数情况下受污染的水域往往有多种污染物。因此，一种污染物入海后，经过一系列物理、化学、生物和地质过程，其存在形态、浓度、在时间和空间上的分布，乃至对生物的毒性将发生较大的变化。如无机汞入海后，若被转化为有机汞，毒性显著增强；但若有较高浓度硒元素或含硫氨基酸存在时，毒性会降低。有些化学性质较稳定的污染物，当排入海中的数量少时，其影响不易被察觉，但由于这些污染物不易分解，能较长时间地滞留和积累，一旦造成不良的影响则不易消除。海洋污染物对人体健康的危害，主要是通过食用受污染海产品和直接污染的途径。由于人们对污染物的认识，科学和技术的发展，以及不同海域环境条件的差异，主要的海洋污染物将随着时间和海域而发生变化。

6.3.2　海洋环境污染物的类型

1. 石油及其产品

　　包括原油和从原油分馏成的溶剂油、汽油、煤油、柴油、润滑油、石蜡、沥青等，以及经裂化、催化重整而成的各种产品。其主要是在开采、运输、炼制及使用等过程中流失而直接排放或间接输送入海；是当前海洋中主要的且易被感官觉察的量大、面广，对海洋生物能产生有害影响，并能损害优美的海滨环境的污染物。

2. 金属和酸、碱

包括铬、锰、铁、铜、锌、银、镉、锑、汞、铅等金属和磷、硫、砷等非金属以及酸、碱等。主要来自工、农业废水和煤与石油燃烧而生成的废气转移入海。这类物质入海后往往是河口、港湾及近岸水域中的重要污染物，或直接危害海洋生物的生存，或蓄积于海洋生物体内而影响其利用价值。

3. 农药

主要源于森林、农田等施用农药而随水流迁移入海，或逸入大气，经搬运而沉降入海。有汞、铜等重金属农药，有机磷农药，百草枯、蔬草灭等除莠剂，滴滴涕、六六六、狄氏剂、艾氏剂、五氯苯酚等有机氯农药以及多在工业上应用而其性质与有机氯农药相似的多氯联苯等。有机氯农药和多氯联苯的性质稳定，能在海水中长期残留，对海洋的污染较为严重；并因它们疏水亲油易富集在生物体内，对海洋生物危害极大。

4. 放射性物质

主要来自核武器爆炸、核工业和核动力船舰等的排污。有铈-114、钚-239、锶-90、碘-131、铯-137、钌-106、铑-106、铁-55、锰-54、锌-65 和钴-60 等。其中以锶-90、铯-137 和钚-239 的排放量较大，半衰期较长，对海洋的污染较为严重。

5. 有机废物和生活污水

来源于造纸、印染和食品等工业的纤维素、木质素、果胶、糖类、糠醛、油脂等以及来自生活污水的粪便、洗涤剂和各种食物残渣等。造纸、食品等工业的废物入海后以消耗大量的溶解氧为其特征；生活污水中除含有寄生虫、致病菌外，还带有氮、磷等营养盐类，可导致富营养化，甚至形成赤潮。

6. 热污染和固体废物

热污染主要来自电力、冶金、化工等工业冷却水的排放，可导致局部海区水温上升，使海水中溶解氧的含量下降和影响海洋生物的新陈代谢，严重时可使动植物的群落发生改变，对热带水域的影响较为明显。固体废物主要包括工程残土、城市垃圾及疏浚泥等，投弃入海后能破坏海滨自然环境及生物栖息生境。

6.3.3　海洋环境灾害

1. 风暴潮

风暴潮是由气象因素和天文因素非线性耦合作用下产生的一种海洋性灾害。风暴潮影响期间，高涨的潮位可以造成低洼区域的海水漫滩而成灾，而高潮位下向岸巨浪对岸堤的冲击破坏和爬坡或拍岸激浪导致的海水倒灌则是导致严重灾害的主要动力。二者结合后的综合作用往往导致垮堤溃坝、海水倒灌内侵、摧桥断路、倒房塌屋、淹田没禾、吞噬人畜，从而酿成巨大灾难。

自 2005 年以来，风暴潮灾害不同程度地造成了我国沿海地区经济损失和人员伤亡，严重制约了沿海地区的发展。近十年来，2005 年风暴潮造成的直接经济损失最大，主要由于风暴潮发生的时间集中，影响范围广；2011 年造成的直接经济损失最小，由于风暴潮影响范围较小，主要发生于海南省和广东省，两省造成的直接经济损失占总直接经济损失的 60% 以上。2006 年，风暴潮造成的死亡（含失踪）人数多达 327人，总体上看，风暴潮造成的死亡、失踪人数呈下降趋势。但根据 2005～2014 年数据显示，风暴潮灾害总共发生了 244 次，温带风暴潮灾害发生了 140 次，占风暴潮灾害总次数的 57.4%；台风风暴潮灾害发生了 104 次，占风暴潮灾害总次数的 42.6%，表明近 10 年来温带风暴潮灾害发生次数多于台风风暴潮。我国地处东亚季风气候区，沿海从南到北气候差异巨大，温带气旋和热带气旋均十分活跃，因此我国是西北太平洋沿岸国家中风暴潮灾害发生次数最多、损失最严重的国家，需提高对风暴潮灾害的预防。

2. 海冰

海冰主要由海水冻结而成，也有一部分是来自江河注入海中的淡水冰。海冰的危害主要体现在海冰形成以后会在环境动力（浪、潮、流、风等）因素的作用下，产生局部挤压力、撞击力、摩擦力和因冰温变化而产生的膨胀力和垂直方向上的拔力，对工程海域的海上结构物（设施）、海岸工程、船舶航行和水产养殖业造成影响。此外，海冰对港口和航道的影响和危害主要是封锁港湾和航道，困住进出港的船只，使正常的海上运输和贸易往来被迫中断，甚至造成船毁人亡的重大海难事故。

6.3.4　海洋灾害的防治

1. 提高区域性海洋灾害观测预报能力

目前，我国已初步建立了由海洋站网、海洋资料浮标网、海洋断面监测、船舶和海上平台辅助观测、沿岸雷达站、航空遥感飞机、海洋卫星、气象卫星等多种遥感系统组成的海洋环境及灾害监测网，该网已基本实现空基、天基、海基、岸基四位一体的立体化监视监测。此外，我国还建立了由全国、各海区、中心站和海洋观测站四级预报预警机构组成的海洋灾害预报预警体系，并由国家海洋预报中心向全国提供诊断分析资料和各种指导产品，为海洋经济发展和海上生产活动提供服务。但依然存在观测站点布局分布不合理、海上观测数据稀缺、观测设备相对落后、观测技术有待完善等问题。因此，针对海洋灾害的特点，以海洋高新技术为指引，增加政府对海洋灾害观测和预报的投入，加强区域性海洋灾害观测预报能力建设，是提升海洋灾害应急处置和辅助决策的重要举措。

2. 加强对海洋灾害成灾机理研究

开展对海洋灾害发生发展规律及成灾机理方面研究，不只是海洋科学单学科的问题，而是涉及气象、地球物理、生物等学科的综合性问题。为进一步搞清各种海洋灾害的成灾机理及发生规律，有效预防海洋灾害发生，减轻对沿海地区财产安全及经济损失，应加强以下几方面研究。

（1）从地球系统科学角度研究风暴潮致灾和成灾机制。

（2）研究承灾体冰荷载与海冰环境参数的关系。

（3）从水动力条件及水文地质条件开展海水入侵与土壤盐渍化成灾机理关键技术研究。

（4）典型海域海洋生态模型和海洋生态环境数值模拟系统的建立；海洋生态系统对气候变化及突发性海洋生态灾害的预警报关键技术。

3. 做好海洋灾害风险评估工作

海洋灾害风险评估是海洋防灾减灾的一项基础性工作，对沿海地区海洋防灾减灾和海洋灾害应急管理具有非常重要的意义。近年来，随着我国沿海地区经济飞速发展，在沿海各类经济社会发展规划布局、围填海、重大基础设施的建设过程中，普遍缺乏海洋灾害风险的评估内容，带来了很大的安全隐患。目前，国家海洋局正积极组织力量，推进海洋灾害风险评估工作。同时推动建立沿海大型工程海洋灾害风险评估制度，确保新建沿海工程满足防灾减灾的要求，以便未雨绸缪，提高防范和抵御极端海洋灾害的能力。

6.4　重金属污染型水环境灾害

6.4.1　水体重金属污染现状及危害

1. 水体重金属污染现状

我国水体重金属污染问题已十分突出。江河湖库底质污染严重，重金属污染率高达81%。根据对我国七大水系中水质最好的长江的调查，其近岸水域已受到不同程度的重金属污染，Zn、Pb、Cd、Cu、Cr 等元素污染严重，而亲硫元素如 Cd、Pb、Hg、Cu 的潜在活性大，易参与环境中各类物质的反应。21 个沿江主要城市中，攀枝花、宜昌、南京、武汉、上海、重庆 6 个城市的重金属累积污染率已达到 65%。国外水体重金属污染现状也不容乐观。早在 20 世纪 50 年代，日本就曾出现由于汞污染引起的"水俣病"和镉污染引起的"骨痛病"事件；波兰由采矿和冶炼废物导致约 50%的地表水达不到水质三级标准。可见，水体重金属污染已成为全球性的环境污染问题。

中国地表水中主要的重金属污染为汞，其次是镉、铬和铅，其他重金属如镍、铊、铍、铜在中国各类地表水、饮用水体中的超标现象也很严重。相比河流，土壤重金属污染会更加严重一些，土壤污染更复杂，检测手段还有待于进一步提高。矿物加工和冶炼、电镀、塑料、电池、化工等行业是排放重金属的主要工业源，这些排放物以"三废"形式使得某些工厂企业周围的土壤锌、铅含量甚至高达 3000mg/kg。而城市交通运输中汽车尾气排放、轮胎添加剂中的重金属元素也影响到土壤中重金属含量，成为城市重金属土壤污染的另一个主要来源。电子垃圾的污染危害越来越明显，电子垃圾如电脑的成分主要有铅、汞、铬、镉、镍等几十种金属，但是电子垃圾的回收处理主要是一些小规模、家庭作坊式的私营企业，采用简单的手工拆卸、露天焚烧或直接酸洗等落后的处理技术。这就造成残余物被直接丢弃到田地、河流或水渠中，从而导致重金属和持久稳定有机物污染。

2. 重金属对人体的危害

重金属能抑制人体内酶的活动，使细胞质中毒从而伤害神经组织，还可导致直接的组织中毒损害人体解毒功能的关键器官——肾、肝等组织。重金属通过水体直接或间接进入食物链后，能严重地耗尽体内储存的铁、维生素 C 和其他必需的营养物质，导致免疫系统防御能力下降、子宫内胚胎生长停滞和其他一些疾病。总之，重金属通过阻碍生物大分子的重要生理功能，取代生物大分子中的必需元素，影响并改变生物大分子所具有的活性部位的结构，使生物体的生长发育和生理代谢受到影响。重金属对人体的危害一方面可以通过直接饮用造成重金属中毒而损害人体健康，另一方面通过污染农产品和水产品，间接对人体健康构成威胁。

重金属多为非降解型有毒物质，不具备自然净化能力，一旦进入环境就很难从环境中去除。目前重金属污染的治理方法以物理化学方法为主，生物修复技术作为一种更经济、更高效、更环保的治理技术也受到广泛关注。随着生物技术的发展，生物修复技术的可行性和有效性将逐渐加强，在治理和防治重金属污染方面将发挥更大作用，前景十分广阔。

6.4.2 水体重金属污染的生物监测

污染物进入水生生态系统后对水生植物和动物均产生影响，并通过食物链发生富集，引起人体病变，危害人类健康。因此，人们可以利用水生生物的敏感性来监控水体的重金属污染。例如，Rashed 通过鱼体内各器官内重金属含量的测定来监控纳赛尔湖水环境的重金属污染；Oerte 使用动物和植物作为多瑙河水生生态系统的生物监测器。利用生物对环境污染进行监测，可从不同层次上分析污染危害程度，为环境评价、污染预报和污染物危险性提供依据，与理化监测方法相比，生物监测的优越性表现在以下几个方面：

（1）生物监测能较好地反映出环境污染物协同作用对生物产生的综合效应。

（2）生物可以对低浓度甚至痕量污染物迅速做出反应，显示出可见的症状，因此生物监测可在早期发现污染并及时预报。

（3）生物监测可用于测定那些剂量小、长期作用产生的慢性毒性效应。

（4）生物监测克服了理化监测的局限性和连续取样的烦琐性。

正是由于生物监测具有如此多的优越性，它越来越多地被使用在环境监测当中。水体中的污染物是十分复杂的，重金属污染的种类更是多种多样的，现有的一些污染的综合指标无法反映出重金属对水体的污染程度以及它与其他毒物的综合影响,而且环境中重金属污染为微量或痕量污染,常规的化学检测难以很方便地监测出其含量并预测这一含量的危害程度,同样无法反映重金属沿食物链的积累效应,因此人们越来越多地利用水生生物来监测水体重金属污染。环境生物资源是指具有实际或潜在保护环境、评价环境或净化环境等用途或价值的生物资源,用于水体监测的环境生物资源主要集中在藻类、原生动物和微生物。

1. 植物监测

当水体受到重金属污染时,不仅水体理化性质会有所变化,而且水体植物的种类和数量及特征也将发生改变,严重时会表现出相应的重金属中毒的症状,因此水生植物的组成变化及其体内重金属代谢含量可以有效地监测重金属污染。例如,生长在吐露港的海带就常用来进行重金属的生物监测,由于重金属代谢的特殊性,生活在这一区域的海带长期与金属接触,体内富集了相当多的重金属,对其进行抽样测定可以在指示重金属污染的同时,推测其富集的潜在影响,海带生长时间的长短记录着这一水域重金属污染的历史变化。

2. 动物监测

水体重金属污染的指示动物一般选用底栖动物中的环节动物、软体动物、固着生活的甲壳动物以及水昆虫,因为它们个体大、在水中相对位移小、生命周期短,能够反映水环境污染的特点。Winner 等调查了美国俄亥俄州受铜污染的两条河流,严重污染的河段以摇蚊虫幼虫占优势,中污染河段以石蚕和摇蚊虫为主,轻污染和清洁河段以蜉蝣与石蚕占优势,我国对金沙江的调查结果也符合上述结论,即石蚕和摇蚊虫是重金属污染河流的主要底栖生物,其中四节蜉科分布于轻至中污染河段,石蚕、扁蜉多出现在轻污染至清洁水体,长角石蚕只见于清洁水体。此外,重金属对于海水的污染也是危害很大的,但其在海水中的含量通常很低,常规的原子吸收或等离子耦合分析手段比较难测定,海水中各种水生动物会不同程度地富集海水中的重金属污染,通过对其体内重金属含量分析可间接了解环境重金属污染状况。美国、法国、澳大利亚和英国等国家利用贻贝和牡蛎作为指示生物监测海洋重金属污染。香港附近海域主要港口多用釉蚝、翡翠贻贝、蚌等双壳类软体动物进行重金属生物监测,这类生物生存范围广、能有效地富集重金属,同时也是重要的海产品,除了用作海域特别是底泥重金属的指示生物,指示环境重金属污染外,还可通过其体内重金属富集量来推测对消费者存在的潜在影响,其中翡翠贻贝是东南亚最常用的海域金属指示生物,从吐露港采集到的蚌体内重金属含量显著高于对照点。

目前,由于水体污染日益严重造成鱼类大量死亡和数量急剧下降,而且鱼类的呼吸系统与水环境之间有着最广的界面,是受污染最敏感的界面,可以反映污染情况,而且经过调查,内陆河捕集到的淡水鱼体内重金属和采样点底泥中的含量呈正相关性关系。因此,鱼类也可用作水体重金属污染的指示生物,但其最大的缺点在于它们的游动性。

3. 微生物监测

生物种群数量的多少也是重金属污染的重要表征，用于湖泊、水库、池塘和河流水质监测的国家标准方法之一——《水质微型生物群落监测 PFU 法》（GB/T 12990—1991）就是建立在观测微型生物群落结构变化基础上，用 PFU（聚氨酯泡沫塑料），将 PFU 浸泡在水中，水体大部分的微生物群落聚集到 PFU 内，通过测定该群落的结构和功能的各种参数可预测出水体的质量变化。同时，微生物群落也被应用于室内毒性试验，可预防废水和化学物质包括重金属对水体微生物的毒性，为制定相应的安全浓度和最高允许浓度提出群落水平的基准。但是微生物监测水体污染主要应用于有机污染，在重金属监测方面的应用正处于不断开发当中。另外有一种方法也可用于水体重金属的监测，即发光细菌法，发光细菌是一种非致病菌，在正常的生理条件下能发出 400nm 的蓝绿色可见光，这种发光现象是细菌的新陈代谢过程，凡能够干扰或破坏发光细胞呼吸、生长、新陈代谢等生理过程的有毒物质都可以根据发光的变化来测定，所以可以用来监测水体的重金属污染。

6.4.3 重金属污染型水体的治理

水体重金属污染的日趋严重已引起全社会的关注，除严格控制各种污水的排放外，另一项重要工作就是采取有效措施治理、净化被污染的水体，并实现废水的再生回用。目前，重金属污染水体主要通过底泥疏浚、引水截污、生态修复等技术进行治理。

1. 底泥疏浚

底泥疏浚是一种能够有效降低重金属污染负荷的水污染治理方法，主要控制水体内源污染。国内外目前广泛应用的环保疏浚是利用机械疏浚方法来清除江河湖库污染底泥，在挖泥、输送过程中和疏浚工程完成后对环境及周围水体的影响都较小。我国太湖五里湖区生态疏浚工程治理重金属污染效果良好，减少了底泥和水体中的重金属含量。环保疏浚技术是复杂的系统工程，对操作精度要求较高，目前环保疏浚业普遍致力于改造和设计环保疏浚设备，以提高疏浚工程的针对性和高效性。

2. 引水截污

减少进入水体的污染物总量是水体修复的前提条件，通过截流河道、截污管道等截污工程将污水引入污水处理厂进行处理，然后循环利用或排入水体，可以有效阻止重金属废水向水体排放。在截污的基础上，通过适当引水、补水缩短河流、湖泊等水体的换水周期，促进水体交换，加快重金属迁移速度，可降低水体中的重金属浓度。引水截污在我国有很多工程实例，水体修复效果良好。

3. 生态修复

水体生态修复技术是利用参与生物修复过程的生物类群，包括微生物、植物、动物以及它们构成的生态系统对污染物进行转移、转化及降解，从而使水体得到净化的技术。具有处理效果好、耗能少、工程造价和运行成本低等优点，还可以与绿化环境及景观改善结合起来，实现生态修复的最大效益。

目前国际和国内应用的生态修复技术包括人工浮岛、人工湿地、水生植物净化景观化等，其原理是将生态系统结构与功能应用于水体净化，充分利用自然净化与水生植物系统中各类水生生物间功能上相辅相成的协同作用来净化水质。如在水体中适当种植对重金属具有吸附作用的浮水植物和挺水植物、投撒菌种和养殖水生动物，可达到既净化水质，又改善生态环境的目的。生物修复技术符合可持续发展原则，目前已成为全世界普遍关注的水环境修复技术，这种廉价实用的技术也很适用于我国江河湖库大范围的污水治理。但生态修复技术也存在一些问题，如生长性强的水生植物易形成单优群落，被重金属饱和后的植物以及水生生物排泄物和尸体堆积形成的污泥等会产生负面环境效应等都有待研究解决。

1）物理方法

（1）蒸发法。蒸发法的原理是通过使水蒸发而浓缩电镀废水，工艺成熟简单，可实现水的回用和有用重金属的回收，但耗能大，杂质含量高，会严重干扰重金属资源回收。

（2）换水法。换水法是将被重金属污染的水体移去，换上新鲜水，水量一般要求较大，应用局限性明显。

（3）稀释法。稀释法就是把被重金属污染的水混入未污染的水体中，从而降低重金属污染物浓度。此法适于轻度污染水体的治理。当重金属污染物在这些水体中的浓度达到一定程度时，生活在其中的生物就会受到重金属的影响，发生病变和死亡等现象。

2）化学方法

（1）化学沉淀法。化学沉淀法的原理是通过化学反应使废水中呈溶解状态的重金属转变为不溶于水的重金属化合物，通过过滤和分离使沉淀物从水溶液中去除，包括中和沉淀法、中和凝聚沉淀法、硫化物沉淀法、钡盐沉淀法、铁氧体共沉淀法等。产生的沉淀物必须很好地处理与处置，否则会造成二次污染。泸州市环境监测站对某厂中和沉淀法处理含铜、锌、镍废水的监测结果见表 6-2。

表 6-2　中和沉淀法处理金属废水结果

项目名称	Cu	Zn	Ni
处理前/(mg/L)	6.87	2.97	0.76
处理后/(mg/L)	0.36	0.10	0.0005
处理效率/%	94.8	96.6	99.3

（2）电解法。电解法是利用金属离子在电解时能够从相对高浓度的溶液中分离出来的性质，主要用于电镀废水的处理。缺点是耗能大，废水处理量小，不适于处理较低浓度的含重金属离子的废水。

3）物理化学方法

（1）吸附法。吸附法是一种常用来处理重金属废水的方法，利用多孔性固态物质吸附水中污染物来处理废水，一些天然物质或工农业废弃物具有吸附重金属的性能，可降低重金属废水的处理费用。但由于存在后处理问题，限制了它们的工业化应用。

活性炭吸附是一种较早地被应用于生产的净水技术。目前，颗粒活性炭、粉状活性炭、活性炭纤维、炭分子筛、含碳的纳米材料等相继问世，着重研究活性炭表面改性技术和水处理设备的改进。

矿物吸附剂表面研究已深入分子水平，对具有一定吸附、过滤和离子交换功能的天然矿物进行合理改性是提高环境矿物材料性能的新途径。研究表明膨润土的改性方法主要有两种：一是活化法；二是添加无机或有机化合物改进剂改性。改性后得到的钙基膨润土对 Cu^{2+} 的吸附率提高到94%。通过铁氧化物改变石英砂的表面性质，所得到的吸附剂对 Cu、Pb、Cd 的去除率达 99%；另发现精炼油页岩产生的固体副产品能够有效去除水溶液中的 Pb^{2+}、Cu^{2+} 和 Zn^{2+} 等。目前，作为一种天然易得且高效廉价的吸附剂，矿物材料在环境治污领域的开发得到了很高的重视。

壳聚糖、木质素等天然吸附剂也有广泛应用：利用悬浮交联和复合制备得到壳聚糖树脂吸附剂和壳聚糖活性炭复合吸附剂，对 Pb^{2+} 的去除率可达 90%以上；牛皮纸木质素对 Cu^{2+} 的吸附率为 27.1%。

（2）离子还原法、离子交换法。离子还原法是利用化学还原剂将水体中的重金属还原，使其形成难以污染的化合物，从而降低重金属在水体中的迁移性和生物可利用性，减轻危害。离子交换法是利用重金属离子交换剂与污染水体中的重金属物质发生交换作用，从水体中把重金属交换出来，达到治理目的。以泥炭、木质素、纤维素等为原材料制成各种离子交换树脂和螯合树脂可去除水体中的重金属离子，其中螯合树脂不仅保有一般离子交换树脂所具有的优点，又具备有机试剂所特有的高选择性的特点。离子交换纤维是一种新型纤维状吸附与分离材料，具有比表面积大、传质距离短、吸附和解吸速度快等优点。采用引入了磺酸基基团的强酸性阳离子交换纤维吸附 Cd^{2+}、Pb^{2+}，最大吸附容量分别为 206.6mg/L 和 105.5mg/L。这类方法处理费用较低，操作人员不直接接触重金属污染物，但适用范围有限，容易造成二次污染。另外，用于重金属废水处理的方法还有溶剂萃取法、反渗透法、膜分离法等，但上述方法都不同程度地存在着成本高、能耗大、操作困难、易产生二次污染等缺点。

4）集成技术

为实现废水回用和重金属回收，可采用集成技术处理重金属废水。张永锋采用络合—超滤—电解集成技术处理重金属废水（图 6-9）。研究结果表明，在试验的最佳条件下，重金属可达 100%的去除，超滤的浓缩液可通过电解回收重金属，从而实现废水回用和重金属回收的双重目的，为重金属废水的根治找到了新出路。

5）生物方法

（1）植物。

重金属污染水体的植物修复是指通过植物系统及其根系移去、挥发或稳定水体环境中的重金属污染物，或降低污染物中的重金属毒性，以达到清除污染、修复或治理水体目的的一种技术。主要通过植物吸收、植物挥发、植物吸附和根际过滤等方式来积聚或清除水体中的重金属。目前已发现 700 多种重金属超量积累植物（hyperaccumulator）。凤眼莲、

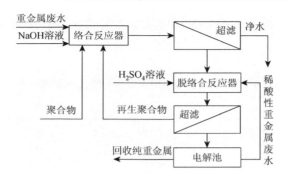

图 6-9　络合—超滤—电解集成过程原理

水芹菜、香蒲、芦苇、香根草等都对重金属具有良好的吸收积累效应。利用水生植物净化重金属污水，目前应用较多的是人工湿地技术和生物塘工程。凡口铅锌矿用"宽叶香蒲人工湿地稳定塘"系统治理尾矿废水，铅、镉、铜的浓度都有显著下降，净化效果明显。

这些超量积累植物具有较高的重金属临界浓度，在重金属污染环境中能够良好生长。但是，由于生长缓慢、生物量小，又极大地限制了其在环境治理中的应用价值。对于用作修复的植物，其生物量的增加、生长周期的缩短、积累的机理等方面还有待进一步研究。

（2）动物。

水体底栖动物中的贝类、甲壳类、环节动物以及一些经过优选的鱼类等对重金属具有一定富集作用。如三角帆蚌、河蚌对重金属（Pb^{2+}、Cr^{6+}、Cu^{2+}）具有明显自然净化能力。但此法的应用局限性在于需要驯化出特定的水生动物，处理周期较长，费用高，且后续处理费用较大，推广较困难，因此目前水生动物主要用作环境重金属污染的指示生物，用于污染治理的不多。

（3）微生物。

目前，重金属废水处理中应用较为广泛的微生物治理方法主要有微生物絮凝法和生物吸附法。

（a）微生物絮凝法。微生物絮凝法是利用微生物或微生物产生的代谢物进行絮凝沉淀的一种除污方法。至今发现的对重金属有絮凝作用的微生物有 12 种。田小光等的实验结果表明，用硫酸盐还原菌培养液作为净化剂，使电镀废水中铬的含量由 44.11mg/L 下降到5.365mg/L。康建雄等进行了生物絮凝剂 Pullulan 絮凝水中 Pb 的实验，结果表明，在 Pullulan 与 AlCl$_3$ 用量比为 4∶1.1，溶液 pH 为 6.5～7，Pb^{2+} 初始浓度为 10mg/L、25mg/L、60mg/L和 100mg/L 时，分别投加 8mg/L、25mg/L、40mg/L、80mg/L Pullulan，对 Pb^{2+} 的去除率可达最高，分别为 73.86%、76.30%、77.07%和 81.19%。6 次重复性实验表明，Pullulan的絮凝效果具有较高的稳定性。近年来，多菌株共同培养的生物絮凝剂，因可促进微生物絮凝剂的产生且絮凝效果好而成为研究热点。用微生物絮凝法处理废水安全、方便、无毒，不产生二次污染，絮凝效果好，絮凝物易于分离，且微生物生长快，易于实现工业化。此外，微生物可以通过遗传工程、驯化或构造出具有特殊功能的菌株。因此微生物絮凝法具有广阔的发展前景。泸州市环境监测站对采用 BM 菌絮凝沉淀法处理的电镀废水监测结果见表 6-3。

表 6-3 　BM 菌絮凝沉淀法处理电镀废水监测结果

项目名称	Cu	Zn	Ni	Cr
处理前/(mg/L)	0.46	5.82	19.11	43.26
处理后/(mg/L)	0.07	0.03	0.72	0.01
处理效率/%	84.8	99.5	96.2	99.97

（b）生物吸附法。近年来，国内外广泛利用微生物制成生物吸附剂来处理重金属污染的水体。生物吸附剂是利用一些微生物对重金属的吸附作用，并以这些微生物为主要原料，通过明胶、纤维素、金属氢氧化物沉淀等材料固定化颗粒制得。与直接用游离微生物处理相比，用固定化细胞作为生物吸附剂可以提高生物量的浓度，提高废水处理的深度和效率，大大减少吸附−解吸循环中的损耗，固液相分离容易，吸附剂机械强度和化学稳定性增强，使用周期明显延长，成本降低。若将多种对不同金属具有不同亲缘性的微生物固定化后，分别填装组成复合式的生物反应器，则可用于处理含多种污染成分的废水。Tsezos 和 Mclready 等研究了固定化少根根霉（*R. arrhizus*）细胞分离废水中铀的过程。实验结果表明，固定化微生物可以回收稀溶液（铀浓度≤300mg/L）中所有的铀，洗脱液中铀浓度超过 5000mg/L，循环使用 12 次后，生物质仍保持其生物吸附铀的能力达 50mg/g，很有希望实现工业应用。国内陈林等从活性污泥中分离出多株高效净化重金属的功能菌，对 Cr^{6+} 吸附率达 80% 以上。徐容、汤岳琴、王建华使用海藻酸钠固定的产黄青霉颗粒处理含铅废水也取得了较高的金属去除率。生物吸附应用于重金属废水的净化在工艺上是可行的，在技术上更表现出极大的优越性和竞争力，无论是吸附性能、pH 适应范围还是运行费用等方面都优于其他方法。

水体重金属污染治理包括外源控制和内源控制两方面。外源控制主要是对采矿、电镀、金属熔炼、化工生产等排放的含重金属的废水、废渣进行处理，并限制其排放量；内源控制则是对受到污染的水体进行修复。

6.5 　人为失误性突发性水环境灾害

突发性水环境灾害是指那些人为失误或自然灾害诱发等原因造成的有毒污染物由其储存容器中泄漏出来，进入人类赖以生存的水环境，并通过水环境媒体迁移、转化与富集过程，反作用于人类，严重危及人类与动植物生命安全，进而造成人类生命财产严重损失的灾害事件。突发性水环境灾害具有突发性，其严重的危害性后果在短时间即呈现，故属于突发性环境灾害。表 6-4 是近 10 年来中国发生的重特大突发性水污染事件。

突发性水污染事故的特点主要体现在 4 个方面：

（1）不确定性：事故发生的时间、水域、污染源、危害对象及程度等的不确定性。

表 6-4　近 10 年中国重特大突发性水污染事件

污染事件概况	特征污染物	造成影响
2012 年 12 月山西长治苯胺泄漏导致河水污染事件	苯胺	河北省邯郸市因此发生停水和居民抢购瓶装水，河南省安阳市境内红旗渠等部分水体有苯胺、挥发酚等因子检出和超标
2012 年 5 月三友化工污染事件	强碱性污水	周边海域变成了"无鱼生存的死海"、"危及渤海生态"
2012 年 1 月广西镉污染事件	镉	对龙江河沿岸众多渔民和柳州三百多万市民的生活造成严重影响。133 万尾鱼苗、4 万 kg 成鱼死亡，而柳州市则一度出现市民抢购矿泉水情况
2011 年 8 月江西瑞昌饮用水铜、氯超标中毒事件	铜、氯	工地上施工人员及周边住户先后约有 50 人入院就诊
2011 年 6 月渤海蓬莱油田溢油事故	石油	渤海 6200km² 海水受污染，其中大部分海域水质由原一类沦为四类，波及地区生态环境遭严重破坏，河北、辽宁两地大批渔民和养殖户损失惨重
2010 年 7 月福建紫金矿业有毒废水泄漏事件	铜酸水	汀江部分河段污染及大量网箱养鱼死亡
2010 年 7 月大连新港原油泄漏事件	石油	附近 50km² 的海域受污染，影响范围达 100 km²
2009 年 2 月江苏省盐城市自来水异味事件	酚类化合物	挥发酚最高超标 100 倍，数十万市民饮水受到影响
2008 年 7 月河南民权县大沙河砷污染	砷	大沙河 1000 余万吨河水污染，大沙河包公庙断面水质砷超标 899 倍，造成了国内最大的砷污染事故
2007 年 5 月太湖暴发严重蓝藻污染	蓝藻	无锡全城自来水污染，造成最大规模的供水危机

（2）扩散性：污染物会随水体的流动而扩散，从而影响到与污染流域相关的环境因素。

（3）影响的长期性：突发性水污染事故发生后可对污染区域自然生态环境造成严重破坏，甚至会对人体健康造成长期的影响，需要长期的整治和恢复。

（4）应急主体复杂性：很多突发性水污染事故不能被人们直接感知，且污染物随水流输移、脱离，造成污染现场不断变化，出现多个污染区域。

6.6　农业面源污染综合防治技术

农业面源污染又称农业非点源污染，主要是指人们从事农业生产活动时，农田中的土粒、氮、磷、农药及其他有机或者无机污染物质在降水或灌溉过程中，通过地表径流、排水和地下渗漏并伴随着一系列的物理、化学和生物转化进入水体，从而造成的污染，农业面源污染不仅直接危害农业生态系统，而且对区域水环境和人类健康将产生严重危害，污染饮用水源，造成地表水的富营养化和地下水的污染。

我国水体污染形势严峻，水环境与土壤深受农业面源污染的危害。2011 年全国地表水污染依然较重。长江、黄河、珠江、松花江、淮河、海河和辽河七大水系总体为轻度污染。204 条河流 409 个地表水国控监测断面中，劣 V 类水河长占 17.2%，主要污染指标为高锰酸盐指数、五日生化需氧量和氨氮。26 个国控重点湖泊（水库）全年水质为劣 V 类占 24.7%，主要污染指标是总氮和总磷，部分湖库和河流水华频繁发生，甚至影响到周边群众的饮水安全。农业面源污染已经成为我国水体污染中氮、磷的主要来源。

6.6.1 科学施肥和施药

农业生产过程中，化肥和农药施用不当是农村面源污染的主要因素，污染源主要来自农业生产中广泛使用的化肥、农药、农膜等工业产品及农作物秸秆、畜禽尿粪、农村生活污水、生活垃圾等农业或农村废弃物，其通过淋溶、渗漏作用造成土壤和水体污染，严重危害人类和其他生物的健康。合理施肥可以有效减少农业面源污染来源。氮磷钾肥混施可以降低营养元素的渗漏损失量，有机肥料经过氧化分解处理后能降低营养元素的淋失，明显提高土壤有机质的含量，并随施用量的增加而明显呈上升趋势。因而，科学施肥提倡有机和无机肥料配合施用。影响农药渗漏最重要的因素是农药的化学特性，在农药生产中应尽量减小对土壤和地下水污染的风险而选用土壤吸附力强、降解快的农药。

农药施用时尽量把直接施到土壤表面的量降到最低。基于"源头治理"的思想，目前国内外研究的热点是环境友好、低残留、低毒、无毒的符合现代生态要求的微生物农药的开发研制。国际市场已有 30 余种微生物农药上市。此外，膜控制释放技术（MCR）是科学施肥、施药技术研究中的新方向。该技术实际上是一种有效控制面源污染排放的方法，它不仅支持规定剂量的化肥和农药在指定区域的快速释放，而且可以通过膜扩散速度控制有效成分逐渐释放。MCR 技术应用于化肥的方式有无机物包膜、聚合物包膜等；应用于农药的方式有种子包衣、微胶囊等。MCR 技术起步虽较晚，但发展较快。

6.6.2 人工湿地净化

人工湿地技术是近年来发展起来的一种处理废水的新技术。利用模拟自然湿地的结构与功能，选用适宜的地理位置与地形，人为地将石、砂、土壤、煤渣等介质按一定比例构成基质，植入适宜的湿地植物，通过自然生态系统中的物理、化学和生物的协同作用达到对污水净化的目的。不同的植物类型对污染物的去除效率不同，如茭白、芦苇、水烛、灯芯草对氮磷具有较好的去除效果，而香蒲对重金属具有较好的去除作用。

与传统的二级生化处理相比，人工湿地技术对氮和磷的处理效果较好，且具有维护和运行费用低、操作简单等优点。人工湿地处理系统对氮的去除作用包括基质的吸附、过滤、沉淀、挥发、植物的吸收和微生物的硝化、反硝化作用，磷的去除主要通过植物的吸收和微生物的同化作用，对硝态氮的吸收能力高达 96%，对磷的吸收为 25%～98%。我国多数地区具有利于微生物活动和植物生长的良好温度光照条件，因此，开展湿地技术的潜能很大。在"八五"攻关课题"滇池防护带农田径流污染控制工程技术研究"中，我国首次引进人工湿地技术来净化农田径流废水，取得了很好的社会环境效益，为我国控制农业面源污染提供了治理方法。

6.6.3　缓冲带防治

缓冲带是利用永久性植被拦截污染物或有害物质的水陆交错地带、受保护的土地。对污染物质的降解具有多方面的协同作用。缓冲带中的植被有效降低了径流速度,沉降泥沙,增强过滤和吸附作用,降低氮、磷、有机质等的浓度,并使缓冲带土壤的水力渗透能力得到显著提高。健康的水陆交错带可以对水流及其所携带的营养物质起到截留和过滤作用,有效阻止氮、磷、农药化肥等化学物质进入水体,其功能相当于有选择性的半透膜。国外在面源污染治理中把缓冲草地带、缓冲林带和缓冲湿地有机结合来增强防治效果。

缓冲带的应用实践在 15～16 世纪,成型于 19 世纪,最初的设计理念是为防沙治沙,随着社会和人类生态环境意识的发展,缓冲带技术已从单纯的水土保持发展到在陆地生态系统中人工建立或恢复植被走廊,将自然灾害的影响或对环境质量潜在的威胁加以削减(缓冲),保证陆地生态系统良性的发展,稳定环境质量可能恶化的区域,提高和恢复生物多样性。在具体的规划和设计中以小流域为单元,统筹考虑,广泛采用景观生态学的概念,将规划设计区域分成矩阵、斑块和廊道。

目前,国外应用于此的设置有美国的植被过滤带、新西兰的水边休闲地、英国的缓冲区和匈牙利的 Kis-Palaton 工程。我国的人工多水塘系统在截留农村面源污染方面具有很强的生态功能。另外,水陆交错带中的芦苇群落和群落间的小沟都能有效截留来自上游流域的污染物。通过恢复水生植物,可以强化植物对河流中氮的去除,从而缓解水体富营养化状况。利用农田—沟渠—水塘独特的景观结构使营养元素的运移形态及途径发生改变,从而减少面源污染物的输出。水塘沉积物对磷吸附容量较强,自然水塘湿地系统对减轻进入地表水体中的氮源负荷效果明显。缓冲带对氮、磷拦截率高达 91% 和 92%。研究表明,草带对颗粒态氮、磷拦截效果要好于对水溶性氮、磷的拦截效果。拥有树、草和湿地植物的缓冲带是控制农业面源污染最有效的方法之一。

6.6.4　面源污染监控

农业面源污染具有隐蔽性、不确定性、不易监测性等特点,所以农业面源污染的控制有必要依赖于 3S 等先进技术(图 6-10)。RS(remote sense)在农业面源污染治理方面可应用于土地分类和找出主要的污染物种类、污染途径、污染源。RS 与全球定位系统(global positioning system,GPS)结合可获取河流水系、土地利用、地形地质、土壤种类、水文气象等数据,进而为治理农业面源污染提供准确、可靠的信息。地理信息系统(geographic information system,GIS)具有强大的空间数据管理、分析能力,利用 GIS 可对各影响因子以及面源污染的空间分布进行模拟,进而识别和管理不同条件下的污染状况。在遥感成像技术支持下,基于 GIS 的环境模型可有效地评价土壤侵蚀。并可以为土地利用总体规划实施评价提供科学化、程序化、定量化的手段和方法。国外已将 GIS 与相应模型结合用于农业污染管理、地下水污染管理和暴雨径流分析等。RS 的空间动态监测能力、GPS 的高精度定位能力和 GIS 的空间信息管理的综合分析能力为监控和治理农业面源污染提供了有效的工具。

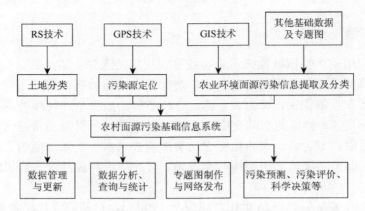

图 6-10　3S 技术在农村面源污染动态监测信息系统中的应用流程图

6.6.5　农业面源污染防治对策

（1）把控制农业面源污染作为水环境管理的必要组成部分。

（2）确定以符合国情"环境与发展"为宗旨的政策体系。主要包括：建立新型的水资源与水环境管理的生态经济战略；构建新时期农村发展和国家粮食安全新框架；加快实现重点流域保护区管理现代化，将融资机制与提供的生态服务挂钩。

（3）借鉴国际上成功的控制有机肥、化肥和农药非点源污染的法规，由国务院制定强有力的法规体系。包括建立国家清洁生产的技术规范，拟定新的化肥和农药使用法规，同时建立监管体系、执法体系。

（4）强化面源监测与管理。开展农业面源污染量化测定，建立农田氮、磷、农药流失监测、预报预警系统、管理系统，为区域污染治理与科学管理提供科学依据与技术支持，探索库区农业面源污染的控制因素和敏感区域，开展农业面源污染系统监测，采用先进的农业面源污染研究技术平台对可能产生的污染趋势进行分析，最终提出针对性治理对策措施（图 6-11）。

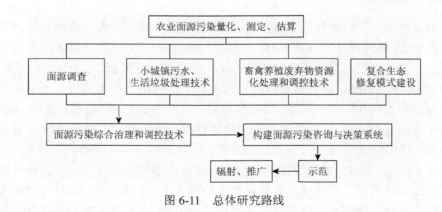

图 6-11　总体研究路线

（5）调整农业发展战略，实现传统自然农业向现代生态农业的转变。推广农业循环模式，根据各种农作物污染程度，以减污为目的，调整现有的农业种植结构，发展高产、优质、高效的生态农业，鼓励农民在近湖农田种植低污染作物，蔬菜、大蒜等高污染作物规划在远湖农田种植。同时，推广"农作物—秸秆青贮—奶牛—沼—农作物""果草套种—畜禽—沼—渔—果草套种—农家乐"等农业循环模式，促进农业生态系统内的资源循环利用，充分发挥农民的积极性和能动性。建立农业面源污染预警监测网络；开展高效生态农业建设；进行农业面源污染控制关键技术研究，如化肥对农田及地下水污染防治技术研究、田间排灌条件下氮肥的淋溶研究、主要农药在作物中的累积降解研究等。

（6）推广"控氮减磷"工程，减少化肥污染。针对流域内大蒜、蔬菜等高施肥、高污染的农作物种植面积的增加造成在汛期和农田灌溉时大量氮磷随径流入湖的现象，可在流域内推广"控氮减磷"工程，提高农家肥施用率，实施测土配方施肥和缓释肥，提高化肥利用率，对农民进行科学施肥的培训，降低化肥施用量，减少氮、磷的流失，降低农业污染。

（7）重点从源头抓起。农业面源除工业品（农药、化肥、农膜）外，农业企业和畜禽养殖污水和生活污水是面源污染的源头，不仅对农业自身带来影响，更为重要的是对河流水质带来重大影响。因此，解决面源污染必须抓好源头治理。

（8）农业面源对河流水质的污染，应通过加强水利综合治理措施，水土、养分流失的估算与预测以及农业（农村）面源污染的特点，建立一系列可持续发展的高效生态农业模式，开发能有效控制面源污染的成套技术。

农业面源污染给我国的环境保护带来了巨大的压力。它的形成以及对河流水资源质量的影响研究是水环境承载力研究中的一个重要方面，面源对流域水环境污染的贡献率是肯定的，但防治政策、法规体系不健全，形成的机理不清将给流域水环境污染控制带来很大困难。为此，加强生态建设，实现农业可持续发展，强化面源监测与管理，正确引导农民，同时在现状调查的基础上，系统研究面源污染的形成机理、确定对特定流域的污染的贡献，从而制定面源污染治理的最佳管理措施。

思 考 题

1. 目前人居水环境存在的安全问题主要是什么？如何保障人居水环境安全？
2. 海绵城市是如何缓解城市洪涝及水资源压力的？海绵城市的主要结构及功能是什么？
3. 海洋污染物的类型及海洋环境灾害的防治技术是什么？
4. 如何治理水体重金属的污染？
5. 突发性水污染事故具有什么特点？
6. 防治农业面源污染的技术有哪些？

第 7 章　固体废物污染安全保障技术

7.1　固体废物概述

随着城市化进程的快速发展和人口增加，社会生产和生活活动中产生固体废物量增多，来源广泛，种类繁多，如生活垃圾、电子垃圾、塑料垃圾、农业废弃物、建筑垃圾、矿业废矿。中国城市生活垃圾年产生量 1 亿 t 以上，而且每年以 8%左右的速度增长。

7.1.1　固体废物的种类及特征

1. 固体废物的种类

按照固体废物的化学性质可以分为：固态废物，如建筑垃圾、废塑料、废玻璃、炉渣、矿渣等；半固态废物，如废水污泥、染料、涂料等。

按照危害程度可以分为一般废物和危险废物。一般废物，包括生活垃圾、建筑垃圾等；危险废物，又称为有毒有害废物，包括医疗垃圾、医药废物、废树脂、废酸和废碱、含重金属废物等。

表 7-1　2015 年中国大、中城市固体废物产生量

固体废物种类	产生量/万 t
一般工业固体废物	191000
工业危险固体废物	2802
医疗固体废物	69
生活垃圾	18564

注：资料来自环境保护部《2016 年全国大、中城市固体废物污染环境防治年报》。

2. 固体废物的特征

固体废物作为一种污染物，具有自身的特性。

1）固体废物污染量大、面广、种类繁多

我国固体废物的年产量、排放量以及历年累积堆放量均巨大。我国工业固体废弃物产量逐年递增，2003 年和 2004 年分别为 10 亿 t 和 11.9 亿 t，而 2005 年达到了 13.4 亿 t。除了工业固体废弃物外，每年还产生超过 1 亿 t 的城市生活垃圾和数十亿吨的农业固体废物。固体废物的产生源和排放源几乎包括了所有的社会生产和生活活动，且品种和类型繁多，各种废物的物理、化学、生物性质复杂。

2）固体废物对环境的影响较为缓慢

固体废物对环境的危害，除突发性危险污染事故外，一般需要经过缓慢的过程，具有

长期潜在性，其危害可能在数十年后才表现出来，一旦造成污染危害，由于具有反应呆滞性和不可稀释性，往往难以清除。

3）固体废物的危害性与可利用性共存

作为主要环境污染物，固体废物对环境的危害是多方面的。固体废物又有其可利用性，可以作为二次原料或再生资源加以利用。

7.1.2　固体废物处置状况

每年产生数十亿吨的固体废物，如果不加以有效的无害化处理，就会造成环境污染和生态破坏。我国对固体废物的无害化处理目前还处于较低的水平，大部分化工、冶金、石油工厂将产生的固体废物临时堆放，对环境造成严重的危害。综合利用是固体废物处置的主要途径，2015 年全国 246 个大、中城市一般固体废物综合利用量 11.8 亿 t（综合利用率 61%），处置量 4.4 亿 t（处置率 22%），储存量 3.4 亿 t（储存率 17%），倾倒丢弃量 17.0 万 t（丢弃率＜0.1%）。

目前固体废物的处理方法主要有卫生填埋、焚烧、堆肥等多种方式。其中卫生填埋是目前常用的处理方法，主要处理城市生活垃圾等废弃物。

（1）填埋。我国城市垃圾大多采用填埋处理，由于其占地面积大，在我国东部沿海和经济发达城市受到土地面积的限制。我国多数填埋场的设计、建设和运营存在设计理念落后、科技水平低、土地填埋利用率不高、基础和边坡防渗措施效果差等问题，填埋场的填埋气无组织排放，引起恶臭和温室效应。在实际运行中，渗出液对地下水的污染和填埋场气的处理一直是防止二次污染的难题。

（2）焚烧。垃圾焚烧处理是使可燃垃圾与空气中的氧进行剧烈的化学反应，将可燃垃圾转换成残渣。残渣量是原垃圾量的 5%～20%，释放的热量能进行有效的利用，并且垃圾中的病原体和寄生虫会被彻底杀灭，达到减量化、资源化、无害化的效果。

由于我国医疗废物有产量大、不分类、成分复杂等特点，焚烧处理是我国目前较为可行的医疗废物处理方法。焚烧处理可有效防止交叉感染和二次污染，达到医疗废物处理的减量化、减容化和无害化。由于我国医疗废物管理的混乱，分散焚烧处理造成处理成本高，同时增加了污染控制的风险。

（3）堆肥。城市生活垃圾是堆肥主要的原料。传统的堆肥法，一般采用增加营养和改善环境条件的方法，利用堆制原料中的本源微生物来降解有机污染物。由于堆肥初期本源微生物量少，需要一段时间才能繁殖起来，因此，堆肥存在发酵时间长、产生臭味、肥效低等问题。垃圾堆肥处理分为厌氧堆肥和好氧堆肥。厌氧堆肥，在不供给空气的条件下，利用厌氧微生物促使垃圾中的有机物分解，使有机废物达到无害化处理。好氧堆肥，在有空气的条件下，利用好氧微生物分解垃圾中的有机物，包括露天堆肥和机械化堆肥。与传统的厌氧堆肥相比，好氧堆肥具有发酵周期短、占地面积小等优点，因此各国普遍采用好氧堆肥技术。

堆肥法的投资费用接近填埋法，无害化程度较高，但是垃圾减容效果不理想，卫生条件差、占地面积大、运行费用较高。垃圾中的石块、金属、玻璃、塑料等废弃物不能被微生物分解，需分拣后另行处理。堆肥法产生的有机肥料肥效较低、成本高。

7.1.3　固体废物危害人体健康的途径

固体废物在一定的条件下发生化学、物理或生物的转化，影响周围环境。固体废物在处理处置过程中产生的有毒有害物质可以通过各种途径进入大气、水、土壤、生物圈和食物链，从而危害人体健康（图7-1）。

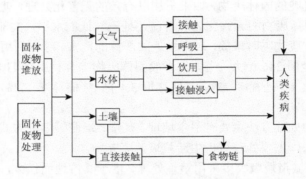

图 7-1　固体废物危害人体健康的途径

1. 污染大气

在堆放的过程中，无机固体废物发生化学反应产生二氧化硫等有害气体，有机固体废物发酵释放可燃、有毒有害的气体。固体废物在焚烧和堆肥处置过程中，会不同程度地产生毒气和臭气，直接危害人体健康。医疗垃圾在焚烧过程中，会产生含 CO_2、微量 NO_x、SO_x、卤化物、可挥发的金属及其他化合物的气体和烟粉尘。

2. 污染水体

固体废物直接投入水体，会造成地表水污染，由于其腐烂变质渗透，还会污染地下水；固体废物在堆积的过程中通过雨水淋洗和自身分解产生的渗出液，严重污染水体；在填埋、堆肥等处置方式中，固体废物会产生成分极为复杂的渗滤液，一旦进入水体将会严重污染水体，进而危害人体健康。

3. 污染土壤

固体废物的渗出液改变土壤结构，含有的有害成分影响土壤微生物的活动，妨碍植物根系生长，或在植物体内积蓄，通过食物链危害人体健康；土壤中的渗出液还会污染生活饮用水，从而危害人体健康。

4. 污染卫生环境

有些固体废物会滋生对人体有害的生物，引发疾病流行，危害人体健康。

7.2　生活垃圾污染的安全保障技术

7.2.1　生活垃圾对人体健康的危害

生活垃圾指在日常生活中或者为日常生活提供服务的活动中产生的固体废物,以及法律、行政法规规定视为生活垃圾的固体废物。随着人们生活水平的提高,生活垃圾逐年增加(图 7-2),尤其是城市生活垃圾,给人们的生活带来了诸多危害,给城市美化和环保工作增添了许多麻烦。

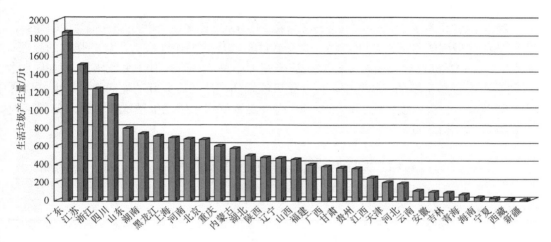

图 7-2　2014 年部分省(区、市)城市生活垃圾产生量

(1)有机垃圾极易滋生细菌,招惹苍蝇、蚊子、老鼠、蟑螂等,成为虫媒传染病(如流行性乙型脑炎、鼠疫、莱姆病、疟疾、登革热等)、介水传染病(如霍乱、痢疾、肝炎、血吸虫病、钩端螺旋体病、阿米巴痢疾等)的隐患。

(2)为各种害虫提供了隐藏的滋生环境,遗忘的角落积尘最多,容易长螨虫,还会引起人体皮肤过敏,甚至导致儿童及老人哮喘。

(3)危险垃圾中含有铅、汞、镉等重金属,在土壤中渗出严重污染水源和土壤,最终进入人体,引发各种疾病,包括急性中毒、慢性中毒以及致突变、致癌和致畸作用。

7.2.2　生活垃圾焚烧的危害

我国目前垃圾焚烧量不足垃圾处理总量的 20%,随着垃圾焚烧技术的进步,垃圾焚烧处理量逐年增加。焚烧后的生活垃圾可以达到 90%左右的减量,垃圾中的细菌、病毒被消灭,各种有毒物质在高温下分解,烟气中的有害物质经过无害化处理后排放。因此,焚烧法是处理生活垃圾实现无害化、减量化、资源化、稳定化的有效途径之一。

生活垃圾非常复杂,焚烧的过程中不仅产生常规的污染物(NO_x、SO_x、CO_2),还产生大量的其他有机和无机污染物,如二噁英、多环芳烃、重金属等。二噁英是生活垃圾焚烧过程中产生的主要有机污染物之一，是一类无色、无味、毒性极强的脂溶性物质，二噁英的分子结构如图 7-3 所示。

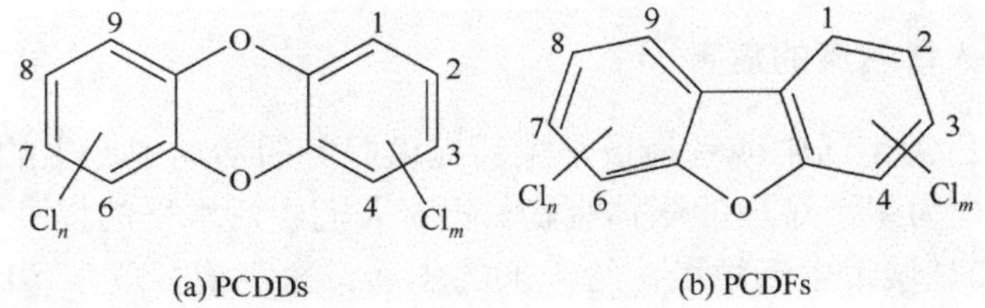

(a) PCDDs   (b) PCDFs

图 7-3 二噁英分子结构

二噁英学名为多氯二苯-对-二噁英（简称 PCDDs）和多氯苯并呋喃（简称 PCDFs），二噁英是毒性极强的苯环有机化合物，会导致严重的皮肤损伤性疾病，具有强烈的致癌、致畸作用，1997 年世界卫生组织国际癌症研究中心将二噁英列为一级致癌物。如果人体短时间暴露于较高浓度的二噁英中，皮肤就可能损伤，甚至造成肝功能病变；如果长期暴露于二噁英中，会对免疫系统、神经系统、内分泌系统和生殖功能造成损害。部分国家规定二噁英日允许摄入量见表 7-2.。

表 7-2 部分国家规定二噁英日允许摄入量（TDI）　　　　[单位：pg/(kg·d)]

国家	加拿大	瑞典	丹麦	德国	英国	日本	瑞士	荷兰
日允许摄入量	10	5	5	10	10	5	10	1

生活垃圾中富含重金属的携带物，如电池、电器，在焚烧后，重金属极易挥发出来，特别是一些熔沸点比较低的重金属 Pb、Cd、Hg，极易挥发富集在飞灰表面上，而重金属化合物在自然环境下可以存在相当长时间，通过食物链富集在人体内，造成各种慢性疾病。

7.2.3 生活垃圾焚烧的安全保障技术

生活垃圾焚烧有以下优点：①焚烧垃圾占地少；②垃圾减量化明显，体积、质量可以分别得到明显的缩减；③垃圾处理迅速、彻底；④垃圾焚烧不受外部环境影响；⑤焚烧适用范围广泛，其他废弃物也可以通过焚烧进行净化或减量化；⑥处理成本相对较低；⑦垃圾焚烧厂可选择在城市垃圾源相对较为集中的地方，节约运输成本；⑧可以回收能源，并减少由填埋产生的有害气体污染。

焚烧后的生活垃圾可以达到 90%左右的减量，垃圾中的细菌、病毒被消灭，各种有毒物质在高温下分解，烟气中的有害物质经过无害化处理后排放。因此，焚烧法是处理生活垃圾实现无害化、减量化、资源化、稳定化的有效途径之一。

投入运行的垃圾焚烧炉燃烧方式有：①多级阶梯式链条炉排、倾斜往复式炉排和反送式的马丁炉排等炉排炉；②流化床焚烧炉；③旋转式燃烧-回转炉。多级阶梯炉排是由往复移动部件组成，垃圾经由给料装置推送至倾斜的炉排上，在炉内高温加热，使得部分垃圾得以干燥，另经炉排的运动除将垃圾往前推送外，还将垃圾层松化并经历干燥、燃料及后燃等各阶段，以达完全燃烧。通过多级燃烧可减少二噁英等的危害，并对燃烧后的有害气体采取除尘、喷淋吸收等方式进一步减少重金属等有害物质的危害。

7.3 电子垃圾污染的安全保障技术

7.3.1 电子垃圾概述

电子垃圾是指废旧的电子产品，包括电脑、打印机、复印机、电视、冰箱、手机以及混合有塑料、金属等材料的精密玩具。随着信息技术的发展和电子产品快速地更新换代，越来越多的电子产品和电器设备被淘汰，形成了巨量的电子垃圾。

据 2005 年联合国环境规划署估计，全球每年有 2～5 百万吨废旧电子产品被丢弃，以每年 3%～5%的速度增加。从 2003 年起我国每年至少有 500 万台电视机、400 万台电冰箱、600 万台洗衣机报废；计算机更新换代周期也在不断缩减，每年约有 500 万台被淘汰。电子垃圾成为继工业时代化工、冶金、造纸和印染等废弃物污染后一类新的重要环境污染物。我国 2015 年第 1、2 季度废弃电子电器拆解量见表 7-3。

表 7-3 我国 2015 年第 1、2 季度废弃电子电器拆解量

种类	拆解量/万台
电视机	2480.0
冰箱	120.77
洗衣机	256.53
空调	2.56
计算机	457.71

电子垃圾中含有金、银、铜、塑料等 700 多种物质，每吨废弃的电子设备的含金量是金矿的 17 倍，含铜量是铜矿的 40 倍，印刷线路板中的铜含量可达 40%以上，被称为"21 世纪的矿山宝藏"。在资源日趋紧张的背景下，对电子垃圾进行资源回收利用前景可观；全球大量的电子垃圾在回收处理的名义下向中国、印度和越南等亚洲国家转移，全球约 80%的电子废物被转运到亚洲，其中有 90%输入中国，广东的贵屿镇、龙塘镇和浙江的台州地区是我国重要的电子垃圾拆解回收中心，各省都有电器设备拆解回收公司。

我国目前主要的回收处理方式包括：

（1）将电子设备压碎后进行酸洗来提炼金等贵重金属。

（2）采用湿法冶金术或热冶金术对金属进行回收。

（3）用蜂窝煤作为燃料，将印刷电路板放在烤架上加热融软，对电路板上的电子元件进行分离分类。

（4）对塑料进行压碎与融化。

（5）燃烧电缆外壳回收铜等金属。

（6）使用手工方式或自动方式对电子产品进行拆卸，收集容易回收的组分，将不易回收的部件转卖给其他回收作坊。

7.3.2　电子垃圾污染对人体健康的危害

未经处理、覆盖的电子垃圾，如计算机、电视机电子装置，含有大量的重金属、卤族化学物质。印刷电路板、电容器、荧光管和水银高速继电器是主要的危险废物，继电器含有 50 多倍老式温度计中的汞量，是非常有害的电子垃圾。

1. 电子垃圾处理引发重金属污染

重金属广泛存在于电子垃圾中，在压碎、拆解和焚烧电子垃圾的过程中释放出来，回收过程中污染空气、水和土壤等环境介质。重金属在风力、水力和干湿沉降等作用下远距离迁移，造成周边农田重金属含量超标，通过食物链富集到人体。

广东省汕头市贵屿镇，电路板焚烧处理污染附近河流，水中 Pb 的质量浓度达到 24mg/L，是世界卫生组织饮用水质量标准的 2400 倍；底泥样品中 Pb 的最高质量比是荷兰统一质量标准的 212 倍，Sn 的最高质量比为 152 倍，Cr 的最高质量比为 1338 倍，Cu 的最高质量比达到 2266 倍（表 7-4）。底泥中高浓度的重金属污染会危害河流生态系统，这些重金属通过食物链对人体健康造成严重危害。重金属包裹于悬浮颗粒中，通过人体呼吸直接进入人体肺部，被血液吸收；重金属还会对人体神经系统产生危害，导致智力发育迟滞，肾脏受损，甚至死亡（表 7-5）。

表 7-4　电子垃圾拆解区空气 TSP 中的重金属质量浓度　　　　（单位：ng/m^3）

地点	Pb	Cd	Cr	Cu	Ni	Zn	Mn	As
贵屿镇印刷电路板回收处理作坊	4420	80	—	570	80	3320	160	—
南方电子垃圾拆解区	634	9.5	—	714	—	831	83	—
广州	269	7.8	21	82.3	—	1190		
北京	430	6.8	19	110	22	770	240	48
香港	56.5	1.6	15.3	70.8	—	298		
首尔	124	—	6.1	30	5.6	299	40	3.7
东京	125	7.7	18.8	50	47.8	302	94.2	—

表 7-5　电子垃圾部分重金属的用途及其对健康的影响

名称	用途	健康影响
铅	电视和显示器的阴极射线管；铅酸电池；印刷电路板；焊料	会损伤中枢和周围神经系统、循环系统及肾脏；对内分泌系统有影响；严重影响大脑发育
镉	开关和焊接接点；充电电池；阴极射线管；印刷电路板	肺部损伤；肾脏疾病；骨骼易碎裂；极有可能是一种人类致癌物质
汞	荧光灯；LCD；继电器；开关；印刷电路板	慢性大脑、肾脏、肺及胎儿损伤；血压升高，心率加快，过敏反应，影响大脑功能和记忆力；可能是人类致癌物质
镍	镍-镉电池；镍-锰电池；阴极射线管；印刷电路板	过敏反应、哮喘、慢性支气管炎；削弱肺部功能；极可能是人类致癌物质

续表

名称	用途	健康影响
锌	阴极射线管；塑料添加剂	对皮肤有刺激性，吸入会引起口渴、胸部紧束感、头痛、发热
铜	印刷电路板；电缆	高浓度铜灰、铜蒸气引起鼻、嘴和眼睛的不适，液体铜会影响人的生长速度，增加死亡率
铬	磁带；软盘；塑料添加剂	溃疡、痉挛、肝及肾损伤；强烈的过敏反应，哮喘性支气管炎；可能会引起 DNA 损坏；一种已知的人类致癌物质
砷	LED；印刷电路板	过敏反应、恶心、呕吐；减少红血细胞和白血细胞的生产，心律异常；无机砷是一种已知的人类致癌物质
锰	镍-锰电池	短期接触会导致人体脑肿、肌肉无力及心脏、肝脏和脾脏损伤
硅	玻璃；阴极射线管；印刷电路板	由呼吸吸入的晶状体硅会引起硅肺病、肺气肿、呼吸道障碍疾病、淋巴结纤维症；已知的人类致癌物质
铍	印刷电路板；接头；整流器	损伤肺部，过敏反应，慢性铍疾病；极可能是人类致癌物质

2. 电子垃圾处理引发持久性有机污染物污染

电子垃圾在回收处理活动中会产生多环芳烃（PAHs）、多氯联苯和多溴联苯醚等持久性有机污染物（POPs），这些 POPs 具有致癌、致畸和致突变作用，在环境中难降解，通过食物链富集于人体。《关于持久性有机污染物的斯德哥尔摩公约》中的 POPs 见表 7-6。

持久性有机污染物的特点如下。

1）高毒性

低浓度的 POPs 会对生物体造成伤害。例如，二噁英类物质中最毒者的毒性相当于氰化钾的 1000 倍以上，是世界上最毒的化合物之一，每人每日能容忍的二噁英摄入量为每千克体重 1pg。POPs 还具有生物放大效应，通过生物链积聚造成更大的危害。

2）持久性

POPs 具有抗光解性、抗化学分解性和抗生物降解性。例如，二噁英系列物质在气相中的半衰期为 8～400d，水相中为 166～2119d，在土壤和沉积物中可达到 17～273 年。

表 7-6　《关于持久性有机污染物的斯德哥尔摩公约》中的 POPs

类别	首批 12 种（2001）	后续增加（2009～2010 年）	其他潜在污染物
农药	艾氏剂	α-六氯苯己烷	
	狄氏剂	β-六氯苯己烷	
	异狄氏剂	林丹	
	七氯	十氯酮	
	氯丹	五氯苯	
	灭蚁灵	硫丹	
	毒杀芬		
	滴滴涕/DDT		
	六氯苯/HCB		

续表

类别	首批 12 种（2001）	后续增加（2009～2010 年）	其他潜在污染物
工业产品	多氯联苯/PCBs	四/五溴联苯醚	短链氯化石蜡
		六/七溴联苯醚	十溴联苯醚
		多溴联苯/PBBs	六氯丁二烯
		全氟辛烷环合物	多氯萘
		全氟辛酸化合物	五氯酚
		六溴环十二烷	
生活和生活副产品	二噁英/PCDDs		多环芳烃/PAHs
	多氯联苯并呋喃/PCDFs		

3）积聚性

POPs 具有高亲油性和高憎水性，在生物体的脂肪组织中生物积累，通过食物链危害人类健康。

4）流动性大

POPs 一般是半挥发性物质，可以从水体、土壤中蒸发到大气环境中，或者附在大气颗粒物上。由于它的持久性，在大气环境中远距离迁移不会全部被降解，但半挥发性又使得其不会长时间停留在大气层中，一定条件下又会发生沉降、挥发，这样反复多次地沉降、挥发，导致 POPs 分散到地球各个地方，北极圈这种远离污染源的地方都发现了 POPs 污染。POPs 对人体的危害如下：

（1）导致婴儿骨骼发育障碍、代谢的紊乱。

（2）造成注意力的紊乱、免疫系统的抑制。

（3）对人体的内分泌系统有着潜在的威胁，导致男性的睾丸癌、精子数降低、生殖功能异常，新生儿性别比例失调，女性的乳腺癌、青春期提前等，不仅对个体产生危害，对后代还会造成永久性的影响。

（4）可能具有致癌性。

7.3.3　废电池的危害

电池是现代工业社会最重要的电源之一，随着电子科技产品种类和数量的增多，电池的使用越来越广泛，世界电池产量以每年 20%的速度增长，广泛应用于照明、电动车、汽车、通信、计算机、手机、笔记本、家用电器、军事等不同领域。

废电池由于体积小，极易被当作普通垃圾混杂在生活垃圾中，随生活垃圾进入焚烧、堆肥、填埋等过程。焚烧过程中，废电池中含有的汞、镉、砷等重金属在高温下挥发，随烟气进入大气，在低温下凝结为粒径小于 $1\mu m$ 的颗粒物而污染大气；部分金属物质会在高温下反应生成氯化物、硫化物、氧化物等，这些物质比原金属元素更易气化挥发，进入大气后冷凝成为小颗粒状物；焚烧后的最终底灰残留物中重金属含量很高，极易造成土壤和水体的污染。在垃圾堆肥过程中，废电池可能和垃圾中其他成分发生作用，从而加速重金属的溶出，提高了堆肥产品重金属含量。这些污染物都会通过食物链最终危害人体的健康。

废电池污染具有很大的隐蔽性，没有得到人们应有的重视。据计算，一节 1 号电池烂在地里，能使 $1m^2$ 的土地环境遭到破坏；一粒纽扣电池可以使 600t 水受到污染；一块手机电池含有的镉可以污染 3 个标准游泳池的水。

7.3.4　废电池的安全保障技术

我国是电池生产和消费大国，每年电池的生产达 180 亿节，占世界总量的 1/4，消费量达 80 亿节。废旧电池不仅是垃圾，还是可以再生利用的资源，其中含有大量有价值和可再生利用的材料，如果加以合理的回收利用，不仅能解决环境污染问题，还具有明显的经济效益和社会效益。

丹麦是欧洲最早对电池进行循环利用的国家，1997 年镍镉电池的回收率就已达到了 95%。日本早在 1993 年就开始回收电池，其中铅蓄电池已做到全部回收，二次电池的回收率也已达 84%，并且有较成熟的处理利用方法。德国在 1998 年开始以法律形式规定对电池进行回收，规定商店和废品回收站必须无条件接收废旧电池，并转运生产厂家进行回收处理。他们在每个生活小区均放置废电池回收箱，目前已做到废电池全部收集、分类处理和处置。美国是在废电池环境管理方面做得方法最多最细的一个国家，建立了完善的废电池回收体系。我国 1997 年 12 月下发了《关于限制电池汞含量的规定》，要求国内电池制造企业逐步实现对电池产品汞含量的限制，目前主要限于对锌锰电池和镍镉电池的回收。

1. 废电池回收处理技术

不同规格、不同类别的废电池所需的处理方式、处理技术相应也应有所区别。根据废电池种类的不同，国际上通行的处理方式大约有 3 种：固化深埋、存放于旧矿井、回收利用。当今使用最广泛的废电池回收处理技术主要有以下几种。

1）碳锌电池和碱性锌锰电池回收处理技术

碳锌电池和碱性锌锰电池是当今世界上使用最普遍的电池。因此这两类电池的处理方法发展迅速，目前主要是采用湿法、火法进行处理。

（1）湿法处理技术：湿法处理主要是利用废电池中的重金属盐易与酸发生反应的特点生成各种可溶性盐后，再利用电解法进行分离提纯，提取出电池中的 Zn、MnO_2 以及其他各类重金属，作为各种化工原料或化学试剂进行再利用。一般的湿法处理技术必须先进行焙烧，将其中低沸点的金属汞、锡蒸发出来，再经破碎、筛分分离出其中的金属物质，电池经过这些预处理步骤后，再用酸直接将金属及其氧化物浸出。但总体上来说，湿法处理技术存在着处理流程长、成本耗费较高、产品纯度不高、易造成二次污染等缺点，因此该方法在实际运用上有一定难度。

（2）火法处理技术：该技术主要是利用各种金属或金属氧化物的熔沸点与蒸气压的不同，在不同温度下，可以分别被分离、蒸发、冷凝出来，达到资源回收再利用的目的。火法处理技术与湿法处理技术相似，也存在着处理成本较高、能耗大、易有二次污染产生等缺陷。另外，碱性锌锰电池由于其中的汞含量大于碳锌电池，因此回收时要特别注意汞的分离与提取。

2）铅蓄电池回收处理技术

铅蓄电池是电池中含铅量最多的电池，是对环境、人类危害最大的电池。世界发达国家都非常重视废铅电池的回收与铅的再生产。我国从 20 世纪 80 年代起进入蓬勃发展时期，随着国民经济的迅速发展，其市场不断扩大。铅蓄电池产量越大，报废的电池也越多，回收处理的任务也就更艰巨。

20 世纪 90 年代初产生了废铅蓄电池解体→分类→再生工艺。近年来，我国对废铅蓄电池回收利用技术，先用破碎和湿筛分分出浆料，水力分出硬胶木、塑料及碎屑、硫酸，板栅和碎屑在短窑中炼成合金铅，浆料经处理后在短窑中合成粗铅，再经粗铅精炼以及多级除尘等工艺提炼出精铅。此项具有中国特色的无污染火法冶炼再生铅专有技术，具有回收效率高、污染小等特点。

3）镍镉电池回收处理技术

镍镉电池中的镍、镉的含量相对较高，目前镍镉电池的处理技术主要分为干法与湿法两种：

（1）干法：干法的原理主要是利用镉及其氧化物蒸气压较高的特点与镍分离。处理流程为：①剥离电池表面的被覆层；②在 900～1200℃下进行氧化焙烧，分离为镍烧渣和氧化镉浓缩液；③镍烧渣作为钢铁冶炼原料使用；④氧化镉浓缩液经浸出净化后制成各种镉盐或金属。

（2）湿法：主要采用将剥去被覆层以后的废电池破碎后用硫酸浸取，去除杂质铁后，通入硫化氢或硫化钠，利用硫化镉和硫化镍的溶度积的差异，控制一定条件产生硫化镉沉淀，而镍不产生沉淀，再调节 pH 则可产生硫化镍沉淀，用以上方法可将镉镍分离。

4）含汞电池的回收处理技术

对于含汞较低的电池，主要采用固化的方法，固化后填埋于危险物填埋场。首先将废电池磨碎，然后用水泥作为固化剂将磨碎的废电池包裹在其中，为了防止汞的渗出和泄漏，必须在破碎的废电池中加入硫化钠等易于与汞形成不溶盐的物质作为稳定剂，再加入硫酸铁防止硫化汞与硫化钠再次反应生成溶解性的二硫汞化钠络合物。

对于含汞较高的废电池（如碱性锌锰电池、纽扣电池），则需用真空加热的方法先将其中的汞蒸发出来后，再进行后续处理。其处理步骤如下：①分类：按电池的大小、形状与重量把各类电池进行分类，区别柱状电池与纽扣电池。②拆解：将废电池的外壳与电池的内芯分开，对外壳中的钢、铁等金属进行回收。③加热：在真空加热炉中加热将汞蒸发出来。④冷凝：蒸发出来的汞送入汞冷凝装置冷凝回收，其中汞的回收率可达到 99.99%。

2. 废电池的管理措施

废电池的回收处置工作仅依赖于技术进步是远远不够的，还需要在管理与处置体系中实现废电池的规范化、有序化管理，才能充分发挥出先进技术的作用与优势。

1）加大宣传，提高公众的环境责任意识

我国废电池回收困难，这与广大居民对废旧电池的危害认识不足有关，没有形成自觉收集保护环境的意识。必须大力宣传，使人们了解到废电池对环境污染及人体健康的危害，提高认识，树立对废电池必须回收利用的观念。

2）建立完善的废电池回收网络体系

在各居民点普遍设立专门回收废电池的垃圾桶，为废旧电池回收利用创造各种便利条件，以各单位包括街道居民委员会、物业小区等行政系统为中心建立废电池回收网。在各地点设立回收点，形成点多、面广、可运行的网络。

3）制定相关的法律法规

通过建立相关的法规，将废电池回收等作为公民应尽的义务和责任来规范，禁止废旧电池随意丢弃或丢入生活垃圾中；制订符合我国实际的管理办法及可操作的管理实施规则，从而使废电池的处理在产业政策的轨道上运行；通过立法要求生产者、销售者必须回收其产品废弃物；还应建立起完善的废电池运输、储存等管理制度，以防止二次污染；政府出台鼓励、支持回收、处置废旧电池的政策及生产环保电池的政策。

7.4　塑料垃圾污染的安全保障技术

7.4.1　废旧塑料的来源及分类

1. 废旧塑料的来源

石油化工技术的进步，带动了塑料高分子材料的发展。塑料作为一种新型材料，具有质轻、防水、耐用、生产技术成熟、成本低廉等特点，在全世界得到了广泛的应用，极大地方便了人们的生活，同时也产生了大量的塑料废弃物。21 世纪初我国塑料制品的总产量已超过 15 000kt，位居世界第 2 位。一次性塑料制品使用后随意丢弃，这些不易降解的膜、盒、片等塑料废弃物长时间暴露在街头巷尾和道路两侧，给人们的生活带来了诸多不适，被称为"白色污染"。

废旧塑料两大主要来源：

（1）树脂合成厂和成型加工厂。在树脂生产过程中，一般可产生 3 种废树脂或副产品：过滤料、各类齐聚物和落地料。这三类废树脂回收不难，处理也比较容易。成型加工厂的废料一般经过破碎即可回收利用，污染较少。

（2）塑料制品使用、消费过程。这类废旧塑料也属于消费后塑料，包括各种包装制品，如瓶类、膜类、罐类等；日用制品，如桶、盆、各类保鲜膜等；玩具饰物，卫生保健用品等。由于其种类多、数量大，回收利用很困难。

2. 塑料的分类

由于塑料品种及制品形式多样，快速有效分类是回收废塑料的基础，目前用 1～7 的编码系统把塑料进行分类（表 7-7）。

表 7-7　塑料品种编码

编码	原料	日常用品	注意事项
PET 1 号	聚对苯二甲酸	果汁、水、饮料等外包装	不耐高温，60℃以上会释放有毒物质
HDP 2 号	高密度聚丙烯	清洁用品、沐浴产品瓶	不要重复使用，比较容易滋生细菌

续表

编码	原料	日常用品	注意事项
PVC 3 号	聚氯乙烯	常见雨衣、建材等	不能装食物
LDPE 01 号	低密度聚乙烯	保鲜膜、塑料膜等	耐热性不好
PP 5 号	聚丙烯	微波炉餐盒	耐热温度可达 130℃，但是建议不放进微波炉加热
PS 6 号	聚苯乙烯	碗装泡面盒、快餐盒	避免打包很烫的食物
ODHER 7 号	其他树脂及混合料	太空杯、奶瓶等	不要加热，不要阳光直晒

7.4.2 塑料污染的危害

塑料常用聚氯乙烯（PVC）、聚乙烯（PE）、聚丙烯（PP）、聚苯乙烯（PS）等化工原料制成，这些聚合物在自然环境中很难降解，日趋严重的塑料污染已成为全球性的环境公害。

1. 对生物体的危害

塑料制品添加一定成分的添加剂，可使塑料制品的可塑性和强度等性能得到改善。例如，在聚氯乙烯（PVC）中，酞酸酯（PAEs）作为添加剂的使用量达到了 35%～50%。各种具有毒性的添加剂随着时间迁移到环境中，富集到人体，造成人体生殖功能异常。

2. 对土壤和水的危害

废旧塑料混在土壤中极难降解腐烂，造成土壤板结，破坏土壤结构，降低土壤的肥力，植物在这种土壤中无法吸收足够养分和水分，破坏生态系统的良性循环。同时，由于废塑料生产过程中使用化学添加剂，以及塑料包装物上残留的食品等有机物产生渗滤液，会引起地下水的污染。

3. 危害人体健康

塑料废品在高温下会产生许多有毒有害物质，使用时会对人体产生最直接的危害。有些塑料袋制作时还加入了增塑剂、稳定剂、着色颜料等，不符合食品卫生要求，如稳定剂硬脂酸铅就具有毒性。

4. 视觉污染

散落在环境中的各种塑料废弃物对市容、景观的破坏称为视觉污染。例如，散落在城市、农村、旅游区的一次性发泡塑料餐具、塑料包装物，给人们的视觉感应与情绪带来不良刺激，影响环境的美感。

7.4.3 塑料污染安全保障技术

据国家环境保护部统计，2011 年我国仅一次性塑料饭盒及各种泡沫包装产生的塑料垃圾就高达 9500 万 t，家电、汽车废旧塑料 6500 万 t，加上其他废弃塑料总量已近 2 亿 t，而回收总量仅为 1500 万 t，回收率不及 10%。我国废旧塑料回收还是环保朝阳产业，塑料污染的治理涉及回收技术的研究、应用，以及法律、政策等许多社会问题。

1. 塑料污染面临的问题

1）回收分类困难

废弃塑料的回收、分类工作是一项社会工程，这是塑料污染治理的源头。目前，我国多数城市的居民垃圾无分类，废弃塑料和其他生活垃圾混在一起，造成废弃塑料收集工作的巨大困难。另外，由于塑料制品没有制成原料标示，在回收废弃塑料制品时无法根据标示分类，而不同种类的塑料在性质上差异很大。例如，PVC 是极性材料，而聚烯烃是非极性材料，两者难以混容，在回收加工时必须严格区别开来。此外，塑料本身密度小，体积大（尤其是大量塑料包装材料），回收人工费用、堆放场地费用和运输费用等都是造成收集分类困难的重要因素。

2）缺乏回收专用设备

废弃塑料的再次加工有其特殊性。例如，农用废地膜在再次加工利用前，首先要清洗干净，较大的废地膜若直接送入清洗槽漂洗，在水流和搅拌叶片的作用下会相互拧绞在一起，难以清洗干净，必须先破碎后清洗。而我国目前用于塑料制品粉碎的设备多数都不适合粉碎薄膜，粉碎设备的高耐磨性、低噪声和高刚性必须要设法解决。专用设备的缺乏大大限制了回收材料的再次加工质量。

3）二次污染问题

对于难以清洗分选处理的混杂废弃塑料，可采用焚化的方法。日本的废弃塑料 36.4% 是通过焚化回收热能，仅有 7% 为再生利用。塑料本身含有高能量，焚化后能够回收利用热能，这对于能源紧缺而塑料综合回收技术相对落后的中国具有重要的现实意义。但焚烧塑料时烟尘和有害气体带来二次污染，这也是 PVC、PU 等材料无法回收而只好采用掩埋处理的原因。

2. 发展可降解塑料

一般来说，塑料除了热降解外，在自然环境中的光降解和生物降解都比较慢，开发新型的可降解塑料，以取代传统的塑料是治理白色污染的一项良策。可降解塑料是一类各项性能满足使用要求，在保存期内性能不变，而使用后在自然环境条件下能降解成对环境无害的物质的塑料。塑料的降解主要是由高分子化学键断裂所引起，降解的方式和程度与环境条件有关，分类主要有以下几种。

1）光降解塑料

光降解塑料是用光化学方法破坏高分子链能，塑料失去物理强度并脆化，经自然剥蚀细脆化后变为粉末进入土壤，在微生物作用下重新进入生物循环。氯乙烯在环境中能参与光化学烟雾反应，由于其挥发性强，在大气中易被光解，也可被生物降解和化学降解，能被特异的菌丛所破坏，也能被空气中的氧气化成苯甲醚、甲醛及少量苯乙醇。

光-生物双降解塑料是利用光降解机理和生物降解机理相结合的方法制得的一类可降解塑料。此类制品的主要母体是发泡聚苯乙烯，在母体中加入一些促进其降解的淀粉、光敏剂、生物降解剂等，使其在使用时具有与一次性发泡聚苯乙烯餐具相同的功能，在自然条件下，其化学结构能够降解为水、二氧化碳和其他物质。

2）生物降解塑料

部分可生物降解塑料是将淀粉、纤维素、微生物聚酯等掺入聚乙烯、聚丙烯等制成的塑料。这种塑料中的淀粉、纤维素等在自然条件下易分解，其结构完整性受到破坏，从而减轻环境污染。

完全可生物降解塑料分为天然高分子可生物降解塑料、合成高分子型可生物降解塑料（图7-4）。天然高分子可生物降解塑料是利用生物可降解的天然高分子，如植物来源的生物物质和动物来源的甲壳质等为基材制造的塑料。合成高分子型可生物降解塑料是指利用化学方法合成制造的生物降解塑料，这类塑料具有较大的灵活性，可通过研究天然高分子可生物降解塑料结构相似的敏感降解官能团合成各种塑料。

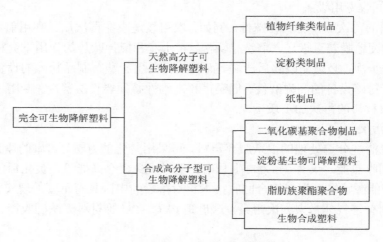

图 7-4　完全可生物降解塑料的种类

7.5　城市建筑垃圾污染的安全保障技术

建筑垃圾指建设单位、施工单位新建、改建、扩建和拆除各类建筑物、构筑物、管网以及居民装饰装修房屋过程中所产生的弃土、弃料以及其他废弃物等。目前，我国处于全面城市化阶段，与世界平均水平相比，我国的城市化率只有 40%左右，仍然有很大的差距，城市建设与扩张将在我国持续相当长的时间。全国每年新竣工的建筑面积达到了 50 亿 m^2，接近全球年建筑面积的一半，而且还在逐年增加，这会产生巨量的建筑垃圾。

自然灾害也产生大量的建筑垃圾。例如，2008 年四川汶川大地震灾害导致大量房屋倒塌，公路、桥梁损毁，造成建筑垃圾堆积如山，经震后初步估计，产生的建筑垃圾可达到 6 亿 t，堆积体积可达 4 亿 m^3。

7.5.1　建筑垃圾的组成

建筑垃圾主要源于建筑施工、建筑装修和建筑拆除过程。

1. 建筑施工垃圾

在建筑施工中，不同结构类型的建筑施工垃圾各种成分的含量有所不同，但其主要组成成分基本一致，主要有砂浆、混凝土、砖石、废金属料、竹木材等材料（表 7-8）。

表 7-8　建筑施工垃圾构成

垃圾成分	建筑施工垃圾组成比例/%		
	砖混结构	框架结构	框剪结构
碎砖	30～50	15～30	10～20
砂浆	8～15	10～20	10～20
混凝土	8～15	15～30	15～35
桩头	—	8～15	8～20
包装材料	5～15	5～20	10～20
屋面材料	2～5	2～5	2～5
钢材	1～5	2～8	2～8
木材	1～5	1～5	1～5
其他	10～20	10～20	10～20

2. 建筑装修垃圾

建筑装修垃圾的成分比较复杂，且含有一定量有毒、有害的物质。据建筑装修垃圾跟踪统计，建筑装修垃圾可用于回收的物质占 29.8%、不可回收物质占 49.2%、灰末占 21%，其中可回收物质包括天然木材、纸类包装物、少量砖石、混凝土、砂浆碎块、钢材、玻璃、塑料等；不可回收的物质主要包括胶黏剂、胶合木材、废油漆和涂料及其包装物等。

3. 建筑拆除垃圾

旧建筑拆除垃圾相对于建筑施工垃圾的量更大，其组成与建筑物的结构有关。旧砖混结构建筑中，砖块、瓦砾约占 80%，其余为木料、碎玻璃、石灰、渣土等。我国拆除的旧建筑多属砖混结构的民居，废弃框架、剪力墙结构的建筑、混凝土块占 50%～60%，其余为金属、砖块、砌块、塑料制品等，旧工业厂房、楼宇建筑是此类建筑的代表。随着建筑水平的提高，旧建筑拆除垃圾的组成将会发生变化，主要成分由砖块、瓦砾向混凝土块转变。

7.5.2　建筑垃圾的危害

目前我国绝大部分建筑垃圾都是未经处理直接运往郊外堆放。建筑垃圾的填埋堆放需要经过很长时间其物理、化学特性才能趋于稳定。建筑垃圾在达到稳定化程度后，大量的无机物仍然会停留在堆放处，占用大量土地，甚至耕地，造成持久的环境问题。

1. 占用土地、破坏土壤

我国许多城市的近郊常常是建筑垃圾的堆放场所，每堆积 1 万 t 建筑垃圾需占用约 $67m^2$ 的土地，占用了大量的生产用地。随着我国城市建设规模的扩大，建筑垃圾的产生量增大，如不及时有效地处理和利用，建筑垃圾侵占土地的问题将会更加严重。

堆放建筑垃圾对土壤的破坏是极其严重的。露天堆放的城市建筑垃圾在外力作用下进入土壤，改变土壤的物质组成，破坏土壤的结构，降低土壤的生产力。建筑垃圾中重金属的含量较高，在多种因素作用下发生化学反应，迁移到土壤中被植物吸收。

2. 污染水体

建筑垃圾在堆放和填埋过程中，在发酵和雨水的淋溶、浸泡、冲刷下产生渗滤污水，会严重污染周围地表水和地下水。废砂浆和混凝土块中含有的大量水合硅酸钙和氢氧化钙会造成渗滤水呈强碱性；废砂浆、混凝土块、废石膏和废金属料一起堆积会有大量金属离子溶出；废纸板和废木材会发生厌氧降解，产生木质素和单宁酸并分解生成有机酸。因此，建筑垃圾产生的渗滤水一般为强碱性并且含有大量的重金属离子、硫化氢和一定量的有机物，若不加控制让其流入江河、湖泊或渗入地下，会造成地表和地下水的污染。

3. 污染空气

建筑垃圾在堆放过程中，在温度、水分等作用下，某些有机物质会发生分解，产生有害气体。例如，废石膏中含有的硫酸根离子在厌氧条件下会转化成硫化氢。垃圾中的细菌、粉尘随风吹扬，造成空气污染。少量可燃性建筑垃圾在焚烧过程中会产生有毒的致癌物质，造成空气的二次污染。

4. 影响城市环境质量和城市形象

工程建设过程中未能及时转移的建筑垃圾，一旦遇到雨天，脏水污物四溢，恶臭难闻，往往成为细菌的滋生地。而且建筑废弃物运输大多采用非封闭式运输车，不可避免地存在运输过程中废弃物遗撒和灰砂飞扬等问题，影响城市容貌和景观。

7.5.3　建筑垃圾的再生利用

我国建筑垃圾存量巨大，综合处理利用率还不到 5%，如果仅靠填埋降解需要很长的时间，必须对这些建筑垃圾进行人工处理，使之循环使用，减轻环境的压力。建筑垃圾再生利用方法见表 7-9。

表 7-9　建筑垃圾再生利用方法

成分	再生利用方法
开挖泥土	堆山造景、回填、绿化
碎砖瓦	砌块、路基垫料
混凝土块	砌块、行道砖、路基垫料、砼骨料
砂浆	砌块、填料
钢材	回炉再次使用
木材、纸板	复合板材、燃烧发电
塑料	粉碎、热分解
沥青	再生沥青砼
玻璃	路基垫层、高温熔化

1. 旧木材的再利用

从建筑物拆卸下来的废旧木材，一部分可以直接重新利用；建筑施工中产生的多余木料，清除其表面污染物后可直接利用，可加工成楼梯、栏杆、室内地板、护壁板，也可加入黏合剂制成复合板材；建筑垃圾中的碎木、锯末和木屑，可以用作燃料堆肥原料和侵蚀防护覆盖物，其中不含有毒物质的碎木、锯末和木屑，可直接作为燃料；废木料还可以生产黏土-木料-水泥复合材料，这种材料与普通混凝土相比，具有质量轻、导热系数小等优点，可作为特殊的绝热材料使用。

2. 旧砖瓦的再利用

中、小城镇的砖瓦结构房屋拆除后，产生的废旧黏土砖和陶瓦材料，可在粗分之后将其破碎，充当轻型砌块骨料。旧砖瓦还可制成地面砖材料、免烧砌筑水泥原料、水泥混合材料，或者在黏土砖碎粒中加入石灰，在道路路基工程中使用。

3. 旧沥青的再利用

屋面拆除、道路翻修后会产生大量沥青和混凝土的混合物，经过分选分离之后，沥青可以循环使用。旧沥青路面经破碎筛分后可以和再生剂、新骨料、新沥青材料按适当比例重新拌和，形成具有路用性能的沥青混凝土，用于铺筑路面面层或基层；屋面沥青材料可回收用于路面沥青的冷拌和热拌施工，可以减少纯净沥青的使用量。

4. 旧混凝土的再利用

混凝土块占建筑垃圾总量的 30%左右，是建筑垃圾的重要组成部分，也是回收利用价值较大的组分。混凝土块经过破碎后，可用于生产再生混凝土、再生水泥，或作为路基材料，也可以和碎砖、石灰混合用于夯扩桩。

7.6　矿山垃圾污染的安全保障技术

矿山垃圾也称矿山固体废弃物,指开发冶炼过程中产生的矿山固体废物。我国大量矿山固体废弃物的产生是由固体矿产资源特点决定的,尾矿、废石、煤矸石、粉煤灰是主要的矿山垃圾来源,尤以废石居多。

矿山垃圾的存放会不同程度地污染矿山附近的水体和土壤,造成农作物重金属的超标。矿业大省的矿山废弃物压占、损毁的土地面积达数百平方千米,对我国土地利用和耕地保护形成巨大的压力。

7.6.1　矿山垃圾的危害

1. 对生态环境的危害

矿山垃圾最大的危害是影响矿山生态环境,破坏、压占土地;大量堆积的矿山垃圾还会破坏地貌、植被和自然景观,导致水土流失、生态环境破坏,还可能造成泥石流、山体崩塌、滑坡等地质灾害。

尾矿和废石中的 S、As 和 Pb、Zn、Hg 等重金属,以及尾矿中夹杂的化学药剂会造成地表水、地下水及周围环境的污染,严重危害人体健康;尾矿、废石在干旱或大风天气下形成扬尘,污染大气环境;在自然风化或煤矸石的自燃下,矿山垃圾中硫化物、有机物等成分会产生 CO、SO_2 等有害气体。

2. 对人体健康的危害

矿山垃圾中有毒有害物质能通过地下水循环、植被吸收等过程迁移到人体,危害人体健康。例如,SO_2 是金属矿床的伴生资源,在矿业活动中,SO_2 通过空气循环进入大气或通过水扩散,引起矿区附近的土地污染。长期生活在 SO_2 环境中的居民极易患眼结膜充血、沙眼、慢性鼻炎、慢性咽炎、慢性支气管炎等呼吸道疾病。尾矿渗出液中的重金属元素进入水库等饮用水源,直接污染居民饮用水。

7.6.2　煤矸石

煤矸石是煤矿在建井、开拓掘进、采煤和煤炭洗选过程中排出的多种矿岩组成的混合物,主要成分是煤炭、碳质页岩、泥质页岩及砂岩等。煤矸石约占我国工业固体废物的20%,是最大的工业固体废物源。我国现有矸石山 1500 多座,全国煤矸石的总积存量约45 亿 t,逐年增长的矸石山几乎成为我国煤矿的标志。煤矸石有残煤、碳质泥岩、碎木材等可燃物质,在长期露天堆积后,会发生自燃现象,产生大量的 CO、CO_2、SO_2、H_2S、NO_x 和 C_mH_n 等有害气体,危害周边环境。煤矸石还在风化、淋滤的作用下,产生大量粉尘、酸性水和含重金属离子的污水,污染大气、土壤和水体。

1. 煤矸石的组成成分

煤矸石中主要矿物有黏土类矿物、碳酸盐类矿物、铝土矿、黄铁矿、石英、云母、长石、炭质和植物化石。构成矿物质成分的元素多达数十种之多，一般以硅铝为主要成分，另外含有一定量的 Fe_2O_3、CaO、MgO、SO_3、K_2O、Na_2O、P_2O_3 等无机物，以及微量的稀有金属（如钛、钒、钴等）（表 7-10）。煤矸石中的有机质随含煤量的增加而增多，主要包括碳、氢、氧、氮和硫等，其中碳是有机质的主要成分，也是燃烧时产生热量最重要的元素。因此，煤矸石兼有煤、岩石、化工原料的性质。

表 7-10　煤矸石的化学组成

成分	含量/%
SiO_2	51~65
Al_2O_3	16~36
Fe_2O_3	2.28~14.63
CaO	0.42~2.32
MgO	0.44~2.41
SO_3	0.9~4.0
$K_2O + Na_2O$	1.45~3.9
P_2O_3	0.078~0.024
V_2O_5	0.008~0.01

2. 煤矸石的危害

1) 煤矸石对地下水的污染

在堆放过程中，煤矸石中的无机盐类和重金属元素，在长期的风化、淋滤的作用下，发生一系列的物理、化学变化，生成大量可溶性无机盐类污染物，随淋滤水以溢流泉的形式溢出地表，形成高矿化度泉水。其淋滤水呈强酸性，形成的溶液会污染塌陷区积水，而且通过各种水力联系（导水砂层、地层裂隙、农灌、河流等）发生污染转移，在排泄过程中可直接渗入地下较浅的含水层，影响工农业生产和矿区居民的生活。其中，毒性最大的是 Cd、Pb、Hg、As，这些重金属不能被生物降解，在生物放大作用下大量富集，沿食物链进入人体，引起急、慢性中毒，造成肝、肾、肺、骨等组织的损坏，甚至有致癌、致畸、致死危害。

2) 煤矸石堆积对土壤、空气的污染

煤矸石对土壤造成重金属污染主要有两种途径：①煤矸石扬尘悬浮于大气中，随风降落于矸石堆周围土壤；②煤矸石在雨水冲刷和淋溶作用下，含有的重金属随地表径流进入土壤。进入土壤的重金属具有滞后性、隐蔽性和长期性，使矿区土壤重金属污染越来越严重。重金属通过溶解、沉淀、凝聚、络合、吸附等各种反应，形成不同的化学形态，最终通过土壤-植物系统经食物链迁移到生物体内，进入生物体内的重金属元素具有持久性、毒性和生物蓄积作用。煤矸石露天堆放易释放出无机盐、重金属及微量元素等无机组分，污染空气。

3）煤矸石自燃污染大气和生态环境

煤矸石堆放过程中，矸石堆内部的热量会逐渐积蓄，当温度达到煤燃点时，矸石堆中的残煤便可自燃。自燃后，矸石山内部温度可达到 800～1000℃，使矸石融结并放出大量的 CO、CO_2、SO_2、H_2S 和 NO_x 等有害气体，其中以 SO_2 为主。一座矸石山自燃可长达十余年至几十年，这些有害气体的排放持续影响周围生态环境，危害矿区居民的身体健康。

3. 煤矸石的安全保障措施

中国各地煤矸石的成分和热值差别较大，化学组成复杂，可根据煤矸石的成分、性质选择经济合理的利用途径（表 7-11）。美国、日本、荷兰等国对煤矸石废弃物进行资源化利用的政策法规比较完善，煤矸石资源利用技术水平也较高；荷兰、法国煤矸石的利用率已分别达到 100% 和 60%。

表 7-11 煤矸石的综合利用途径

热值范围/(kJ/kg)	综合利用途径	说明
<2090	回填、修路、造地、制骨料	制骨料以砂岩未燃矸石为宜
2090～4180	烧内燃砖	CaO 含量<5%
4180～6270	烧石灰	渣可作混合料和骨料
6270～8360	烧混合料、制骨料、生产水泥	用于小型沸腾炉供热产气
8360～10450	烧混合料、制骨料、生产水泥	用于小型沸腾炉供热产气

煤矸石的综合利用主要体现在以下方面：
（1）复垦及采空区回填。
（2）利用低热值煤矸石发电。
（3）煤矸石制气。
（4）制煤渣砖。
（5）生产水泥。
（6）生产农肥及改良土壤。
（7）制备无机高分子絮凝剂。
（8）冶炼硅铝铁合金。

7.7 农业垃圾污染的安全保障技术

农业垃圾包括畜禽粪尿、动物尸体、作物秸秆及家庭废物，这些废物会污染地下水、空气、土壤，还能传播疾病。大量秸秆被简单地烧掉就会严重污染大气环境；畜禽粪便等有机废液不经处理直接排入水体，会严重污染地下水体和地表水系。其实，一些农业垃圾有很高的经济价值，能变废为宝，如有机垃圾堆肥、沼气发酵、秸秆造纸等。

7.7.1　农业垃圾的主要来源

1. 农业生产的污染

1）化肥污染

化肥作为一种重要的现代化学投入要素，对我国的农业生产起了很大的作用。目前，我国年化肥施用量 4100 多万 t，占世界总用量的 1/3，化肥施用强度达到世界平均水平的 1.6 倍以上，为世界化肥生产和消费第一大国。化肥污染是农业生产中因施用大量化学肥料而引起水体、土壤和大气污染的现象。化肥施用到农田后都不可能全部被植物吸收利用，化肥用量过大，或施用化肥后作物利用率不高，会导致化肥大量流失，造成化肥污染。种植业中化肥的大量使用引起了农业土壤、水体（河流、湖泊、海湾）和大气的环境质量衰退，成为我国农业污染的最主要诱因。

2）农膜污染

近 30 年来，我国农用塑料使用量迅猛增加，特别是地膜的用量和覆盖面积均已居世界首位，且使用量还在逐年增加。在提高了经济效益的同时却忽视了废旧膜的处理和回收，造成农膜残留问题越来越突出，一定程度上影响了生产，同时也造成了环境的"白色污染"。

3）秸秆污染

农作物秸秆是籽实收获后留下的含纤维成分很高的作物残留物，包括禾谷类、豆类、油料类等多种作物的秸秆。我国的秸秆资源非常丰富，但是在农业上秸秆大部分是就地焚烧，不仅浪费资源，还严重污染大气，危害人民群众的健康；还会影响到航空、公路交通、通信等公共安全，造成严重的经济损失。

2. 禽畜养殖的粪便污染

畜禽粪便污染是农业污染的一个重要部分，主要表现在对养殖区周边的水质污染、空气污染、环境致病因子增多、土壤污染和农作物受害等。畜禽粪便中含有大量病原微生物、寄生虫及滋生的蚊蝇，易造成传染病的增加；畜禽污水含有浓度很高的的氮、磷等污染物，排入江河湖泊后会导致水体富营养化，造成敏感水生生物死亡；同时粪便发出的恶臭直接污染大气，给人类健康带来隐患。禽畜粪便中污染物的平均含量见表 7-12。

表 7-12　禽畜粪便中污染物的平均含量　　　　　　　　　（单位：kg/t）

项目	COD	BOD	NH_3-N	TP	TN
牛粪	31.0	24.53	1.7	1.18	4.37
猪粪	52.0	57.03	3.1	3.41	5.88
鸡粪	45.0	47.9	4.78	5.37	9.84
鸭粪	46.3	30.0	0.8	6.20	11.0

资料来源：国家环境保护总局环发〔2004〕43 号文件《畜禽养殖排污系数表》。

7.7.2　化肥污染的危害

农田生态系统中化肥营养元素的三个主要去向：农作物吸收、土壤残留和环境损失。

除农作物吸收利用和土壤残留外，剩余的营养元素在降水或灌溉的作用下，通过地表排水和渗漏淋洗流失到水环境中。我国每年在粮食和蔬菜作物上施用的氮肥大约有 17.4 万 t 流失掉，接近一半的氮肥从农田流入长江、黄河和珠江，对当地区域和全球范围的环境和生态系统功能产生严重的影响。

1. 化肥污染对水体的危害

在农业生产中，化肥是水体富营养化的主要氮源和磷源。例如，不根据土壤养分和作物需求，大量施用氮肥，过剩氮素将随农田排水进入河流、湖泊；水田施用氨水、硫酸铵等铵态氮肥后，过早排水，也使氮素随排水进入水源，导致水中营养物质含量增加；最终致使水生生物的大量繁殖，水中溶解氧含量降低，造成水质恶化，引起鱼类大量死亡和湖泊老化。化肥除地表流失外，还会随水淋失，污染地下水。化肥中的硝酸盐和亚硝酸盐随土壤内水流移动，透过土层经淋洗损失进入地下水。例如，硝酸铵施入土壤后，很快解离成铵离子和硝酸根离子，硝酸根离子因土壤矿质胶体和腐殖质带大量负电荷受到排斥，很容易随水向下淋失。农业上长期大量施用化肥是造成地下水硝酸盐污染的重要原因，地下水中硝酸盐和亚硝酸盐含量过高，将对饮水人畜造成严重危害。在一定条件下亚硝酸盐类会产生致癌物质亚硝胺，成为癌症发生的主要环境因素之一。

2. 化肥污染对大气环境的危害

化肥对大气的污染主要集中在氮肥上。施用于农田的氮肥，一部分以氨气、氮氧化物气体进入大气，造成一系列的影响，另外相当数量的氮肥以有机或无机氮形态的硝酸盐进入土壤，在土壤微生物反硝化细菌作用下，以难溶态、吸附态和水溶态的氮化合物还原成亚硝酸盐，转化生成氮气和氮氧化物进入大气。特别是 NO_2 气体，在对流层内较稳定，上升至同温层后，在光化学作用下，与臭氧发生双重反应破坏臭氧层。氮肥的施用对其他温室气体，如 CH_4 和 CO_2 的释放也有影响。随着农业集约化程度的提高，化肥的大量施用将会促进农田 CO_2 的排放。

3. 化肥污染对农产品和食物链的危害

过量施用化肥，不但造成肥料养分损失，还对植物的新陈代谢产生不利影响。在这种情况下，植物体内可能积累过量的硝酸盐和亚硝酸盐。过量的硝酸盐和亚硝酸盐在植物体内积累一般不会使植物受害，但是这两种化合物对动物和人都有很大的毒性，特别是亚硝酸盐，其生物毒性比硝酸盐大 5～10 倍，亚硝酸盐与胺类结合形成的 N-亚硝基化合物则是强致癌物质。农业生产中过多施用的磷肥，可与土壤中的铁、锌形成水溶性较小的磷酸铁和磷酸锌，使农产品中铁与锌的含量减少，人畜食用后可造成铁、锌营养缺乏性疾病。

化肥使用的安全保障技术：科学合理地使用化肥，尽量减少化肥的使用量，可适当指导用传统的有机肥代替化肥，既有利于对土壤结构及营养组成的保护，又有利于减少化肥带来的环境污染。

7.7.3　养猪污染的安全保障措施

坚持环境友好、资源节约、生态循环的经营理念，走绿色生态、低碳循环、可持续发展的养猪模式，实现猪—沼—果、稻、菜，猪—沼—电生态循环。

（1）减量化排放：通过采用漏粪地板、干湿清粪、固液分离等措施减少猪粪排放。

（2）资源化利用：猪粪通过收集集中发酵制作有机肥广泛用作果树、蔬菜、水稻、茶园肥料。

（3）无害化处理：对病死猪按照区域分片收集，送到病死猪处置中心集中处理；凡受到污染的猪舍、用具、周围环境，进行彻底消毒，达到无害化处理的要求。

（4）防渗漏：粪污流经场所用水泥或者防渗漏 PE 膜铺地，保证地下水不受污染。

沼气池排出的废水，经曝气、沉淀后，流经人工湿地（潜流湿地、地表流湿地、氧化塘多级组合）处理后外排进入地表流沟渠，可用于水稻田灌溉及浇灌蔬菜使用。

7.7.4　秸秆的资源化利用

秸秆是成熟农作物茎叶（穗）部分的总称，通常指小麦、水稻、玉米、薯类、油料、棉花、甘蔗和其他农作物在收获籽实后的剩余部分。我国年产农作物秸秆 6 亿 t 之多，其中稻草 1.8 亿 t，玉米 2.2 亿 t，小麦 1.1 亿 t，还有甘薯蔓、油菜秸、大豆秸、甘蔗梢、高粱秸、花生秧及壳等产出的秸秆量都超过千万吨，每年大约有 80%的秸秆被烧掉，没有得到有效利用。

1. 秸秆资源的特点

农作物光合作用的产物有一半以上存在于秸秆中，秸秆富含氮、磷、钾、钙、镁和有机质等，是一种具有多用途的可再生的生物资源，粗纤维含量高（30%～40%），并且含木质素等。秸秆也是生物质能源，生物质能是植物将太阳能转化为化学能，以有机物的形式储存于植物内部的一种能量。秸秆资源主要有以下特点：

1）可再生性

秸秆资源具有可再生性、广泛分布性和低污染性的特点。秸秆资源可通过光合作用重复生产，保证能源的永续利用；世界广布，既可再生，又可运输与储藏。

2）有营养价值

秸秆含少量的粗蛋白、粗脂肪、灰分及水分，含有大量的不易分解的粗纤维及无氮浸出物。不同作物秸秆营养价值差异较大，作物光合作用的生物产量 50%在籽粒中，另外 50%储存在秸秆中，秸秆的营养价值因种类不同，差异较大。

3）有机质丰富

秸秆综合利用价值高，是有机肥的充足来源。据研究，农作物秸秆平均含 N 0.6%，P 0.3%，K 1.0%，C 40%～50%，还有其他有机质。

4）具有较高的热值

据测算秸秆的热能可达 3700～4200kJ/kg，相当于标准煤产生的热量的一半，1kg 麦类、稻类、玉米、大豆、薯类、杂粮、油料、棉花产生的热量分别为 3500kJ、3000kJ、3700kJ、3800kJ、3400kJ、3400kJ、3700kJ、3800kJ。

2. 秸秆的综合利用

农作物秸秆相当多的一部分被弃置在田间、地头、河沟或者被燃烧，大量秸秆露天焚烧，造成资源浪费，还严重影响生态环境。综合利用秸秆不仅可以减少焚烧带来的各种危害，而且可有效缓解能源危机，实现向可持续绿色能源发展转变。现阶段秸秆综合利用技术主要有：

1）秸秆还田技术

农作物秸秆还田技术是机械化秸秆粉碎直接还田技术，以机械的方式将田间的农作物秸秆直接粉碎并抛撒于地表，随即耕翻入土使之腐烂分解，从而培肥土地，实现农业增产增收，具有显著的经济效益和社会效益。

2）秸秆加工饲料技术

秸秆本身由细胞壁与细胞内容物两部分组成，细胞壁的化学结构中存在木质素。秸秆中粗纤维及粗灰分含量高，蛋白质含量低，其干物质一般由灰分和含氮化合物组成，将秸秆加工处理后，可大大提高其营养价值。

3）秸秆燃气技术

秸秆燃气是利用生物质通过密闭缺氧，采用干馏热解法及热化学氧化法后产生的一种可燃气体，主要是一氧化碳、氢气、甲烷等混合燃气，也称生物质气。我国的低热值秸秆气化效率在 70% 左右，我国的供气技术在国际上处于领先地位，低热值燃气的固定床、流化床生物气化装置开始投放市场，已用于燃气供热和农村集中供应。

4）秸秆发电技术

秸秆发电技术可分为秸秆气化发电技术和秸秆直接燃烧发电技术。秸秆气化发电技术是将秸秆在一定的压力和温度下，使秸秆与 O_2/H_2O 发生气化反应，产生 CO、H_2、CH_4 等可燃气体，这些可燃气体净化后送往燃气轮机发电，秸秆气化发电技术具有废气排量小、发电效率高等优点；秸秆直接燃烧发电技术是将秸秆直接送往锅炉中燃烧产生高温高压蒸汽推动蒸汽轮机做功发电，相比秸秆气化发电技术，具有结构简单、投资省、易于大型化等优点。目前，在国内主要推广的是秸秆直接燃烧发电技术。

5）秸秆生产全降解快餐盒

利用稻麦草浆做的快餐盒价格低廉，而且生产过程无毒、无污染。该种快餐盒被丢弃后很快降解，能增加土壤肥力，即使焚烧处理也无毒气放出，不会对环境构成威胁。

7.7.5　农膜污染治理

农膜覆盖作为一项成熟的农业栽培技术，能够保水保肥、保持湿度，有效地增加和延长作物生长期，能够提高农作物产量。农膜属于高分子化合物，熔融指数（MI）偏高，不受微生物侵蚀，极难降解，其降解周期一般为 200～300 年，并且易破碎，不易清除。

土壤中的废农膜会破坏耕作层土壤结构，使土壤孔隙减少，降低土壤通气性和透水性，影响了水分和营养物质在土壤中的传输，导致微生物和土壤动物的活力受到抑制；同时，也阻碍农作物种子发芽、出苗和根系生长，造成作物减产。地膜原料与消除现状见表 7-13。

表 7-13　地膜原料与消除现状

原料名称　　性能	熔融指数	密度/(g/cm³)	可去除率/%	
			现状	要求
LLDPE	MI = 2	0.94	60～70	>80
LDPE	MI = 7	0.94	50～60	>80
HDPE	MI>0.1	0.94	<50	>80

农膜的安全保障措施：①开发应用优质农膜；②推广可降解农膜；③大力推广适期揭膜技术；④制定农膜土壤残留标准，及时回收废膜；⑤加强宣传教育，提高农民环境意识。

7.8　危险废物的安全保障技术

根据《中华人民共和国固体废弃物污染物环境防治法》的规定，危险废物是指列入《国家危险废物名录》或者根据国家规定的危险废物鉴别标准和鉴别方法认定的具有危险特性的废物。根据《国家危险废物名录》，危险废物定义为：

（1）具有腐蚀性、毒性、易燃性、反应性或者感染性等一种或者几种危险特性的；

（2）不排除具有危险特性，可能对环境或者人体健康造成有害影响，需要按照危险废物进行管理的。

危险废物能在一定情况下直接或间接对人体和环境产生不同程度的危害。对于即时短期的急性危害主要指急性中毒、火灾、爆炸等；而长期的潜在性危害主要指慢性中毒、致癌、致畸、致突变、污染水体或土壤等。

历史上由于危险废物处理处置不善而给人们带来沉痛教训的例子很多，如 20 世纪 50 年代美国密苏里州的泰姆士事件、美国胡克化学工业公司事件等，都是由于对危险废物认识不当未能采取安全的处置方式，给当地居民的生活和健康带来了极大的危害，引起癌症、呼吸道疾病、婴儿畸形等惨痛现象。锦州合金厂自 20 世纪 50 年代以来累计堆存了 25 万 t 铬渣，六价铬污染了 35km² 的地下水，致使 7 个自然村的井水无法饮用。20 世纪 60 年代云南锡业公司将砷渣排入个旧湖，造成 3000 多人亚急性中毒。

7.8.1　医疗垃圾污染的安全保障技术

医疗垃圾是指各类医疗卫生机构在医疗、预防、保健、教学、科研以及其他相关活动中产生的具有直接或间接感染性、毒性以及其他危害性的废物。与生活垃圾不同，医疗垃圾通常带有大量病原体，其毒性是普通生活垃圾的几十倍甚至数百倍，直接威胁人体健康及社会公共卫生安全。

2003 年我国遭受了突如其来的传染性非典型肺炎的袭击，暴露出一些医疗机构的废物处置能力不够的问题。严重急性呼吸综合征（severe acute respiratory syndromes），又称传染性非典型肺炎，简称 SARS，是一种因感染 SARS 冠状病毒引起的新的呼吸系统传染性疾病；主要通过近距离空气飞沫传播，以发热、头痛、肌肉酸痛、乏力、干咳少痰等为主要临床表现，严重者可出现呼吸窘迫。目前我国对医疗垃圾的无害化处理率低，医疗垃圾成为了医院院内感染和环境污染的重要原因之一。2014 年各省份（除港澳台地区）医疗垃圾产生量如图 7-5 所示。

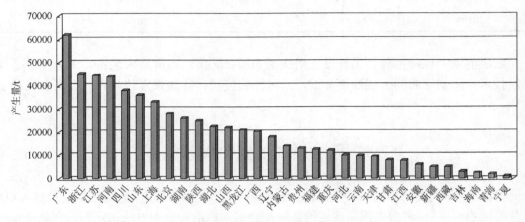

图 7-5　　2014 年各省份医疗垃圾产生量

1. 医疗垃圾的危害

医疗垃圾中存在着传染性病菌、病毒、化学污染物及放射性有害物质，具有极大的危险性。医疗垃圾的危险性可表现为锐器伤害，如针头、刀片、碎玻璃等，这些锐器随时带有各种传染病毒，一旦被刺就很有可能发生传染病的感染。

1）污染环境

医疗垃圾露天堆放过程中会释放出大量氨气、硫化物等有害气体，严重污染大气；焚烧分解会散发多氯联苯、二噁英等致癌物。医疗垃圾携带的病原体、重金属和有机污染物经雨水和生物水解产生的渗滤液，可对地表水、地下水和土壤造成污染。对医疗垃圾处理不当还可对环境造成二次污染。

2）危害人体健康

医疗垃圾中含有许多致病微生物，而医疗垃圾堆放点往往是蚊、蝇、蟑螂和老鼠的繁殖地，因此病菌可能通过垃圾堆中的生物转移给人类。医疗废物中还可能存在化学污染物及放射性等有害物质，具有极大的危险性。

医疗垃圾与生活垃圾混合排出对环境的危害更大，会导致病菌扩散，对收运人员造成直接感染伤害。1989 年日本的三重县医院清洁工人发生被患者污染过的针头刺伤而感染乙型肝炎的事故。

2. 医疗垃圾的安全保障措施

1）分类收集医疗垃圾

医院大部分废物是没有危害的普通垃圾，不需要特殊处理，可一旦这些没有危害的垃圾与其他具有危害性或传染性的医疗垃圾混在一起，就需要特别处理。根据固体废物减量化、无害化、资源化的原则，分类收集医疗垃圾是对其进行有效处理的前提。医院应对医疗垃圾进行分类收集，垃圾桶应有明显的分类收集标志，在全面消毒的基础上，对特殊垃圾重点消毒、无害化处理。

2）集中焚烧医疗垃圾

医疗垃圾在分类收集、重点消毒的基础上，进行集中处理是完全可行的。集中焚烧是解决医疗垃圾的根本途径，医疗垃圾经过 900～1000℃集中焚烧，能全部杀灭病原体。

3）督导清洁工自身防护

需要加强对清洁工的管理和上岗培训，督导清洁工在工作中的防护。同时垃圾堆放点应当有雨篷及开排水沟，定期对垃圾堆放处及周围采取杀菌灭菌、灭鼠等措施。

4）加强宣传医疗垃圾的危害性

广泛深入地宣传医疗垃圾的危害性，要利用好医院这个窗口对病人及其家人进行健康教育。医院在规范管理措施的同时，还要加强管理，责任落实到人。

7.8.2　过期药品的危害

随着我国社会经济的飞速发展，人们健康观念明显提高，家中储存的药品种类增多、数量增大。据统计，目前我国 78.6% 的家庭存有备用药，其中大约 1/3 的药为过期药；52.4% 的家庭设有家庭小药箱，高达 73.6% 的家庭忽视了药品的储存条件；更有 82.8% 的家庭没有定期清理过期的药品。

造成家庭药品过期泛滥的原因有很多：①盲目买药造成的浪费，一些人认为如感冒、肠道等方面的常用药经常用得着，导致很多药还未来得及吃就过期了；②现在药品都是整盒、整瓶的包装出售，有些药可能只需服用一次或几次，剩余的药开封后存放时间长了过期失效；③医生给患者开处方时，常开出超过病人需求量的药品。

过期药品会产生严重危害：①过期药物不仅药效降低或失效，甚至可能增加毒性；②有些药品非常易于分解，随便丢弃易对环境造成污染；③过期药品如果被不法商贩通过低价收购，可能再次流入农村、小型医疗机构等销售渠道，从而威胁他人健康。

为减少过期药品的危害，可采取定点收集、集中处置的办法。

7.8.3　放射源污染的安全保障技术

1. 放射性概述

某些物质的原子核能发生衰变，放出肉眼看不见也感觉不到，只能用专门的仪器才能探测到的射线，物质的这种性质称为放射性。天然存在的某些物质所具有的能自发地放射出 α 射线或 β 射线或 γ 射线的性质，称为天然放射性（表 7-14）。

表 7-14　天然放射性核素

类别	核素
系列放射性核素	铀（^{238}U）系、钍（^{232}Th）系、锕（^{227}Ac）系
非系列放射性核素	^{40}K、^{50}V、^{87}Rb、^{113}Cd、^{115}In、^{123}Te、稀土天然放射性同位素、^{187}Re、^{190}Pt、^{192}Pt、^{209}Bi

不稳定同位素放射出的射线具有以下共同特性：

（1）能使气体电离。

（2）能使物质发出荧光。

（3）能使照相底片感光。

（4）能够贯穿物质。

（5）能使吸收射线的物质发热。

（6）能够杀死细胞和微生物。

（7）对人体造成伤害。其中 γ 射线的贯穿本领最强，β 射线次之，α 射线最弱。

2. 人工放射性污染的来源

放射性污染主要来自放射性物质，这些物质可来自天然存在的物质，如岩石和土壤中含有铀、钍、锕 3 个放射系；也可来自人为的因素。人为因素中，放射性污染主要有以下来源。

1）核工业

核工业的废水、废气、废渣的排放是造成环境放射性污染的重要原因。铀矿开采过程中的氡及其衍生物、放射性粉尘造成周围大气污染，放射性矿井水造成水体污染，废矿渣和尾矿造成固体废物污染。2016 年我国近岸海域水中 ^{90}Sr 和 ^{137}Cs 活度浓度见表 7-15。

表 7-15　2016 年我国近岸海域水中 ^{90}Sr 和 ^{137}Cs 活度浓度

核辐射监测省份	^{90}Sr/(mBq/L)	^{137}Cs/(mBq/L)
辽宁	1.8～2.7	0.5～1.1
河北	3.0～4.8	0.4～1.4
山东	1.6～4.5	0.3～1.0
江苏	1.2～2.4	0.2～1.1
上海	2.2～3.1	0.4～0.8
浙江	1.2～1.8	0.8～1.2
福建	0～1.0	1.1～1.5
广东	0.5～1.6	1.1～1.8
海南	0.96～1.6	0.9～1.4
广西	0.75～1.8	0.3～1.4

2）核试验

核试验造成的全球性污染要比核工业造成的污染更严重。1970 年以前，世界大气层核试验进入大气平流层的 ^{90}Sr 达到 5.76×10^{17}Gy，其中 97%已沉降到地面，这相当于核工业后处理厂排放 ^{90}Sr 的 1 万倍以上。

3）核电站

全球已经运行的核电站有 400 多座，核电站产生的废水、废气、废渣等均具有较强的放射性。2016 年我国核电厂职业辐射剂量见表 7-16。2011 年 3 月 12 日，日本东海岸发生

9 级地震，导致日本福岛县第一和第二核电站爆炸。这次事故，有 6 位员工受到超过"终身摄入限度"的剂量照射，约有 300 位员工受到较大剂量照射，在核电站附近居住的民众，因累积辐射暴露量而在未来患癌症死亡的人数有 100 人以上。

表 7-16　2016 年我国核电厂职业辐射剂量

核电厂名称	年人均有效剂量/mSv	年度最大个人剂量/mSv	年度集体有效剂量/(人·Sv)
秦山核电厂	0.133	3.439	0.281
秦山第二核电厂	0.307	7.171	0.052
秦山第三核电厂	0.474	7.167	0.093
方家山核电工程	0.234	6.595	0.045
大亚湾核电厂	0.303	8.277	0.0681
岭澳核电厂	0.348	6.071	0.0702
田湾核电厂	0.297	6.032	0.0657
红沿河核电厂	0.024	3.386	0.010
宁德核电厂	0.284	5.484	0.069
福清核电厂	0.293	8.763	0.066
阳江核电厂	0.443	13.078	0.1122
昌江核电厂	0.011	0.945	0.031
防城港核电厂	0.011	0.432	0.002

4）核燃料的后处理

核燃料后处理厂是把反应堆废料进行化学处理，提取钚和铀再度使用，但后处理厂排出的废料依然含有大量的放射性核素，如 ^{90}Sr、^{239}Pu 仍会对环境造成污染。

3. 放射性污染对人体健康的危害

1）辐射危害的临床症状

人体受到一定剂量放射性污染的照射，可以引发诸多临床症状，如恶心、呕吐、食欲不振、白细胞减少、血小板减少、脱发、皮炎、眼疾、疲劳、虚脱、炎肿、骨髓抑制等；大剂量照射，会导致休克、死亡。

2）对血液循环系统的危害

血液中的白细胞、淋巴球、血小板等对辐射特别敏感。人体受照射后，血液中的白细胞、淋巴球、血小板等均会下降，导致凝血能力下降，容易发生出血现象；如果 X 射线治疗剂量不当，会引起血压降低、心跳加快，甚至休克。

3）对消化系统的危害

消化系统对核辐射很敏感，不适当的剂量照射，常常引起恶心、呕吐、腹泻、失水、食欲下降等现象；大剂量照射，可能导致肠壁张力增强，引起肠痉挛、胃液和胃酸分泌减少、消化能力下降、肠壁吸收能力减退（表 7-17）。

表 7-17　不同 X 射线剂量对人体损伤的估计

剂量/(Gy×10⁻²)	损伤程度
<25	不明显和不易觉察的病变
25～50	可恢复的机能变化，可能有血液学的变化
50～100	机能变化，血液变化，但不伴有临床征象
100～200	轻度骨髓型急性放射病
200～350	中度骨髓型急性放射病
350～550	重度骨髓型急性放射病
550～1000	极重度骨髓型急性放射病
1000～5000	肠型急性放射病
>5000	胸型急性放射病

4）对神经系统的危害

中小剂量照射会造成头痛、失眠、记忆力减退；大剂量照射，可能引起机体局部麻痹、瘫痪。不适当的照射，会引起新陈代谢作用紊乱，导致生理功能失调、毛发脱落等。

5）对生殖系统的危害

人体的性细胞（卵细胞和精细胞）对核辐射的敏感程度很高，低剂量照射，有抑制性细胞繁殖和发育的作用；高剂量照射，会严重损伤性细胞。核辐射对人体的生殖系统的不良影响是非常大的，无论是外照射还是内照射，无论是高剂量照射还是低剂量照射，都会使人体的性细胞发生可逆的或者不可逆的变化。

4. 放射性污染的安全保障措施

1）控制污染源

控制污染源是预防放射性污染的首要环节，核企业厂址应选择在人口密度低、抗震强度高的地区，对放射性废液、废气、固态废物进行严格处理。放射性废液处理方法有置放法、稀释法、化学沉淀法、离子交换法、蒸发法、蒸馏法和固化法；放射性废气处理方法有过滤法、吸附法和放置法等；放射性核素固体废物处理方法主要有焚烧法、压缩法、包装法和去污法等。

2）放射性辐射的防治

辐射防护的目的在于完全防止非随机性效应，并限制随机性效应的发生率。放射性对人体的辐射主要发生在封闭性放射源的工作场所和放射性"三废"物质的处理、处置等过程中。具体防护措施有时间防护、距离防护和屏蔽防护三种方式。

3）强化防护意识

放射性污染由于剂量轻微很少有人注意，如医院里的 X 光片和放射性治疗、夜光手表、电视机、冶金工业用的稀土合金添加材料等，都含有放射性，要慎重接触。医院、工厂或科研单位工作使用的放射棒、放射球，有时保管不当遗失，也会造成放射性污染，接触者轻者得病，重者甚至死亡，这些都要引起注意。

思　考　题

1. 试分析我国固体废物的特点。

2. 目前固体废物有哪些处置技术？这些处置技术可能会对人体健康造成哪些危害？

3. 试分析电子垃圾对人体健康造成危害的原因。

4. 塑料污染给人们生活带来了哪些问题？随着我国经济的高速发展，我国应如何应对塑料污染？

5. 建筑垃圾有哪些环境危害？如何综合利用建筑垃圾？

6. 矿山固体废弃物怎样危害人体健康？

7. 简要概述农业垃圾的来源主要有哪些，分别会造成什么污染。

8. 什么是危险废物？简要概述我国危险废物污染有哪些及其防治措施。

第8章　土壤环境污染安全保障技术

8.1　土壤环境污染

　　土壤处于大气圈、岩石圈、水圈和生物圈之间的过渡地带，是联系有机界和无机界的中心环节。土壤是一切陆生生物的载体，也是地球表层生物活动最活跃的部分，随着人类活动对环境影响的加剧，原生植被受到破坏，各种污染物不断在土壤中富集，引起土壤质量恶化，导致土壤污染。土壤污染是指人类活动产生的或天然的污染物进入土壤，使该污染物的量在土壤中积累到一定程度引起土壤质量变化，以至土壤失去其原来正常功能和作用的过程和现象。污染物质是指与人为活动有关的和天然的对环境要素正常功能发挥和人体健康产生负面作用的各种自然及人造物质，包括重金属、化学农药及其他人造化学品、放射性物质、病原菌等。

8.1.1　土壤环境污染概况

　　土壤环境由土壤的内部环境、外部环境及其界面环境组成。土壤环境是一个活系统，存在物质循环、能量交换和生命体代谢繁衍。处于地球陆地表层的土壤环境系统不仅具有自然的特征，而且因深受人类活动的冲击具有人为的烙印。自然作用和人为影响的结果产生三类土壤环境系统问题：①与土俱来的，由土壤内源性物质引起，如铝毒、盐碱化等，可以产生土壤肥力障碍与粮食安全问题；②由外源性物质进入土壤内部环境后造成的，包括物理性（如固体废弃物等侵入体）、化学性（如农药等合成化学品）、生物性（如病原菌）等外源性物质，可以引起土壤污染与安全健康问题；③土壤内部环境的物理、化学、生物迁移转化过程中出现的，或是土壤外部环境水、大气等污染物迁入引起的，如温室气体、毒害中间产物、粉尘沉降等，可以带来与土壤质量相关的农业、生态、环境、气候变化方面的新问题。土壤环境污染的类型可以按照污染区域及污染物质的种类进行区分。

　　1. 按污染区域分类

　　按污染区域可以分为耕地土壤污染、工业企业搬迁场地土壤污染、有色金属矿区土壤污染、油田区土壤污染、放射性矿区及试验区土壤放射性核素污染等。

　　1）耕地土壤污染

　　耕地土壤是生产粮食、蔬菜和纤维的自然资源，是农业的基本生产资料。目前全国约有 1/10 的耕地面积受到不同程度的污染，导致每年有千万吨粮食的污染物含量超标。经济发达地区的一些耕地土壤中持久性毒害物质大量积累，城郊农田、菜地农药残留和重金属及 POPs 复合污染问题突出。20 世纪 80 年代初期开始停止使用的六六六、滴滴涕等持久性农药，目前其在农田、菜地土壤中含量已经大幅度降低；目前在局域农田土壤中，同时同地出现多环芳烃、酞酸酯、多氯联苯及二噁英类毒害物质，甚至与土壤酸化、重金属污染共存，造成土壤中动物、微生物数量减少甚至灭绝，导致农作物、蔬菜减产或绝产。

2）工业企业搬迁场地土壤污染

随着大规模的城市化进程，数以万计的化工、冶金、钢铁、轻工、机械制造等行业的企业外迁，如北京市实施的"退二进三"规划中已对北京首钢股份有限公司、北京化工二厂、北京焦化厂等大型老工业企业群的数十家企业进行了搬迁。城镇工业企业搬迁遗留的场地土壤往往受到挥发性有机污染物、重金属等多种污染物的污染，污染程度重、污染分布相对集中；特征污染物通常有农药、苯系物、卤代烃、多环芳烃、石油、重金属等；污染土层深度可达数至数十米，地下水也受到污染。随着越来越多的城市工业用地转变为居住用地、办公用地、绿化、娱乐等公共用地，潜在的土壤污染问题将逐渐暴露出来，影响城市生活质量、人居环境安全和居民健康。必须对搬迁的污染场地的面积、数量、分布和危害程度进行风险评估，并加以治理修复。

3）有色金属矿区土壤污染

我国是世界第三大矿业国，矿产资源的开采、冶炼和加工对生态破坏和环境污染严重。有的矿区由于采矿、冶炼及尾矿污染，造成了上百千米的河段严重污染、鱼虾绝迹、危及饮用水源安全、粮食减产；有的矿区因污染使蔬菜叶子枯黄、卷缩，果树死亡，羊齿脱落极为普遍，儿童龋齿率达 40%。广东省韶关大宝山矿区附近上坝村，由于长期使用有毒废水灌溉，导致水稻镉含量超过国家标准的 5 倍，蔬菜、水果镉也全部超标，其中香蕉镉超标高达 187 倍。生存环境的严重污染使该村村民人体健康受到严重损害，皮肤病、肝病、癌症高发，214 人死于癌症。除土壤重金属污染外，还存在矿区土壤酸化、爆炸物污染等复合环境问题。

4）油田区土壤污染

油田区土壤长期受到原油、油泥和石油废水等污染，长期威胁着环境安全和生态系统健康。目前，我国油田区土壤污染面积约有 480 万 hm^2，占油田开采区面积的 20%~30%，最高的土壤含油量超过环境背景值的 1000 倍。有的油田区长期积存未经处理的含油污泥为主的石油固体废物，堆放量超过 300 万 t，已成为油田区土壤污染的主要来源。土壤中石油类污染物组分复杂，主要有 C_{15}~C_{36} 的烷烃、烯烃、苯系物、多环芳烃、酯类等。我国油田区广泛存在的石油污染土壤，引起土壤结构与性质改变、植被破坏、微生物群落变化、土壤酶活性降低、水体污染等，严重影响了土地的使用功能，带来环境风险和生态健康问题。

5）放射性矿区及试验区土壤放射性核素污染

我国自 20 世纪 60 年代以来，经历了铀矿开采、核材料加工及核武器发展的历程，存在核废料处置以及核试验场的环境风险。铀矿区、核试验区、核废料处置及稀土废弃物堆放场地等放射性污染的环境风险也受到密切关注。随着核电产业的发展，核电装机容量的增加、核废料量的增多，安全处理处置日显迫切。矿山开采、选矿、水冶、尾矿、加工、核燃料处置等场所给环境带来的放射性危害有所显露。放射性污染物质的地面迁移可以污染附近土壤及地下水，随着沙尘飘移可影响更大范围，具有潜在的生态、健康和环境迁移的风险。

2. 按土壤污染物种类分类

按土壤污染物种类来分可以分为重金属污染、化肥污染、农药污染、农膜污染、生物性污染及新兴污染物污染等。

1) 重金属污染

重金属对土壤的污染具有隐蔽性、滞后性、累积性和持久性等特点。受土壤物理化学吸附、化学吸附和生物富集等因素的影响，一旦土壤重金属含量超过土壤环境容量，污染将在很长时间内难以消除。土壤中的重金属一方面影响土壤养分转化等生化过程和平衡，降低土壤的生物学功能，另一方面影响植物的生理生态活动，降低植物的产量和品质，并通过食物链影响人类的健康。据农业部环境监测系统近年来的调查，我国 24 个省市城郊、污水灌溉区、工矿等经济发展较快地区的 320 个重点污染区中，污染超标的大田农作物种植面积为 $60.6\times10^4\text{hm}^2$，占调查总面积的 20%，其中重金属含量超标的农作物种植面积约占污染物超标农作物种植面积的 80%以上，尤其是 Pb、Cd、Hg、Cu 及其复合污染最为突出。世界各国土壤都存在不同程度的重金属污染，全世界平均每年排放 Hg 约 $1.5\times10^4\text{t}$，Cu 为 $340\times10^4\text{t}$，Pb 为 $500\times10^4\text{t}$，Mn 为 $1500\times10^4\text{t}$，Ni 为 $100\times10^4\text{t}$。

2) 化肥污染

化肥的使用对养活地球上的人口起了决定性作用。人们为追求单位面积农作物产量的提高，大量使用化学肥料。我国化肥污染严重，自 20 世纪 80 年代开始，化肥施用量不断增加，2005 年达到 $5.4\times10^7\text{t}$，平均氮施用量超过 220kg/hm^2。预计到 2030 年将超过 $6.0\times10^7\text{t}$。重金属和一些有机物是化肥的主要污染物，化肥生产过程从原料开采到加工，带进一些重金属元素或有害物质，主要是 Zn、Ni、Cu、Co、Cr，其中以磷肥最多。磷肥中含有较多的 As、Cr、Cd、Pb、Hg 及 Cu 等重金属物质和 F 及稀土元素，各种化肥金属元素的含量见表 8-1。化肥中主要有机污染物是 POPs，有邻苯二甲酸酯类、硝基苯类、氯代烯类等，含量 897.10~9764.57μg/kg。另外还有醚类、胺类、多环芳烃、氯代烷类等，含量 138.02~241.53μg/kg。

表 8-1　各种化肥金属元素的含量　　　　　　　（单位：mg/kg）

化肥	铜	锌	锰	钼	铅	镉
尿素	0.36	0.5	0.5	0.2	4.0	1.0
氯化钾	3.0	3.0	8.0	0.2	88	14.0
硫酸铵	0.5	0.5	70	0.1	—	—
磷酸铵	3~4	80	115~200	2.0	—	—

化肥中的有机污染物可能是由原料带入、来自生产过程中的副产品或在包装和储运过程中的污染。各种形态的氮肥施入土壤后，都会形成 $NO_3\text{-N}$，氮肥使用过量会导致土壤发生酸化反应形成板结，引起农产品硝酸盐、亚硝酸盐污染，导致土壤逐渐酸化，土壤理化性质恶化，促使土壤中一些有毒有害污染物的释放和浓度增加；尿素中所含的缩二脲也会污染土壤。目前大棚土壤肥料的投入为大田的 4~10 倍，是蔬菜需要量的 6~8 倍，造

成硝酸盐大量积累。山东省一些大棚表层土硝酸盐为大田的 2～95 倍，积累是全剖面性的，80～100cm 深土层中大棚土壤硝酸盐为大田的 4～27 倍。长期单一施用生理碱性肥料会出现土壤孔隙堵塞，板结，降低微生物活性，从而使肥力下降，作物产量降低，产生加大施肥量的恶性循环，致使土壤和水体富营养化，使土壤环境被污染。

利用废酸生产的磷肥中含有三氯乙醚、三氯乙酸、三氯乙醛等有机污染物，特别是磷肥中镉的含量比土壤高数百倍，如美国的过磷酸钙含镉 86～114mg/kg，磷铵含镉 7.5～156mg/kg，商品二级过磷酸钙镉含量一般在 91mg/kg 以上，是农用污泥中镉的最高允许含量 5～20mg/kg 的 4～8 倍，施入土壤中会使镉含量比一般土壤高数十倍，甚至上百倍，长期积累将造成镉污染。我国每年施用过磷酸钙带入土壤中的 Zn，Ni，Cu，Co，Cr 的量分别为 200，11.3，20.8，1.3，12.3g/hm^2；我国每年随磷肥带入土壤的 Cd 量在 37t 以上，连续 17 年施用过磷酸盐 45kg/(hm^2·a)，土壤累积镉增加量 87g/hm^2；长期使用硝酸铵、磷酸铵、复合肥，土壤砷含量达 50～60mg/kg；磷肥的大量使用，会造成重金属元素的富集而污染土壤。

一般认为钾肥不会直接对环境造成危害，但当氯化钾或硫酸钾用量过多时，Cl$^-$或 SO$_4^{2-}$在土壤中过量积累，造成 Ca^{2+}、Mg^{2+}等盐基离子的交换与淋失，使土壤板结，破坏土壤结构，长期施用氯化钾会因作物选择性吸收而使土壤变酸。如 K$_2$SO$_4$ 的过量施用，造成 SO$_4^{2-}$富集，在酸性土壤中生成硫酸，在中性和石灰性土壤中生成硫酸钙，使土壤酸化或引起硫化物、硫酸盐的污染，土壤酸化可活化有害重金属元素，如锰、镉、汞、铅、铬、铝、铜等，导致土壤中有毒物质释放。氯化钾中不可避免地会含有 Br$^-$和少量的 I$^-$、F$^-$，在硫酸钾、硝酸钾生产的原料氯化钾或氯化物中含有 Br$^-$和少量的 I$^-$、F$^-$等物质，无论施用硝酸钾还是施用硫酸钾都会将 Br$^-$和少量的 I$^-$、F$^-$等物质带入土壤中，在硫酸钾、硫酸钾镁等肥料中常混有氯化物，长期施用也会在土壤中积累，加重土壤环境污染物的负荷量。

3）农药污染

我国是粮食生产大国，也是农药消费大国，农药可经多种途径污染土壤，农田喷施农药的 25%～30%以及土壤杀菌剂、地下害虫防治剂和除草剂直接落入土壤，附着在农作物上的、残留在农作物中的、飘浮在大气中的农药因风吹雨淋、农作物秸秆还田腐烂和降雨进入土壤，使得施用农药总量的 80%～90%最终进入土壤环境，形成对土壤的污染；对农药包装物处置不当也会造成土壤污染。目前我国有 $1.0×10^7$～$1.6×10^7$hm^2 耕地受到农药污染。

我国农药年产量达 $7.517×10^5$t，农药总施用量达 $1.30×10^6$t，平均施用量 14kg/hm^2，比发达国家高 1 倍，水稻过量施用达 40%，棉花达 50%，蔬菜和瓜果类作物较粮食作物高 1～2 倍，长江流域保护地蔬菜用药量一般在 30～45kg/hm^2，有的高达 75kg/hm^2，其中低毒的生物农药仅占 2%～3%；北方保护地蔬菜用药量更大，甲胺磷、敌敌畏、敌百虫、乐果和氧化乐果 5 种剧毒农药就占总药量的 44.7%。而农药的利用率只有 10%～20%，比发达国家低 10%～20%，残余部分直接对土壤造成污染，尤其是毒性大、难降解、高残留类农药，严重破坏生态环境。超负荷使用农药，残留量远远超过土壤的自净和降解能力，导致土壤生产能力、调节、自净和载体功能受到严重损害。

　　尽管我国已禁止使用有机氯农药，如滴滴涕、六六六。但由于 20 世纪 80 年代以前的大量使用和低利用率，加上其化学性质稳定，残留时间长，脂溶性强，在土壤中仍大量残留，依然威胁着土壤环境质量。2000 年太湖流域农田土壤中，15 种多氯联苯同系物检出率为 100%，六六六、滴滴涕超标率为 28% 和 24%。

　　4）农膜污染

　　农膜是高分子有机物，我国地膜一般分子量在 2 万以上，土壤中主要残余成分是聚烯烃类化合物，不易降解，降解周期长，至少需要 200 年；农膜的一些添加物质对作物有毒害，农田大量使用农膜，清理不彻底，回收率＜30%，造成农膜残留污染土壤。随着地膜在土壤中不断积累，污染土壤，破坏土壤结构，使微生物活性受到影响，阻碍植物根系生长发育和水肥移运，严重影响植物的正常生长，造成农作物减产。我国有 2.0×10^7 t 地膜用于 $6.0 \times 10^7 \sim 7.0 \times 10^7$ hm^2 作物种植和农业的其他用途，土壤中农膜残留量达 1.0×10^7 t/a，约 45kg/hm^2。用地膜 5 年的土壤，残留量可达 325.05kg/hm^2，作物减产 24.7%；土壤残膜达 877.5kg/hm^2 时，蔬菜减产 14.6%～59.2%。

　　5）土壤生物性污染

　　人类直接向土壤环境中施加多余的生物而引起土壤的生物污染。大量未经无害化处理而排放的人、畜、禽排泄物，废弃物，城市垃圾，污泥，生活污水，医院污水等含有大量的微生物、病原菌，污水灌溉会造成土壤生物污染。有机肥施入不当，可将大量细菌、病原体和寄生虫卵带入土壤，也会造成生物污染。病原菌、病毒、原虫和蠕虫类等致病性生物随有机物污染侵入土壤并大量繁殖，可以破坏土壤生态平衡，引起土壤质量下降，对地下水、饮用水源、动植物和人体健康造成不良影响，存在生态安全和人体健康的危害。病畜尸体随意掩埋或处理不当，更易引起土壤生物污染并扩大疾病的传播。病原菌在条件适宜时可以土壤为媒介传播，引起人和动物传染病的发生。

　　6）新兴污染物污染

　　新兴污染物可以是新出现的污染物如药品和个人护理用品（简称 PPCPs），也可以是一直存在但是现在受到全球关注的污染物（如锑、汞）。随着人们环保意识的增强，环境中新型微量污染物引起了广泛关注。水环境中所检测出的药品种类超过 80 种，个别地方的饮用水中也检测到 ng/L 水平的药品剩余物。近 10 年来，在不同国家和地区的水体、污水中检测到了 ng/L 至 mg/L 水平的 PPCPs。土壤中 PPCPs 来源于人群的使用和排泄、养殖场排放及 PPCPs 制造厂废弃物等。其中，畜禽养殖粪肥的农用和污水灌溉被认为是土壤 PPCPs 污染的重要途径。据报道，在某规模化养殖场周边菜地土壤中四环素类抗生素检出率高达 80% 以上，并且其含量比一般蔬菜基地、无公害蔬菜基地及绿色蔬菜基地土壤的更高。我国对于污泥中 PPCPs 含量变化及其在土壤中归趋与风险研究还鲜见报道。

　　7）有机肥及废弃物等的复合污染

　　土壤中大量施入有机肥，特别是未经无害化处理的有机肥，含有大量的重金属和有毒有害微生物；河流、池塘沉积物含有各种重金属、有毒有害有机物等，作为有机肥会污染土壤。

　　近 20 年来，中国养殖业发展迅速，畜禽粪便排泄量超过 2.0×10^9 t，是工业废弃物的 2.7 倍，而利用率只有 49%，使得大量的重金属、禽兽用药物残留物、病原微生物等污染物进入土壤，导致一些地方畜禽粪便污染远超工业污染，成为土壤重要的污染源，其中主要有重金属类、抗生素类、激素类、病原菌类物质，这些物质通过食物链进入人体，严重影响人体内脏器官的功能。

近年来调查表明，长江三角洲地区存在一些高风险污染农田，存在农田土壤重金属与残留农药、多环芳烃和多氯联苯的混合污染。农业土壤中养分过剩、次生盐渍化、酸化问题已经与重金属、农药、酞酸酯、抗生素等有机物污染问题叠合共存，制约了设施农业的持续健康发展。多种污染源、污染途径和污染物的同时出现，造成土壤复合或混合污染面积扩大，污染类型多样化，污染危害加重，治理修复难度加大。

8.1.2　土壤环境污染特点

随着经济的高速发展和高强度的人类活动，加之缺乏强有力的监管措施和技术支撑，我国土壤环境重金属、农药、增塑剂、持久性有机污染物（POPs）、放射性核素、病原体、新兴污染物（如抗生素）等污染态势严峻。总体上，污染退化的土壤数量在增加，土壤污染范围在扩大，污染物种类在增多，出现了复合型、混合型的高风险污染区，呈现出从污灌型向与大气沉降型并重转变、城郊向农村延伸、局部向区域蔓延的趋势，体现出从有毒有害污染发展至有毒有害污染与土壤酸化、养分过剩、次生盐碱化的交叉，形成了点源与面源污染共存，生活污染、污泥污染、养殖业污染和工矿企业排放污染叠加，多种传统污染物与新兴污染物相互混合的态势，危及粮食生产、食品安全、生态安全以及人体健康，并具有以下特点：

（1）具有隐蔽性。土壤污染不像大气、水体污染一样通过感官就能察觉，因为各种有害物质在土壤中总是与土壤相结合，有的有害物质被土壤生物所分解或吸收，从而改变了其本来性质和特征，它们可被隐藏在土壤中或者以难以被识别、发现的形式从土壤中排出。当土壤将有害物质输送给农作物，再通过食物链而损害人畜健康时，土壤本身可能还会继续保持其生产能力。土壤污染往往要通过土壤样品分析、农作物检测，甚至人畜健康的影响研究才能确定。如镉、汞等元素在作物子实中富集系数较高，即使超过食品卫生标准，也不影响作物生长、发育和产量，土壤污染从产生到发现危害通常时间较长。

（2）累积性。土壤对污染物进行吸附、固定，其中也包括植物吸收，从而使污染物聚集于土壤中。在土壤的污染物中，多数是无机污染物，特别是重金属和放射性元素都能与土壤有机质或矿物质相结合，与大气和水体相比，污染物更难在土壤中迁移、扩散和稀释。因此，污染物容易在土壤中不断累积，并且长久地保存在土壤中，无论它们如何转化，也很难重新离开土壤，成为顽固的环境污染问题；而有机污染物在土壤中能被微生物分解而逐渐失去毒性，其中有些成分还可能成为微生物的营养物源。

（3）难恢复性。土壤本身有净化作用，但是，由于污染物在土壤中挥发、稀释、扩散、降解、被土壤胶体吸收脱离生物循环，浓度变小或无毒的过程比较漫长，甚至有些重金属污染具有不可逆转性。土壤污染一旦发生，仅仅依靠切断污染源的方法很难恢复，所以土壤污染的预防胜于治理，土壤污染治理具有艰巨性。

（4）滞后性。土壤污染具有隐蔽性和滞后性，土壤污染从产生污染到出现问题通常会滞后很长时间，其危害短时间内不容易被认识。土壤污染主要通过植物表现其危害性，植物除从土壤中吸取它所必需的营养物质以外，同时也吸收土壤中的有害物质，有害物质在植物体内富集以致达到危害生物自身或人、畜的含量水平。即便没有达到有害水平的含毒植物性食物，只要被人、畜食用，当它们在人或动物体内排出率较低时，也可以蓄积下来，最后引起病变。

（5）不均匀性。由于土壤性质差异较大，而且污染物在土壤中迁移慢，导致土壤中污染物分布不均匀。

8.1.3　土壤环境污染的成因

1. 工业"三废"排放

高耗能、高物耗的粗放型经济增长方式产生、排放大量的废弃物，特别是工业"三废"，使有毒污染物通过多途径进入土壤。1981～2003 年，全国累计废水排放总量达到 8367 亿 t，其中生活污水排放总量 3097 亿 t，工业废水排放总量 5214 亿 t，工业废水中含有大量的铅、镉、铬、汞、砷、氰化物、石油类、酚等污染物。全国废气中二氧化硫排放总量 37741 万 t，工业烟尘排放总量 31816 万 t，工业粉尘排放总量 20758 万 t；全国固体废弃物产生量 144.6 亿 t，其中堆存量 39.3 亿 t，占用大量土地。

2. 交通废弃物排放

随着汽车保有量快速增长，交通废物排放带来的土壤污染更加严重。含铅汽油、润滑油的燃烧，汽车轮胎、引擎、刹车里衬的机械磨损不仅排放铅、锌、铜、镉等重金属，同时汽车尾气中含有苯并[a]芘等有机污染物。机动车辆排放的污染物或直接沉积在路面灰尘中，或通过干湿沉降在公路两侧土壤中，导致公路两侧土壤污染。

3. 农用化学品大量使用

农用化学物质的高强度投入是造成农田和菜地土壤污染的重要原因。近年来我国化肥年施用总量约为 6300 万 t，占世界总量的 22%，有 10 多个省的平均施用量超过了国际公认的上限（225kg/hm^2），有的高达 400kg/hm^2；农药施用量高出发达国家 1 倍，农药年施用总量达 190 万 t；农用塑料薄膜年使用总量为 220 万 t。饲料中使用各类添加剂，致使畜禽有机肥含有较多的污染物质（如重金属、抗生素及动物生长激素等），导致耕地土壤污染。

4. 土地利用方式的改变

城市化、农业集约化过程中不当的土地利用方式及污染物排放，导致土壤污染面积扩大，对土壤环境安全构成了威胁。随着城市发展、企业搬迁以及原有城市工业用地、仓储用地、生活垃圾用地及其他污染场地未经治理而改变用地方式，成为威胁居民健康的城市污染场地。农业集约化发展过程中，将优质农田改为集约化畜禽、水产养殖场、蔬菜种植和大面积花木栽植基地，因土壤环境管理不善，造成土壤污染。我国生活垃圾产生量逐年增加并占用大量土地，许多城市及城郊陷入垃圾重围之中。电子垃圾粗放式回收利用过程导致多种毒性污染物排放，通过多途径进入农田，造成土壤复合污染及酸化。

5. 对土壤环境的保护不够重视

相对于大气和水环境保护而言，人们对土壤环境的保护意识更为薄弱。目前缺少全国范围的各类场地土壤污染的详细调查研究，难以全面掌握我国土壤污染的清单、类型、来源、分布、范围、程度、成因与态势，因而也难以有针对性地制定我国土壤污染防治政策和监管体系。土壤污染评价指标与标准体系有待修订，土壤污染风险评估和控制修复技术体系有待形成，土壤污染防治法有待建立。土壤环境监管能力的薄弱，难以有效地防控修复土壤污染，致使土壤污染加剧。

8.1.4　土壤环境污染的危害

随着人类活动加剧和经济快速发展，土壤污染日益严重，受污染的土壤系统会向环境输出物质和能量，引起大气和水体的二次污染，同时污染物质影响农作物的产量和品质，并通过食物链、饮水、呼吸或直接接触等多种途径危害动物和人类的健康。

1. 土壤污染对生态安全的危害

土壤污染物通过径流和淋洗作用进入水体，污染地表水和地下水，或者是在风的作用下以扬尘进入大气环境。部分有机污染物和 Hg 等多以气态或甲基化形式挥发进入大气环境；施用于土壤的肥料的 30%～50%会经淋溶作用进入地下水，使地下水受到硝酸态氮的污染；土壤中的污染物会影响土壤微生物的生长繁殖以及新陈代谢过程，导致土壤微生物群落、土壤酶活性、土壤代谢和生化过程等正常生理生态功能失调，农作物产量和品质下降。农田土壤污染是导致农产品品质不良的重要根源。

2. 土壤污染对人体健康的危害

土壤污染物主要是通过食物链富集、饮水、呼吸或直接接触等途径危害人类的身体健康，其中食物链是最重要的影响途径。当前中国稻田和很多菜地土壤受到了不同程度的重金属污染，蔬菜中重金属含量超标对人体健康构成极大的威胁。Pb、Cd、Zn 等重金属进入人体后会损坏内脏器官，干扰正常代谢，使细胞组织发生癌变或突变。同时，进入土壤的 POPs 随着食物链进入人体，在人体内脏器官中富集，干扰机体内分泌系统的功能，导致人体的内分泌系统、免疫系统、神经系统等出现异常，产生各种毒性效应。

8.1.5　土壤环境污染的预防控制措施

土壤环境保护需要提倡以防为主，预防、控制和修复相结合的原则，预防土壤污染，控制污染扩散，修复受污染的土壤。"防"是尽可能控制和消除污染源，对已被重金属和农药等污染的土壤进行改造、治理，以消除污染或调控以限制其危害。预防、控制和修复应是相当长时期内需要坚持的土壤环境保护策略。

1. 土壤环境污染的预防策略

（1）制定适合我国国情的土壤污染防治法，将预防土壤污染工作建立在有法可依的基础上。

（2）加快土壤环境质量标准的制订和修订，形成基于风险评估、适用于不同土地利用类型的国家土壤质量标准体系。

（3）建立和完善环境监管政策与税收政策，建立土壤环境质量例行和动态监控体系及其信息网络共享平台；设立尽可能公平的责任机制和风险管理机制，同时引入生态税收优惠政策，实行"清洁生产""全程控制""源头削减"等预防政策。

（4）强化土壤环境安全教育行动计划，加大土壤环境保护的宣传力度，提高公民参与土壤环境保护的意识。

2. 土壤环境污染的控制措施

本节主要涉及化肥、农药及农膜污染的安全保障措施；重金属污染的防治措施详见5.3节"土壤重金属污染与防治"。

1）化肥污染的防治措施

（1）加强教育宣传，提高群众的环保意识，使人们充分意识到化肥污染的严重性。注重管理，严格化肥中污染物质的监测检查，防止化肥将过量的有害物质带入土壤。

（2）深入推广测土配方施肥技术。根据作物需要规律、土壤供肥性能与肥料效应，在以有机肥为主的条件下，提出施用各种肥料的适宜用量和比例及相应的施肥方法。推广配方施肥技术可以确定施肥量、施肥种类、施肥时期，有利于土壤养分的平衡供应，减少化肥的浪费。

（3）增施有机肥，合理使用化肥。施用有机肥，能够增加土壤有机质、土壤微生物，改善土壤结构，提高土壤的吸收容量，增加土壤胶体对重金属等有毒物质的吸附能力。作物秸秆本身含有较丰富的养分，推行秸秆还田是增加土壤有机质的有效措施。

2）农药污染的防治措施

（1）加强农药施用管理。建立农药登记注册制度，生产出售农药品种及制剂，必须事先申请注册。《农药安全使用规定》明确规定了农药的使用范围，高毒农药不准用于蔬菜、茶叶、果树、中药材等作物等。另外，制定农产品中农药的最大允许残留量。农药的生产要注重向高效、低毒、低残留的方向发展，停止使用剧毒农药。

（2）合理施用农药。要根据有害生物的发生发展规律，搞好植物病虫害的预测预报工作，合理调配农药，掌握施药的关键时期，充分发挥不同农药的特性，使用最少量的农药，获得最高的防治效果。

（3）推广无公害的农药品种和施用技术。发展无公害农药，开展生物防治。施用技术上，要采用科学、合理、安全的农药施用技术。

3）农膜污染的防治措施

（1）研制和推广可降解农用地膜。可降解的农用地膜是指在覆盖时有足够的强度，并对土壤起到增温保墒作用，而作物长成或收获后能被光或土壤微生物降解成对土壤无害的物质的一种薄膜。

（2）加强地膜使用管理。优化耕作制度，减少地膜使用量。通过粮棉、菜棉倒茬减少单位面积平均地膜覆盖率。此外，制定残膜残留量标准，超标准收费制度。不仅要限定每亩农田膜残留量，还要规定地区农业用膜总体使用量。

（3）制定多渠道的农膜回收利用优惠政策。采取人工和机械回收相结合的措施，加大残留地膜回收力度，减少农膜环境污染。政府要制定一些优惠政策，如税收优惠、回收补偿等措施以鼓励回收、加工、利用废旧地膜企业的发展，实现废旧地膜的循环利用，变废为宝。根据"谁污染、谁治理"的原则，要求地膜销售部门和地膜消费者自行回收利用，降低对环境的污染。

8.2　土壤污染与食品安全

民以食为天，食以安为先。农业发展和食品生产是关系国计民生的大事，而食品的质量安全则是保障人民健康、促进社会和谐发展的基础。"食为民天，民为邦本"的古训，道出了食品与人类生存和健康的密切关系。随着经济的发展和物质生活水平的提高，人们对食品和粮食作物的安全性更加重视，食品安全已经成为全世界共同关注的问题，食品的安全性已成为第一卖点。食品作为人类生存的必要条件，一是要有一定的营养，通过各种食物的合理搭配，保证人体需要的各类营养；二是要保证食品的安全卫生，防止有毒有害物质通过食品对人体造成危害。可以说，食品安全是人类生存的必备条件和健康的基本保证。

土壤环境作为食品安全的基础，以维护食品安全为目的。当前，我国土壤污染严重，其中尤以农药、化肥等有机物残留和重金属污染最为严重。当进入土壤中的有害物质数量超过土壤的自然本底含量及土壤自净能力时，将使其在农作物内残留或积累，不断积累的污染物严重破坏了土壤结构，使得土壤小动物和微生物减少或死亡，最终增加农作物体内的毒物残留量，严重影响到食品质量与食品安全。要保证食品安全就要在适宜的环境下生产、加工、储存和销售，减少其在生产和加工各个阶段可能受到的污染，以保障人们的身体健康。

近年来不断发生与食品安全有关的食品污染事件，如苏丹红事件、二噁英事件、疯牛病，以及频发的"镉米"到"血铅超标""尿铬超标"等环境事件，造成了人们对食品污染的恐惧和对食品安全的担心，让人们更加注重食品的质量安全。我国出口的一些农副产品由于农药、兽药残留、重金属含量等卫生指标超过外方的限量标准，被拒收、扣留、退货、索赔和终止合同的现象屡有发生，部分传统大宗出口创汇商品被迫退出国际市场，我国农产品正面临严峻挑战。与发达国家相比，我国的食品安全仍然处于较低的水平，食品的合格率不高，食物中毒及食源性疾患仍得不到有效控制，食品生产经营企业工艺落后，设备简陋，法律意识不强，监督执法队伍力量及执法水平还需提高等。

土壤是人类农业生产的基地，是地球陆地生态系统的基础。土壤污染是指土壤中收容的含毒废物或有机废物过量，超出土壤的自净能力。土壤受到污染后使得自身正常功能发生变化，因而导致植物正常生长与发育受到影响。当前我国土壤污染严重的耕地面积超过 $2.0 \times 10^7 hm^2$，占耕地面积的 1/5 以上；其中耕种土地面积受重金属污染最为严重，受污染面积已达 10% 以上。工业"三废"污染的农田近 $7.0 \times 10^6 hm^2$，每年减产粮食 $1.0 \times 10^{10} kg$。全国大约 10% 的粮食、24% 的农畜产品和 48% 的蔬菜存在质量安全问题；污染环境中养殖的母鸡，在其鸡蛋中可以检测出铅、汞、铊、二氧（杂）苣和滴滴涕等污染物。土壤环境的各种类型污染均会引起农产品质量下降，是影响农产品质量的重要源头。土壤污染不仅能严重危害植物，造成农业减产，而且有些还可能危害人体健康。以二噁英对作物的影响为例，二噁英属于氯代三环芳烃类化合物，是一种无色针状晶体的化学物质，有剧毒，致死率极高。其毒性是氰化钠的 130 倍、氰化钾的 300 倍、砒霜的 900 倍，有"世纪之毒"之称。一般经由食物链富集进入人体，其化学性质稳定、不易代谢、含量低，大部分试验动物半数致死量（LD_{50}）在 $1\mu g/kg$ 水平，在自然界中几乎不存在。二噁英化学结构稳定、亲脂性高、不易生物降解，具有很高的环境滞留性。二噁英也可以被人胃肠道吸收，在肝脏、脂肪、皮肤或肌肉中蓄积，还会殃及胎儿。人体只有减少摄入量，才能避免累积效应。

　　土壤环境是食品生产与加工的前提条件，是整体食品安全体系环节中的首要环节，在农业现代化和集约化生产的今天，工业污染物和城市垃圾大量向农业环境转移，农业生产中长期大量不合理使用新型农用化学物质，畜禽排泄物中兽用药物残留等的增加，使土壤污染逐年加剧，直接影响植物正常生长和农产品品质。

8.2.1　土壤重金属污染对食品安全的影响

　　重金属由于不能被土壤微生物分解，易在土壤中累积，甚至可能在土壤中转化为毒性更大的物质，对食品安全造成威胁；并通过食物链在动物、人体内累积，严重影响人体健康。

　　澳洲耕地土壤中镉含量为 0.11～6.37mg/kg，大约 10% 的蔬菜超过澳洲食品标准（≤0.05mg/kg 鲜重）；瑞士农田污灌造成土壤镉、铜、锌的累积，甜菜、莴苣、马铃薯和花生受到重金属污染；我国目前受重金属污染的耕地面积近 2000 万 hm^2，约占总耕地面积的 1/5。其中镉污染耕地 1.33 万 hm^2，涉及 11 个省 25 个地区；被汞污染的耕地面积 3.2 万 hm^2，涉及 15 个省 21 个地区。1974 年林业土壤研究所（现沈阳应用生态研究所）监测的结果显示，灌区糙米含镉量最高达 2.6mg/kg（日本规定米中镉含量卫生标准为 0.4mg/kg，我国规定的标准为 0.2mg/kg），1975 年测定糙米中平均含镉量是 1.06mg/kg。重庆酸沉降危害区，土壤、地下水和植物含汞量明显增长，蔬菜样品中汞超标率达 28%。

　　普通消费者的食品安全观念仅限制在农药残留和食品变质上，对土壤重金属污染、重金属在作物可食部分的残留及其对人体健康产生恶劣影响等食品安全的问题知之甚少。我国土壤重金属污染的主要特征是污染面积大、危害严重、造成的经济损失巨大、直接威胁到人体健康。随着人们环保意识的提高及对环境污染的控制，重金属污染问题虽然得到逐步改善，但由于环境本底等，短时间内要使食品重金属污染达到国际通常标准还有相当大的难度。

1. 重金属进入食品的主要途径

食品中的重金属来源于空气和土壤两个方面，其中土壤是一个重要的源头。土壤重金属污染影响食品安全的主要途径包括：

（1）土壤中的重金属溶解于地表以及地下水中，污染水源。虽然土壤对重金属具有强烈的吸附作用，但土壤中的重金属仍然有部分通过渗滤和淋溶作用进入地表水及地下水中，给生活用水带来污染。通过直接饮用受污染的水或食用由受污染水源制成的食物，给人类健康带来威胁。

（2）粮食和蔬菜吸收土壤中的重金属并在可食部分积累。生活在受重金属污染土壤上的植物，虽然能够通过根分泌作用等机制不同程度地排斥重金属进入体内，但这种保护作用并不是牢不可破的，特别是有些对重金属具有富集作用的作物或品种，其体内积累了大量的重金属，并在农作物的可食部分富集，直接进入食品，使食品中的重金属浓度超标。

（3）富集在植物体内的重金属进入食草动物。有些植物并不是人类的食物来源，但却是牛、羊、猪等家畜的饲料来源，通过生物放大作用，土壤中的重金属通过饲料在动物体内富集，并进入动物食物中，使食品受重金属污染。

2. 食品中重金属的限量标准

我国规定了无公害食品中重金属浓度的限量标准，如表 8-2 所示。

表 8-2　无公害食品中重金属的浓度限值　　　　　　　（单位：mg/kg）

元素	粮食	蔬菜	水果	茶叶	食用菌	食用植物油	淡水鱼类	肉类	鲜蛋	鲜奶
砷	≤0.7	≤0.5	≤0.5	—	≤0.5	≤0.1	≤0.5	≤0.5	≤0.5	≤0.2
汞	≤0.02	≤0.01	≤0.01	—	≤0.1		≤0.3	≤0.05	≤0.03	≤0.01
铅	≤0.4	≤0.2	≤0.2	≤2.0	≤1.0	≤1.0	≤0.5	≤0.5	≤0.2	≤0.05
铬	≤1.0	≤0.5	≤0.5	—	—		≤1.0	≤1.0	≤1.0	≤0.3
镉	≤0.1	≤0.05	≤0.03	—	—		≤0.1	≤0.1	≤0.05	—

3. 重金属污染对农产品质量的影响

在大田作物中，农产品主要污染物为重金属类。植物根系分泌物可以活化存在于土壤中的惰性污染物，使作物吸收大量的污染物，由于重金属在环境中移动性差，不能或不易被生物体分解转化，只能沿食物链逐级传递，在生物体内浓缩放大，当累积到较高含量时，就会对生物体产生毒性效应。2000 年，监测表明我国 7 个城市农产品重金属污染超标率达 30% 以上，全国 $3.0 \times 10^5 hm^2$ 基本农田保护区粮食抽样重金属超标率大于 10%。北京、上海、江苏、广东、海南、宁波、厦门等地每年重金属污染的农产品达 $6.77 \times 10^8 kg$。

云南省农业环境监测站全省抽调了稻米及少量家畜（禽）的污染现状。稻米调查以西双版纳州的景洪县作为对照点。调查稻米中，汞的含量范围为 0.0010～0.1839mg/kg，最高含量超过标准 8.2 倍；铅的含量范围为 0.12～1.76mg/kg，最高含量超过标准 2.5 倍；镉含量范围是 0.001～0.510mg/kg，最高含量超过标准 1.6 倍。而对照区铅的含量范围为 0.37～0.60mg/kg，最高含量超过标准 0.2 倍，说明景洪县农田污染形势很严峻。猪肉中铅的含量范围为 0.15～1.23mg/kg，最高含量超标 2.1 倍；鸡肉中铅的含量范围为 0.14～0.54mg/kg，最高含量超标 0.4 倍；砷的含量范围为 0.035～0.86mg/kg，最高含量超标 0.4 倍。

1）重金属污染对蔬菜品质的影响

我国各大城市郊区蔬菜中重金属超标率高达 23.5%～50%，有的超标浓度高达 50 多倍，以 Cd、Hg、Pb 的污染最为明显。西安市郊区蔬菜、茶叶中 Pb 超标率为 48%，最高达卫生标准的 6.9 倍。南宁市郊区蔬菜中 Cd 超标率达 91%，最高为卫生标准的 6.2 倍；沈阳市镉污染土壤大白菜中镉超标率为 100%，番茄为 85%，菜豆为 80%，黄瓜为 65.9%，污染土壤中蔬菜吸收镉的数量与高有机质和低 pH 土壤镉生物有效性高有关。

污染土壤种植的菠菜 Zn、Pb 和 Cd 含量显著高出世界卫生组织的标准，土壤中 As 含量变化对菠菜体内 As 含量的影响达到极显著水平。豆角中 Cr、Cu、Mn、Ni、Zn 的含量明显高于其他蔬菜的根、茎、叶和果肉。蔬菜种子明显具有比茎、叶甚至根更强的富集重金属的功能，根对重金属等元素的吸收积累量高于茎和叶，因此，以种子类为食用目的的蔬菜、以根部为食用目的的蔬菜更应保证种植土壤免受重金属污染。

云南省调查了通海县、呈贡县、建水县、官渡区、元谋县、东川区等地蔬菜污染情况，调查蔬菜品种有花菜、白菜、黄瓜、芹菜、茄子、番茄、青辣椒、洋葱、莲花白等，结果表明亚硝酸盐、滴滴涕、汞、氟等均超标。其中汞的含量范围为 0.0010～0.0490mg/kg，最高含量超标 3.9 倍；镉的含量范围为 0.0005～0.1260mg/kg，最高含量超标 1.5 倍。

津巴布韦用污泥施肥或污水灌溉，芥菜叶中 Cd 含量超过欧盟允许标准的 18 倍，Cu 超标 5 倍，Pb 超标 22 倍，Zn 超标 4 倍。豆、辣椒和甘蔗重金属含量也都在允许值以上；在羽扇豆植物中，重金属锰、镍和锌可通过木质部传递到嫩芽，镍、锌可以通过韧皮部从老叶再分配到幼叶，根对钴和镉有极强的保持力。

2）重金属污染对粮食品质影响

含有重金属的工业废水和污泥灌溉或施入土壤，可引起植物染色体失常、雄蕊丝变性，粮食作物籽粒中重金属含量显著增加，稻谷中 Cd、Pb 含量与土壤中 Cd、Pb 浓度密切相关。沈阳市张士灌区经过 20 年余的污灌，水稻超标率 13%，稻米含 Cd 0.4～1.0mg/kg，最高达 3.4mg/kg，水稻糙米镉含量与土壤镉浓度呈极显著正相关关系，相关系数可达 0.961～0.992。机动车尾气导致土壤 Cd、Pb 的污染，生产的水稻其糙米、粗米糠和精米中的 Cd、Pb 含量都显著高于非污染区，土壤铅浓度与水稻产量存在着极显著的负相关关系（$P<0.01$）。土壤中含汞量为 70mg/kg 时，稻谷产量比对照降低 32%；土壤中砷含量大于 12mg/kg 时，水稻糙米中砷含量超过粮食允许标准 1mg/kg；土壤中锌、铜过高都会降低稻谷中蛋白质含量。利用污水灌溉的小麦、玉米，小麦籽粒中 Hg 和 Cd 分别增加 23% 和 162%，玉米籽粒中 Hg、Pb、Cd、Cu 和 As 较清水分别增加 9.8%、14.8%、20.5%、26.6% 和 52.9%；受到矿区污染的土壤玉米籽粒中 Pb、Cd 严重超标，超标率 13.6%，分别比食品卫生标准高 15～20 倍和 4.5～8.7 倍，土壤重金属严重影响粮食品质。

4. 减少重金属污染对食品影响的主要措施

（1）采用各种生物、物理、化学的技术手段修复受污染土壤。生物修复技术包括生物提取（如利用重金属超量累积植物提取土壤中的重金属）、生物挥发（如利用微生物将土壤中的重金属转化并挥发到空气中去）、生物固定（如植物根系、土壤微生物、土壤动物等均能够使土壤重金属的有效性降低）等几个方面。这些技术能够使土壤中重金属总量降低，或者能够使土壤中重金属的有效性降低，从而减少重金属进入农作物的机会。

（2）采用合理的农业耕作措施抑制或避免重金属进入农产品。受污染土壤中重金属不断受到环境因素和农业措施的影响，使其在土壤中的有效性受到抑制或促进，因此能够通过相关的农业措施抑制或避免重金属通过土壤进入食物链。通过选择能够最为有效地降低重金属活性的肥料品种，因地制宜控制其污染。通过选择适当种类和形式的化肥、增施有机肥等农业措施，合理利用肥料中的阴阳离子、有机质与重金属的交互作用，抑制和免除作物对重金属的吸收。实践表明，增施有机肥，可明显改善土壤理化性状，增加土壤环境容量，提高土壤还原能力，可以使铜、镉、铅等重金属在土壤中呈固定状态，农作物对这些重金属的吸收量相应地减少。

（3）选育对重金属抗性强、吸收少的农作物品种在污染区种植。在重金属胁迫条件下，植物可通过根系形态和生理生化的适应性变化机制来调节自身活化和吸收元素的强度。不同作物种类，甚至同一作物的不同品种在活化和吸收元素方面都有显著差异，这些差异反映了植物不同个体的基因潜力。这种差异性的存在使得通过选育既对污染物有较高的抗性，又能保证生物可食性产品具有较高安全性的品质来使食品安全成为可能。为此，需要了解抗金属作物的抗性机制，选择抗性强、吸收少的作物品系，在金属污染区推广种植；同时研究低吸收的遗传机制及基因定位，并通过基因工程等分子生物学技术进行遗传育种，培育出抗性强、吸收少、产量高、品质好的作物品种，以保证正常的农业生产。

（4）调整污染区种植结构。重金属严重污染区不要种蔬菜和粮食作物，特别是根菜或叶菜类，而改为林地或种植对重金属吸收少的经济作物。根是植物吸收重金属的主要器官，大量的重金属分布在根部。但重金属还可以通过导管向上迁移到叶片，特别是镉等移动性较强的重金属。因此，通过调整污染区种植结构能够有效减少食品中的重金属污染。

8.2.2　化肥污染对农产品质量影响

与工业"三废"和城市垃圾等污染物相比，化肥中无机与有机污染物的含量较低，但其生物有效性却相对较高，更易被植物吸收而积累于体内，影响农产品品质。施氮适量时，植株蛋白质含量随施氮量增加而逐渐增加，硝态氮含量增加缓慢；当施氮量达到一定限量再增加时，则蛋白质含量下降，而硝态氮含量大幅度上升；施氮量超过 $100kg/hm^2$，蔬菜体内蛋白质含量下降，硝酸盐从 0.11%~0.19%猛增到 0.78%~1.43%，增加近 10 倍。土壤中过量施用氮肥，会导致蔬菜硝酸盐或亚硝酸盐积累，与不施氮相比，小白菜、油菜和菠菜中硝态氮含量可提高 80~126 倍；菠菜、小白菜、水萝卜、小茴香、韭菜体内硝酸盐的积累量与施氮量呈显著正相关；大白菜和青豆施 $3150kg/hm^2$ 和 $750kg/hm^2$ 标准氮与 $1125kg/hm^2$ 和 $150kg/hm^2$ 标准氮同时配施 $30000~45000kg/hm^2$ 有机肥相比，硝酸盐含量分别增加 1488.1mg/kg 和 1503.6mg/kg；芹菜生产中，施 3450kg/hm^2 与 375kg/hm^2 标准氮同时施 75 000kg/hm^2 有机肥相比，芹菜中硝酸盐含量高出 2063mg/kg。随着氮素水平的提高，蔬菜营养品质下降，氨基酸总量及谷氨酸、脯氨酸等氨基酸、非蛋白氮与总氮比值升高，蔬菜体内维生素 C、可溶性糖含量下降，可滴定酸度呈直线增加，N 含量逐渐增加，而 P、K 含量逐渐减少，硝酸盐污染加剧。土壤中氮肥过多，稻米外观和食味变差。过量使用磷肥使农产品中锌、镉、铅等重金属严重超标；有毒磷肥，如三氯乙醛磷肥，施入土壤后三氯乙醛转化为三氯乙酸，二者对植物产生毒害，作物受害严重时颗粒无收。

8.2.3　农药污染对农产品质量影响

存在于土壤中的农药，除挥发和径流损失外，其余可被农作物直接吸收，在作物体内积累。中国有机氯农药禁用约 20 年后，在各种农产品中仍有残留，茶叶、水果中六六六和滴滴涕检出率高达 100%，蔬菜达 86.8%；40%茶叶存在有机氯农药超标，西洋参和三七也存在有机氯超标。马铃薯、胡萝卜等作物的地下部分被有机氯农药污染严重，大豆、花生等油料作物污染较重，表明蔬菜对六六六、滴滴涕有较强的富集能力。农药污染土壤生产的苹果、脐橙、茶叶农药含量严重超标。2000 年国家监测表明，蔬菜中农药污染超标率高达 31.1%，2001 年第 3 季度蔬菜中农药残留超标率达 47.5%，有逐年加重的趋势。2000～2001 年江苏省大米、小麦、面粉农药检出率 100%，超标率 30%～80%，青菜、菠菜等 28 种蔬菜中农药呋喃丹、乐果、甲拌磷等超标率 50%，农药污染对人畜禽具有潜在的威胁。

8.2.4　其他污染物对农产品质量的影响

大量残留在土壤中的地膜，使作物的叶绿体合成减少，导致产量下降，品质变差；农膜中的增塑剂含有邻苯二甲酯类的有毒物质，可以通过土壤进入食物链，并有富集特性。受到生物污染的土壤，生产出的农产品带有病原菌，可能导致人畜疾病的发生和传播；尤其是种植蔬菜、水果类的土壤受到生物污染时，其产品质量受到有毒有害生物的严重威胁。酸化的土壤中，原已处于稳定或无效态的重金属和部分有机污染物被有效化，成为植物能吸收利用的物质，加重了污染物对作物生长和农产品质量的影响。

只有有了清洁的土壤，人类才能有安全的食品。应坚持走农业可持续发展道路，协调人与自然的关系；加强规范人类生产和生活对土壤环境造成危害的行为；对重点地区、重点行业加强监管，确立优先控制区及控制对象；限品种、限量、限时间地使用化学肥料、农药、禽兽药、饲料添加剂；研制与开发低毒高效农药、易降解塑料地膜，加强无公害、绿色、有机农产品生产所用生产资料的开发技术研究。使农业发展走向生产安全无公害农产品的绿色农业发展之路，确保粮食生产安全和农产品食用安全。

8.3　土壤重金属污染与防治

8.3.1　土壤重金属污染概念

重金属指相对密度大于 5 的金属（一般指密度大于 4.5g/cm^3 的金属），约有 45 种，一般都属于过渡元素，如铜、铅、锌、铁、钴、镍、锰、镉、汞、钨、钼、金、银等。尽管锰、铜、锌等重金属是生命活动所需要的微量元素，但是大部分重金属如汞、铅、镉等并非生命活动所必需，而且所有重金属超过一定浓度都对人体有毒。工业上真正划入重金属的为 10 种金属元素：铜、铅、锌、锡、镍、钴、锑、汞、镉和铋。这 10 种重金属除了具有金属共性及相对密度大于 5 以外，并无其他特别的共性。在环境污染方面所说的重金属主要有汞（Hg）、镉（Cd）、铅（Pb）及类金属砷（As）等生物毒性显著的元素，也包括有一定毒性的锌（Zn）、铜（Cu）、钴（Co）等常见元素。

土壤重金属污染是指由于人类活动，土壤中的微量金属元素在土壤中的含量超过背景值，过量沉积而引起含量过高的现象。重金属在土壤中不能被生物降解或微生物分解，在土壤中不断积累，影响土壤性质，甚至可以转化为毒性更大的烷基化合物，被植物和其他生物吸收，通过食物链的生物经放大作用在人、畜体内蓄积，直接影响植物、动物甚至人类健康。重金属在人体内能和蛋白质及酶等发生强烈的相互作用，使它们失去活性，也可能在人体的某些器官中累积，造成慢性中毒。

8.3.2　土壤重金属污染的现状

过去的 50 年中，约有 2.2 万 t 的 Cr、9.39×10^5t 的 Cu、7.83×10^5t 的 Pb 和 1.35×10^6t 的 Zn 排放到全球环境中，其中大部分进入土壤，引起了土壤重金属污染。随着我国工业和城市化的不断发展，工业和生活废水排放、污水灌溉、汽车废气排放等造成的土壤重金属污染问题也日益严重。重金属污染不仅能够引起土壤的组成、结构和功能的变化，还能够抑制作物根系生长和光合作用，致使作物减产甚至绝收。更为重要的是，重金属还可能通过食物链迁移到动物、人体内，严重危害动物、人体健康。镉米、砷毒、血铅等重金属污染危害近年来常见报道。自 20 世纪 50 年代日本出现的"水俣病"和"骨痛病"被查明分别由重金属汞和镉污染引起后，重金属污染问题引起了世界各国的普遍关注。

土壤是重金属最大的容纳场所。我国已有 2000 万 hm^2 耕地受到重金属污染，全国 37 个污水灌溉区的污水水源中普遍含有不同种类的污染物质，多半是积累性的重金属污染物超标。土壤重金属污染在城郊、工矿区附近和污灌区比较严重，长江三角洲地区有的城市有超过 $600hm^2$ 连片农田受镉、铅、砷、铜、锌等污染，使 10%土壤基本丧失生产力；华南地区部分城市 50%的农田遭受镉、砷、汞等有毒重金属和石油类污染，广州近郊因污水灌溉而污染农田 $2700hm^2$，因施用污染底泥造成 $1333hm^2$ 的土壤被污染，污染面积占郊区耕地面积的 46%，广州市郊约 9.5%的土壤遭受镉、铅、砷的污染；在东南一些地区，含有汞、砷、铜、锌等元素的超标土壤面积占污染总面积的 45.5%；西南、西北、华中等地区也存在较大面积的汞、砷等重金属污染土壤。天津市郊土壤以镉和汞污染最为严重，分别为背景值的 5 倍和 60 倍。重金属一旦污染土壤，就使土壤性质恶化，生产力降低，引起作物中毒，并可直接导致对农作物产量和品质的影响。

8.3.3　土壤重金属污染的来源

1. 内源污染

不同自然条件下发育的土壤，其重金属环境背景值也有明显差异，造成这种差异的主要影响因素包括成土母质、地形地貌、水文气象、植被及土地利用类型、成土年龄和有机质以及土壤理化性质等。从全国来看，As、Cd、Cr、Hg、Pb 的背景值平均分别为 9.2mg/kg、0.061mg/kg、52.8mg/kg、0.026mg/kg、22.3mg/kg，其中贵州省土壤重金属背景值最高（Pb 除外）；在 40 种不同的土壤类型中，石灰（岩）土中重金属背景含量普遍最高（Pb 除外）；从不同母质来看，沉积石灰岩重金属背景含量最高（表 8-3）。

表 8-3　土壤重金属背景值　　　　　　（单位：mg/kg）

分类	As	Cd	Cr	Hg	Pb
全国土壤背景值	9.2	0.0610	52.8	0.0260	22.3
贵州省土壤背景值	21.3	0.2681	114.7	0.1205	31.1
石灰（岩）土中背景值	31.4	0.5303	126.5	0.1928	28.3
沉积石灰岩背景值	16.0	0.1339	72.4	0.0725	29.4

2. 外源污染

1）污水灌溉

污水灌溉是指利用城市下水道污水、工业废水、排污河污水以及污染的地表水等进行农业灌溉，我国北方比较常见。1993 年中国环境状况公报显示，我国污水灌溉污染的农田面积为 330 万 hm^2，平均每公顷污灌农田每年接纳工业污水 6645t。我国农业部对全国污灌区进行调查，我国污灌面积约 $3.3 \times 10^6 hm^2$，在约 140 万 hm^2 的污水灌区中，遭受重金属污染的土地面积占污水灌区面积的 64.8%，其中轻度污染的占 46.7%，中度污染的占 9.7%，重度污染的占 8.4%，严重影响农业生产。

2）化肥施用

为了提高作物的产量和质量，农民往往投入过量的化肥。农业生产中化肥的不合理施用能够增加土壤中重金属含量，包括铅、镉、汞、砷等重金属；尤其以磷肥的施用带入土壤的重金属数量和种类最多。磷肥的生产以磷矿物作为原料，磷矿物中本身含有镉、铅、砷、汞、铬等大量重金属元素。如果磷矿物的品位较低，那么重金属含量更高，长期连续施用磷肥土壤中重金属的累积量将越来越多。有机肥的施用也可以向土壤中带入重金属，尤其当前有机肥来源复杂，包括动物废弃物、餐桌废弃物以及污泥等，均不同程度地含有一些重金属。此外，有机肥特别是集约化养殖场猪粪、鸡粪的大量施用，也会导致土壤重金属蓄积。

动物废弃物中铜、锌等含量较高，其主要来源于动物食用的饲料，长期施用势必导致土壤中铜、锌含量过高。含铅及有机汞、砷的农药虽然在治理病虫害过程中发挥了重要作用，过去几十年的施用使大量重金属沉积在土壤中，为土壤重金属污染留下了后患，但现在用量已经大幅度下降。

3）交通运输、大气沉降

道路两侧土壤重金属的主要来源是汽车尾气排放及轮胎磨损产生的大量含重金属的有害气体和粉尘的沉降，主要包括铅、铜、锌等元素。含铅汽油的燃烧是城市铅污染的重要来源。汽车轮胎的添加剂中含有锌,轮胎磨损产生的粉尘是路边土壤锌污染的重要来源。燃煤释放的废气中含有大量重金属元素,通过大气沉降到达土壤引起土壤重金属污染,尤其在冬季取暖季节更为严重。

4) 电子废弃物倾倒和拆解

我国废旧电子电器垃圾(如电池)收集体系还不完善,常常与普通生活垃圾混在一起,通过简单的堆肥、焚烧处理后进入耕地,导致高浓度汞、镉、锌、锰、镍、铁和铜等重金属不断地进入土壤并富集。此外,电子废弃物拆解过程中,由于采用传统的手工作坊式生产加工,造成大量金属溶解化学材料直接进入农田土壤。

浙江台州市路桥废旧电子产品拆解区表层土壤 Pb、As、Cr 最高含量分别达125.78mg/kg、9.28mg/kg、76.72mg/kg;广东汕头市贵屿镇电子垃圾拆解区周边农田土壤中Pb、Cr、Cd 的含量分别高达 415mg/kg、320mg/kg、57.1mg/kg。广东省清远市龙塘镇和石角镇电子废物拆解及附近农田土壤中 Pb 和 Cd 平均含量分别为 1635.4mg/kg 和 39.3mg/kg。

8.3.4　土壤重金属污染的危害

1. 对土壤的危害

重金属中特别是砷、汞、锡、铬、镉等具有显著的生物毒性。重金属一旦进入土壤后,很难从土壤中移除。尽管土壤对重金属等有毒物质有一定的缓冲能力,但是大量重金属的存在会对土壤的理化性质、土壤微生物、土壤酶活性以及土壤生产能力产生明显的不良影响。重金属在土壤中的危害还具有长期性、隐蔽性和交互性的特点,土壤一旦被重金属污染,其危害性将是长远的。

土壤污染不仅导致土壤质量和生产力的降低,而且引起水、气环境质量的下降,土壤严重污染将直接危及生态安全、食品安全和人体健康,同时也影响投资经商、对外贸易以及一些重要国际公约的履行,不利于我国的环境外交、全社会的稳定和经济增长。

2. 对植物的危害

从宏观来说,土壤受到重金属污染后,会影响植物生长状况,植物整体长势变差,根系发育不良,地上部生长矮小,叶片失色变形,果实畸形,最终产量下降,果实品质变差(表 8-4)。土壤污染直接导致农产品品质下降,降低我国农产品的国际市场竞争力。

表 8-4　重金属对植物的危害

实验过程/作用机理	结果
镉与巯基氨基酸和蛋白质的结合	引起氨基酸蛋白质的失活,甚至导致植物的死亡
重金属的胁迫	引起大量营养元素(N、P、K)的缺乏和有效性的降低,抑制植物体对钙、镁等物质元素的吸收和转运的能力
重金属处理	引起植物铁含量的下降或缺乏,导致铁参与生理过程的异常,呈现铁缺乏症状
较高浓度的锌处理	大豆出现叶片失绿的毒害症状,在铁供应条件下叶片也不能复绿
镉处理的小麦	小麦幼苗叶和根的生长明显受到抑制,其茎和叶中富集的镉量增加,铁、镁、钙和钾等营养元素的含量下降,重金属也影响钙离子在植物体内的分配

从微观上看，重金属对植物的正常生长会产生多方面的干扰。吸收到植物体内的重金属能诱导其体内产生某些对酶和代谢具有毒害作用和不利影响的物质，间接引起植物伤害。

3. 对人体健康的影响

土壤重金属及其分解产物通过"土壤-植物（动物）-人体"或通过"土壤-水-人体"间接被人体吸收，危害人体健康。重金属进入人体很难移除，其在人体内代谢周期很长，主要聚集在人体各大器官，破坏正常生理代谢，不少重金属浓度高时会对人和动物产生致癌、致畸、致突变的作用。

1）主要重金属元素的危害

（1）镉的危害。镉对人体健康的早期危害主要表现在肾功能不全，肾小管对低分子蛋白质再吸收功能发生障碍，糖、蛋白质代谢紊乱，尿蛋白、尿糖增加，引发尿蛋白症、糖尿病、慢性镉中毒，部分人出现以骨损害为特点的病症。镉中毒进一步发展，镉在骨中蓄积，妨碍正常的骨化过程引发钙丢失过多，钙补充不足而导致骨质软化、骨质疏松、骨萎缩，甚至弯曲变形、骨折，出现"痛痛病"。这些受害者几乎全部是妇女，又以 47～54 岁绝经前后和妊娠期妇女为多。我国 2000 年随污水排放的重金属镉约 770t，引起农田污染，大米中含镉量（高达 1.32～5.43mg/kg）大大地超过卫生标准，有的污染区居民每日摄入重金属镉的量比非污染区高 30 多倍，给人们的健康带来极大威胁。

（2）铅的危害。人体吸收过多的铅可引起胃肠道的紊乱，如食欲不振、便秘、因小肠痉挛而出现铅绞痛等。铅可以抑制血红蛋白合成，导致溶血性贫血，对神经系统有较强的亲和力，尤其儿童脑组织对铅敏感，受害尤其严重。长期的环境铅暴露能够导致其在人体组织中的沉积，特别是在骨骼、牙齿、肾脏和大脑中的积累。神经系统受损发生头痛、头晕、疲乏、烦躁易怒、失眠，晚期可发展为铅脑病，引起幻觉、惊厥等。亚临床的铅暴露与儿童行为和智力有关，儿童长期接触低浓度的铅，可导致行为功能改变，常见有模拟学习困难、空间综合能力下降、运动失调、多动、易冲动、注意力下降、侵袭性增加、智商下降。

（3）砷的危害。砷通过呼吸道、消化道和皮肤接触进入人体，砷可在人体的肝、肾、肺、子宫、胎盘、骨骼、肌肉等部位蓄积，与细胞中的酶系统结合，使酶的生物作用受到抑制失去活性，特别是在毛发、指甲中蓄积，从而引起慢性砷中毒。慢性砷中毒有消化系统症状、神经系统症状和皮肤病变等，砷还能引起皮肤癌。

（4）汞的危害。汞及其化合物（甲基汞）属于剧毒物质，可在人体内蓄积。血液中的金属汞进入脑组织后，逐渐在脑组织中积累，对脑组织造成损害。20 世纪 50 年代中期，日本因为食用受重金属汞（Hg）污染的鱼而出现了震惊世界的水俣病，1956～1960 年间，日本水俣湾地区妇女生下的婴儿多数患先天性麻痹痴呆症。我国东北松花江流域地区也因鱼体内重金属汞（Hg）含量高，导致当地居民体内汞含量高，出现了幼儿痴呆症。

（5）铬的危害。铬是人体必需的微量元素，但过量地摄入铬会出现腹部不适及腹泻等中毒症状，引起过敏性皮炎或湿疹，对呼吸道有刺激和腐蚀作用，引起咽炎、支气管炎等。三价铬有致畸作用。六价铬的毒性比三价铬要高 100 倍，是强致突变物质，可诱发肺癌和鼻咽癌。

（6）锌的危害。锌是参与免疫功能的一种重要元素，过量摄入会抑制吞噬细胞的活性和杀菌力、降低人体的免疫功能、抵抗力减弱，进而危害人体健康。

2）重金属对人体健康的其他影响

重金属污染对人群健康的危害是多方面、多层次的，其毒理作用还表现为造成生殖障碍、影响胚胎正常发育、威胁儿童和成人身体健康、降低人体素质。

（1）造成生殖障碍。微量重金属元素与男性生殖功能间的关系研究证明，铜具有抗生育作用；钒及其化合物也具有一定的生殖毒性；铅对亲代生殖生理和生殖器官的功能也具有极大的危害。

（2）影响胚胎正常发育。在母体受孕期间，如果过量接触重金属会引起流产、死胎、畸胎等异常妊娠。进入母体的重金属元素一旦经过胎盘转移，直接进入胎儿体内与胎儿接触，就会影响胚胎的正常发育。环境铅污染对妇女生育功能的危害很大，长期生活在铅污染区的孕妇，体内血铅、红细胞锌原卟啉（zpp）和红细胞精氨酸酶（arg）的值明显高于生活在无铅污染区的孕妇，而前者的胎儿成活率、成活胎儿出生体重及其妊娠周数等明显低于后者。另外，孕妇铅暴露对胎儿期及出生后幼儿的智能发育的影响也较为严重。

（3）威胁人体健康。环境中铅、锰、铜、汞、镉等重金属污染对成人健康的损害巨大，低剂量的这些污染物就能够使机体代谢发生紊乱，诱发疾病，甚至死亡。陕西省华县龙岭村已成为一个"癌症村"，那里面粉中镉的含量超出国家标准 116 倍，铅超标 2.98 倍；芹菜中汞、镉、铅、铬、砷全部超标，其中汞超标 16 倍，铅超标 83.5 倍，分别属于严重污染和特级污染，经查明，铅、砷污染是致癌的主要原因。瑞典曾发现在排放镉、铅、砷的冶炼厂工作的女工，其自然流产率和胎儿畸形比率均明显增高。

广东省大宝山矿业有限公司是 20 世纪 70 年代初期建成的省属大型冶金矿山企业，位于曲江、翁源两县交界处，大宝山矿及其他 21 个周边矿在采矿时多是采富（矿）弃贫（矿）且矿种分离不全，选矿、洗矿产生的含有硫、镉、锰、铅等数种严重超标重金属的污水自排污口沿河南流，延伸 30 多千米至英德桥头镇境内，沿河村民多受其害。据统计，污染最严重的时候，周边韶关境内有 83 个自然村、近 $600hm^2$ 农田受影响，土壤含铅 225mg/kg，超国家标准 44 倍。翁源新江镇上坝村，全村 3000 多人、$160hm^2$ 农田中，有 1600 多名村民、100 多 hm^2 良田直接受废水污染影响。河段鱼虾已然绝迹，鸭、鹅等动物下水几个小时就会出现惊痉状扑腾而死。受污水影响，皮肤病、肝病和癌症成为该区的高发病症。

8.3.5　土壤重金属污染预防措施与修复技术

8.3.5.1　预防土壤重金属污染的主要措施

（1）发展清洁生产，加强"三废"治理，是削减、控制和消除重金属污染源的最有效措施。清洁工艺的战略主要是从原料到产品、最终处置的全过程中减少"三废"排放量，以减轻对环境的影响，如发展闭路循环、无毒工艺，消除有毒原料，对工业"三废"进行回收利用、化害为利等措施。对未污染或污染较轻的土壤应采用以防为主，避免重金属通过各种途径进入土壤环境。

（2）加强污染区的监测和管理。严格执行标准，一切灌溉用水必须符合标准才能用于农田灌溉，农田施用的污泥也要严格控制重金属的含量。对于已污染且污染比较严重的土壤宜采用防治并重的办法，要切断污染源，避免污染物质进一步污染土壤。

（3）提高土壤的缓冲和自净能力。采取有效的技术措施，对土壤进行改良，采取增施绿肥、厩肥、堆肥、腐殖酸类物质等有机肥，以增加土壤有机胶体的含量，改良砂质土壤等都可提高土壤的缓冲能力和自净能力，增加土壤环境的容量。

8.3.5.2　土壤重金属污染的修复技术

土壤重金属污染的修复技术主要有工程措施、物理化学技术、化学修复技术、植物修复技术。工程措施主要以挖掘填埋方式为主，即客地法，只是把环境问题从高危害区转移到低危害区，填埋法还存在占用土地、渗漏、污染周边环境等负面影响，因此在土壤修复中使用较少。物化修复技术主要包括化学固化、土壤淋洗、电动修复；化学修复技术主要包括化学改良、表面活性剂清洗和有机质改良等；植物修复技术主要包括植物稳定、挥发及提取，植物修复技术逐渐得到人们的重视。

通过物理、化学和生物学技术途径，降低土壤污染物浓度，防止污染扩散或暴露，是一种有效的土壤污染控制策略，特别适用于突发土壤污染事件的应急处理和矿区土壤及尾矿污染物的扩散或向下游迁移的防治。

1. 排土客地法

排土客地法也称客土法，去除污染最严重的表层土壤，或向污染土壤中加入大量的干净土壤，覆盖在表层并混匀，使污染物浓度下降到临界危害浓度以下或减少污染物与根系的接触，达到减轻危害的目的。换句话说，客土法是在被污染的土壤上覆盖一层非污染的土壤。换土法是部分或全部挖除污染土壤再换上非污染土壤。这是修复重金属污染土壤的主要措施。重金属在土壤中移动性较差，主要积累在土壤表层，去除表层土壤，可使土壤中重金属浓度大幅度降低。以上方法对于改变土壤污染现状非常显著。但也存在以下缺点：这种方法耗费大量的资金、人力、物力，费时费工，只适于小面积严重污染的地区采用；排出的污染土壤应妥善处理，避免二次污染，同时对土壤采取培肥措施以避免土壤肥力下降。

2. 物理化学技术

1）化学固化

重金属在土壤中的可移动性是决定其生物有效性的一个重要因素，而移动性取决于其在土壤中的存在形态，土壤的理化性质如有机质含量、矿物组成、pH 和 Eh 均可影响重金属的形态及形态之间的转化，因此通过改变条件来调节重金属在土壤中的移动性，进而达到降低重金属污染的目的。化学固化方法就是加入土壤添加剂（固化剂）改变土壤的理化性质，通过重金属的吸附或共沉淀作用改变其在土壤中的存在形态，降低其生物有效性和迁移性，使土壤中的有毒重金属固定。固化剂的种类很多，常用的主要有石灰、磷灰石、沸石、磷肥、海绿石、含铁氧化物材料、堆肥和钢渣等，不同固化剂固定重金属的机理不同，实际操作中应选择合适的固化剂。

2）土壤淋洗

土壤淋洗是用淋洗液（清水或含有能提高重金属可溶性的试剂溶液）来淋洗污染土壤，把土壤固相中的重金属转移到土壤液相。将挖掘出的地表土经过初期筛选去除表面残渣，破碎大块土后，与某种提取剂充分混合，经过第二步筛选分离后，用水淋洗除去残留的提取剂，处理后的土壤可归还原位再被利用，富含重金属的废水进一步处理可回收重金属和提取剂。水洗法是采用清水灌溉稀释或洗去重金属离子，适用于小面积严重污染土壤的治理。

土壤重金属的提取剂很多，包括有机或无机酸、碱、盐和螯合剂，其中主要有硝酸、盐酸、磷酸、硫酸、氢氧化钠、草酸、柠檬酸、EDTA 和 DTPA 等。土壤淋洗技术实际操作较为复杂，虽能有效去除土壤中的重金属，但由于投资过高，并有可能造成土壤二次污染，因此在大面积土壤污染中应用较少。同时土壤淋洗技术的关键在于寻找一种提取剂，既能提取各种形态的重金属，又不破坏土壤结构，还能保证投入较少。

3）电动修复

电动修复技术是一种净化土壤污染的原位修复技术，主要是针对受污染的低透水系数土壤及地下水的修复，其基本原理是将电极插入受污染土壤或地下水区域，通过施加微弱电流形成电场，孔隙中的地下水或额外补充的流体可作为传导的介质。污染物则在电场产生的各种电动力学效应下沿电场方向定向迁移，到达电极区的污染物则经过电沉降（电镀在电极棒上）、沉积或共沉积等方式在电极棒附近抽水，或者与离子交换树脂复合的方式将污染物集中处理或分离。

3. 化学修复技术

向土壤中施加化学物质降低重金属的活性，也称为重金属钝化，减少重金属向植物体内的迁移，控制重金属进入食物链。

1）化学改良剂修复

化学改良剂修复是通过向污染土壤添加不同的改良剂，增加土壤有机质、阳离子代换量和黏粒的含量以及改变土壤 pH、Eh 和电导率等理化性质，而使土壤中的重金属发生氧化、还原、沉淀、吸附、抑制和拮抗等作用，以降低土壤重金属的生物有效性。处理重金属污染常用的改良剂有石灰、碳酸钙、磷酸盐、鸡粪、胡敏酸、硅酸钙、炉渣等。该技术关键在于选择经济有效的改良剂，不同改良剂对重金属的作用机理不同。用改良剂措施来治理重金属污染土壤，其治理效果和费用较适中，对污染不太重的土壤特别适用。对改良后的土壤需要加强管理，以防重金属再度活化。

2）表面活性剂修复

利用表面活性剂润湿、增溶、分散、洗涤等特性，改变土壤表面电荷和吸收势能，或从土壤表面把重金属置换出来，以络合、螯合物的形式存在于土壤溶液中，加快重金属在土壤溶液中的流动性。表面活性剂有助于重金属从土壤颗粒上解析出来，并进入土壤环境，增加污染物在土壤环境中的可动性，从而加速污染物的去除。

3）有机质改良

通过有机质腐殖酸与金属离子发生络合反应来净化重金属污染的土壤。有机质中的

—COOH、—OH、—C＝O 和—NH$_2$ 等均能与重金属发生络合、螯合，使土壤中重金属的水溶态和交换态明显减少，特别是胡敏酸，它能与 2 价、3 价的重金属形成难溶性盐类。有机质作为还原剂，可促进土壤中的镉形成硫化镉沉淀，还可使毒性较高的 Cr^{6+} 转化为低毒 Cr^{3+}。

4. 植物修复技术

就是利用植物吸收、富集、降解或固定土壤中重金属离子或其他污染物，消除或降低污染程度，主要包括植物提取、植物挥发、植物稳定等修复技术。英国首次利用遏蓝菜属植物修复了长期施用污泥导致重金属污染的土地。选育或栽培有较强吸收土壤重金属能力的植物，通过收割植物的方式来降低或消除土壤的重金属污染。利用超富集植物来转移、容纳或转化污染物使其对环境无害。

1）植物稳定

植物稳定是通过耐重金属植物及其根际微生物的分泌作用螯合、沉淀土壤中的重金属，以降低其生物有效性和移动性，并防止其进入地下水和食物链，减少对环境和人类健康危害的风险。植物在植物稳定中主要有两种功能：①保护污染土壤不受侵蚀，降低土壤渗漏来防止金属污染物的淋移。重金属污染土壤由于污染物的毒害作用常缺乏植被，荒芜的土壤更易遭受侵蚀和淋漓作用，使污染物向周围环境扩散，稳定污染物最简单的办法是种植耐金属胁迫植物复垦污染土壤。②通过在根部积累和沉淀或根表吸收来加强土壤中污染物的固定。植物稳定技术适合土壤质地黏重、有机质含量高的污染土壤的修复，主要用于矿区污染土壤修复。植物稳定并没有清除土壤中的重金属，只是暂时将其固定，使其对环境中生物不产生毒害作用，并没有彻底解决环境中的重金属污染问题，如果环境条件发生变化，重金属的生物有效性可能又会发生改变。

2）植物挥发

植物挥发是利用植物的吸收、积累和挥发而减少土壤中一些挥发性污染物，即植物将污染物吸收到体内后将其转化为气态物质释放到大气中，在这方面研究最多的是非金属元素硒和金属元素汞。植物可从污染土壤中吸收硒并将其转化成可挥发状态，从而降低硒对土壤生态系统的毒性。挥发植物主要是将毒性大的化合态硒转化为基本无毒的二甲基硒挥发掉，其中限速步骤可能是 SeO$_4^{2-}$ 向 SeO$_3^{2-}$ 的还原。汞是一种对环境危害很大的易挥发性重金属，在土壤中以多种形态存在，如无机汞、有机汞，其中以甲基汞对环境危害最大，且易被植物吸收。一些耐汞毒的细菌体内含有一种汞还原酶，催化甲基汞和离子态汞转化为毒性小得多、可挥发的单质汞，因此利用抗汞细菌在污染点存活繁殖，然后通过酶的作用将甲基汞和离子态汞转化为毒性小、可挥发的单质汞，已被作为一种降低汞毒性的生物途径之一。

植物挥发通过植物及其根际微生物的作用，将环境中挥发性污染物直接挥发到大气中去，这种方法将污染物转移到大气中，对人类和其他生物具有一定的风险。

3）植物提取修复

植物提取修复是利用重金属积累植物或超积累植物将土壤中的重金属提取出来，富集并搬运到植物根部可收割部分和植物地上的枝条部位。植物提取修复是目前研究最多且最有发展前途的一种植物修复技术。植物修复的效益取决于植物地上部分金属含量及其生物量，目前已知的超积累植物绝大多数生长慢、生物量小，且大多数为莲座生长，很难进行机械操作。

提高连续植物提取重金属的策略：①寻找新的生物量大的超积累植物；②筛选生物量大、具有中等积累重金属能力的植物；③采用植物基因、工程技术，培育一些生物量大、生长速率快、生长周期短的超积累植物；④通过适当的农业措施如灌溉、施肥、调整植物种植和收获时间、施加土壤改良剂或改善根际微生物，提高植物修复效益。

5. 动物修复技术

动物修复技术是指土壤动物群（如蚯蚓、鼠类等）通过直接的吸收、转化和分解或间接地改善土壤理化性质，提高土壤肥力，促进植物和微生物的生长等作用而修复土壤污染的过程。直接将土壤动物，如蚯蚓、虹蝴、线虫饲养在污染土壤中进行有关研究。蚯蚓作为主要的大型土壤动物类群，能改善土壤物理结构、通气性和透水性，增强土壤肥力，对土壤环境改善起到重要作用。蚯蚓可以作为土壤重金属污染的指示生物。

6. 微生物修复技术

利用土壤中某些微生物（如藻类、细菌、真菌等）对重金属污染物进行吸收、沉淀、氧化和还原作用等，降低土壤中重金属毒性。微生物含有丰富的肽聚糖、脂多糖、磷壁酸和胞外多糖等强有力的重金属螯合物质，或在微生物代谢过程中产生多种低分子有机酸或络合物，溶解或沉淀重金属离子，有的还通过氧化还原作用改变重金属形态以降低其危害或移出土体。土壤中微生物种类繁多，要选择微生物的优势种群，利用微生物修复污染土壤技术的核心是借助于高效降解菌对污染物的降解作用。目前用于修复污染土壤的降解菌主要分为土著菌、外来菌和基因工程菌等游离菌。土壤中 Cr 可以在微生物还原作用、生物吸附、富集等作用下降低其生物可利用性和毒性，达到 Cr 污染土壤修复的目的。

微生物修复土壤的特征：①经过修复的土壤其物理、化学和生物学性质基本保持不变，甚至会优于原有土壤性质；②最大限度地降低污染物浓度；③环境影响小；④修复成本费用低；⑤应用限制较小。

微生物固定化技术是指通过物理或化学方法将游离细胞（微生物）或酶定位于限定的空间区域内，并使其保持活性且能反复使用的技术。固定化技术能够对完整的微生物细胞进行固定，避免人为破坏生物酶的活性和生化反应的稳定性；提高单位体积介质中微生物细胞密度；固定化后的微生物能够长期保持活性；固定化细胞颗粒的微环境有利于屏蔽土著菌、噬菌体和毒性物质对微生物体的恶性竞争、吞噬和毒害，使其在复杂环境中也可稳定高效发挥。微生物修复污染物主要依靠微生物新陈代谢来完成，需尽可能创造适宜微生物生长的环境条件。丛枝菌根（arbuscular mycorrhiza，AM）真菌可以提高植物对重金属的耐性，促进植物生长、提高产量，对土壤重金属污染修复和改善农产品品质有重要作用。

7. 联合修复技术

单一的治理方法有其优势与不足，多手段结合的联合修复技术成为土壤重金属污染修复领域的发展方向，如螯合诱导技术和根部微生物强化、电动修复技术等结合，通过耦合作用共同提高重金属污染土壤的修复效率。

1）螯合剂-菌根联合修复

添加螯合剂可以有效活化土壤重金属，但是如果土壤重金属浓度过高，则可能会抑制植物生长，而丛枝菌根可以促进植物生长，一定程度上提高植物对重金属的耐性。螯合剂和丛枝菌根联合使用，可以发挥两者优势，在保证植物生长不受抑制的前提下，强化植物对重金属污染土壤的修复。

2）有机肥-菌根联合修复

有机肥除了供给养分，其中的有机质可增加土壤缓冲性能和吸附能力，并通过吸附、络合、还原、挥发等作用，降低其生物有效性和植物毒性，促进植物生长，有利于重金属污染土壤的植物修复。

3）螯合诱导-物理手段的协同

螯合诱导植物修复技术与相关物理修复技术的联合应用（如与电动修复的结合），可以有效修复土壤重金属污染问题。

4）动植物联合修复

动植物联合修复效果优于动物修复和植物修复的叠加效果。植物根系的生长及微生物的活动，促进了蚯蚓对重金属的富集，蚯蚓、微生物的活动又促进了植物根系的生长及生物量的增加，蚯蚓的活动及植物的生长又为微生物的繁殖和生存提供了适宜的环境条件。

8. 农业生态修复技术

（1）因地制宜控制土壤水分，调节土壤氧化还原电位。土壤重金属活性受土壤氧化还原状态影响较大，土壤水分是控制土壤氧化还原状态的主要因子，通过控制土壤水分可以达到降低重金属危害的目的。还原状态下大部分重金属在土壤中容易形成硫化物沉淀，从而降低重金属的移动性和生物有效性。

（2）合理施用化肥、有机肥和农药。施用肥料和农药是引起土壤重金属污染的重要来源，通过降低肥料和农药施用量来降低土壤重金属的污染负荷：①改进化肥和农药的生产工艺，降低化肥和农药产品本身的重金属含量；②科学施肥和合理施用农药，增强土壤肥力、提高作物防病害能力，有利于调控土壤中重金属的环境行为。

（3）改变耕作制度和调整作物种类等。改变耕作制度和调整作物种类是降低重金属污染风险的有效措施，种植对金属具有抗性且不进入食物链的植物品种可以明显降低重金属环境风险和健康风险。

（a）调整污染区种植结构。重金属严重污染区不能种蔬菜和粮食作物，特别是根菜或叶菜类，而改为林地或种植对重金属吸收少的经济作物。根是植物吸收重金属的主要器官，大量的重金属分布在根部。但重金属还可以通过导管向上迁移到叶片和籽粒中，特别是镉等移动性较强的重金属。此项措施具有操作简单、费用较低、技术较成熟的优点，缺点是修复效果有限，仅适用于农田重金属轻微和轻度污染的土地。

（b）选育合适的农作物品种。不同作物对重金属的吸收和积累存在明显地种间差异。高积累作物：十字花科（油菜、萝卜）、黎科（唐莴苣、糖甜菜）、菊科；中积累作物：禾本科（水稻、大小麦、玉米、高粱）、葫芦科（黄瓜、南瓜）；低积累作物：豆科（大豆、豌豆）。水稻全生育期淹水，可显著降低土壤镉有效态，降低稻米中镉的吸收累积。需要了解抗金属作物的抗性机制，选找抗性强、吸收少的作物品系，在金属污染区推广种植。

在严重污染地区种植超富集植物，通过连续种植收割将重金属移出污染区，杜绝重金属再次进入污染地区；在轻污染的地区，种植重金属耐性植物，减少重金属在植物可食器官的累积，从而保障农产品的质量安全。

针对受重金属、农药、石油、POPs 等中轻度污染的农业土壤，需要着力发展能大面积应用的、廉价的、环境友好的生物修复技术和物化稳定技术，实现边修复边生产，以保障农村生态环境、农业生产环境和农民居住环境安全。在土壤污染机制研究和实际修复案例集成分析的基础上，逐步形成重金属、农药、POPs、放射性核素、生物性污染物、新兴污染物及其复合污染土壤的修复技术体系，建立土壤修复技术规范、评价标准和管理政策，以推动土壤环境修复技术的市场化和产业化发展，提升我国这一新兴产业在国际环境修复市场中的竞争力。

思　考　题

1. 简述土壤重金属污染的分类方法。
2. 简述土壤环境污染的危害与控制措施。
3. 简述土壤重金属污染对食品安全的影响。
4. 论述土壤重金属污染的主要修复技术。

第9章　环境地质灾害安全保障技术

9.1　资源开发诱发环境地质灾害

地质环境是人居环境最主要的影响因素之一，是人类环境中极为重要的组成部分；地质环境主要是指与人的生存发展有着紧密联系的地质背景、地质作用及其发生空间的总和。人居环境是人类聚居生活的地方，是与人类生存活动密切相关的地表空间，是人类在大自然中赖以生存的基地，是人类利用自然、改造自然的主要场所。

地质环境的变化深深影响着人居环境。在地球上，自然灾害间存在着关系链，包括气候灾害与地质灾害间的关系链，地质灾害与生物灾害间的关系链，以及地质灾害间的关系链。不合理开发所有资源，都会诱发灾害。因此，合理开发资源并防止诱发地质灾害的进程中，人类不断地认识自然、利用资源，从而促进经济社会的发展。作为影响人类生存与发展的两大要素，资源与环境之间存在着相互制约的关系。当资源获得充分、有效、合理的利用时，地球环境所遭受的破坏就小；当资源再生时，必将促进环境的净化和资源的循环利用。

人类社会的生产活动归根结底是从生存环境中获取各种资源来满足人们生产和生活的需要。资源开发利用是社会经济发展的物质基础。工业革命以来的200年间，特别是近几十年来，科学技术的飞速发展在给人类创造大量物质财富的同时，对地球环境也产生了前所未有的影响。人类对矿产资源的开发强度随着科学技术的发展、人口的剧增而迅速增大。矿产资源枯竭、生物多样性丧失、地区性环境污染和全球性污染物扩散等给人类生存的地球环境蒙上了层层阴影。若对资源开发的地质环境认识不足，或盲目行为，将对人类与自然产生系列有害影响的突发事件反馈给人们，此即环境地质灾害。资源开发导致的环境灾害已成为环境地质学与地球化学研究的热点。

9.1.1　地质灾害与环境地质灾害

由于自然或人为作用，多数情况下是二者共同作用引起的，在地球表层比较强烈地危害人类生命、财产和生存环境的岩、土体或岩、土碎屑及其与水的混合体的移动事件，称为地质灾害。环境的主体是人类，其中以人类活动为主要营力而诱发的地质灾害称为环境地质灾害。

9.1.2　我国面临的主要环境地质问题

随着资源广泛深入的开采，人们面临的环境地质问题逐渐增多，主要包括：淡水资源短缺；土地流失、土地荒漠化等问题；地质灾害引发的环境问题；地球化学循环对人类生存环境产生的影响；城市化进程的加速引发的环境地质问题等。

地质灾害作为一种破坏性的地质事件，对人类的生命财产和生存环境构成严重威胁，制约着人类的可持续发展。作为发展中国家，中国地域辽阔，山地面积占到国土总面积的 33.3%，地质和地理条件复杂，构造运动强烈，气候时空差异大。随着我国社会经济的飞速发展，人类活动空间不断扩大，大规模的资源开发和工程建设对地质环境保护重视不够，地质灾害分布广泛，活动频繁，无论发生数量还是人员伤亡均是世界上受地质灾害影响最为严重的国家之一。我国环境地质灾害主要是由地圈和大气圈作用于其他圈层形成。这其中主要由外动力地质作用（包括重力作用）形成的环境灾害引起地面沉降等，而且环境灾害性天气过程也常成为环境灾害发生的动力因子，如暴雨造成滑坡、泥石流，加速冲淤过程等；人类的资源环境开发及经济建设等工程、经济活动可以直接导致某些环境地质灾害发生，如生态系统退化等。

9.2　地面沉降与地裂缝灾害

地面沉降与地裂缝是一种区别于崩塌滑坡的地质灾害，是地面岩土体在自重应力场（或构造应力场的参与）条件下垂向变形破坏及向深部架空或潜在空间方向的运动。地面沉降和地裂缝往往相伴而生，在世界各地非常普遍，在城市地区尤为显著。随着工业化、城市化进程的加速，人类的经济与工程活动作用成为地面沉降决定性的关键因素。地面沉降和地裂缝已成为影响经济社会可持续发展典型的环境地质问题和重要的城市地质灾害，对社会经济的可持续发展影响巨大。

9.2.1　地面沉降和地裂缝的概念

地面沉降是在自然和人为因素作用下，由地壳表层土体压缩而导致区域性地面标高降低的一种环境地质现象，是一种不可补偿的永久性环境和资源损失。地面沉降具有生成缓慢、持续时间长、影响范围广、成因机制复杂和防治难度大等特点，是一种对资源利用、环境保护、经济发展、城市建设和人民生活构成威胁的地质灾害。

在自然因素和人为因素的作用下，地表岩土体产生开裂并在地面形成一定长度和宽度裂缝的现象，称为地裂缝。地裂缝一般产生在第四系松散沉积物中，与地面沉降不同，地裂缝的分布没有很强的区域规律，成因也比较多。

1. 国外地面沉降和地裂缝动态

1891 年墨西哥城最早记录地面沉降现象，平均沉降量达到 0.3cm/a，最大累计沉降量超过 7.5m，有的地区甚至超过 15m。

1952～1956 年新泻是日本地面沉降最严重的地区，1958 年地面沉降速率达 530mm/a。日本产生严重地面沉降的城市或地区还有东京、大阪和佐贺县平原等。

20 个世纪意大利的 Ravenna 地区发生了大面积的地面沉降。第二次世界大战后，该地区由于过度抽取地下水，以每年 110mm 的沉降量剧增。

美国于 1922 年最早在加州萨克拉门托 San Joaquin 流域发现沉降，1920～1969 年地下水位下降达 137m，累积地面沉降达 2.6m，影响范围 9100km^2。至 20 世纪 70 年代初期，美国已有 37 个州因开采地下流体而产生不同程度的地面沉降现象,至 1995 年,美国 50 个州均有地面沉降发生。

2. 国内地面沉降和地裂缝现状

20 世纪 20 年代初,中国最早在上海和天津市区发现地面沉降灾害,20 世纪 60 年代两地地面沉降灾害已十分严重。20 世纪 70 年代,长江三角洲主要城市及平原区、天津市平原区、华北平原东部地区相继产生地面沉降;20 世纪 80 年代以来,中小城市和农村地区地下水开采利用量大幅度增加,地面沉降范围也由此从城市向农村扩展,在城市上连片发展。同时地面沉降地区往往会伴随地裂缝的发生,这是因为下伏基底地形起伏,加剧了地面沉降灾害。

自 1921 年上海市区最早发现地面沉降以来,至今中国已有 90 多个城市和地区发生不同程度的地面沉降,到 2003 年沉降面积达 93885km²。代表性地区有上海,天津,浙江的宁波、嘉兴,江苏的苏州、无锡、常州,河北的沧州、唐山、衡水、保定、任丘、南宫,山东的菏泽、济宁、德州,安徽的阜阳,山西的临汾、太原、大同,河南的安阳、开封、洛阳、许昌、郑州,台湾的台北、彰化、屏东等 8 个县市,陕西的西安,北京和松辽平原等。在这些地区中最为突出的是以上海为代表的长江三角洲、以天津为代表的环渤海区和西安等地。

北京市顺义区木林—塔河一带 1985 年开始发现地裂缝。裂缝基本上沿着 NE30°～55°方向分布,断续出露约 25km。在不同地段,地裂缝带的宽度出现较明显的变化,在北彩到仙庄之间,地裂缝带最宽可达 800 余米。1985 年以来地裂缝一直在继续活动,并造成建筑物破坏。已有测试表明年平均沉降量为 5.3mm,并有右旋错位,有差异沉降,可达 100mm 左右。研究表明地裂缝主要与其邻近断裂的活动有关。

西安市的地面沉降与地裂缝是该市的主要地质灾害之一,市区有十一条长大裂缝,呈 NEE 向分布。裂缝出露于梁与洼地交接部位,总长超过 70km,延伸长度 115km。抽水引起的地面沉降以地裂缝为边界,由此引起地裂缝的活动量占总量的 8%。截止于 1999 年地裂缝活动已毁坏楼房 170 多座、厂房 57 座、民房 1800 多间、道路 90 多处,错动供水、供气管道 50 余次。西安古城墙、大雁塔等著名古迹也出现不同程度的损坏,西安钟楼已下沉了 1m 之多,大雁塔向西北方向倾斜了近 1m。

2001 年 7 月 27 号,西安市大雁塔风景区的曲江池西村耕地里又出现一条新的地裂缝,与早先的地裂缝大体平行,延伸长度 150 余米。据陕西省地质环境监测总站调查,缝宽 8～50cm,可见深度 120cm,裂缝出现于一场暴雨之后,所幸未造成严重灾害。1999 年 7 月,在与西安所处的汾渭地堑的北侧陕西省径阳县出现了一条近东西向,长 2000 多米的地裂缝。地裂缝穿过径阳县龙泉乡沙沟村,裂缝最宽处大于 1m,裂缝穿过的数十户民房造成砖墙开裂错位、地面下陷等破坏。

9.2.2　地面沉降和地裂缝形成原因

地裂缝是累进性发展的渐进性的灾害。按其成因可分为两大类:一种是内动力形成的构造地裂缝,如地震裂缝、基底断裂活动地裂缝、隐伏裂隙开启裂缝等;另一种是非构造型，即外动力作用形成的地裂缝，如松散土体潜蚀地裂缝、黄土湿陷地裂缝、滑坡地裂缝等。构造地裂缝的延伸稳定，不受地表地形、岩土性质和其他地质条件影响，可切错山脊、陡坎、河流阶地等线状地貌。构造地裂缝的活动具有明显的继承性和周期性，在平面上常呈断续的折线状、锯齿状或雁行状排列；在剖面上近于直立，呈阶梯状、地堑状、地垒状排列。

引起地面沉降的因素可分成自然因素及人为因素。自然因素包括构造活动、软弱土层的自生压密固结、海平面上升等；人为因素包括过量开采地下水、地下热水及油气资源等。据地震数据，由构造活动引起的地面沉降速率仅为 1～3mm/a。

1. 自然因素

从地质因素看，自然界发生的地面沉降大致有下列三种原因：地表松散地层或半松散地层等在重力作用下挤压密实而发生沉降；因地质构造作用导致地面凹陷而发生沉降；地震导致地面沉降。

1）自重压密固结

物质经过搬运、沉积后，在各种因素的综合作用下，地层将逐渐排水、固结、压密。地层在地质历史上所承受的最大垂直有效应力称为地层前期固结压力 P_c，根据 P_c 和 P_0（自重应力）的相对大小，可交土层分为欠固结、正常固结和超固结三种状态，分类见表 9-1。

表 9-1　地层分类

地层	OCR $= P_c/P_0$	性质
欠固结	<1	不稳定
正常固结	= 1	较稳定
超固结	>1	稳定

地层的自重压密，是指地层中的欠固结土层在上覆载体的作用下，土体发生排水、固结和压密，最终导致地面沉降。河北平原分布在巨厚的第四系统散沉积层，固结程度较低，欠固结地层在自身重力作用下会产生自然压缩变形，从而易形成地面沉降。

2）地质构造运动引起的地面沉降

在地壳运动影响下，河北平原长期以来处于缓慢下降状态，第四纪以来的活动断裂和构造沉降加剧了地面沉降的发生和危害，地壳垂直形变虽然与地面沉降有一定关系，但作为一种自然作用，在由人为因素引起的地面沉降影响分析中并不占据主导地位。

3）地震影响

新构造运动是导致现在山川起伏的主要原因，而升降运动是新构造运动中的一种构造运动形式，强烈地震是新构造运动力量的集中表现，在短期内可以引起较大的区域性地面垂直变形，从而导致软土地基震陷和古河道新近沉积液化，最终引起突发性地面沉降。

1966 年 3 月 8 日邢台地区发生 6.8 级强烈地震,经观测发现两处明显的较大地面沉降，最大都超过了 300mm。1976 年 7 月 8 日唐山发生 7.8 级大地震，调查发现在唐山市、滦县雷庄附近及宁河存在着三个地面沉降中心，其最大下沉量分别为 711.9mm、1007.7mm 和 1343.7mm。

2. 人为因素

1）超采地下水引起地面沉降

长期大量超采地下水是形成地面沉降的主要原因。开采地下水会引起松散地层大量释水，使地层压缩、固结而产生沉降。

河北平原地下水超采始于 20 世纪 60 年代。20 世纪 60 年代以前，地下水开采量小于地上水补给量，地下水降落漏斗未形成。20 世纪 70 年代以来，由于局部地段地下水开采集中，在城市和集中供水水源地地下超采地区形成了地下水水位下降漏斗，最早形成的地下水水位下降漏斗有石家庄漏斗、保定漏斗、衡水漏斗、沧州漏斗等。20 世纪 80 年代以来，随着开采量、开采深度的增加及开采层位的加深，河北平原总开采量已经大于总补给量，出现了大面积的地下水水位下降漏斗。开采深度从以前的小于 100~200m 加深到 120~500m。为满足社会经济发展的水资源需求，1980 年地下水开采量达到 $119.5 \times 10^8 m^3$，1995 年为 $130 \times 10^8 m^3$。20 世纪 90 年代以后，随着国家加强管理，开采量基本未增大，呈现出波动的状态。浅层地下水水位总体呈下降趋势，水位降幅从山前倾斜平原到滨海平原由大变小，其变化范围为 40~2m；深层地下水水位变化基本呈下降趋势，水位降幅一般较浅层地下水要大一些。

2）开采地热水、矿泉水引起地面沉降

河北省地热资源和矿泉水资源丰富。其地热田分布广泛且埋藏较浅，地热资源总量相当于标准煤 418.91 亿 t，可采量相当于标准煤 93.83 亿 t。全省共有地热井（泉）334 眼，已开发利用的地热井（泉）有 237 眼。河北省地热、矿泉水开发规模逐步加大，其中沧州地区地下热水开采量 1000 万 m^3/a，矿泉水开采量 1 万 m^3/a。上第三系是本区矿泉水和地热水的主要产出层，属于承压水，底界埋深 1350~2080m。大量开采势必引起水位下降，地层内孔隙水压力减少，有效应力增加，导致地层进一步压实，加重地面沉降。

3）开采石油、天然气引起地面沉降

华北油田、大港油田年产原油 1212 万 t，天然气 7.7 亿 m^3。当油气开发后，必将使流体压力降低，固体颗粒有效应力增加，使泥岩进一步固结压密，从而引起地面沉降。地下流体的产出经常与储层岩体的压缩相关联，这种压缩作用通过覆地层可以到达地表。

4）地表荷载加速地面沉降

伴随着社会经济的持续发展，城市基础设施建设迅猛发展，旧区改造、新居住区成片开发，大量高层、超高层建筑不断兴建，城市规模不断扩大，交通运输线路越来越密集，使得地表荷载加重，工程建设的地面沉降效应明显凸显，成为近年来新的沉降因素之一。高层建筑群造成城区地面沉降的特点是距建筑物一倍基础宽度范围内的地面沉降速率大于建筑物本身的沉降速率，尤以相邻建筑之间中心城区地表的沉降量最大，密集高层建筑群之间地表存在明显的应力叠加效应，并使沉降量超过容许值，带来不稳定因素。

9.2.3　地面沉降和地裂缝灾害

地面沉降是一种累进性地质灾害，会给滨海平原防洪排涝、土地利用、城市规划建设、航运交通等造成严重危害，其破坏和影响是多方面的。主要危害表现为以下形式：地面标高损失，继而造成雨季地表积水，泄洪能力下降；沿海城市低地面积扩大、海堤高度下降而引起海水倒灌；海港建筑物破坏，装卸能力降低；地面运输线和地下管线扭曲断裂；城市建筑物基础下沉脱空开裂；桥梁净空减小影响通航；深井井管上升，井台破坏，城市供水及排水系统失效；农村低洼地区洪涝积水使农作物减产等。

地裂缝活动使其周围一定范围内的地质体内产生形变场和应力场，进而通过地基和基础作用于建筑物。由于地裂缝两侧出现的相对沉降差以及水平方向的拉张和错动，可使地表设施发生结构性破坏或造成建筑物地基的失稳。地裂缝对人类的影响主要表现为破坏地表建筑和其他人工设施，危害居民生命财产安全。

9.2.4　地面沉降灾害的预防控制措施

1. 地面沉降预测

地面沉降的预测方法很多，主要有模糊神经网络、灰色理论等。王寒梅和唐益群等利用灰色理论建立非等时距 GM（1，1）模型，对上海陆家嘴地区因工程环境效应因素引起的地面沉降进行了预测，并和实测数据进行了比较，预测值与实测结果基本相符，具有较好的精度。李涛和潘云等在分析天津市区地面沉降特点的基础上，结合人工神经网络原理，预测了 2010 年天津市区地面沉降的情况。当沉降均匀平稳时，宜采用灰色理论，当沉降波动较大时，宜采用人工神经网络预测。沉降是一个受多方面因素影响的复杂过程，其影响因素与沉降之间存在复杂的非线性关系，正确选择预测方法和建立相应的模型，对于精确地预测沉降和防止事故的发生显得尤为重要。

2. 地面沉降监测

地面沉降的监测技术——全球定位系统（GPS）已经逐渐取代区域性水准测量并得到广泛的应用。日本的 Hiroshi 利用 GPS 技术量测了新泻的地面沉降，绘制了沉降变化图。上海市于 20 世纪 60 年代初期开始建立地面沉降监测网络，采取多种措施进行防治，使地面沉降得到了有效控制。20 世纪 90 年代以来，由于大规模的城市建设，高层建筑荷载及市周边地区增加开采地下水，致使中心城区地面沉降处于新的加速沉降阶段。上海建立了长江三角洲统一的地面沉降 GPS 监测网，完成了地面沉降信息系统（LSIS），编制了地面沉降有关图件等。

9.3　诱发性滑坡崩塌灾害

中国是一个滑坡灾害极为频繁的国家，其中大型和巨型滑坡尤为突出；中国的西部地区，大型滑坡更是以其规模大、机制复杂、危害大等特点著称于世，在全世界范围内具有典型性和代表性。

9.3.1 滑坡和崩塌的相关概念

1. 滑坡

滑坡是指斜坡上的土体或岩体，受河流冲刷、地下水活动、地震及人工切坡等因素的影响，在重力的作用下，沿着一定的软弱面或软弱带，整体地或分散地顺坡向下滑动的自然现象。滑坡的别名为地滑，山区的群众形象地把滑坡称为"走山"。

2. 崩塌

陡坡上被直立裂缝分割的岩土体，因根部空虚，折断压碎或局部滑移，失去稳定，突然脱离母体向下倾倒、翻滚。这一地质现象称为崩塌。

滑坡和崩塌的共同点和差异性：

（1）共同点。滑坡和崩塌如同孪生姐妹，甚至有着无法分割的联系，常常相伴而生，产生于相同的地质构造环境中和相同的地层岩性构造条件下，且有着相同的触发因素，容易产生滑坡的地带也是崩塌的易发区。例如，宝成铁路宝鸡至绵阳段，即是滑坡和崩塌多发区。崩塌可转化为滑坡：一个地方长期不断地发生崩塌，其积累的大量崩塌堆积体在一定条件下可生成滑坡；有时崩塌在运动过程中直接转化为滑坡运动。有时岩土体的重力运动形式介于崩塌式运动和滑坡式运动之间，以至人们无法区别此运动是崩塌还是滑坡。因此地质科学工作者称此为滑坡式崩塌，或崩塌型滑坡；崩塌、滑坡在一定条件下可互相诱发、互相转化：崩塌体击落在老滑坡体或松散不稳定堆积体上部，在崩塌的重力冲击下，可使老滑坡复活或产生新滑坡。滑坡在向下滑动过程中若地形突然变陡，滑体就会由滑动转为坠落，即滑坡转化为崩塌。有时，由于滑坡后缘产生了许多裂缝，因而滑坡发生后其高陡的后壁会不断地发生崩塌。另外，滑坡和崩塌也有着相同的次生灾害和相似的发生前兆。

（2）差异性。崩塌与滑坡的差异性主要表现在以下方面：①滑坡沿滑动面滑动，滑体的整体性较好，有一定外部形态。而崩塌则无滑动面，堆积物结构零乱，多呈锥形。②崩塌以垂直运动为主，滑坡多以水平运动为主。③崩塌的破坏作用都是急剧的、短促的和强烈的。滑坡作用多数也很急剧、短促、猛烈，有的则相对较缓慢。④崩塌一般都发生在地形坡度大于 50°、高度大于 30m 的高陡边坡上，滑坡多出现在坡度 50° 以下的斜坡上。

3. 诱发性滑坡崩塌的发生机制

崩塌与滑坡一般都属于斜坡岩土体失稳问题，发生的原因往往相互联系。随着经济的发展，人为工程活动直接诱发的滑坡、崩塌所占的比例增高，由纯自然因素引发的滑坡、崩塌减少；很多滑坡、崩塌灾害不是"天灾"，实为"人祸"。诸多不合理的人类活动，如开挖坡脚、地下采空、水库蓄水、泄水等改变坡体原始平衡状态的人类活动，都可能诱发滑坡、崩塌。滑坡和崩塌是山体常发生的两种地质灾害，滑坡和崩塌主要受控于山体的结构面的组合和节理裂隙，滑坡和崩塌活跃度很大程度上取决于卸荷裂隙的扩张与扩展。

　　我国是一个地形复杂且多山的国家，山区面积占国土总面积的 2/3，山地地形起伏较大，降水相对集中，使得我国成为一个滑坡与崩塌多发的国家。近年来，滑坡与崩塌这类地质灾害发生的频率越来越高，给我国山区造成了极大的经济损失和人员伤亡，严重制约了当地社会经济的发展。

　　诱发性滑坡崩塌原因分析：

　　（1）开挖坡脚。对坡脚的开挖会增大坡脚应力，减小抗滑力造成滑坡崩塌。

　　（2）坡上加载。在坡上堆放大量重物，增大了坡体重量和下滑力，容易引发滑坡。

　　（3）水库水位的升降。由于修建了水库，根据对水量的需求而无规律地蓄水、放水，就会影响地下水位的升降，浸泡的部分抗滑力下降，水位下降时很容易出现滑坡现象。

　　（4）采空塌陷。通过对矿物的开采，将山体挖空，滑带就会出现松弛，极易形成滑坡。

　　（5）爆破震动。生产区炸药爆破往往会引起振动，容易对地质不良的地区造成滑坡。

　　（6）植被破坏。植被的大量破坏，地表水大量渗入，减小了抗滑力，引起滑坡出现。

9.3.2　诱发性滑坡崩塌的危害

　　我国西南地区某县位于云贵高原南部边缘地带，地势由西北向东南倾斜，典型的喀斯特岩溶地貌，自然旅游资源异常丰富，70%面积为大石山区。2008 年 11 月县境内某路段发生了山体崩塌事件，崩塌的石块达 20000m³，造成了该地区道路中断，还损坏了大量的民房住宅及车辆，事故造成了多人死亡和失踪，给生命和财产带来了重大损失，严重影响了当地人们的生产生活。据地震专家现场初步勘察，本次突发性山体崩塌事故的主要原因有：①崩塌区域为岩溶峰丛洼地地貌，崩塌点地形为陡崖；②崩塌区域地层岩性为石炭系上统中厚层-厚层状灰岩，岩层陡峭，崩塌岩体上部裂隙发育，裂隙为泥质充填，岩体完整性差；岩层面、坡面及裂隙面的组合对岩体稳定不利；岩体风化作用强烈，在近期持续强降雨的作用下，岩体失稳脱离母体产生崩塌。

　　2006 年 6 月 18 日，四川省大渡河黄金坪水电站地下厂房区后山边坡发生崩塌，崩塌源位于较高的高程，位于厂房区后山高程为 2100～2125m 的陡崖上，崩塌源为斜坡浅表部强卸荷松动岩体，其变形模式为松弛张裂，崩塌源处陡崖坡度为 70°～80°，落差约 50m，崩塌后落石基本为垂直下落至陡崖下坡度 40°～50°的陡坡，沿途植被完全破坏，陡崖上部分突出块石被崩塌落石碰撞后跟随下落。崩塌的方量较大，部分崩塌落石的块度较大。其造成的危害主要为坡面破坏、坡体植被破坏和民居财产损失及人员伤亡四个方面，其中居民财产及生命的损失造成的影响较大。

　　崩塌落石自崩塌源而下，原坡面被改造，植被遭到破坏，尤其是近崩塌源的陡坡处，坡面刨蚀深度较大，达到 0.7～1m，植被完全被破坏，部分地表基岩出露，形成明显的崩塌落石路径。高程 1900m 以下的崩塌影响区域为落石的主要停积区，坡面上遗留了大量的块石，并在坡面形成倒石堆，同时落石的弹跳、翻滚、滑动在坡面上形成了崩落坑及明显的擦刮痕迹，坡面及植被遭到明显破坏，如遇暴雨不良气象条件，将造成一定的水土流失，加剧坡面的破坏程度。崩塌对居民的生产生活也造成了极大的影响。崩塌毁坏的居民住宅总共 8 座，居民死亡共计 11 人。其中房屋完全倒塌的有 2 座，房屋遭到严重破坏的有 4 座。

2010 年 6 月 28 日 14 时，贵州关岭县岗乌镇大寨村发生特大型崩滑碎屑（石）流灾害，造成 99 人死亡或失踪。分析研究认为，裂隙化砂泥岩斜坡岩体具有"干砌块石结构"，是发生崩溃式破坏的主要内在原因。2010 年 6 月 27～28 日岗乌镇当地的过程降雨量达 237mm，斜坡区域地质环境特征使超常暴雨条件下斜坡岩体后缘裂缝充水形成持续的"水楔作用"，是斜坡岩体松动、倾倒垮塌和冲出的主要外部引发因素。

9.3.3 滑坡崩塌的预防控制

要有效防止滑坡、崩塌灾害对生命财产造成的危害，必须从约束人们的不合理活动入手，避免在日常生产、生活活动中，加剧和诱发滑坡、崩塌灾害。

（1）选择安全场地修建房屋。城镇、村庄、厂矿的规划建设过程中，还应根据场地具体地质环境条件，扬长避短、因地制宜地规划用地。选择安全、稳定的地段建设村庄、构筑房舍，是防止滑坡、崩塌危害的首要措施。城镇、村庄、厂矿的位置是否安全，应该在场地比选或可行性研究阶段通过专门的地质灾害危险性评估工作来判定。居民住宅和学校等人口密集区以及关键性建筑设施，应尽量避开危险性评估报告指出的滑坡、崩塌灾害危险区；同时采取可靠的滑坡防治措施。

（2）不随意开挖山坡坡脚。在建房、修路、整地、挖砂采石、取土等各类工程活动中，不可随意开挖坡脚，特别是不能在房前屋后随意开挖坡脚。如果不得不开挖，应事先向专业技术人员咨询，确认不会诱发滑坡、崩塌或采取了必要防灾措施后方能施工。坡脚开挖后，及时砌筑维持边坡稳定的挡墙，墙体上要留足排水孔；当墙内坡体为黏性土时，还应在排水孔内侧设置反滤层，以保证排水孔不被泥土阻塞，使其能够充分发挥排导山坡地下水的作用。

（3）山坡上不随意堆弃土石。对于开矿采石、修路、挖塘等工程活动中形成的废石、废土、废渣，不可随意顺坡堆放，特别是不能在村庄上方山坡堆弃土石。废弃土石堆置不当，不仅土石堆本身可能失稳滑坡，还可能因为土石的加载作用导致山坡稳定性下降，使原来属于相对稳定的自然山坡发生滑坡、崩塌。当废弃土石数量较大时，需要请专业技术人员帮助选择合适的弃土场。处置废弃土石的最理想方式是：把废弃土石的堆放与整地、造田、筑路等工作结合起来，把废土、废石、废渣由环境负担转变为可利用的资源。

（4）管理好引水和排水沟渠。绝大多数滑坡都发生在雨季，水对土质山坡的稳定性影响显著。应防止农田灌溉渠道、乡镇企业生产和居民生活引水渠道的渗漏，尤其要避免经过土质山坡地段的渠道漏水。一旦发现渠道渗漏，应立即停水修复。新建水渠选线和设计，应考虑预防滑坡的要求。正对村庄的山坡上方，一般情况下不要修建鱼塘、水塘；对雨季形成的局部积水，应该及时进行排导。

9.4　泥石流灾害

菲律宾一村庄被泥石流吞噬：2006 年 2 月 17 日，菲律宾中部莱特省圣伯尔纳德镇附近的一个大型山村突遭灭顶之灾，数十万立方米的泥石流将整个村庄吞没，1500～2000 村民因躲避不及惨遭活埋，从而酿成了该国历史上极其罕见的单次死亡人数最多的泥石流灾难。菲律宾举国展开生死大营救，而国际社会也高度关注灾情的发展。被泥石流掩埋的村庄已变成一个约 9m 深、4000m 长和 500m 宽的巨大泥潭。

福建泰宁县池潭村泥石流灾害：2016 年 5 月 8 日，福建泰宁县出现暴雨到大暴雨，9 个区域站和泰宁县站降水量超过 100mm，强降雨造成全县山洪暴发并伴发大范围山体滑坡，城区最高水位达 278.4mm，超过警戒水位 1.4m。特别是 8 日凌晨 4～5 时，开善乡池潭村两小时降雨量达 82.4mm，5 时许，池潭村突发 10 万 m^3 以上大型泥石流自然灾害，泥石流冲毁了中国华电集团池潭水电厂扩建工程施工单位生活营地和池潭水电厂厂区办公大楼。因时值凌晨，大部分工人都在熟睡，部分工人被泥石流掩埋。该泥石流灾害导致 35 人遇难，1 名失联，水西村、富强石材公司路段积水出行困难，全县 9 个乡镇中 3 个乡镇道路不可通行，4 个乡镇出现停水、停电情况，涉及群众 2.39 万户。

9.4.1　泥石流及其特点

泥石流（debris mud-rock flow）是山区汛期常见的一种严重的泥沙失稳搬运现象。它是泥沙在水动力作用失稳后，集中输移的自然演变过程之一，具有严重的灾害性。某些山区河流在汛期中由于暴雨或其他水动力如溃坝、冰川、融雪等作用于流域内不稳定的地表松散土体上，由于松散土体失稳参与洪流运动，在流域内形成两种汇流现象，水的汇流和沙的汇流。两种不同相的物质在共同的流动空间内混合而形成一种特殊的水、沙混合输移现象。当这种特殊的流体中含沙量超过某一限值后，因其流动特性的变化而形成的一种特殊洪流，它因对工程设计及环境的影响与洪水、滑坡不同而称为泥石流。

在一些植被较好的陡坡面，下伏基岩或不透水层埋藏较浅，前期降水充分，上覆松散土体饱水后，由于土体中黏聚力 C、内摩擦角 Φ 值降低和有压地下水底作用，也可能形成坡面泥石流。简单地说，泥石流是指发生在山区小型流域中、短暂的、饱含泥沙的特殊洪流，是水土流失发展到严重阶段的表现。流体重度一般大于 14kN/m³，含沙量大于 600kg/m³。

在约占中国国土 2/3 的山区都有泥石流活动，其中尤以青藏高原周边山地、秦岭山脉、太行山区、燕山山脉等地最为严重。中国是受泥石流危害最为严重的国家之一。每年由泥石流造成的直接经济损失达 20 亿元，死亡 300～600 人。

泥石流特点：

（1）泥石流是一种地质灾害，暴发突然、能量巨大、来势凶猛、历时短暂、复发频繁，具有突发性、流速快、流量大、物质容量大和破坏力强大的特点，可在很短的时间内摧毁设施、危害人类的生命财产。

（2）泥石流是一种特殊洪流，它对工程设计及环境的影响与洪水、滑坡不同，易防难治，研究它可指导人类的工程实践。

（3）泥石流是重大的地质灾害，有效的防治具有可观的经济效益及社会效益。

9.4.2　泥石流的形成条件

泥石流的形成必须同时具备三个基本条件：地形条件、地质条件和气象水文条件。

1. 地形条件

泥石流总是发生在地形陡峻、沟谷纵坡度大的山地，流域形态多呈瓢形、掌形或漏斗形；这种地形因山坡陡峻，植被不易发育，风化、剥蚀、崩滑等现象严重，可为泥石流提供丰富的松散物质；并且有利于地表水的迅速汇集，使泥石流具有较大的动能。

一般是顺着纵坡降狭窄沟谷活动（干涸的嶂谷、冲谷等），每一处泥石流自成一个流域，典型的泥石流流域从上到下可划分为形成区、流通区和堆积区三个区段：

（1）形成区：一般在泥石流沟的上游，由汇水区和松散物质供给区组成。①多为三面环山、一面出口的半圆形宽阔地段，周围山坡陡峭，多为 30°～60° 的陡坡，面积可达几平方千米至数十平方千米；②斜坡常被冲沟切割，且有崩塌、滑坡发育；③坡体往往光秃破碎，无植被覆盖。这样的地形条件有利于汇集周围山坡上的水流和固体物质。

（2）流通区：该区一般位于泥石流沟的中下游，为泥石流搬运通过的地段，地形上常呈瓶颈状或喇叭状，多为狭窄而深切的峡谷或冲沟，谷壁陡峻而纵坡降大。泥石流物质进入本区后具有极强的冲刷能力，将沟床和沟壁上冲刷下来的土石带走。

（3）堆积区：该区为泥石流物质的停积场所，一般位于沟口一带，地形开阔平坦地段，多呈扇形或锥形。泥石流到此流速变慢，流体分散，迅速失去动能而停积下来，多形成扇形、锥形或带形的堆积体。

以上所述为典型泥石流流域的情况，由于泥石流流域具体的地形地貌条件不同，有些泥石流流域上述三个区段不易明显分开，甚至流通区或堆积区可能缺失。

2. 地质条件

它决定松散固体物质来源，为泥石流活动准备丰富的固体物质来源和强大的动能优势。泥石流强烈活动的山区，均是地质构造复杂、断裂褶皱发育、地形高耸陡峻、岩石风化破碎、新构造运动活跃、地震频发、崩滑灾害多发的地段。

3. 气象水文条件

泥石流形成必须有强烈的地表径流，它为暴发泥石流提供动力条件。地表径流的来源有暴雨、冰雪融化、水体溃决。我国泥石流的水源主要是暴雨、长时间的连续降雨等。水不仅是泥石流的组成部分，也是固体物质的搬运介质。降雨历程、降雨量以及降雨强度等对泥石流形成具有明显的影响。可能发生泥石流的 $H_{24(D)}$、$H_{1(D)}$、$H_{1/6(D)}$ 的界值见表 9-2。

4. 人类工程活动

如滥伐森林造成水土流失、开山采矿、采石弃渣等，也为泥石流提供大量的物质来源。

表 9-2　可能发生泥石流的 $H_{24(D)}$、$H_{1(D)}$、$H_{1/6(D)}$ 的界限值表

年均降雨	$H_{24(D)}$	$H_{1(D)}$	$H_{1/6(D)}$	代表地区（以当地统计结果为准）
>1200	100	40	12	浙江、福建、台湾、广东、广西、江西、湖南、湖北、安徽及云南西部、西藏东南部等省山区
800～1200	60	20	10	四川、贵州、云南东部和中部、陕西南部、山西东部、辽宁东部、黑龙江、吉林、辽宁西部、河北北部及西部等省山区
500～800	30	15	6	陕西北部、甘肃、内蒙古、宁夏、山西、新疆部分、四川西北部、西藏等省山区
<500	25	15	5	青海、新疆、西藏及甘肃、宁夏两省区的黄河以西地区

注：$H_{24(D)}$、$H_{1(D)}$ 和 $H_{1/6(D)}$ 分别代表可能发生泥石流的 24h、1h 和 10min 的最大降雨量。

9.4.3　泥石流分类

（1）按流域形态分类分为标准型泥石流、河谷型泥石流、山坡型泥石流。

（2）按其物质成分可分为 3 类：①泥石流：由大量黏性土和粒径不等的砂粒、石块组成。②泥流：以黏性土为主，含少量砂、石块，黏度大，呈稠泥状。③水石流：由水和大小不等的砂粒、石块组成。

（3）泥石流按其物质状态可分为两类：①黏性泥石流：含大量黏性土的泥石流或泥流。其特征是黏性大，固体物质占 40%～60%，最高达 80%。其中的水不是搬运介质，而是组成物质，稠度大，石块呈悬浮状态，暴发突然，持续时间也短，破坏力大。②稀性泥石流：以水为主要成分，黏性土含量少，固体物质占 10%～40%，有很大分散性。水为搬运介质，石块以滚动或跃移方式前进，具有强烈的下切作用。其堆积物在堆积区呈扇状散流，停积后似"石海"。

（4）按泥石流的成因分类有冰川型泥石流、降雨型泥石流。

（5）按泥石流流域大小分类有大型泥石流、中型泥石流和小型泥石流。

（6）按泥石流发展阶段分类有发展期泥石流、旺盛期泥石流和衰退期泥石流。

9.4.4　泥石流特征

泥石流的特征取决于它的形成条件，对其特征的研究，有利于弄清泥石流的活动规律，进行预测、预报，并采取有效的防治措施。

1. 泥石流的重度

泥石流的重度（容重），取决于水体与固体物质含量的相对比例以及固体物质中细颗粒成分的多少。固体物质百分含量越高、细颗粒成分越多，泥石流重度越大。沟道纵坡与重度也有一定关系。纵坡越大，重度越大。重度大、搬运能力强、破坏力大。

2. 泥石流的结构

泥石流的结构是由其中的水体量和固体物质量之比值以及固体物质的粒径级配合矿物成分所决定的。主要有三种结构：①网格结构：由黏粒和含电解质的水所构成。

②网粒结构：由砂粒和细粒浆体所构成。③格架结构：由石块与具有网粒结构的粗粒浆体所构成（图9-1）。

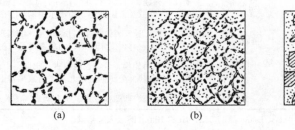

（a）　　　　　　　　　　　（b）　　　　　　　　　　　（c）

图 9-1　泥石流的三种结构

（a）网格结构；（b）网粒结构；（c）格架结构

3. 泥石流的流态

泥石流的流态除受沟床条件控制外，主要受水体与固体物质量的比值以及固体物质的粒径级配所制约。

泥石流体大多属似宾汉体系（泥浆体系宾汉体），流动理论多以宾汉体流变方程为基础，当泥石流体中固体物质较少且以粗大砂砾为主时，则与牛顿体紊流和流变方程相同。泥石流流态有三种：紊动流、扰动流和蠕动流。

紊动流：它是稀性泥石流所具有的流态，与挟沙水流的紊流类同，它的流变方程为

$$\tau = \rho_d \times l^2 (dV_d/dy)^2 \tag{9-1}$$

式中，τ 为切应力；ρ_d 为泥石流体密度；dV_d/dy 为流速梯度；l 为混合长度（紊流体单位体积横向平均移动的距离）；V_d 为泥石流体中距床底 y 处的流速。

扰动流：黏性泥浆体的结构强度大，流体运动时结构只遭受部分破坏。若流体中无石块，流态则为稳流或层流。它是黏性泥石流最常见的一种流态，它的流变方程是以宾汉方程为基础：

$$\tau = K_0 \tau_\beta + K_\omega \eta_d dV_d/dy + \rho_d (K_c l)^m (dV_d/dy)^2 \tag{9-2}$$

式中，K_0、K_ω、K_c 分别为泥石流运动时与结构变化和扰动强度有关的修正系数；m 为指数，一般取2；τ_β 为宾汉极限切力；η_d 为流体黏度。

蠕动流：是一种似层流，流线大致平行。当黏性流流速较小、流速梯度也较小、流体中的石块移动和转动缓慢时为蠕动流，其流变方程为

$$\tau = K_0 \tau_\beta + \eta_d dV_d/dy \approx \tau_\beta + \eta_d dV_d/dy \tag{9-3}$$

$\tau_\beta + \eta_d dV_d/dy$ 为宾汉流体方程。

4. 泥石流的直进性

由于泥石流携带了大量的固体物质，在流途中遇到沟谷转弯或遇到障碍物受阻而将部分物质堆积下来，使沟床迅速抬高，产生弯道超高或冲起爬高，猛烈冲击而越过沟岸或摧毁障碍物，甚至截弯取直，冲出新道而向下游奔泻。

一般，流体越黏稠，直进性越强，冲击力越大。

如 1981 年成昆线利子依达沟泥石流，流速高达 10m/s，重度 2.35t/m³，在沟槽转弯处泥位超高 4.8～5.1m。遇桥头右岸地形急弯阻挡，爬高 12m，为泥深的 3～4 倍，直进性极强，冲击力极大，将桥台和桥头看守房全部摧毁。

5. 泥石流的脉动性

山洪无脉动性，而泥石流具强脉动性。

洪流过程线是单峰（少数双峰）型涨落曲线，而泥石流暴发时，几乎以相等的时间间隔一阵一阵地流动，这种脉动性流动又称阵动运动或波状运动。整个过程线似正弦曲线，上涨曲线较下落曲线陡峻。

脉动性是泥石流运动过程区别于洪水流动过程的又一特性，一般洪流过程是单峰型，而泥石流过程为正弦曲线，几乎以相等的时间间隔一阵一阵地流动。

9.4.5 泥石流的危害

（1）泥石流暴发具有突然性，具有强大的破坏性。常在集中暴雨或积雪大量融化时突然暴发。泥石流是一种山区地质灾害，主要分布在 30°～50°N 之间的山地。

1985 年，哥伦比亚的鲁伊斯火山泥石流，以 50km/h 的速度冲击了近 3 万 km² 的土地，其中包括城镇、农村、田地，哥伦比亚的阿美罗城成为废墟，造成 2.5 万人死亡，15 万家畜死亡，13 万人无家可归，经济损失高达 50 亿美元。

甘肃省舟曲县特大泥石流灾害：2010 年 8 月 7 日，甘肃省甘南藏族自治州舟曲县县城北面的罗家峪、三眼峪流域突降强暴雨，引发了特大泥石流灾害。泥石流将沿途村庄和城区夷为平地，摧毁了沿途的楼房民居，毁坏了大量的农田。泥石流还冲进白龙江形成堰塞湖，将半个舟曲县城淹在水中。此次泥石流流速快、流量大、规模超大，发生于半夜，且表现为山洪—泥石流—堰塞湖灾害链形式，因而造成重大人员伤亡和财产损失。截止于 8 月 15 日，共造成 4496 户、20 227 人受灾，水毁农田约 95hm²、房屋 5508 间，1248 人遇难，496 人失踪，是新中国成立以来我国损失最严重的泥石流灾害。现场调查与遥感图像分析表明，舟曲泥石流是局部强降雨作用下发生的百年一遇的水力型特大泥石流灾害。三眼峪、罗家峪泥石流总方量约 220×10⁴m³。沟内储存的大量的崩塌、滑坡体及坡积物、残积物为泥石流提供了丰富的固体物质。形成区陡峭的地形以及沟道内堆石坝、拦沙坝形成的陡坎级联堵溃效应，加大了泥石流的流速、流量与破坏力。

（2）人为泥石流以矿产资源开发引起的为主。主要是由于开采矿产弃渣堆积，给泥石流提供了丰富的物质来源，在暴雨来临、山洪暴发时形成泥石流，一般规模比较大，为几十万至百万立方米，主要分布在四川、云南、广东、甘肃等省份。

在湖南"有色金属"之乡，多产生人为型矿渣泥石流，为稀性沟谷型泥石流，具暴雨溃决型特点。其中的柿竹园泥石流和瑶岗仙泥石流属超大型（最大一次泥石流冲出量大于 50 万 m³）。

1994 年 7 月 11 日，在陕西渔关县西峪金矿区发生泥石流，其形成主要原因是采金量迅猛增加，采矿乱弃渣石量也随之迅速增加（1993 年弃渣已超过 100 万 t），加上当天猛降大暴雨，使泥石流突然暴发，死亡 51 人，经济损失高达 5 至 6 亿元人民币。

（3）水利工程建设引起的泥石流。青海西宁市孔家村渠道漏水诱发黄土泥流，冲毁农田；甘肃省庄浪县文家沟水库，溃决形成泥石流，冲入村庄，死亡 580 人。

田湾河大发水电站位于四川省石棉县境内的田湾河上，是田湾河梯级开发的最末一级电站。该地区流域位于四川盆地向青藏高原的过渡地带，属亚热带季风气候区。石棉县草科乡杨家沟于 2007 年 8 月 10 日 21 时 45 分，突降暴雨，最高降雨量高达 78.9mm，持续时间 3h。位于草科乡的田湾河大发水电站引水隧洞工程 DCⅡ标段 3 号支洞口右上方冲沟发生泥石流，施工区位于泥石流径流区下方，由于受地形、地貌限制工棚选址在冲沟旁山坡下方，存在着安全风险和隐患。沿施工公路向东流动，直逼路边工棚，现场安全人员发现险情后，迅速组织所有人员进行避险撤离，在撤离途中一部分人员撤至离事发处约 300m 位置时，上方一条沟内突然发生泥石流，破坏力极强，正在撤离的 12 名农民工被泥石流直接推下杨家沟，造成 11 人死亡、1 人失踪、3 人轻伤的重大地质灾害。

9.4.6 泥石流的安全保障技术

1. 生物措施

采用植树造林、种植草皮及合理耕种等方法，使流域内形成一种多结构的地面保护层，以拦截降水，增加入渗及汇水阻力，保护表土免受侵蚀。当植物群落形成后，不仅能防治泥石流，还能改变水分和大气循环，对当地农业、林业都有好处。

2. 工程措施

工程措施的主要类型有以下四种：防治泥石流发生的措施；拦截泥石流措施；泥石流排导措施；储淤工程。

1）防治泥石流发生的措施

支挡工程：主要有挡土墙、护坡等。在形成区内崩塌、滑坡严重地段，可在坡脚处修建挡墙和护坡，以稳定斜坡。当流域内某地段因山体不稳，树木难以"定居"时，应先辅以建筑物稳定山体，再用生物措施才能奏效。

蓄水、引水工程：包括调洪水库、截水沟和引水渠等。工程建于形成区内，其作用是拦截部分或大部分洪水、削减洪峰，以控制暴发泥石流的水动力条件；同时还可用于灌溉农田、发电或供生活用水等。大型引水渠应修建稳固而矮小的截流坝作为渠首，避免经过崩塌地段而应在其后缘外侧通过，并防止渗漏、溃决和失排。

2）拦截泥石流措施

（1）主要为拦挡坝。拦挡坝基本有两种类型：一种是高坝，它有比较大的库容，能保证发生最大泥石流时全部拦蓄。当坝体逐渐淤满时，予以清除或将坝体加高。此种坝体按水库设计，修建有溢洪道。水利部门在黄土地区修建较多，称为拦泥库。另一种为低坝，也称砂坊、谷坊或埝。这种坝体常成群布设。坝体高度较小，泥石流直接从坝面流过。低坝的作用主要有以下几方面：①拦截泥砂：挡截泥砂的数量往往取决于坝的高度，由于一般坝高较小，因而拦截的数量不多；②控制或提高沟底侵蚀基准面：防止沟道下切，从而稳固了两岸的坍塌及减少滑坡移动，减少泥石流泥砂来源；③改变沟床坡度、宽度：改变了流动条件，使流向稳定，减轻泥石流的侧向侵蚀；④调节泥砂。切口坝在流量大时有拦蓄作用，而流量小时直接通过，格栅坝有拦蓄大石块而将其泥砂排出，起到调节泥砂的作用。

（2）拦挡坝的高度和间距。泥石流沟谷中坝体下游冲刷剧烈，除修建在基岩上的拦坝外，在堆积物上的孤立坝体很易冲垮，因而拦挡坝一般都成群建筑，并由下游坝回淤的泥砂来保护上游坝体。因此要正确选择坝与坝之间的距离。拦挡坝的间距由坝高及回淤坡度决定。在布置时可先定坝的位置，然后计算坝的高度。也可以先决定坝高后，再计算坝的间距。坝群布置见图 9-2，坝高与间距的关系可用式（9-4）计算：

$$H = L（I-I_0）\tag{9-4}$$

式中，H 为坝高，m；L 为坝与坝的距离，m；I 为修建拦坝处沟度纵坡（以小数计）；I_0 为预期淤积后的坡度（以小数计）。

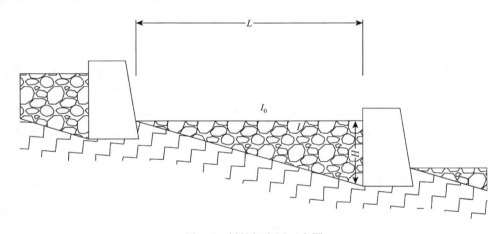

图 9-2　拦挡坝布置示意图

为降低拦坝工程造价及便于修筑，一般都修建 3～5m 高的低坝，较高的坝体也以 10m 以下为多。

拦挡坝的形式有浆砌块石重力坝、干砌块石坝、混凝土拱坝、格栅坝、护面土坝。

3）泥石流排导措施

包括排导沟、渡槽、急流槽、导流堤等，多建在流通区和堆积区。最常见的排导工程是设有导流堤的排导沟（泄洪道）。它们的作用是调整流向，防止漫流，以保护附近居民点、工矿点和交通线路。

4）储淤工程

包括拦淤库和储淤场。前者设置于流通区，就是修筑拦挡坝，形成泥石流库；后者设置于堆积区后缘，工程通常由导流堤、拦淤堤和溢流堰组成。它们的作用是，在一定期限内、一定程度上将泥石流固体物质在指定地段停淤，从而削减下泄的固体物质总量及洪峰流量。

3. 综合治理

工程措施具有工期短、见效快、效益明显等特点，但使用过久或流量过大时则被破坏。生物措施见效慢，稳定土层薄，但时间越长效果越好，可以恢复生态平衡。两者各有长处，可以结合使用。前期以工程措施为主，稳定边坡，促进林木生长；后期以生物措施为主，减少水土流失。

采用生物措施和工程措施相结合的办法：坡面防护、支沟的稳坡固沟、主沟的拦挡调节、沟口的排导防护相结合。

9.5　水库诱发地震灾害

在特定的地区因某种地壳外界因素诱发而引起的地震，称为诱发地震。这些外界因素可以是地下核爆炸、陨石坠落、油井灌水等，其中最常见的是水库地震。水库蓄水后改变了地面的应力状态，且库水渗透到已有的断层中，起到润滑和腐蚀作用，促使断层产生新的滑动。并不是所有的水库蓄水后都会发生水库地震，只有当库区存在活动断裂、岩性刚硬等条件，才有诱发的可能性。

由于人类社会经济发展对水库的依赖性，全世界水库的建设速度不断加快，水库数量激增，已出现了许多巨型水库、流域梯级开发水库和在复杂地质构造区建设的水库。基于中国水力资源丰富、水电无污染和低成本等优点，水库和水电建设已成为国家能源建设重要的发展方向。中国已建成各类水库 8 万多座，总库容约 6000 亿 m^3。然而，水库诱发地震的安全问题也日趋突出。

9.5.1　水库诱发地震灾害的概念

水库诱发地震是由于水库地应力和构造地应力叠加，以及水库地震能量和构造地震能量叠加而诱发产生，是一种与人类工程活动相关的地质灾害现象。世界上一部分大型和特大型水库蓄水后都伴有地震活动。相当一部分水库蓄水后的地震活动水平和活动特征都与蓄水前具有明显的差异。特别是高坝大库蓄水后地震活动明显增多的例子较多。水库诱发地震在时间和空间分布、震源机制、序列特征等诸多方面与天然构造地震相比，有其独有的特征。目前世界上已有一百余个水库诱发地震的例子，仅我国就有二十余例。尤其是坝高 100m以上、库容也达 10 亿 m^3 以上的水库发生诱发地震的概率较高。我国已发生诱发地震的高坝水库约占总数的四分之一，并且不少诱发地震发生在天然地震的少震区和弱震区。

水库诱发地震的灾害具有很大的破坏性，不仅给工程建筑物和设备等财产造成破坏，还可能诱发滑坡、引起涌浪，给水库地区人民的生命财产造成灾难性的损失。

美国的米德湖（Lake Mead，胡佛大坝的水库）1935 年开始蓄水，1936 年首次发生有感地震，1939 年春库水上升至运行水位后不久，出现地震高潮，其中最大的是 1936 年 5月的 5 级地震。20 世纪 60 年代，世界上先后发生了 4 次震级大于 6 级的水库诱发地震，即中国的新丰江水库诱发地震（6.1 级，1962 年 3 月），赞比亚的卡里巴水库诱发地震（Kariba，6.1 级，1963 年 9 月），希腊的克瑞马斯塔水库诱发地震（Kremasta，6.3 级，1966

年）和印度的柯依纳诱发地震（Koyna，6.5 级，1967 年）。水库诱发地震已经成为工程界和地震界高度关注的话题，并将其作为水坝建设中的一个重要问题加以研究。

水库诱发地震是一个小概率事件，即世界上成千上万座已建的水库中，发生诱发地震的只是极少数。目前全世界究竟有多少座水坝，没有准确的统计数据，仅美国和中国就有大小水坝近 17 万座；按国际大坝委员会的统计标准，全世界坝高大于 15m 的水坝，截至 2003 年共计约 5 万座（49697 座）。目前全世界见诸报道的水库诱发地震震例为 130 余起，得到较普遍承认的约 100 起，仅占已建坝高在 15m 以上大坝总数的 2‰ 左右；中国是水库诱发地震较多的国家之一，迄今已报道的有 34 例，得到广泛承认的为 22 例。按我国坝高大于 15m 的水坝 25800 座计，发生诱发地震的仅占 1‰ 左右。

水库诱发地震是一个十分复杂的自然现象，对其形成机制和发震条件，尤其是对它发生的时间、地点和强度的预测预报，是一个远未解决的问题。对水库诱发地震的活动特点和规律已经有了一些基本的认识，有以下特点。

1. 发震时间

主震发震时间一般与水库蓄水密切相关，蓄水早期地震活动与库水位升降变化有较好的相关性。较强地震活动高潮大多出现在第一、二个蓄水期的高水位季节、水位回落或低水位时。水位与地震的关系有多种形式：

（1）当水位持续上升或达到历史未曾达到的高水位时，地震频度增加；而水位持平或降低时，地震活动也减弱。有的水库在高水位阶段不仅地震频度增加，主震和较大的地震也发生在这个时段内。

（2）当水位下降或大幅度下降时，地震频度升高，待水位上升或水位持平，地震频度相应减小。

（3）水位变化的速率对地震活动影响更为突出。水位持续快速上升阶段，地震活动增强，反之水位上升缓慢或转为下降时，地震活动相应减弱。

2. 空间分布

震中集中分布在水库及其周围 5km 范围内；主要常分布于库区岩溶发育部位或断裂构造与岩溶裂隙带的复合部位；往往密集呈条带状或团块状；其延伸方向大体与库区主要断裂线平行或与 X 形共轭剪切断裂平行。

震源深度大多在 5km 以内，很少超过 10km。震源深度与水库库容有一定的相关性，一般库容越大，震源越深。

3. 发震趋势

由于水库蓄水引起内外条件变化，水库蓄水初期发震较多；随着时间的推移，逐步得到调整后趋于平衡。地震频度和强度将随时间的延长，呈明显下降趋势。

4. 地震强度

水库诱发地震以弱震和微震为主，从国内外水库诱发地震统计资料看，6.0～6.5 级强震仅有 4 例，占 4%，即印度的柯依纳 6.4 级（1967 年 12 月 10 日）、希腊的克里马斯塔 6.3 级（1966 年 02 月 05 日）、赞比亚的卡里巴 6.1 级（1963 年 09 月 23 日）和我国的新丰江 6.1 级（1962 年 03 月 18 日）。诱发地震中 5.0～5.9 级中强震占 14%，4.0～4.9 级中强震占 24%，3.0～3.9 级地震占 25%，小于 3.0 级弱震和微震占 32%。

由于水库诱发地震震源较浅，与天然地震相比，具有较高的地振动频率，较高的地面峰值加速度和震中烈度；但极震区范围很小，烈度衰减较快。

9.5.2　水库诱发地震的类型

按地震释放的能源来源分类，可分以下三类：

（1）构造型。由于库水触发库区某些敏感断裂构造的薄弱部位而引发的地震，发震部位在空间上与相关断裂的展布相一致。这种类型的水库诱发地震强度较高，对水利工程的影响较大，也是世界各国研究最多的主要类型。构造应变能聚集于活动断层的活动地段，初始应力较高的状态下，由于库水的各种物理、化学作用而诱发的。震级大、频度高、延续时间长、震源较深，为前震—主震—余震型。

（2）非构造型（岩溶塌陷型或重力型）。碳酸盐岩层溶洞，由于水库蓄水改变了外力地质作用的条件，导致地表和深度不等的局部岩体或岩块失稳，发生相对位移破坏而伴生的地震现象。震级小、频度低、延续时间短、震源浅，在序列上属震群型。

（3）浅表微破裂型，又称浅表卸荷型。在库水作用下引起浅表部岩体调整性破裂、位移或变形而引起的地震，多发生在坚硬性脆的岩体中或河谷下部的卸荷不足区。这一类型地震震级一般很小，多小于 3 级，持续时间不长。

此外，库水抬升淹没废弃矿井造成的矿井塌陷、库水抬升导致库岸边坡失稳变形等，也都可能引起浅表部岩体振动成为"地震"，且在很多地区成为常见的一种类型。

按地震活动与水库蓄水的时间差别分为快速响应型和滞后响应型。

按地震序列的特征分为震群型和前震—主震—余震型。

按水库地震的震源错动类型分为走滑断层型、正断层型和逆断层型。

9.5.3　水库诱发地震的水诱发机制

1. 水库荷载的作用

水库荷载可以产生以下几种效应和作用：①弹性效应：水库荷载使库基岩体发生弹性位移，从而使岩体承受的弹性应力增加。这种变化是快速响应的，继水库承受荷或之后，岩体的变形立即随之而来，同时出现岩体内部弹性应力的改变。②压实效应：在饱和的岩石中，由于弹性应力的增加而使岩体中的空隙被压缩，孔隙体积减少，孔隙水压从而升高。这种响应也较迅速。③扩散效应：由于水库蓄水造成一定的水头压力，迫使库水沿裂隙向孔隙压较小的部位运移。这种扩散作用还与压实作用造成的孔隙压变化有联系。④抬高地下水位作用：在水库蓄水以前，地下水位埋深很深，库基岩石处于不饱和状态。当水库蓄水以后，库水向不饱和的岩体渗透，最终使地下水面被抬高。

弹性效应是水库荷载对库基的直接效应，而其他 3 种效应是在水库荷载的条件下库水对岩石介质的物理特征和对水文地质条件的影响。水库荷载的意义在于触发已积蓄的构造应变能。如果当地初始最小应力 σ_3 与附加张应力接近平行，特别是初始构造应力已接近岩石破裂的临界值时，附加张应变就可能产生诱发地震的作用。附加张应变可以部分地抵消断裂面上的正应力，从而使构造应力更易于造成断裂错动和地震。

2. 孔隙水压的作用

1）孔隙水压的效应

孔隙水压力是指土壤或岩石中地下水的压力，该压力作用于微粒或孔隙之间。根据有效应力定律：

$$\tau = \sigma' \cdot \tan\phi + c = (\sigma - u)\tan\phi + c \tag{9-5}$$

式中，τ 为岩石（或其界面）的抗剪强度；σ 为总应力或界面的正应力；u 为孔隙水压力；ϕ 为内摩擦角；c 为岩石黏聚力。试验表明断层的剪切强度（τ）与正应力密切相关。从理论上讲，如果孔隙水压增加，使断裂面上有效应力降低，以至断裂面的剪切强度低于当地的构造应力时，就导致地震。

丹佛废液处理井的诱发地震是孔隙水压力效应的极好实例。在这里没有荷载效应，而只是因水的注入使裂隙中的孔隙水压力增加了 $120 \times 10^5 \text{Pa}$，相应地降低了作用在裂隙面上的有效正应力，地震震级 5.5 级。

2）孔隙水压与断裂构造的关系

地震失稳现象主要与沿断裂面的摩擦滑动有关。尤其是震源不超过 20km 的浅层地震多被认为是断层闭锁区发生瞬间位错的结果。世界水库震例，绝大多数是与库区，特别是靠近水库边缘的浅层构造断裂密切相关。库基岩体的断裂网络发育程度越高，库水越得以渗透，库水的孔隙压效应和库水荷载的物理作用才能充分发挥影响。由高渗透性岩层构成的褶皱构造在库区的展布特征对水库地震有较为直接并且重要的影响。这主要是从褶皱构造中的裂隙和断层在被库水淹没后成为库水向地下渗透的通道，有利于库水的渗透扩散，使得库水的孔隙压效应和库水荷载的物理作用充分发挥影响。

完整的岩石的初始剪切强度比已经存在破裂面的强度大得多，所以，错动面不一定是与最大和最小主应力轴成 45°交角，凡是已存在裂隙的岩石受到应力作用，通常都是沿着已经存在的破裂面发生错动。因此，一旦水库区已存在接近现今构造应力场最大剪切破裂面的平移断层和接近垂直最小主应力轴（最大引张应力轴）的倾滑正断层时，便最易发生错动。

水库地震通常发生于构造引张区，而不利于发生在构造挤压区。可以用莫尔-库仑破裂准则为水库区岩石破裂过程和诱发因素的影响提供科学依据。

3. 水对库基岩石的物理化学作用

干燥的和含水的岩石具有不同的强度和变形特征。这种岩石特性变化是水对岩石的物理、化学作用的结果。水库蓄水以后，受重力和水压的作用，库水沿着岩石的孔隙、岩体的裂隙和其他软弱结构面向深部和水库四周边缘渗透，孔隙水压随之变化。水的渗透作用不仅改变了岩石的强度，改造了岩石孔隙和岩体裂隙的形状，同时也改变了岩体内部的应力状态，总的结果是使岩石软化。根据对新丰江水库的岩石进行试验研究，经过压力饱水以后，岩石的强度显著降低了。同时，试验数据的分散性也说明岩样结构是不均匀的。根据莫尔包络线的形状和破裂模式分析，对于结构均匀、致密的岩样，在高围压下，符合格里菲斯破裂理论，即

$$\tau^2 = 4\sigma_t(\sigma_t - \sigma_n) \tag{9-6}$$

式中，σ_t 为岩石的抗拉强度；σ_n 为正拉力。对于结构松碎或存在明显层面的岩样，当围压不太高时，则比较符合莫尔-库仑准则，即

$$\tau = \tau_0 + \sigma_n \cdot \tan\varphi \tag{9-7}$$

式中，τ_0 为岩石材料内部的抗剪力，包括凸凹不平的嵌合力和内聚力；φ 为内摩擦角。在封闭饱水条件下，由于孔隙压 P 的作用，式（9-6）、式（9-7）变为

$$\tau^2 = 4\sigma_t[\sigma_t - (\sigma_n - P)] \tag{9-8}$$

$$\tau = \tau_0 + (\sigma_n - P) \cdot \tan\varphi \tag{9-9}$$

$\sigma - P$ 通常称为有效应力。由图 9-3 可以看出，两条包络线并不是平行的，表明岩石饱水后抗剪强度的降低不是一个常量。这是由于原先注入岩样中的水分被围压（超过 P 值后）所封闭，随着围压的升高，试样体积被压缩，在密封的情况下，水的可压缩性极小，造成孔隙压力 P 随着围压 σ_c 而增高，对抗剪的强度影响也增大，直至围压相当高时这种影响才趋于稳定。如图 9-4 所示，当正压力超过 3000kg/cm^2 以后，风干与饱水岩样抗剪强度的差值几乎是不变的，最大差值比 22%。

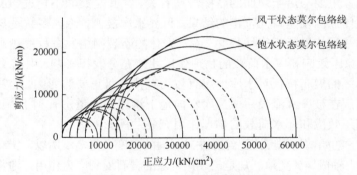

图 9-3　风干、饱和状态下的莫尔包络线图

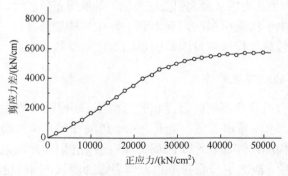

图 9-4　风干、饱水岩样抗剪强度差值随正应力变化

库水渗透到库基内，还使库基岩石的部分矿物产生溶解、水化和吸附效应等物理-化学过程。水化作用降低了使岩石颗粒边界扩散和压熔变形所需的最低拉应力等称这种物理过程为应力腐蚀。

在应力腐蚀作用情况下含石英岩石的强度将显著降低，明显地缩短导致破裂的时间，或是加速破裂成长的速度。充填黏土质成分的裂隙，在受到库水的渗透之后，岩石的内摩擦系数可减小 15%，断裂强度降低 50%。吸附效应是指岩石受水渗透后，在矿物之间的分子层表面形成水膜，因而降低矿物之间的联结强度，使原有的裂隙易于分开。吸附效应的强弱取决于地下水的成分。当含有与构造矿物相同的离子的低浓度盐水溶液时，对岩石的吸附效应最强烈。

总之，水对库基岩体的应力腐蚀和吸附效应可导致岩石介质软化，或使断层的破裂强度降低，或使断层的剪应力增大，如果已积累接近临界强度的构造力，就可诱发地震。有些水库蓄水不久，水头不高就诱发了微震（如新丰江水库），应力腐蚀是主要因素。

4. 微震的诱发作用

诱发地震序列初期的微震既是对水库蓄水的响应，又是一种反馈因素。它们为更大规模释放构造应变能和岩体断块的位能创造条件。已知震例中，较强的水库诱发地震（3 级以上地震）发生以前，都有大量微震。一方面，大量小地震的发生使微小裂隙不断发展，甚至互相贯通，促使形成较大的破裂，从而有助于库水向深部渗透扩散，在更大的深度产生孔隙压效应，这一过程有利于孔隙水压效应发挥作用；另一方面，许多小地震活动，使应力分布更加不平衡，更大尺度的岩体内出现应力集中和应力不均衡，导致发生大规模错动，为释放更大规模已积累的应变能创造条件，导致发生主震和能量大释放。大量微小地震成为暴发大地震的诱发因素，这种现象也可称为应力腐蚀。

微震形成的岩体微破裂的发展，既为库水的渗透和扩散提供了方便条件，又有助于和原微破裂的沟通，促使形成更大的破裂，从而为释放更大规模已积累的应变能创造条件。

9.5.4　水库诱发地震的安全保障措施

1. 分析判断计划兴建水库的地区产生地震的可能性

水库建立以前，应该分析判断水库诱发地震所需要的基础性工作：进行水库区或水库地质构造育景区历史地震活动的研究；进行水库及其邻区地质构造和地貌勘察，其目的在于鉴定活动地质构造和潜在的活动构造；地震情况抽查，如果设计库区附近没有建立过任何地震台，可派流动地震台进行短期现场监测，目的在于了解当地的地震概况。水库蓄水后，设置固定的地震台网；布设精密水准测量、安装探测断层活动的仪器设备、研究水库边坡的稳定性、用水压致裂法或其他方法测定地应力、设置深井倾斜仪、测量地下水位。

2. 对水库大坝进行抗震设计

在抗震设计中，可以采取以下几种方法：置换法、抛石压重法和人工加密法等。①置换法主要是指挖除液化区内的砂土，并在液化区内填筑具有较好抗液化性能的石渣；②抛石压重法主要是指在砂土表面进行加压，以达到提高砂土应力的目的；③人工加密法是采取振冲、强夯等措施，以提高砂土的密实度。

3. 水库蓄水后，如频繁出现地震活动，可采取相应的应急措施

做好宣传、解释工作，普及水库诱发地震的知识，避免库区及周边居民生产、生活受到不必要的干扰。

4. 水库诱发地震的预测预报

1）经验判断预报

（1）构造型水库地震判别标志。主要判别库坝区有区域性或地区性断裂通过，并在晚更新世以来有活动证据，断裂带处于高应力积累状态并有地震活动依据，断裂带以张性或张扭性为主要特征，并与水库直接接触，或通过旁侧断裂与水库有水力联系。

（2）岩溶性水库地震判别标志。主要判别库区有大面积碳酸盐岩分布，现代岩溶作用强烈，在蓄水位以下有多层岩溶管道系统发育，具有向深部渗流和溶蚀的水文地质结构。

2）统计分析预报

对现有水库与诱发地震有关的因素及发震情况进行统计，结合新建水库的相关因素采用统计分析方法对新建水库的发震可能性进行预测。

统计内容包括介质条件、地震活动背景、断层发育情况、断层与库水接触关系和岩溶发育程度。

分析方法包括模糊聚类分析法、灰色聚类分析法和概率统计预测法。

模糊聚类分析法基于模糊库深、库容、应力状况、断层活动性等价关系的传递闭包法，其原理是利用模糊关系中的等价关系将样本进行聚类。具体步骤为指标选择、指标标准化、建立相似矩阵 R、聚类、进行分类。影响因素取决于：①样本的数量，选用的样本越多，效果越好；②采用的影响因子或指标的选择，指标选择得越合理，模糊聚类分析的结果也越好；③选择阈值 λ 参量对模糊聚类分析的结果影响较大，预测人员的经验对选择恰当的 λ 值有重要的意义。

概率统计预测法把水库诱发地震作为随机事件，根据已有的水库震例资料，研究可能与诱发地震密切相关的诱震因素，建立概率统计数据库，根据水库危险库段提取诱震因素状态，利用建立的数据库在概率意义上对水库的诱震危险情况进行定量评估。

灰色聚类法是将收集到的样本按统计方法取其权，再将被预测对象按实际指标的值在白化权函数上找出所对应的权，根据找出权的大小判断所属类别。将水库地震震级作为聚类的类别，记作 M_L，表示第 L 种地震类别（$L = 1, 2, 3, \cdots, m$）。诱震因素（库深、库容、区域应力状况、断层活动性、岩性、地震活动背景）作为聚类指标，记作 x_i，表示第 i 种预测指标（$i = 1, 2, 3, \cdots, n$）。被预测的水库作为聚类对象，记作 Y_K 为第 K 个被预测对象（$K = 1, 2, 3, \cdots, s$）。

3）数值分析预报

采用数值分析方法对蓄水后库底应力、孔隙水压力等进行分析，计算库底应变能的积累，推算水库诱发地震震级。

9.6　海水入侵灾害

　　在沿海地区，随着社会经济建设的快速发展和城市化进展加剧，人类对自然界的干扰强度大大增加，对淡水资源，特别是地下淡水的开采强度不断加强；若开采量过大或井孔布置不合理，势必造成海水入侵淡水层。海水入侵是沿海地区人类的社会经济活动中，因不合理开采地下淡水导致海水入侵淡水层的一种环境恶化的现象。海水入侵作为沿海地区水资源不合理开发而带来的特殊环境问题，使沿海地区生态环境遭受严重破坏，给社会经济带来很大损失。

　　目前全世界范围内已有 50 多个国家和地区的几百个地段发生了海水入侵，主要分布于社会经济发达的滨海平原、河口三角洲平原及海岛地区。如美国的长岛、墨西哥的赫莫斯城，以及日本、以色列、荷兰、澳大利亚的滨海地区都存在这一问题。我国海岸线长达 1800 多千米，是全球海岸线最长的国家之一，其中在辽阔陆地与海域之间的狭长地带，即沿海地区，因具有背靠陆地、面向海洋的优势地理位置，是我国社会经济发展的战略重点。由于沿海地区自然环境的脆弱性，以及地质环境的复杂多变性，在自然条件和人类活动的综合作用下，各类灾害频繁发生，其中海水入侵现象尤为严重。海水入侵淡水层，直接导致地下水环境恶化，大大降低地下水的适用性，使有限的地下淡水资源变得更少，从而引起区域环境的破坏和生态系统的失衡。

　　1964 年首先在大连市发现了海水入侵。1970 年青岛市也出现海水入侵问题。我国大部分城市的海水入侵出现在 20 世纪 70 年代后期及 20 世纪 80 年代初期之后，如辽宁、河北、山东、江苏、天津、上海、广西等省份均有发生，给沿海地区带来严重的经济损失，严重地制约着沿海开放地区的社会经济发展。以山东省莱州湾沿岸最为突出，截至 1995 年年底，莱州湾地区海水入侵面积已发展到 970 余平方千米，陆侧地下水位低于现代海平面的海水入侵潜在危及区面积已发展到 2400 多平方千米，已造成 40 多万人喝水困难，8000 余眼农田机井变咸报废，4 万多公顷耕地丧失灌溉能力，粮食每年减少 3 亿 kg 以上的严重灾情形势，严重地妨碍了工农业生产的发展。

9.6.1　海水入侵的概念

　　海水入侵是由于滨海地区地下水动力条件发生变化，引起海水或高矿化咸水向陆地淡水含水层运移而发生的水体侵入过程和现象。海水入侵没有一个统一的定义，国外一般称之为盐水入侵（salinity intrusion），国内除称其为海水入侵外，还有海水浸染、海水内浸、海水地下入侵、盐水入侵、咸水入侵、咸水侵染、卤水侵染等。

　　海水入侵地下水是咸淡水相互作用、相互制约的流体动力学过程。在自然状态下，含水层中的咸、淡水保持着某种平衡，滨海地带地下水水位自陆地向海洋方向倾斜，陆地地下水向海洋排泄，二者维持相对稳定的平衡状态。两者之间的过渡带或临界面基本稳定，可以阻止海水入侵。然而，这种平衡状态一旦被打破，咸淡水临界面就要移动，以建立新的平衡。如果大量开采地下水或者河流入海径流量减少，淡水压力降低，临界面就要向陆地方向移动，含水层中淡水的储存空间被海水取代，于是就发生了海水入侵。吉恩和赫兹伯格分析认为，在天然条件下海岸带附近咸、淡水分界面的埋深相当于淡水位高出海平面高度的 40 倍。开采地下淡水时，经常在开采井附近形成降落漏斗和咸水入侵的反漏斗；如果开采量过大，则咸水反漏斗扩大上升，使咸水进入开采井中而污染水源。

9.6.2　海水入侵的影响因素及成因分析

海水入侵的影响因素包括地质、构造、岩性、含水层渗透性、含水层补给条件、含水层在海底方向上的延伸状况、大气降水等。这些因素对海水入侵的方式、途径、地点和速度有一定的控制作用。

第四纪沉积物组成的泥质、砂质海岸与坚硬基岩组成的海岸具有不同的入侵方式和速度。含水层的非均质性也对入侵方式和速度具有控制作用，对于第四纪含水层，如果含水层上覆低渗透性的海底沉积物（弱透水层或隔水层），会严重妨碍海水与含水层特别是承压含水层间的联系，可以大大减少海水入侵的危害，甚至可以完全使海水不能入侵；对于基岩含水层，如果基岩裂隙发育，就会为海水入侵提供有利条件；对于岩溶含水层，溶孔或溶洞往往是海水入侵的有利条件。

以龙口、莱州地区为例，海岸线附近覆盖于冲洪积物和泻湖相沉积物之上的海相沉积物是透水性良好的细砂、粗砂和细砾，海底表层沉积物是粗砂、细砂和粉砂，海底全新世海相沉积物也以粉砂、细砂和中粗砂为主，所以海水和海岸带含水层间水力联系密切，为这个地区发生大面积的海水入侵提供了有利条件；河口附近海底表层沉积物比较粗，呈舌状向外延伸，在陆上还有组成物质较粗的古河道，也为海水入侵提供了有利条件。大气降水也是影响海水入侵的一个重要因素，如果大气降水能够及时补给地下含水层，就不至于造成地下水位大幅度下降，甚至可以出现开采和补给持平。相反，如果大气降水补给含水层趋于减少，势必加剧海水入侵程度。例如，莱州市在 20 世纪 70 年代早期以前，降水相对偏丰，地下水开采少，基本没有海水入侵；1981～1984 年均降水量仅 344mm，比正常年份减少 47.8%，地下水开采迅速增加，出现大面积地下水位低于海平面的负值区，海水入侵速度年均增加 11.1km^2；1986～1989 年降水量又持续偏少，开采量继续增加，导致负值区进一步扩大，海水入侵速度年均增加 31km^2。

形成海水入侵的有两个基本条件，一是水动力条件，二是水文地质条件。当这两个条件同时具备，就必然发生海水入侵。

（1）水动力条件。受重力作用，水总是由较高水位向较低水位流动。在天然条件下，地下淡水位高于海水水位，地下淡水向海水方向流动，不会发生海水入侵现象。在开采地下淡水的条件下，尤其当开采量超过允许开采量时，地下淡水位就会持续下降，改变了原来的地下淡水与海水的平衡状态，具备了海水向淡水流动的动力条件，导致海水入侵发生。

（2）水文地质条件。形成海水入侵，必须具备联系海水与地下淡水的"通道"。该"通道"是指具备一定透水性能的第四系松散层、基岩断裂破碎带或岩溶溶隙、溶洞等。这些"通道"都受水文地质条件控制。在泥质海岸带，透水性很差的泥质地层阻塞了海水与地下淡水之间的联系"通道"，不具备海水入侵的水文地质条件，因此就不可能发生海水入侵。

已经发生海水入侵的地区，其入侵"通道"可以归纳为两种类型：①以地层相变带、不整合面、风化壳、古河道、断裂破碎带、溶蚀洞穴等为代表的自然形成的通道；②以结构不完善或损坏的水井、未加填塞的钻孔、引水建筑物、海岸采矿活动的洞穴等为代表的人为作用造成的通道。不管是单一类型的通道还是复合类型的通道，都直接决定海水入侵的方式。

1990 年对莱州市滨海平原海水入侵研究中，得出 6 种海水入侵途径，即沿海第四纪砂层中的面状入侵、沿古河道形成的带状入侵、沿基岩断裂带形成的脉状入侵、沿溶洞溶隙形成的管状入侵、沿基岩风化层和半风化层形成的片状入侵、沿井孔上升形成的垂直入侵。

1987 年 L.D.Bond 调查加利福尼亚帕加拉谷地海水入侵区的复合通道，明确了该区海水入侵所具有的 3 种方式，即大洋水垂直渗漏、大洋水侧向渗漏和微咸水垂直渗漏；美国地质调查研究所在研究佛罗里达州东北部的含水层时，发现那里切过白云岩层的隐伏断裂很密集，断裂附近 Cl⁻浓度相对较高，证明断裂带是海水入侵途径；青岛崂山前村的白垩系玄武岩构造裂隙发育、莱州石虎嘴和三山岛等地的花岗岩风化层厚，裂隙发育，成为海水入侵通道。

9.6.3　海水入侵的灾害

1. 含水层水质咸化

海水入侵导致地下淡水水质咸化。水质咸化使大量地下水开采井报废，居民生活、农业灌溉和工业生产均受到严重影响。莱州市海水入侵地区内有 2600 多眼开采井报废，15 万人口饮水困难，1.7 万 hm^2 耕地的灌溉受到不同程度的影响。龙口市海水入侵地区内 1000 多眼开采井报废，3 万人口饮水困难，0.67 万 hm^2 农田的灌溉受到不同程度的影响。海水入侵造成工业设备锈蚀严重，产品质量下降，部分企业转产或停产，失业人口增加。

2. 土壤盐渍化

海水入侵使地下水盐分增加。如果长期使用高盐分的地下水灌溉，盐分不断地在土壤表层聚积，导致土壤盐渍化。土壤盐渍化导致土壤肥力下降，造成粮食减产。截至 1995 年，莱州市土壤盐渍化面积达 $4600hm^2$；龙口市土壤盐渍化面积达 $3300hm^2$。受土壤盐渍化影响，多数农田减产 20%～40%，严重的减产 50%～60%，个别甚至绝产。1989 年，龙口市海水入侵区受土壤盐渍化影响的粮食作物有 $168hm^2$，减产 12347t；油料作物有 $49hm^2$，减产 1120t；果园有 $48hm^2$，减收水果 3730t，经济损失达 1592 万元。1979 年，莱州市粮食产量 5.20 亿 kg，受土壤盐渍化灾害加重的影响，1989 年粮食产量减少为 3.02 亿 kg。

9.6.4　海水入侵的防治措施

海水入侵的问题主要是由过量开采地下水造成的，但经济要发展，无法从源头根治海水入侵问题，只能从其他途径采取防治措施：

（1）控制和调整地下水开采。海水入侵是由过量开采地下水引起的，要防止其入侵就必须将开采量限制在允许开采量范围之内。①调整开采时间和间隔：丰水年份（季节）多开采地下水，枯水年份（季节）少开采地下水，给地下水恢复的机会；②调整开采井布局和水井密度：现实生活中地下水水源地往往是集中开采，很容易形成局部降落漏斗，给海水入侵创造条件，实行分散开采，且要避开海水入侵通道；③调整开采含水层层位：对于多层承压含水层分布区，有计划地开采不同层位，控制每个开采含水层的淡水端静水压力不低于海水端静水压力。

（2）增加地下水补给。要想增加有限的地下水的开采量，必须增加地下水的补给量。滨海地区增加地下水补给量的方式有：①拦蓄降水和地表径流补充地下水，如修建橡胶坝、渗井、渗渠回灌工程。沿海地区河流通常独流入海，源短流急，雨后河水暴涨暴落，所以拦蓄工程起到补源与兴利的双重效果。莱州市王河下游的西由、过西两镇于 1990 年春在河床中开挖渗渠 121 条、渗井 242 眼，有效地拦截了 7 月 24 日和 26 日的两次雨洪，使河床两侧 400m 以内的地下水位平均上升 5.6m。②适当拦蓄地下径流，减少地下淡水入海通量，在滨海构筑地下阻咸帷幕（实体帷幕或水力帷幕）营建地下水库，既起到拦截地下水径流的作用，又起到阻止海水入侵的作用。山东省龙口市在八里沙河和黄水河修建了实体帷幕，发挥其作用。③适当处理后的污水、废水回灌地下水，构筑水力帷幕，既利用了污水、废水，又阻止了海水入侵。这方面美国已在纽约州长岛、加利福尼亚州、南加州奥尔良市和洛杉矶市等地区取得成功。

（3）节约用水和分质供水。水资源是有限的，但对水资源的需求是无限的。尤其沿海地区普遍存在资源型缺水，节约用水是一项长期任务。提高工业用水重复利用率，采用先进节水灌溉技术减少灌溉定额，调整农业种植结构，改种部分耐旱作物，在节约用水上都有较大潜力可挖。分质供水一定程度上可以缓解地下水的供需矛盾。地下水一般水质好，要优先用于生活饮用水和部分对水质要求高的工业用水，农业用水和生态用水尽量使用地表水和经过处理的污水废水，冷却、冲渣、冲刷等方面尽量多地利用海水和咸水。

（4）调引客水。跨地区或跨流域调水，应在当地确实无法解决水资源的供需矛盾情况下考虑，但前期一定要做好社会效益、经济效益、环境效益等论证。

（5）海水淡化。海水淡化的技术成熟，但运行成本过高，可在将来经济实力增强后实施，这是缓解沿海地区水资源供需矛盾的可行措施。

思 考 题

1. 资源开发与环境之间有着怎样的相互关系？为什么要对资源开发诱发的环境地质灾害进行研究？

2. 环境地质灾害的含义是什么？

3. 地面沉降和地裂缝往往相伴而生，却各有特点，产生不同形式的地质灾害，具体都会产生哪些灾害？

4. 简述诱发性滑坡崩塌的原因以及防治对策。

5. 泥石流有哪些特点？如何对泥石流进行综合治理？

6. 水库诱发地震有哪几种类型以及对其预测预报的方法有哪些？

7. 形成海水入侵的基本条件有哪两个？会引发哪些地质灾害？防治措施有哪些？

第 10 章　全　球　变　化

10.1　全球变化概况

10.1.1　全球变化的现状

地表环境的变化自地球诞生以来一直延续至今从未停止。全球变化是指整个地球系统及其支持生命的环境，在生命过程影响下，尤其是在人类活动参与下，所发生的一系列变化。全球变化包括自然变化和人为变化两种。近几十年来，人类的各种社会、经济活动在全球变化中起着越来越重要的作用，而且作用的频率和强度不断增加。同时全球变化对人类的生活环境和生产活动的影响也越来越大，使得自然灾害增多，生态环境破坏，影响人类的可持续发展。

现今发生在地球表面的全球变化包括地球环境中所有的自然和人为引起的变化，并且由于人类活动影响的加剧，全球变化过程正以前所未有的速度加快进行，人类已经成为导致全球变化的因素之一，所以全球变化主要是指人类生存环境的恶化。

全球环境问题的严重性主要在于人类本身对环境的影响已经接近并超过自然变化的强度和速率，正在并将继续对未来人类的生存环境产生长远的影响。这些重大全球环境问题已经远远超过了单一学科的范围，迫切要求从整体上来研究地球环境和生命系统的变化，从而提出了地球系统的概念，即由大气圈、水圈、岩石圈和生物圈组成的一个整体。目前观测技术,特别是卫星遥感技术的发展,提供了对整个地球系统行为进行监测的能力;计算机技术的发展为处理大量的地球系统的信息、建立复杂的地球系统的数值模式提供了工具。

目前，由于全球变化导致的温室效应增强、"厄尔尼诺"节奏加快、臭氧层破坏速度加快、酸雨地域扩展、淡水资源短缺、水土流失、土地资源退化、森林面积锐减都成为了人类生存面临的难题。

全球变化是对人类生存和发展的挑战。对于人类社会而言，全球变化意味着人类生存条件的变化，势必对人类产生有利或不利的影响。为适应全球变化，人类必须认识全球变化，并采取相应的对策。

10.1.2　全球变化的基本趋势

1. 地球形状的变化

我国科学家根据最近丰富的地学资料和科学的分析论证，首次在世界上明确提出一个科学推论：地球并非理想的椭球体，而是从内到外普遍存在着复杂的非对称现象。具体来说，北半球可能在缩小，而南半球可能在扩张。利用 20 世纪 80 年代和 90 年代初期北半球空间大地测量的实际测量数据，结合地磁、重力、地质构造、地球物理和大气诸方面的资料，经过分析计算后得出结论：最近十年来，北半球中纬度地带三条纬度方向的闭合环，大约每年缩短 1.9mm、2.9 mm 和 15.2mm。这些后果初步表明，北半球存在压缩迹象。同时进一步提出，相对而言，北半球是陆半球、冷半球和压缩的半球，是岩石圈碰撞挤压构造相对集中的半球；南半球是海半球、热半球和膨胀的半球，是开列洋脊构造相对集中的半球。

2. 地球的北极缓缓地向南移动

地球的北极正以每 100 年 6cm 的速度缓缓地向南移动，其重要的原因之一就是受地震的不断影响。科研人员对自 1977 年以来地震对地球自转情况的影响进行了研究，发现地震会使地壳和地幔发生位移，使地球上的物质重新分布，从而导致地球自转的轴心和速度发生改变。地球上的大地震多属于"倾向滑动"型的，当这种类型的众多地震发生时，地壳上的一个板块会向另一个板块下滑动，从而使地壳和地幔上下震动，导致地球的物质重新分布，而物质重新分布最可能产生的结果是使北极沿地球经线方向向震中移动；由于地球上大多数地震都发生在太平洋沿岸，特别是日本和中国台湾，所以北极便在地震作用下向日本方向缓慢移动。

3. 地球自转的变化

地球自转速率在长期减慢，以地球自转为基准所计量的时刻在两千年来累计慢了两个多小时。造成地球长期减慢的主要原因可能是潮汐摩擦。继 1996 年元旦的钟声推迟一秒钟敲响之后，1997 年 6 月 30 日的最后一分钟又添了一个闰秒，后来地球自转又慢了一秒钟。自 1972 年原子时被指定为国际计时系统以来，世界时已增加 21 个正闰秒，在过去的200 年间，地球不知不觉慢了三分钟。由于地球自转速度改变，海水有时从两极涌向赤道，有时从赤道向两极涌动。与此同时，地壳岩层也会发生缓慢运动，全球山脉多呈东西分布正是地转变速"推挤"而成。此外，厄尔尼诺事件与地球自转变量有着密切的关系，地球自转速度的减慢，可直接引起厄尔尼诺和其他一些异常现象的出现。

4. 地球现代地壳水平与垂直运动

我国科研人员利用基线干涉、卫星激光测距、全球定位系统等现代空间技术，首次测定以上海为代表的中国东部地壳，相对于欧亚板块稳定部分存在水平移动，速率为每年7～8mm，方向略微偏南。根据实际测量资料推断出，中国大陆地壳运动存在向东移动的倾向，其中东南部地区向东移动量最大。根据中国大陆向东移动的事实，综合全球资料，科学家们进一步发现，从总体上来说，亚洲和美洲正在缩短距离，地球上最高的山脉还在继续隆升。我国科技工作者利用空间大地测量手段全球定位系统进行，高精度的重力测量，测出拉萨相对于成都大约以每年 12mm 隆升，并认为冰后均衡调整不是青藏高原隆升的主要机制之一，而板块的挤压与岩石层下部的热运动可能是隆升的原因。

近年来，不论地球现代地壳水平与垂直运动，还是地球自转速率的自然波动，与此相伴的大气环流、洋面温度、天气气候乃至自然灾害都有微妙的响应效应。总之，地球某些变化和转速变异会引起包括大气圈、洋流、地壳板块运动在内的地球系统变形,引发同步变异的现象。

10.1.3 全球变化研究的意义

20 世纪中期以来,在世界范围内经济发展的同时,出现了日益严重的环境污染和一系列公害事件,由全球气候异常而造成的全球粮食问题以及资源危机,人口、资源、环境与发展问题尖锐地摆在全人类面前,整个人类社会,乃至整个地球都被笼罩在人口增加与消费增长所形成的巨大阴影之中。当今人类正面临着有史以来最为严重的危机,这种危机是全球性的,不仅仅是人口爆炸、资源短缺、环境污染,更为严重的是地球整体功能的失调、紊乱,是人类赖以生存的全球环境的变化。

全球问题的根源在于地球有限的生命支持系统与爆炸式增长的人口数量和消费需求之间的矛盾。全球变化研究从整体上认识动态变化的地球系统,与传统的以地球的单个圈层为对象的地球科学的分支学科体系有本质的不同,这样的认识体现了人类对地球系统认识不断深化的需求。随着全球变化研究的深入,人们会对地球系统有更深刻、更全面的认识。

全球变化研究表现出强烈的学科交叉的特点,构成了新的学科生长点。全球变化研究对所有的传统地球科学学科都是机遇,也是挑战。以地理学为例,地理学长期以来被看作是空间的科学,其区域特性一直受到高度重视,但在过去的 100 多年里地理学的区域性被过分地强调,忽略甚至排斥对时间问题的研究,使得区域研究成了一种静态的描述。由于地理学被看作是空间的科学,以至于与时间有关的地理学问题长期未受到应有的重视。在相当长的时间内,很多地理学家认为自然环境的变化是地质时期的事情,忽视现代自然地理环境存在着的变化,一些与时间有关的地理学科如历史地理、古地理在学科归属的问题上也遇到麻烦,似乎只有历史学家、考古学家以及地质学家才有资格研究过去时期的地理学问题。

全球变化研究的兴起为地理学的发展提供了新的机遇。全球变化研究所强调的过程研究,正是地理学所一直关注的但同时也十分薄弱的环节。当前全球变化研究的一个重要特点是重视人类活动所导致的全球变化和全球变化对人类的生存与发展的影响,这正是作为地理学核心的人地关系研究的具体体现。总之,全球变化研究必将强化地理学的综合研究、景观研究、生态研究,强化地理学的时间维研究、过程研究,推动地理学观念的变革和研究方法的更新,使得地理学在时空耦合的综合观念的指导下获得进一步发展。

全球变化研究有助于人类对资源、自然灾害等概念认识的深化。从全球变化的观点来看,资源是动态变化的,是有限的,其可更新性是相对的,对资源的过度开采、掠夺性开采和高消耗浪费,必然引起环境的恶化,产生灾害性的后果。这些认识必将促进人类生产和消费观念的变革,促进与资源、环境等有关的应用基础学科的发展。

全球变化研究也关注全球变化的环境影响、社会影响,以及对策和政策评估研究,这些研究会促进有关决策科学的发展,提高人类应对全球变化的能力。

人类是大地的产物,依赖于自然地理环境而生存。地理环境作为一种不以人的意志为转移的客观因素伴随于人类社会发展的始终,对人类的发展进程产生深远的影响,并在人类社会的历史中留下深刻的烙印。研究过去全球变化的重要意义之一，在于其有助于考古和历史文化现象的解释。如北美洲印第安人的祖先来自亚洲，他们之所以能够从亚洲迁徙到美洲，是由于最后冰期时期海平面下降，导致白令海峡出现陆桥，成为联系两个大陆的通道。另外，全球变化意味着人类赖以生存的资源的变化，构成了文化变化的驱动力，世界文明古国的兴亡、中国历史上的兴衰等有些难以从社会因素来解释的现象，可能可以从环境演变的角度找到原因。

通过对全球变化的分析研究，可以了解地球环境、人类社会适应和减缓全球变化影响的潜力，从而趋利避害。准确地认识全球变化的后果或影响是制定减缓或适应全球变化对策的基础。

10.2　气候变暖的环境影响

10.2.1　气候变暖的原因

全球大气层和地表这一系统就如同一个巨大的"玻璃温室"，使地表始终维持着一定的温度，产生了适于人类和其他生物生存的环境。在这一系统中，大气既能让太阳辐射透过而到达地面，又能阻止地面辐射的散失，把大气对地面的这种保护作用称为大气的温室效应。造成温室效应的气体称为"温室气体"，这些气体有二氧化碳、甲烷、氯氟化碳、臭氧、氮氧化物和水蒸气等，其中与百姓关系最密切的是二氧化碳。近百年来全球的气候正在逐渐变暖，与此同时，大气中温室气体的含量也在急剧增加。许多科学家都认为，温室气体的大量排放造成温室效应的加剧是全球变暖的基本原因。

人类燃烧煤、油、天然气和树木，产生大量二氧化碳和甲烷进入大气层后使地球升温，使碳循环失衡，改变了地球生物圈的能量转换形式。自工业革命以来，大气中二氧化碳含量增加了25%，远超过科学家可能勘测出来的过去16万年的全部历史纪录，而且尚无减缓的迹象。

大气中二氧化碳排放量增加是造成地球气候变暖的根源。国际能源机构的调查结果表明，美国、中国、俄罗斯和日本的二氧化碳排放量几乎占全球总量的一半。美国二氧化碳排放量居世界首位，人均二氧化碳年排放量约20t，排放的二氧化碳占全球总量的23.7%。中国人均二氧化碳年排放量约为11.73t，约占全球总量的13.9%。

此外，海洋在与全球变暖有关的问题中也具有十分重要的作用。二氧化碳被海洋浮游植物的吸收是大气中二氧化碳的一个重要去除途径，它们对未来大气中二氧化碳浓度的变化趋势起着决定性的作用。由于臭氧层破坏导致海洋水生植物的数量减少，这使海洋对二氧化碳气体的吸收能力降低，加剧了温室效应。

10.2.2　气候变暖对环境的影响

温室效应自地球形成以来就一直在起作用。如果没有温室效应，地球表面就会寒冷无比，温度就会降到-20℃，海洋就会结冰，生命就不会形成。然而人类通过燃烧化石燃料把大量温室气体排入大气层，致使地球气候发生急剧变化，导致全球气候变暖。据资料显示，由于矿物燃料的燃烧和大量森林的砍伐，地球大气中的二氧化碳等气体浓度增加，由于这些气体的温室效应，在过去的 100 年里，全球地面平均温度已升高了 0.3～0.6℃，到 2030 年估计将再升高 1～3℃。

当全世界平均温度升高 1℃，巨大的变化就会产生：海平面会上升，山区冰川会后退，积雪区会缩小。由于全球气温升高，会导致不均衡的降水，一些地区降水增加，而另一些地区降水减少。如西非的萨赫勒地区从 1965 年以后干旱化严重；中国华北地区从 1965 年起，降水连年减少，与 20 世纪 50 年代相比，华北地区的降水已减少了 1/3，水资源减少了 1/2；中国每年因干旱受灾的面积约 4 亿亩，正常年份全国灌区每年缺水 300 亿 m^3，城市缺水 60 亿 m^3。当全世界的平均温度升高 3℃，人类也已经无力挽回了，全球将会粮食紧缺。由于气温升高，在过去 100 年中全球海平面每年以 1～2mm 的速度在上升，预计到 2050 年海平面将继续上升 30～50cm，这将淹没沿海大量低洼土地；此外，气候变化导致旱涝、低温等气候灾害加剧，造成了全世界每年数百亿以上美元的经济损失。

1. 冰川与冰山融化

国际冰雪委员会的一份研究报告指出："喜马拉雅地区冰川后退的速度比世界其他任何地区都要快。如果目前的融化速度继续下去，这些冰川在 2035 年之前消失的可能性非常大"。位于恒河流域的喜马拉雅山东部地区冰川融化的情况最为严重，那些分布在"世界屋脊"上的从不丹到克什米尔地区的冰川退缩的速度最快。以长达 3 英里的巴尔纳克冰川为例，这座冰川是 4000 万～5000 万年前印度次大陆与亚洲大陆发生碰撞而形成的许多冰川之一，自 1990 年以来，它已经后退了半英里。在经过了 1997 年严寒的亚北极区冬季之后，科学家们曾经预计这条冰川会有所扩展，但是它在 1998 年夏天反而进一步后退了。

科学家发现，若全球气温持续上升，北极冰山融化将释放大量被捕获、截留在冰和冷水中的有毒化学物质。这些聚集在极地的大量的毒物是未知的，它们的释放将严重危及海洋生物和人类生存环境。这些将渗出的化学物质包括杀虫剂滴滴涕、氯丹等，都是持续性的有机污染物，或会导致癌症和先天缺陷，此前被北极的冰层和冻水捕获。但挪威和加拿大的科学家在监测 1993 年和 2009 年空气中有机污染物的测量结果时发现，全球变暖正在使这些污染物重获"新生"。下一步要查明北极有多少污染物且在以怎样的速度泄漏。

关于全球变暖的另一项研究结果更令人吃惊，由于北极冰原融化，降雨量增加，以及风的类型的不断改变，大量淡水正汇入北大西洋，对墨西哥湾暖流造成破坏，从而切断北大西洋暖流。正是这些暖流把温暖的表层水从加勒比海带到欧洲西北部，并使欧洲形成温暖的气候。北大西洋暖流一旦因全球变暖被切断后，欧洲西北部温度可能会下降 5～8℃之多，欧洲可能面临一次新的冰河时代。按照 2007 年的融化速度，2100 年，两极地区海上浮冰预计将比 2007 年减少四分之一。届时，北冰洋在夏季可能将连一块冰都没有。浮冰的减少将降低这些海域对阳光的反射能力，从而使得海水吸收热量增加，进一步加快全球变暖速度。

南极洲和格陵兰岛拥有全球 98%～99% 的淡水冰。如果格陵兰岛冰盖全部融化，全球海平面预计将上升 7m。即使格陵兰岛冰盖只融化 20%，南极洲冰盖融化 5%，海平面也将上升 4~5m。而根据世界上现有的人口规模及分布状况，如果海平面上升 1m，全球就将有 1.45 亿人的家园被海水吞没。

2. 生态

首先，全球气候变暖导致海平面上升，降水重新分布，改变了当前的世界气候格局；其次，全球气候变暖影响和破坏了生物链、食物链，带来更为严重的自然恶果。例如，有一种候鸟，每年从澳大利亚飞到中国东北过夏，但由于全球气候变暖使中国东北气温升高，夏天延长，这种鸟离开东北的时间相应变迟，再次回到东北的时间也相应延后。结果导致这种候鸟所吃的一种害虫泛滥成灾，毁坏了大片森林。另外，有关环境的极端事件增加，如干旱、洪水等。

在北极圈周围地区，约 400 万居民的生活方式正在受到影响。由于海上浮冰越来越不稳定，格陵兰岛西部的猎人们不得不放弃传统的狗拉雪橇，转而使用摩托艇。一些依靠放牧驯鹿为生的当地居民面临生存危机，因为气温上升导致积雪融化，然后又再次冻结为坚冰，使驯鹿无法啃食它们的主要食物——苔藓。在北冰洋的一些岛屿上，北美驯鹿的数量已经大幅减少。

3. 气候

全球气候变暖使大陆地区，尤其是中高纬度地区降水增加，非洲等一些地区降水减少。有些地区极端天气气候事件（厄尔尼诺、干旱、洪涝、雷暴、冰雹、风暴、高温天气和沙尘暴等）出现的频率与强度增加。

4. 农作物

全球气候变暖对农作物生长的影响有利有弊。其一，全球气温变化直接影响全球的水循环，使某些地区出现旱灾或洪灾，导致农作物减产，且温度过高也不利于种子生长。其二，降水量增加尤其在干旱地区会积极促进农作物生长。全球气候变暖伴随的二氧化碳含量升高也会促进农作物的光合作用，从而提高产量。其三，温度的增加有利于高纬度地区喜湿热的农作物提高产量。

大气中二氧化碳含量急剧升高，而世界人口将在 2050 年之前达到 100 亿。冰雪消融，在不少人心目中可能是一个春天即将来临的好迹象，但对于气候来说，全球变暖以及由此带来的冰雪加速消融，正在对全人类以及其他物种的生存构成严重威胁。应对气候变暖问题需要世界各国联手采取切实行动，因为这关系着全球人口的切身利益。

10.3　海平面上升及其灾害

海平面上升是由全球气候变暖、极地冰川融化、上层海水变热膨胀等原因引起的全球性海平面上升现象。海平面上升对沿海地区社会经济、自然环境及生态系统等有重大影响。

10.3.1　海平面上升的原因

导致海平面上升的因素有很多，包括大洋热膨胀及山地冰川、格陵兰冰原和南极冰盖的融化等，世界大多数山地冰川在近百年内呈退缩趋势。目前，全球变暖导致冰川融化是海平面上升的主要原因。工业革命之后，工业中大量使用化石燃料，这导致大气中二氧化碳以及其他微量气体（如甲烷）增加，从而产生了温室效应。而逐渐上升的气温也带来了很多问题，海水受热发生膨胀，以 100m 厚的海水层为例，当温度为 25℃时，水温每增加 1℃，水层就会膨胀约 0.5cm。海水的热膨胀是导致海平面上升最主要的因素。海水表面温度和深海温度存在差异，即使全球气温稳定，海水表面的热量也会继续向深海传递，深海的温度会慢慢升高，导致更多的海水发生热膨胀反应，继而海水整体体积扩大，引起海平面上升。并且，这种反应要持续相当长一段时间，只有海水完全与大气温度达到一定平衡状态才会停止，据 2012 年 7 月 10 日一项来自美国国家大气研究中的研究显示，假设全球温室气体排放稳定，全球气温不再增长，海平面依旧会上升约 300 年。

一个原因是全球气候变暖导致格陵兰冰原和南极冰盖，以及山地冰川的加速融化。据估计，格陵兰过去十年平均每年融化的冰原约有 30 300 亿 t，南极冰盖平均每年融化 11 800 亿 t。由于气候原因，2003~2009 年许多小型陆地冰川都加速融化，尤其高山冰川的融化速度明显超过大型冰盖。

对部分地区而言，海平面上升还有一个相对的原因，即陆地地面的沉降，这种情况下海平面上升可能达到 1~2m 甚至更多。2015 年，美国国家航空航天局（NASA）发布最新预测称，鉴于目前所知海洋因全球变暖及冰盖和冰川增加水量融化导致海洋膨胀，未来海平面将会上升至少 1m 或更多。或许在不太遥远的未来，人类需要面对城市被淹没的风险。

10.3.2　海平面上升的危害

海平面上升对人类的生存和经济发展是一种缓发性的自然灾害。也正因为它是缓发性的，而往往不被人们重视。然而，这种灾害是累积和渐进的。到 21 世纪末，全球海平面将累积升高 75cm。研究表明，近百年来全球海平面已上升了 10~20cm，并且未来还要加速上升。海平面上升对沿海地区社会经济、自然环境及生态系统等有着重大影响。

目前海平面上升已经给沿海地区居民带来了危害。它淹没了一些低洼的沿海地区，加强了的海洋动力因素向海滩推进，侵蚀海岸，从而变"桑田"为"沧海"；它使沿海地区灾害性的风暴潮发生更为频繁，洪涝灾害加剧，沿海低地和海岸受到侵蚀，海岸后退，滨海地区用水受到污染，农田盐碱化，潮差加大，波浪作用加强，减弱沿岸防护堤坝的能力，迫使设计者提高工程设计标准，增加工程项目经费投入，还将加剧河口的海水入侵，增加排污难度，破坏生态平衡。

1. 风暴潮灾害加剧

风暴潮是由强烈大气振动如热带气旋（台风或飓风）、温带气旋等引起的海平面异常升高现象。风暴潮往往带有狂风巨浪，具有成灾快、损失重、危害大等特点，因此，风暴潮灾害位居海洋灾害之首。海平面上升使得平均海平面及各种特征潮位相应增高，水深增大，波浪作用增强。因此，海平面上升增加了大于某一值的风暴增水出现的频次，增加风暴潮成灾概率；同时，风暴潮增水与高潮位叠加，将出现更高的风暴高潮位，海平面上升使得风暴潮的强度也明显增大，加剧了风暴潮灾。不仅使得沿海地区受风暴潮影响的频率大大增加，同时使得暴潮灾向大陆纵深方向发展，并降低沿海地区的防御标准和防御能力，造成更大的灾害损失。

2. 海岸侵蚀加剧

海岸侵蚀是指近岸波浪、潮流等海洋动力及其携带的碎屑物质对海岸的冲蚀、磨蚀和溶蚀等造成岸线后退的破坏作用。沿岸泥沙亏损和海岸动力的强化是导致海岸侵蚀的直接原因，而影响沿岸海洋动力和泥沙特征的因素包括自然变化和人为影响。海面上升使岸外滩面水深加大，波浪作用增强。据波浪理论，当海平面上升使岸外水深增大 1 倍时，波能将增加 4 倍，波能传速将增加 1.414 倍，波浪作用强度可增加 5.656 倍。波浪在向岸传播过程中破碎，形成具有强烈破坏作用的激浪流，对海岸及海堤工程产生巨大的侵蚀作用。在各种海岸侵蚀因素中，海平面上升的影响占相当大的比重，在一定程度上控制着海岸发育的方向。海岸后退量是由海平面上升引起的，属于海岸侵蚀总量和岸线后退总量中的一部分。在严重侵蚀海岸，海平面上升引起的海滩侵蚀占侵蚀总量的 15%～20%。未来海面上升速率的不断增大，将使海面上升因素在海滩侵蚀总量上所占的比重不断提高。

3. 造成潮滩损失

潮滩，沿海岸分布，是由小于 0.06mm 粉沙和黏土组成的长数十千米的平缓地带，属于一种海岸堆积地貌类型。潮滩对海岸地区具有重要的经济与生态价值，是宝贵的土地资源，在海涂围垦、牧业渔业和芦苇生产等方面具有重要意义。海平面上升造成的潮滩损失来自两方面：潮滩淹没和侵蚀损失。海平面上升对潮滩淹没损失的影响程度与泥沙来源、沉积速率、滩面形态、潮差、陆地沿岸地形、海岸防护工程、滩涂围垦等因素有关。对于泥沙来源丰富、沉积速率较大、剖面上凸的潮滩，海平面上升引起的潮滩损失较小，反之则大。海平面上升引起的潮滩侵蚀损失主要是由于海平面上升增加了潮差，并使潮波变形加剧，潮流对潮滩的冲刷作用加强所致。海平面上升后，上升的海平面通过抬高潜水位和矿化度，引起潮滩湿地表土含盐量增加，导致生物多样性减少、生产量下降和生态类型单一化。

4. 加速涵闸的破坏与废弃

在潮汐河口，为了抵御盐水入侵，排泄内涝，河口段常建有挡潮涵闸。涵闸的修建使得入海径流锐减，潮波沿闸下沟段向上传播时发生变形，形成驻波，涨潮历时缩短而涨潮流速加大，落潮历时长而落潮流速减小，加之细颗粒泥沙在潮滩沉积过程中的延迟作用，极易造成泥沙向闸口方向富集，引起闸下河段的严重淤积。闸下河道的严重淤积不仅影响河道的泄洪排涝，而且对河道通航、沿岸供排水均带来不利影响。海平面上升使得闸下潮位抬升，潮流顶托作用加强，影响沿海涵闸排水能力，导致沿海低洼地洪涝灾害加重。相对海平面上升和高潮位的上升使得河闸上下游水位差更小,河闸纳潮冲淤水量和冲淤时间也将大幅下降,影响冲淤效果。同时,海平面上升也导致闸下最终淤积平面的上升,河道外的拦门沙堆积高度增加,加速了沿海河闸排洪功能的降低及河闸的废弃。

5. 洪涝加剧

沿海的洪涝水量主要通过沿海涵闸排入海洋。由于沿海平均高潮位一般都高于闸上平均水位,因此,平常涵闸排水只能选择在闸下潮水位低于闸上水位的落潮时间进行。海平面上升引起入海径流受潮流的顶托作用加强,入海河流排水能力和排水时间都大量减小,从而使得大量洪涝水量保持在闸上水体中,导致闸上水位场的变化,河渠基准面相应抬升。入海骨干河道的水位随海面上升而升高,其抬升幅度主要与距河口的距离有关。因此,海面上升后势必造成河道排水困难、低洼地排水不畅、内涝积水时间延长,导致涝灾的发生频率及严重程度增加。

6. 对海堤及码头工程的影响

中国滨海平原沿线一般都建有海堤护岸,在抵御海潮入侵和减轻海岸灾害方面发挥着重要作用。海平面上升,潮位升高以及潮流与波浪作用加强,不仅会导致风浪直接侵袭和淘蚀海堤的概率大大增加,而且可能引起岸滩冲淤变化,从而对海堤构成严重威胁。同时海平面上升导致出现同样高度风暴潮位所需增水值大大减小,从而使得极值高潮位的重现周期明显缩短,无疑也将造成海水浸溢海堤的机会增多,使海堤防御能力下降,并遭受破坏。研究结果表明,海平面上升 50cm,江苏沿海遭遇 50 年一遇的高潮位时,全省海堤受潮水浸溢的长度达 254km,约占海堤总长的 36.5%,比现状增加 173km。此外,海平面上升 50cm,在长江三角洲地区按上升量的 1%、频率最高潮位及波浪爬高计算的加固海堤土方分别达 $94×10^6m^3$ 和 $2.4×10^4m^3$,其费用将达 10.9 亿元。

沿海港口和码头在我国沿海社会经济发展过程中起着重要作用。海平面上升对港口与码头设施的破坏作用相当明显。首先,海平面上升,波浪作用增强,不仅造成港口建筑物越浪增加,而且导致波浪对各种水工建筑物的冲刷和上托力增强,直接威胁码头、防波堤等设施的安全和使用寿命。其次,海平面上升,潮位抬高将导致工程原有设计标准大大降低,使码头、港区道路堆、堆场及仓储设施等受淹频率增加、范围扩大。研究结果表明,相对海平面上升 50cm,遇到当地历史最高潮位,全国 16 个主要港口,除营口、秦皇岛、石臼所及北仑港等港口外,其余港口均不同程度受淹。此外,海平面上升引起的潮流等海洋动力条件变化,也可能改变港池、进出港航道和港区附近岸线的冲淤平衡,影响泊位与航道的稳定性,增加营运成本。

7. 海水入侵

海水入侵是指海水向陆地一侧的移动,它包括海水沿地表、河口、河道的入侵和海水沿地下通道的入侵。海平面上升引起的海水入侵主要通过三个途径:一是风暴潮时海水溢过海堤,淹没沿海陆地,潮退后滞留入渗海水蒸发,增加土壤盐分,影响农业生产;二是海平面上升使得海水侧向陆地侵入,造成土壤盐碱化或破坏淡水资源;三是海水沿着河流上溯，使河口段淡水氯度提高，影响沿河地区的工农业生产和居民生活用水，这在缺乏挡潮闸的各大河入海口的冬季河流枯水期表现得尤为严重。

10.4　厄尔尼诺及其旱涝灾害

1997 年春夏之交开始沸腾的赤道"气候开水壶"——厄尔尼诺，以其来势之凶、发展之快、强度之大、危害之重堪称百年之首，受到我国及世界各国高层决策者及环境、经济学家的密切关注。

10.4.1　厄尔尼诺现象

厄尔尼诺又称厄尔尼诺海流，是太平洋赤道带大范围内海洋和大气相互作用后失去平衡而产生的一种气候现象，是沃克环流圈东移造成的。正常情况下，热带太平洋区域的季风洋流是从美洲走向亚洲，使太平洋表面保持温暖，给印尼周围带来热带降雨。但这种模式每 2～7 年被打乱一次，使风向和洋流发生逆转，太平洋表层的热流就转而向东走向美洲，随之便带走了热带降雨，出现"厄尔尼诺现象"。

"厄尔尼诺"一词来源于西班牙语，原意为"圣婴"。19 世纪初，在南美洲的厄瓜多尔、秘鲁等西班牙语系的国家，渔民们发现，每隔几年，从 10 月至第二年的 3 月便会出现一股沿海岸南移的暖流，使表层海水温度明显升高。南美洲的太平洋东岸本来盛行的是秘鲁寒流，随着寒流移动的鱼群使秘鲁渔场成为世界四大渔场之一，但这股暖流一出现，性喜冷水的鱼类就会大量死亡，使渔民们遭受灭顶之灾。后来，在科学上厄尔尼诺用于表示在秘鲁和厄瓜多尔附近几千千米的东太平洋海面温度的异常增暖现象。当这种现象发生时，大范围的海水温度可比常年高出 3～6℃。太平洋广大水域的水温升高，改变了传统的赤道洋流和东南信风，导致全球性的气候反常。

厄尔尼诺现象的基本特征是太平洋沿岸的海面水温异常升高，海水水位上涨，并形成一股暖流向南流动。它使原属冷水域的太平洋东部水域变成暖水域，结果引起海啸和暴风骤雨，造成一些地区干旱，另一些地区又降雨过多的异常气候现象。厄尔尼诺的全过程分为发生期、发展期、维持期和衰减期，历时一年左右，大气的变化滞后于海水温度的变化。

20 世纪 60 年代以后，随着观测手段的进步和科学的发展，人们发现厄尔尼诺现象不仅出现在南美等地的沿海地区，而且遍及东太平洋沿赤道两侧的全部海域以及环太平洋国家；有些年份，甚至印度洋沿岸也会受到厄尔尼诺带来的气候异常的影响，发生一系列自然灾害。总的来看，它使南半球气候更加干热，使北半球气候更加寒冷潮湿。

厄尔尼诺现象是周期性出现的，每隔 2～7 年出现一次。从 1997 年的 20 年来厄尔尼诺现象分别在 1976～1977 年、1982～1983 年、1986～1987 年、1991～1993 年和 1994～1995 年出现过 5 次。1982～1983 年间出现的厄尔尼诺现象是 20 世纪以来最严重的一次，在全世界造成了大约 1500 人死亡和 80 亿美元的财产损失。进入 20 世纪 90 年代以后，随着全球变暖，厄尔尼诺现象出现得越来越频繁。

10.4.2　厄尔尼诺现象造成的洪涝灾害

由于科技的发展和世界各国的重视，科学家们对厄尔尼诺现象通过采取一系列预报模型、海洋观测和卫星侦察、海洋大气耦合等科研活动，深化了对这种气候异常现象的认识。首先认识到厄尔尼诺现象出现的物理过程是海洋和大气相互作用的结果，即海洋温度的变化与大气相关联。其次是热带海洋的增温不仅发生在南美智利海域，也发生在东太平洋和西太平洋。它无论发生在何时，都会迅速地导致全球气候的明显异常，它是气候变异的最强信号，会导致全球许多地区出现严重的干旱和水灾等自然灾害。

从我国 6～8 月主要雨带位置来看，在 75%的厄尔尼诺年内，夏季雨带位置在江、淮流域。当上述厄尔尼诺现象发生时，遍及整个中、东以及太平洋海域，表面水温正距平高达 3℃以上，海温的强烈上升造成水中浮游生物大量减少，秘鲁的渔业生产受到打击，同时造成厄瓜多尔等赤道太平洋地区发生洪涝或干旱灾害，这样的厄尔尼诺现象称为厄尔尼诺事件。一般认为海温连续三个月正距平在 0.5℃以上，即可认为是一次厄尔尼诺事件。

厄尔尼诺现象导致的气候影响首先是台风减少，厄尔尼诺现象发生后，西北太平洋热带风暴（台风）的产生个数及在我国沿海登陆个数均较正常年份少。其次是我国北方夏季易发生高温、干旱，通常在厄尔尼诺现象发生的当年，我国的夏季风较弱，季风雨带偏南，位于我国中部或长江以南地区，我国北方地区夏季往往容易出现干旱、高温。1997 年强厄尔尼诺发生后，我国北方的干旱和高温十分明显。再次是我国南方易发生低温、洪涝，在厄尔尼诺现象发生后的次年，在我国南方，包括长江流域和江南地区，容易出现洪涝，近百年来发生在我国的严重洪水，如 1931 年、1954 年和 1998 年，都发生在厄尔尼诺年的次年。我国在 1998 年遭遇的特大洪水，厄尔尼诺便是最重要的影响因素之一。最后，在厄尔尼诺现象发生后的冬季，我国北方地区容易出现暖冬。

1997 年 12 月就出现了 20 世纪末最严重的一次厄尔尼诺现象。海水温度的上升常伴随着赤道幅合带在南美西岸的异常南移，使本来在寒流影响下气候较为干旱的秘鲁中北部和厄瓜多尔西岸出现频繁的暴雨，造成水涝和泥石流灾害。厄尔尼诺现象的出现常使低纬度海水温度年际变幅达到峰值。自 1950 年以来，世界上共发生 13 次厄尔尼诺现象。其中 1997 年发生的最为严重。主要表现在：从北半球到南半球，从非洲到拉美，气候变得古怪而不可思议，该凉爽的地方骄阳似火，温暖如春的季节突然下起来大雪，雨季到来却滴雨不下，正值旱季却洪水泛滥。

我国科学家对 1871～1997 年发生的 30 余次厄尔尼诺事件研究认为，以热带东太平洋地区洪水泛滥、热带西太平洋地区荒芜干旱为特征的厄尔尼诺，对世界的影响弊大于利。特别是 20 世纪 90 年代以来发生的多次厄尔尼诺，使太平洋沿岸国家遭受重大损失：澳大利亚发生数十年最严重的干旱，粮食持续减产，经济作物破坏严重；印度尼西亚、澳大利亚森林大火损失惨重，举世瞩目；厄尔尼诺还使美国东部出现少有的寒冬，造成能源、交通运输等经济损失数百亿美元；东亚许多国家经历了少有的冷夏，水稻严重减产。我国科学家认为，厄尔尼诺对我国的影响明显而复杂，主要表现在五个方面：一是厄尔尼诺年夏季主雨带偏南，北方大部少雨、干旱；二是长江中下游雨季大多推迟；三是秋季我国东部降水南多北少，易使北方夏秋连旱；四是全国大部冬暖夏凉；五是登陆我国台风偏少。除了上述一般规律外，也有一些例外情况。因为制约我国天气气候的因素很多，如大气环流、季风变化、陆地热状况、北极冰雪分布、洋流变化乃至太阳活动等。

根据近 50 年的气象资料，厄尔尼诺发生后，我国当年冬季温度偏高的概率较大，第二年我国南部地区夏季降水容易偏多，而北方地区往往出现大范围干旱。科学家们认为，厄尔尼诺现象的发生与人类自然环境的日益恶化有关，是地球温室效应增加的直接结果，这与人类向大自然过多索取而不注意环境保护密切相关。

10.5　臭氧层破坏

10.5.1　臭氧层的形成与作用

臭氧层是指大气层的平流层中臭氧浓度相对较高的部分。自然界中的臭氧，大多分布在距地面 20～50km 的大气中，其主要作用是吸收短波紫外线。

1. 臭氧层的形成

臭氧层中的臭氧主要是紫外线制造出来的。太阳光线中的紫外线分为长波和短波两种，当大气中的氧气分子受到短波紫外线照射时，氧分子会分解成原子状态。氧原子的不稳定性极强，极易与其他物质发生反应。如与氢（H_2）反应生成水（H_2O），与碳（C）反应生成二氧化碳（CO_2）。同样地，与氧分子（O_2）反应时，就形成了臭氧（O_3）。臭氧形成后，由于其比重大于氧气，会逐渐地向臭氧层的底层降落，在降落过程中随着温度的变化，臭氧不稳定性更趋明显，再受到长波紫外线的照射，再度还原为氧。臭氧层保持氧气与臭氧相互转换的动态平衡。由于臭氧和氧气之间的平衡，在大气中形成了一个较为稳定的臭氧层。

2. 臭氧层的作用

大气臭氧层主要有三个作用：

（1）保护作用。臭氧层能够吸收太阳光中的波长 306.3nm 以下的紫外线，主要是一部分 UV-B（波长 290～300nm）和全部的 UV-C（波长＜290nm），保护地球上的人类和动植物免遭短波紫外线的伤害。只有长波紫外线 UV-A 和少量的中波紫外线 UV-B 能够辐射到地面，长波紫外线对生物细胞的伤害要比中波紫外线轻微得多，所以臭氧层犹如一件保护伞保护地球上的生物得以生存繁衍。

（2）加热作用。臭氧吸收太阳光中的紫外线并将其转换为热能加热大气，由于这种作用大气温度结构在高度 50km 左右有一个峰，地球上空 15～50km 存在着升温层。正是由于存在着臭氧才有平流层的存在，而地球以外的星球因不存在臭氧和氧气，所以也就不存在平流层。大气的温度结构对于大气的循环具有重要的影响，这一现象的起因也来自臭氧的高度分布。

（3）温室气体的作用。在对流层上部和平流层底部，即在气温很低的这一高度，臭氧的作用同样非常重要。如果这一高度的臭氧减少，则会产生使地面气温下降的动力。因此，臭氧的高度分布及变化是极其重要的。

平流层中的臭氧吸收太阳放射出的大量对人类、动物及植物有害波长的紫外线辐射，为地球提供了一个防止紫外辐射有害效应的屏障。

10.5.2　臭氧层破坏的原因

太阳高能紫外光撞击氧分子（O_2）会生成氧原子（O），生成的氧原子与氧分子结合生成臭氧（O_3），臭氧又受到紫外线或可见光的光子作用，反复分解并很快重新形成。一个氧原子与臭氧分子相撞时形成两个氧分子，这样大气中的臭氧处于动态平衡。某些自由基如 HO_x、NO_x 和 ClO_x 可以破坏上述反应的平衡，并发生链式反应而消耗 O_3，使得大气中的臭氧含量减少。

目前氯氟烃被一致认为是破坏臭氧层的元凶。平流层中的一氧化氮也消耗了大气中的臭氧。此外，火山喷发的大量尘埃、硫化物对臭氧层也有相当严重的破坏作用。

1. 氯氟烃对臭氧的破坏

氯氟烃主要由氯、氟和碳组成，大约在 60 年前开始使用，主要作为制冷剂、气溶胶中的喷雾剂、产生泡沫的发泡剂，以及电子元件的清洗剂。由于氯氟烃如 CCl_3F_3（氟利昂-11）、CCl_2F_2（氟利昂-12）等具有高稳定性，不易反应，并且毒性很小，故一度被认为是理想的工业用化学品。然而，正是这类化合物的惰性使它们对平流层中的臭氧造成了严重破坏。

由于氯氟烃的惰性，太阳光分解作用、雨水冲洗或氧化都不能影响对流层中的氯氟烃，最终氯氟烃经扩散进入平流层。氟氯烃经太阳短波紫外光照射可分解出氯原子，氯原子与臭氧发生化学反应生成游离的一氧化氯，ClO 基团能在数分钟内与氧原子反应，并再次释放出 Cl。氯氟烃可在大气中保留数十年之久，如氟利昂-11、氟利昂-12 分别可持续存在75 年和 10 年左右。因此，即使现在立即停止释放氯氟烃，这种破坏作用仍将持续几十年，甚至上百年。

2. 氮氧化物对臭氧的破坏

由于燃烧增加和富氮肥料使用增多，使环境中的 N_2O 浓度增加，造成了破坏臭氧的严重问题。

飞机在平流层中飞行造成氮氧化物的增加。由于地面产生的一氧化氮不断增高，导致 NO_x 也有所增加，最终引起 O_3 分布的变化。在催化反应循环中，NO 起催化作用，一个NO 分子可以同氧原子和臭氧组合多次反应，从而臭氧被 NO_x 所破坏。

3. 火山爆发对臭氧的影响

关于火山爆发可能加剧臭氧耗损的想法，最初是在 1989 年由美国国家海洋与大气局的科学家苏珊和戴维提出来的。火山喷发出的以硫为主的气溶胶实际上将会产生暂时性的极地平流层，同时火山爆发所产生的大量的硫化物进入大气层，加大了氯氟烃对臭氧层的破坏作用。

10.5.3　臭氧层破坏的危害

臭氧层被大量损耗后，吸收紫外辐射的能力大大减弱，导致到达地球表面的紫外线明显增加，给人类健康和生态环境带来多方面的危害。目前臭氧层破坏产生的影响主要表现在人体健康、陆生植物、水生动植物、材料等方面。

1. 对健康的影响

阳光紫外线的增加对人类健康有严重的危害作用。潜在的危险包括引发和加剧眼部疾病、皮肤癌和传染性疾病。试验证明紫外线会损伤角膜和晶状体，如引起白内障、眼球晶体变形等。据分析，平流层臭氧减少 1%，全球白内障的发病率将增加 0.6%～0.8%，全世界由于白内障而引起失明的人数将增加 10 000～15 000 人。如果不对紫外线的增加采取措施，到 2075 年，紫外线辐射的增加将导致大约 1800 万例白内障病例的发生。

紫外线的增加能明显地诱发各种皮肤疾病，在长时间照射紫外线的情况下，甚至可能诱发皮肤癌。最新的研究结果显示，若臭氧浓度下降 10%，非恶性皮肤瘤的发病率将会增加 26%，紫外线对皮肤的伤害对浅肤色的人群特别是儿童尤其严重。

已有研究表明，长期暴露于强紫外线的辐射下，会导致细胞内的 DNA 改变，人体免疫系统的机能减退，人体抵抗疾病的能力下降。这将使许多发展中国家本来就不好的健康状况更加恶化，大量疾病的发病率和严重程度都会增加，尤其是包括麻疹、水痘、疱疹等的病毒性疾病，疟疾等通过皮肤传染的寄生虫病，肺结核和麻风病等细菌感染以及真菌感染疾病等。

2. 对陆生植物的影响

研究表明，在已经研究过的植物品种中，超过 50% 的植物有来自紫外线的负影响，如豆类、瓜类等作物，另外某些作物如土豆、番茄、甜菜等的质量将会下降；植物的生理和进化过程都受到紫外线辐射的影响，甚至与当前阳光中紫外线辐射的量有关。紫外线带来的间接影响，如植物形态的改变、各发育阶段的时间及二级新陈代谢等可能跟紫外线造成的破坏作用同样大，甚至更为严重。这些对植物的竞争平衡、食草动物、植物致病菌和生物地球化学循环等都有潜在影响。

3. 对水生生物的影响

研究人员已经测定了南极地区紫外线辐射及其穿透水体的量的增加，有足够证据证实天然浮游植物群落与臭氧的变化直接相关。对臭氧洞范围内和臭氧洞以外地区的浮游植物生产力进行比较的结果表明，浮游植物生产力下降与臭氧减少造成的紫外线辐射增加直接相关。由于浮游生物是海洋食物链的基础，浮游生物种类和数量的减少还会影响鱼类和贝类生物的产量。据另一项科学研究的结果，如果平流层臭氧减少 25%，浮游生物的初级生产力将下降 10%，这将导致水面附近的生物减少 35%。阳光中紫外线辐射对鱼、虾、蟹、两栖动物和其他动物的早期发育阶段都有危害作用。最严重的影响是繁殖力下降和幼体发育不全。即使在现有的水平下,阳光紫外线已是限制因子,紫外线的照射量很少量地增加就会导致消费者生物的显著减少。

4. 对材料的影响

因平流层臭氧损耗导致阳光紫外辐射的增加会加速建筑、喷涂、包装及电线电缆等所用材料,尤其是高分子材料的降解和老化变质。特别是在高温和阳光充足的热带地区,这种破坏作用更为严重。由这一破坏作用造成的损失全球每年达到数十亿美元。无论是人工聚合物,还是天然聚合物以及其他材料都会受到不良影响。当这些材料尤其是塑料用于一些不得不承受日光照射的场所时,只能靠加入光稳定剂或进行表面处理以保护其不受日光破坏。阳光中紫外线辐射的增加会加速这些材料的光降解,从而限制了它们的使用寿命。

思 考 题

1. 为什么要研究全球变化?

2. 目前海平面上升的原因是什么,影响有哪些?

3. "厄尔尼诺"现象指的是什么?

4. 简述臭氧层破坏的危害。

5. 思考并相互交流你感受到周围环境因全球气候变暖有何变化。

第 11 章　生态系统退化与沙漠化

11.1　生态系统退化

随着人口增长、工农业生产的迅速发展，人类在改造自然、利用自然的大规模生产活动中，对自然环境产生负面影响。长期的工业污染，大量工业废水和生活污水直接或间接排入江河、湖泊，大规模的森林砍伐以及将大范围的自然生境逐渐转变成农业和工业景观，形成了以生物多样性低、功能下降为特征的各式各样的退化生态系统（degraded ecosystem）。这些变化都严重威胁到人类社会的可持续发展。因此，认识现有的生态系统，保护好现有的自然生态系统，综合整治与恢复已退化的生态系统，摆在人类的面前。

（1）生态退化是生态系统的一种逆向演替过程，是生态系统在物质、能量匹配上存在着某一环节上的不协调或达到发生生态退变的临界点，此时，生态系统处于一种不稳或失衡状态，表现为对自然或人为干扰的较低抗性、较弱的缓冲能力以及较强的敏感性和脆弱性；生态系统逐渐演变为另一种与之相适应的低水平状态的过程，称为退化。

（2）退化生态系统是指生态系统在自然或人为干扰下形成的偏离自然状态的系统。与自然系统相比，退化生态系统的种类组成、群落或系统结构改变，生物多样性减少，生物生产力降低，土壤和微环境恶化，生物间相互关系改变。退化生态系统形成的直接原因是人类活动，部分来自自然灾害，有时两者叠加发生作用。章家恩等认为退化生态系统是一类病态的生态系统，是指生态系统在一定的时空背景下，在自然因素和人为因素，或者在二者的共同干扰下，生态要素和生态系统整体发生的不利于生物和人类生存的量变和质变，其结构和功能发生与其原有的平衡状态或进化方向相反的位移（displacement），具体表现为生态系统的基本结构和固有功能的破坏或丧失、生物多样性下降、稳定性和抗逆能力减弱、系统生产力下降。这类系统也称为"受害或受损生态系统"（damaged ecosystem）。退化生态系统类型的划分见表 11-1。

表 11-1　退化生态系统类型的划分

资料来源	退化生态系统类型
章家恩和徐淇（1999b）	退化陆地生态系统、退化水生生态系统和退化大气生态系统
刘国华等（2000）	森林生态系统的退化、水土流失和土地沙漠化等
余作岳等（1997）	裸地、森林采伐迹地、弃耕地、沙漠化地、采矿废弃地和垃圾堆放场等类型

生态系统退化的过程由干扰的强度、持续时间和规模所决定。有学者对造成生态系统退化的人类活动进行了排序：过度开发（含直接破坏和环境污染等）占 39%，毁林占 30%，

农业活动占 28%，过度收获薪材占 7%，生物工业占 1%。自然干扰中外来物种入侵、火灾及水灾是最重要的因素。中国因人口偏多在生态恢复方面强调的是农业综合利用。

（3）淡水生态系统退化是指在自然演替过程中，受到自然和人为干扰后，结构（水文物理形态和水生生物群落）和功能（水体的净化能力、水产养殖、景观服务等）被破坏以及逐步丧失退化的过程。退化淡水生态系统包括退化的河流和湖泊，表现为水质恶化、水体富营养化、湿地退化萎缩、沉积物淤积、河床抬高、湖面萎缩、水生植被消失、水生生物消失或多样性降低等现象。三峡大坝的建立对长江的阻隔作用直接影响到中华鲟鱼的洄游，渔业资源衰退、鱼类种类和个体小型化现象十分严重。中华鲟鱼是中国一级保护动物，也是活化石。长江中下游在近 30 年内，因围垦而丧失湖泊面积 12 万 km²，丧失率达 34.16%。其中洞庭湖面积由 20 世纪 50 年代初的 4300km²，减少到现在的不足 2270km² 等；过去 40 年中，我国红树林湿地的面积减少了大约 75%。太湖水生高等植物群落由 20 世纪 60 年代 66 种退化至 20 世纪 90 年代 17 种，沉水植物优势种由马来眼子菜演替为苦草，五里湖已无天然水生植被，竺山湖沉水植物几近消失。

素有"北方明珠"之称的白洋淀，是华北地区最大的淡水湖泊，水面积最大时为 366km²，目前水面积维持在 122km² 左右，一直靠补水维持不干淀，补水量已达 $3.2×10^8m^3$。1958～1993 年，生物物种多样性降低，藻类由 129 属减少为 54 属，浮游动物由 95 种减少为 64 种，鱼类由 53 种减少为不足 30 种，水鸟已难寻踪影，而耐污生物数量激增。

截至 2003 年，我国 52 个湖泊的水质评价表明，水质符合和优于Ⅲ类的湖泊仅有 21 个，5 个湖泊部分水体受到污染，26 个湖泊水污染严重，中营养状态和富营养状态湖泊各占 50%，几乎看不到贫营养的湖泊。玄武湖曾发生过藻类疯长、鱼类因缺氧而大量死亡的事故。20 世纪 90 年代，太湖梅梁湖区发生了 4 次水源地污染事件。2007 年 5 月 29 日，太湖蓝藻水华再次暴发，引发供水危机。2009 年 12 月 30 日，陕西省渭南境内中石油输油管道破裂导致柴油泄漏，黄河干流撞关断面石油类监测结果为 0.4mg/L。目前许多天然河流、湖泊的污染已大大超出其自净能力，直接威胁着农业灌溉、粮食安全和人类健康。

11.1.1　退化生态系统的形成

淡水生态系统退化的原因分为自然因素和人为因素，有时是两者叠加发生作用（表 11-2），主要原因为人为因素。退化过程由干扰的强度、持续时间和规模决定。

表 11-2　淡水生态系统退化的原因

	原因	描述
自然因素	气候因素	气候干旱，年降水量减少，湖泊水位波动下降
	物理作用	年复一年泥沙沉积，湖盆抬高、河湖洲滩不断显现扩大；大型草木有机残体腐殖质丰厚。参与土壤基质形成，加速了湿地向陆地的变化
	群落演替	环境原因或者生物入侵导致的植被演替通过改变群落结构影响生态系统的物流和能流结构，在一定程度上影响生态系统的发展
人为因素	围湖造田	围垦直接减少了湖滨带的面积，毁坏岸带植被、破坏近岸带鱼类、鸟类等动物的栖息及产卵场所，对生物资源造成毁灭性破坏

续表

	原因	描述
人为因素	围隔养鱼	围隔养鱼使得沿岸带有机污染加剧，同时因为放养的鱼类群落对养殖区沉水植物、底栖生物群落造成破坏
	河（湖）滨带湿地的过度开发	引进外来物种，造成湿地植被优势种改变，湿地植物群落简单化
	水质污染	生活污水和工业污染负荷的增加，使水域水质恶化，导致水生生物的死亡
	不合理的水利设施	河（湖）岸和堤防的建设，对交错带基地和植被条件造成了较大破坏，使得水域生态系统和陆地生态系统截然分裂
	旅游业和建筑用地的开发	通过土地利用性质的改变和污染负荷增加等途径加剧河（湖）岸带植被群落的破坏和水域水质的恶化

人类活动对于河流生态系统的胁迫主要来自以下 5 个方面：①工农业及生活污染物质对河流造成污染；②从河流水库中超量引水，使得河流流量无法满足生态用水的最低需求；③通过湖泊、河流滩地的围垦挤占水域面积以及旅游毁林造成水土流失，导致湖泊河流的退化；④在湖泊、河流或水库中，不适当地引入外来物种造成生物入侵，使乡土种受到威胁或消失；⑤水利工程对于生态系统的胁迫。

黄亦龙等对深圳市 1986～2004 年的长期水质监测数据进行分析，得出深圳市河流水质退化的主要驱动机制是由工业化、城市化、人口增长和土地利用格局变化等作用所致。黄凯等对河岸带生态系统退化机制研究结果表明，对河岸带生态系统的干扰表现在河流水文特征改变、河岸带直接干扰和流域尺度干扰 3 个方面，具有不同的影响机制。

11.1.2　淡水生态系统退化机制

1. 河流生态系统退化机制

河流生态系统退化是流域内人口增加、城市化进程加快、人类活动不断向滨水区推进以及工农业粗放型快速发展等引起点源污染超过河流生态系统的环境受力导致生态系统结构破坏的结果。结构的破坏，进一步影响其生态过程及生态功能的发挥，降低了其环境承载力，此时如不降低干扰负荷，将使得组成生态系统的生物要素与非生命环境要素变化加剧，从而推动生态系统逆向演替——退化。

2. 湿地生态环境退化机制

洞庭湖湿地生物多样性减少，生态平衡遭破坏的机制：

（1）泥沙淤浅湖泊→沉水植物→挺水植物→洲滩出露→芦苇林草的生态潜替。

（2）人口过快增长造成对资源的巨大压力，人与水争地，采用不合理渔具酷渔滥捕，水质污染。

（3）水利工程阻塞、洄游通道或改向等致使水生生物栖息地、产卵场、索饵场遭破坏或减少，种群数量减少，结构恶化，生态平衡遭破坏。

3. 湖泊生态演替退化机制

由贫营养型向富营养型发展是湖泊自然演变的过程。沉水植物的出现是湖泊富营养化发展过程中自然选择的结果。高等沉水植物种群的减少是健康水生态系统退化的重要指标。沉水植物和浊度之间的相互作用则是浅水湖泊由"草型"和"藻型"生态系统相互转化的主要驱动机制。

沉水植物吸收底泥和水中的营养盐生长，分泌的化学信息素（info-chemical substances）可遏制浮游植物生长，并共生有利于有机物矿化分解的微生物群落，其生长周期以月和季节为主，不同沉水植物优势种群的生长季节往往交叉演替，在年度内形成适宜于高等水生生物生存的环境，对水质起持续的净化作用。当水体营养程度进一步提高后，在某种水生高等植物生长的不利季节，特别在其机体的萎缩部位，着生藻类容易滋生。着生藻类、生物残体和悬浮颗粒的增加使水体透明度减少，沉水植物生长率减弱，遏制浮游植物的化学信息素减少，浮游植物种群和生物量进一步发展，水下光照进一步减弱，沉水植物种群逐渐减少，最后甚至全部消失，其他水生生物种类也相应减少，成为以浮游植物为主的生物多样性少的富营养化湖泊。由于浮游植物生长周期以旬为主，其死亡分解时易形成缺氧条件，并经常含有毒素，对高等水生动物的生存构成威胁，这是一种不健康的水体。

11.1.3　生态系统退化的动力学分析

生态系统是由生物有机体和无机环境组成的物质实体，具有一般物体的特征，依靠外部的各种力或能量维持其正常运转和发展。任何生态系统都具有一定的生态质量和生态惯性，当生态系统遭受到自然和人为干扰的合力大于生态系统的内在生态阻抗力时，生态系统势必发生运动或"位移"（displacement）。

生态阻抗是生态系统在运动过程中的内在抵抗力，是生态系统发生运动或变化的临界值。这个最大的抗逆能力就是生态系统发生退化的"生态阈值"。不同的生态系统，其生态阈值是不同的。高强度、频繁的干扰对生态系统是不利的，往往会导致生态系统的退化，而适度或中度的干扰则往往是有利的，而且从某种程度上讲是必需的。一般而言，不同的生态系统往往具有不同的生态惯性（eco-inertia），同一生态系统在其发展的不同阶段，其生态惯性也在不断地发生变化。

生态系统具有物体运动的特性，也会发生"位移"，不同的是生态系统的位移不是空间位置的改变，而是系统状态或性质的变化。生态系统是在不断地演替和发展的。生态退化只是生态系统运动的一种形式，是生态系统偏离正常演替或某一平衡状态的逆向运动过程。

1. 生态系统的主要受力类型

生态系统作为一个整体，可抽象为一个具有三维结构的"生态实体"，它不断受到外界的各种"生态效应力"的作用。生态效应力，既包括各种动力类型，也包括由于自然干扰或人为活动引起生态系统中物质循环与能量转化而表现出的一类抽象的驱动力。生态系统受到的生态效应力主要包括由于地球吸引而形成的重力以及地表对生态系统向上的支持力、热力、火力、风力、水力等外营力，地壳活动的内营力，以及人类对生态系统的物质能量投入及干扰作用表现出来的各种效应力（图 11-1）。生态系统的运动就是由这些生态效应力的合力的大小和作用效应方向来决定的。

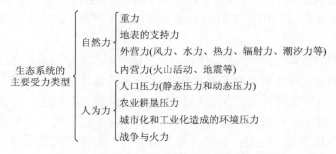

图 11-1　生态系统所受的主要生态效应力类型

施加于生态系统的各种生态效应力往往具有不同的作用效应方向。这里的作用效应方向是指自然作用和人为干扰效应力使生态系统发生变化的方向；这里规定，凡是促进生态系统向进化方向运动的，该力的作用效应方向就为正方向，凡是推动生态系统向退化方向演替的，该力的作用效应方向就为负方向。一般而言，生态系统受到的重力总是竖直向下的，受到地表的支持力总是垂直于地表方向的。其中重力和支撑力是地球上任何生态系统均要受到的两个力；其他的各种力对不同的生态系统可能存在，也可能不存在，而且，其作用效应方向通常也不固定，它们对生态系统作用效应方向一般会随时间和空间位置的变化而变化。例如，人类活动对生态系统既可起正的推动作用，又可起负的干扰作用。又如，在生态系统处于稳定平衡状态时，一定限度内的风力、水力对生态系统起着正向的作用，它有利于生态系统与外界进行物质和能量的迁移转化和交流，有利于生态系统的更新。然而，当生态系统处于不稳平衡或脆弱（如荒漠生态系统或荒坡地）的状态时，风力、水力等自然作用力则变为加速生态系统退化的驱动力，表现为负面的影响。

2. 生态系统退化的动力学分析

上述各种自然作用力和人为干扰力的不同组合决定着生态系统的多样性和生态系统发育的进程，当这些作用力发生剧烈波动或变化时，就会切断或破坏生态过程的某一链节，扰乱生态系统的固有"秩序"，导致生态系统的无序化，使之向退化方向发展。例如，地质基础和地貌结构作为生态系统发育的载体和基底，它的不稳定必然会导致其上生态系统的动荡和多变，而重力作用往往是引发地貌不稳定性的重要因素之一。又如，地表径流是显著的动能因子，而且一旦径流量，也就是水动力的传输过程与其他环境因子（如土壤因子的自我维持能力）不协调时，就会形成强大的水力作用，造成地面冲刷和水土流失，并导致原生生态环境的消失；当它与地貌因子不协调时，便会改变地表形态，造成原生环境的急剧改变等，这也是我国黄土高原和我国南方丘陵地区出现沟壑纵横、"红色沙岗"等土地退化现象的主要动力原因之一。风的动能作用，尤其是大风，在干旱、半干旱区域，是吹蚀表土、加强干旱、推移沙丘、加速脆弱环境逆向演化的驱动力，这也是我国西北地区土地沙化和荒漠化的主导作用因子之一。

　　生态退化除受自然作用的驱动外，人为活动干扰力也往往起着重要的诱发与推动作用。人类活动的强烈干扰力往往会加速生态系统退化的进程，它可将潜在的生态退化转化为现实的生态退化。人类活动对生态退化的推动也是多方面的、全方位的、深远的。与自然作用力相比，人为干扰对生态系统作用的方向通常是不确定的，它既可加速生态退化，又可阻止逆向的生态演替。第一，人口增长对生态环境不仅具有动态压力（如人口迁移、流动等），而且也具有静态压力（人口数量增长）。因为人类的生存与发展离不开自然资源，人口的增长与膨胀就意味着需要更多的土地、粮食、淡水、森林、矿产资源以及生存空间等。一旦人口数量超过区域和全球的生态承载能力，势必引起人地关系的失调和人均占有资源的减少，结果导致对土地过垦、过牧及对资源的掠夺性开发利用和环境的破坏，出现生态危机和生态灾难。当今世界面临的人口、粮食、资源、能源、环境五大社会问题，其核心就是人口问题。第二，人类活动直接对生态环境造成干扰作用。例如，人类的工农业活动和城市化过程已直接给全球环境造成了极大的干扰破坏和污染，导致了众多野生动植物栖息地或原有生境的丧失。又如，人类一把大火，就可使数百数千年形成的大片森林毁于一旦。一场战争可使一个区域生态系统乃至全球生态系统在顷刻间"灰飞烟灭"。人类也可以通过生态建设与环境保护活动（如采取植树造林、建立自然保护区、清洁生产等行动）对生态系统起正向的推动作用。

　　不同的生态系统受到生态效应力的类型和性质往往是不同的，其作用效果也各异。对于一个处于平衡状态的平地生态系统而言，它所受的重力和地表对它的支持力一般来说是一对平衡力。生态系统的变化方向主要取决于自然和人类干扰的作用效应合力的强度和方向。一般来说，在平原生态系统中，重力和支持力不是生态系统运动的主导作用力。人类活动的各种效应力、地球内营力、风力、水力是决定这类生态系统发展的主导作用力。对于坡地生态系统而言，其受力情况较为复杂。

　　生态系统所受的重力扮演着双重角色，一方面，重力的一个向下的平行与坡面方向的分力，使生态系统基底及其组分（如土壤物质、岩石、动物、植物乃至整个坡面）有下滑或向下迁移的趋势，使生态系统处于一种不稳定的状态之中，坡地易于发生崩塌、滑坡、泥石流土壤侵蚀等重力灾害就归因于此。不稳定的地质地貌结构，偶发性的或突发性的地质灾害可诱发生态退化的发生。它们可在短时间内由纯粹的一种重力地质作用转化为一种生态灾害。地质灾害的发生，可干扰或破坏生态系统中生物群落生存所需的地貌空间、土壤肥力、水文和气候等主要生态因子，造成水土流失、土壤退化等，毁坏生物群落尤其是绿色植物所需的生境条件，最终导致物种数量减少，人类和动物迁移，生态平衡破坏与瓦解。因此，从这种意义上讲，坡地生态系统是一个潜在脆弱的或先天性不稳定的生态系统，它具有等待释放的重力势能。另一方面，重力产生的另一垂直于坡面的分力刚好与坡面对生态系统的"支持力"相平衡。但由于这一分力的存在，当生态系统组成物质产生下滑运动时，便产生一个平行于坡面向上的"摩擦力"，阻止地表物质的向下运动。该分力对保持生态系统的基底稳定性有积极作用。然而，来自自然（如水力、风力）和人类的各种干扰作用效应力，可加速坡地生态系统的失衡或退化（如水土流失），对坡地生态系统有消极的影响。

3. 生态系统的抗逆性与生态惯性

任何生态系统都具有一定的抗逆能力。在受到外界干扰作用时，生态系统可在一定程度上抵抗这些干扰对其产生的负向效应力的作用，以保持生态系统的结构和功能的稳定性，即生态系统本身具有一种内在的"生态阻抗"（ecological resistance）。"生态阻抗"表现在生态系统存在着这样一种反馈机制，当出现来自系统外部的负向干扰时，生态系统可以自我调节并作出积极的反应，它可以使系统内部各生物种群之间，生物种群与无机环境之间保持比较稳定的比例关系和生态联系。生态系统抗逆能力的强弱，与生态系统的规模组成、结构和发育进程（即成熟度）等因素有关。一般而言，生态系统的规模尺度越大，组成与结构越复杂多样，发育越成熟，生态系统的功能越强大，其抗逆能力也越强。然而，生态系统的抗逆能力是有一定限度的，即只有当系统外部的负向干扰合力小于生态系统的内在抗逆能力时，生态系统才能通过自我调节作用保持自身较稳定的状态，有时这种干扰还可刺激生态系统的不断更新和发展。而当外部的干扰作用超过生态系统的抗逆能力时，生态系统就会偏离正常的发育演替状态或发生退化。因此，要使某一生态系统发生正向或逆向演替，其外部各种生态作用力的合力必须超越或大于该系统状态下的生态阻抗。

一方面，对于一个发育成熟的稳定的生态系统（如森林）以及退化到极点的生态系统（如沙漠）而言，通常具有较大的生态惯性，也就是说，外部的干扰作用不易使生态系统发生状态上的"位移"。森林生态系统和荒漠生态系统等往往具有较高的生态惯性。例如，在相同外力作用下，草原生态系统的破坏往往要比森林生态系统大得多。但另一方面，具有较高生态惯性的生态系统往往表现出较低的可恢复性（resilience），退化森林的恢复往往比草原、农田的恢复要困难得多。荒漠要恢复成绿洲，往往要花费相当高的物质和能量投入，用以抵消其内在的水分限制、土壤限制、生物学限制等，超越其内在的"生态阻抗"，方能实现。因此，在退化生态系统的恢复过程中，一定要根据其惯性特点，因地制宜，循序渐进，有步骤、分阶段进行。

11.2　生态系统恢复

生态恢复包括人类的需求观、生态学方法的应用、恢复目标和评估成功的标准，以及生态恢复的各种限制（如恢复的价值取向、社会评价、生态环境等）等基本成分。考虑到目标生态系统的可选择性，恢复后的生态系统与周边生境具协调性，生态恢复不可能一步到位。恢复（restoration）是指完全恢复到干扰前的状态，主要是再建立一个完全由本地种组成的生态系统。大多数情况下，这是一个消极过程，它依赖于自然演替过程和移去干扰。积极的恢复要求人类成功地引入生物并建立生态系统功能。随着人口增长，土地破碎化、生物入侵、环境污染等完全恢复不太可能。在恢复比较困难或不可能的情况下，社会对土地和资源的要求又强烈，需要一或多种植被转换，重建就是通过基于对干扰前生态系统结构和功能的了解，目标从保护转为利用，通过建立一个简化的生态系统而修复生态系统。

水生生态系统的恢复是指重建水生生态系统干扰前的功能及相应的物理、化学和生物特征，即在退化的水生生态系统恢复过程中常常要求重建干扰前的物理条件，调整水和土壤中的化学条件，再植水体中的植物、动物和微生物群落。

淡水生态系统的恢复研究，主要集中在退化湖泊生态系统、河流生态系统和湿地生态系统等方面。在与湖泊相连接的湿地恢复研究方面，目前主要采取流域控制和湖内行动（in-lake action）相结合的途径。许多恢复技术如废水处理、点源控制、土地处理、湿地处理、光化学处理、沉积物抽取与氧化、环保疏浚、湖岸植被种植、生物操纵（biomanipulation）、生物控制及生物收获等技术被应用并已取得显著效果。

11.2.1　恢复生态学的主要理论

恢复生态学的理论主要是演替理论，但又远不止演替理论，其核心原理是整体性原理、协调与平衡原理、自生原理和循环再生原理等。目前，自我设计与人为设计理论（self-design versus design theory）是唯一从恢复生态学中产生的理论。自我设计理论认为，只要有足够的时间，随着时间的进程，退化生态系统将根据环境条件合理地组织自己并会最终改变其组分。而人为设计理论认为，通过工程方法和植物重建可直接恢复退化生态系统，但恢复的类型可能是多样的。这一理论把物种的生活史作为植被恢复的重要因子，并认为通过调整物种生活史的方法就可加快植被的恢复。

两种理论不同点的比较：自我设计理论把恢复放在生态系统层次考虑，未考虑到缺乏种子库的情况，其恢复的只能是环境决定的群落；而人为设计理论把恢复放在个体或种群层次上考虑，恢复的可能是多种结果。

虽然 Bradshaw 提出退化生态系统恢复过程中功能恢复与结构恢复呈线性关系，但这并没有考虑到退化程度和恢复的努力。生态学还没有到达可以对特定地点、特点方法下有特定产出的预测阶段。生态系统恢复与自然演替是一个动态的过程，有时很难区分两者。恢复生态学要强调自然恢复与社会、人文的耦合，好的生态哲学观将有助于科学工作者、政府和民众的充分合作。恢复生态学研究无论是在地域上还是在理论上都要跨越边界。恢复生态学研究以生态系统尺度为基点，在景观尺度上表达。

国内外对森林恢复研究主要集中在恢复中的障碍（如缺乏种源、种子扩散不力、土壤和小气候条件恶劣不宜于植物定居等）和如何克服这些障碍两个方面，另有一些恢复过程中生态系统结构、功能和动态的研究。还存在研究时间太短、空间尺度太小、恢复过程不清、结构与功能恢复机理不清、恢复模型缺乏试验支持等问题。

最近恢复生态学在以下 3 个方面比较活跃：

（1）关于恢复的临界阈值问题。

（2）恢复过程中优势种群的扩散过程和空间格局的动态变化。

（3）利用景观生态学理论和方法探讨恢复机理问题。

生态系统完全恢复是相当难的，因为有太多的组分，而且组分间存在非常复杂的相互作用，需要更好地了解生物与非生物因子间、种间的因果关系。如果能全面理解恢复地点的条件和控制变量，就能预测恢复的效果。恢复生态学家开始用恢复试验来验证来自自然或人类干扰的生态系统中各种理论，然而绝大多数情况下，实践者不得不用更广泛的生态学测试非常不同的情况。

适应性恢复是与适应性管理相对应的一个概念。适应性管理是指科学家提供信息、建议、推荐给管理者选择并实施，随后科学家又跟踪研究实施后的情况并提出新一轮建议，如此反复，管理者利用研究发现，研究者利用管理实施回答因果关系问题。可能适应性恢复不能确保期待的产出，但它将为同类生态系统的恢复提供可更正的测定方法或更好的恢复实践。

1. 恢复与重建

国际恢复生态学会（Society for Ecological Restoration）提出，生态恢复是帮助研究生态整合性的恢复和管理过程的科学，生态整合性包括生物多样性以及生态过程、结构、区域及其历史情况，可持续的社会实践等广泛的范围。

章家恩和徐淇（1999a）认为生态恢复与重建是指根据生态学原理，通过一定的生物、生态以及工程的技术与方法，人为地改变和切断生态系统退化的主导因子或过程，调整、配置和优化系统内部及其与外界的物质、能量和信息的流动过程及其时空秩序，使生态系统的结构、功能和生态学潜力尽快地、成功地恢复到一定的或原有的乃至更高的水平。许木启等（1998）则认为恢复被损害生态系统到接近于干扰前的自然状况的管理与操作过程，即重建该系统干扰前的结构与功能及有关的物理、化学和生物学特征。

2. 干扰

傅伯杰等（2000）提出干扰是自然界中无时无处不在的一种现象，是在不同时空尺度上偶然发生的不可预知的事件，直接影响着生态系统的结构和功能演替。周道玮等（1996）认为干扰是群落外部不连续存在，间断发生因子的突然作用或连续存在因子的超"正常"范围波动；这种作用或波动能引起有机体或种群或群落发生全部或部分明显变化，使生态系统的结构和功能发生位移。常见的干扰类型包括火干扰、放牧、土壤物理干扰、土壤化学干扰、践踏、外来物种入侵、洪水泛滥、森林采伐、矿山开发、道路建设和旅游等。干扰具有以下性质：多重性、生态影响的相对性、明显的尺度性、对生态演替过程的再调节、自然生态系统中不协调的现象和时空尺度的广泛性。

11.2.2 生态恢复的目标

广义的生态恢复目标是通过修复生态系统功能并补充生物组分使受损的生态系统回到一个更自然的条件下，理想的恢复应同时满足区域和地方的目标。恢复退化生态系统的目标包括建立合理的内容组成（种类丰富度及多度）、结构（植被和土壤的垂直结构）、格局（生态系统成分的水平安排）、异质性（各组分由多个变量组成）、功能（如水、能量、物质流动等基本生态过程的表现）。

1. 恢复生态学的目标

（1）保护自然的生态系统，保护在生态系统恢复中具有重要的参考作用。

（2）恢复现有的退化生态系统，尤其是与人类关系密切的生态系统。

（3）对现有的生态系统进行合理管理，避免退化。

（4）保持区域文化的可持续发展。

（5）其他的目标，包括实现景观层次的整合性，保持生物多样性及保持良好的生态环境。

恢复的长期目标应是生态系统自身可持续性的恢复，但由于这个目标的时间尺度太大，加上生态系统是开放的，可能会导致恢复后的系统状态与原状态不同。

2. 生态恢复工程的目标

（1）恢复诸如废弃矿地这样极度退化的生境。

（2）提高退化土地上的生产力。

（3）在被保护的景观内去除干扰以加强保护。

（4）对现有生态系统进行合理利用和保护，维持其服务功能。

3. 退化生态系统恢复与重建的基本目标

（1）实现生态系统的地表基底稳定性，因为地表基底（地质地貌）是生态系统发育与存在的载体，基底不稳定（如滑坡），就不可能保证生态系统的持续演替与发展。

（2）恢复植被和土壤，保证一定的植被覆盖率和土壤肥力。

（3）增加种类组成和生物多样性。

（4）实现生物群落的恢复，提高生态系统的生产力和自我维持能力。

（5）减少或控制环境污染。

（6）增加视觉和美学享受。

4. 退化生态系统恢复与重建的基本原则

退化生态系统的恢复与重建要求在遵循自然规律的基础上，通过人类的作用，根据技术上适当、经济上可行、社会能够接受的原则，使受害或退化生态系统重新获得健康并有益于人类生存与生活的生态系统重构或再生过程。

生态恢复与重建的原则一般包括自然法则、社会经济技术原则和美学原则 3 个方面，一共 28 条基本定律、原理和原则。

11.2.3　退化生态系统恢复与重建的程序

（1）首先要明确被恢复对象，并确定系统边界。

（2）退化生态系统的诊断分析，包括生态系统的物质与能量流动与转化分析，退化主导因子、退化过程、退化类型、退化阶段与强度的诊断与辨识。

（3）生态退化的综合评判，确定恢复目标。

（4）退化生态系统恢复与重建的自然、经济、社会、技术可行性分析。

（5）恢复与重建的生态规划与风险评价，建立优化模型，提出决策与具体的实施方案。

（6）进行实地恢复与重建的优化模式试验与模拟研究，通过长期定位观测试验，获取在理论和实践中具可操作性的恢复重建模式。

（7）对一些成功的恢复与重建模式进行示范与推广，同时要加强后续的动态监测与评价。

11.2.4　生态恢复的方法

不同类型（如森林、草地、农田、湿地、湖泊、河流、海洋）、不同程度的退化生态系统，其恢复方法也不同。从生态系统的组成成分角度看，主要包括非生物和生物系统的恢复。

（1）无机环境的恢复技术。包括水体恢复技术（如控制污染、去除富营养化、换水、积水、排涝和灌溉）、土壤恢复技术（如耕作制度和方式的改变、施肥、土壤改良、表土稳定、控制水土侵蚀、换土及分解污染物等）、空气恢复技术（如烟尘吸附、生物和化学吸附等）。

（2）生物系统的恢复技术。包括植被（物种的引入、品种改良、植物快速繁殖、植物的搭配、植物的种植、林分改造等）、消费者（捕食者的引进、病虫害的控制）和分解者（微生物的引种及控制）的重建技术和生态规划技术（RS、GIS、GPS）的应用。

20世纪50年代，泰晤士河被称为臭水河和死水河，1957～1958年对伦敦下游68km河段的鱼类调查，除发现一种耐污的黄鳝外，没有发现任何其他鱼类生存。20世纪60年代以后，英国政府投入大量财力对该河流进行大规模综合治理，使河流重新充满生机。1967～1973年的调查结果，有68种鱼重返泰晤士河，后来超过90种，而且一年四季均可捕到这些鱼类。

1994～1998年间，王国祥等在无锡市中桥自来水厂建立了用于净化饮用水源的水生生物群落镶嵌工程技术试验区，发展了水生生物群落镶嵌技术，构建了以漂浮、浮叶、沉水植物为优势种的斑块小群丛镶嵌组合水生植物群落。该工程可有效除藻和净化水质，对湖水的浊度、NH_4^+-N，NO_2-N和色度的降低效果较好，1994年8月至1995年6月，这些参数工程输出水分别较工程外原水平均削减82%、60%、69%和46%。

2003～2005年，中国环境科学研究院等多家科研单位在西五里湖开展了水生植被恢复生态工程示范研究，通过植物浮床、环保疏浚、底质改善、围隔消浪、截污和生物结构调控等多种改善生境条件技术进行水生植被的工程规模恢复研究。2005年，示范工程区内建立了一个结构较完善、有多种水生植物生长、具有较好景观功能的水生生态系统，芦苇、莲、轮叶黑藻、蒋菜、狐尾藻等水生植物均得到一定程度的恢复，植被盖度约40%，工程区外岸边浅水区水生植物也有了自然恢复的迹象，五里湖水质、生态状况得到明显改善。

2006年8月，李英杰等在滇池福保湾生态恢复示范区，利用吹填技术通过改善生境条件恢复工程区水生植被取得阶段性成功。利用清洁湖泥吹填技术恢复浅水湖泊直立陡岸带，改善湖泊底质结构，然后引入湖内唯一沉水植物篦齿眼子菜，挺水植物芦苇（phragmites communis）、香蒲、范草等水生植物。工程实施2年后，工程区内水生植物得到了初步恢复，岸边是稀疏的芦苇、香蒲等，芦苇群落外是密集的篦齿眼子菜（potamogeton pectinatus L.）群落。浅水湖泊生态类型演替的一般顺序是轮藻型→低植冠水生维管束植物（沉水植物）→高植冠沉水植物型或浮叶植物型→藻型或漂浮植物型→挺水植物沼泽型，浅水湖泊生态恢复是这一演替序列的逆过程。低植冠丛生沉水植物型生态系统既具有较高的生态稳定性，又能保持水体处于清水状态，因此低植冠丛生沉水植物型生态系统是湖泊的最终恢复目标。

湖泊生态系统是一个有机的整体，浅水湖内存在着复杂的生态过程和多种反馈机制，主导着浅水湖泊生物群落动态演变。淡水生态系统的恢复，控源和恢复水生高等植物是核心内容。水生植物的恢复，不是简单地种树种草，对淡水生态系统认识的基础上，从维系水生植物存在的整个生态系统及其结构上去考虑，综合运用多种工程技术和管理措施，经过长期的努力，使恢复的淡水生态系统在与环境的长期互动中不断健康发展，向健康的淡水生态类型的系统演替，不断巩固维持水生植物占主导的清水状态的生态反馈机制。

在海岛和海岸带区域天然植被是最好的植被类型，但要恢复却不容易。最好的一种办法是自然恢复，其优点是可以缩短实现森林覆盖所需的时间、保护珍稀物种和增加森林的稳定性、投资小、效益高。另一种办法是生态恢复，即通过人工的方法，参照自然规律，创造良好的环境，恢复天然的生态系统，主要是重新创造、引导或加速自然演化过程。

生态恢复方法还包括物种框架法和最大生物多样性方法。物种框架法是指在距离天然林不远的地方，建立一个或一群物种，作为恢复生态系统的基本框架，这些物种通常是植物群落中的演替早期阶段物种或演替中期阶段物种。最大生物多样性方法是指尽可能地按照该生态系统退化前的物种组成及多样性水平种植进行恢复，需要大量种植演替成熟阶段的物种，忽略先锋物种。在这些过程中要对恢复地点进行准备，注意种子采集和种苗培育、种植和抚育，加强利用自然力，控制杂草，加强利用乡土种进行生态恢复的教育和研究。

恢复是通过对地点造型、改进土壤、种植植被等促进次生演替，其目标是促进演替，但结果有时是改变了演替方向。在那些与遗弃地或自然干扰不同的地方进行恢复时，可能不遵循模仿的次生演替途径。其主要原因是退化的程度不同。Zedler 在研究了大量恢复实例的基础上提出了生态恢复谱（ecological restoration spectrum）理论，包括可预测性、退化程度和努力 3 部分。可预测性指生态系统随时间的发育，即它将沿什么方向发展并达到参考系统的接近程度，如外来种和乡土种覆盖率的比例可作为一个指标，它比较容易预测外来种的覆盖率会随时间而逐渐减少，但难预测何时它与自然生态系统中的比例一样低、哪个种会成为最有问题的种、外来种控制恢复样地后果如何等。退化程度指样地和区域两个尺度上的受损情况和程度。图 11-2 显示复杂的生态环境恢复与跃迁模型，努力涉及对地形、水文、土壤、植被和动物等的更改。严重退化情形下，恢复努力越少，目标越不可能达到；恢复努力越大，目标越易达到。但复杂情形下可能出现以不同的速率及不同的方向恢复。在轻度退化情况下，即使只做一点恢复努力，也易于恢复，做更大的努力则极可能达到目标。

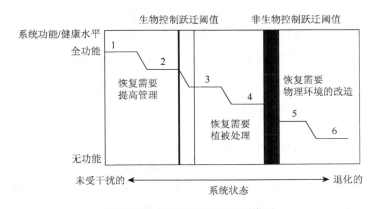

图 11-2　复杂的状态和跃迁模型

11.2.5　中国森林恢复中存在的问题

退化生态系统恢复最主要的是植被恢复。从 1959 年开始，中国科学院华南植物研究所组织多学科、多专业的科研人员在广东沿海侵蚀地上开展了热带、亚热带退化生态系统恢复与重建的长期定位研究，取得了巨大的成绩。不同的学者对次生林地退化喀斯特地区、亚高山地稀疏天然林地、黄土高原丘陵沟壑区以及风灾火迹地等地植被恢复与重建也进行了相应的研究。我国目前从生态系统层次上有森林、草地、农田、水体、湿地等方面研究和实践，也有如干旱、半干旱、荒漠化及水土流失区等的地带性退化生态系统及恢复的工程、技术、机理研究。特别是土地退化及恢复研究包括土地沙漠化及整治、水土流失治理、盐渍化土地改良、采矿废弃地复垦等。作为森林恢复的重要方式之一，造林忽视了生物多样性在生态恢复中的作用，主要生态学问题有：

（1）大量营造种类和结构单一的人工林。过去大量植造的人工林是纯针叶林，其群落种类单一，年龄和高矮比较接近，十分密集，林下缺乏中间灌木层和地表植被。它导致了林内地表植被覆盖很差，保持水的能力很弱；树林中的生物多样性水平极低；森林中的营养循环过程被阻断，土壤营养日益匮乏；抗虫等生态稳定性差。因此，今后应强调森林覆盖率不是唯一评价恢复的指标，生态完整性和生态过程恢复是非常重要的。

（2）大量使用外来种。地带性植被是多年植物与气候等生境相互作用而形成的，破坏后重建的生态系统大量使用外来种，这些种类或多或少存在问题，对原有系统造成影响。当前南方一些林业管理部门认为非马尾松等造林树种的乡土阔叶树种为杂木，喜欢种植桉树、杨树等外来树种。

（3）忽视了生态系统健康所要求的异质性。天然的生态系统包括物种组成、空间结构、年龄结构和资源利用等方面的异质性，这些异质性为多样性的动物和植物等生存提供了多种机会和条件。人工林出于管理或经济目标，以均质性出现，不是一个健康的生态系统所应具备的。因此，在将来营造生态公益林时应强调异质性。

（4）忽略了物种间的生态交互作用。生态系统的生物与环境间、生物与生物间形成了复杂的关系网，尤其是生物间的相互作用更为复杂。在恢复森林时，必须考虑到野生生物间的相互关系，采取适当的方法促进建立这种良好的关系。

（5）忽略了农业区和生活区的植被恢复。我国典型的农业生产方式是大面积的农田，农业害虫靠杀虫剂，土壤消耗靠化肥，并未考虑在农业区和生活区的植被恢复。

（6）造林中还存在对珍稀濒危种需要缺乏考虑，城镇绿化忽略了植被的生态功能等问题。

11.2.6　退化湿地生态系统的恢复与重建

退化湿地恢复技术包括湿地生态恢复技术、生物恢复技术、生态系统结构和功能恢复技术。湿地生态恢复技术包括基地改造、湿地水土流失控制、清淤等基地恢复技术；筑坝、修建引水渠、污水处理、控制水体富氧化等水状况恢复技术；土壤污染控制、土壤肥力提高等湿地土壤恢复技术。湿地生物恢复技术包括物种筛选、物种引入保护、种群调控、群落优化配置与组建等技术。湿地生态系统结构与功能恢复技术主要包括生态系统总体改良技术和生态系统构建与集成技术等。

11.2.7　退化草地生态系统的恢复与重建

草地遭受雪灾、火灾、沙尘暴、荒漠化和鼠害等自然灾害以及过度放牧等人为因素影响，极易造成草原生态系统的退化。对退化草地生态系统的恢复与重建，应根据不同的区域、退化程度及原因的不同，采取不同的措施。退化草地的恢复措施包括：建立人工草地，减轻天然草地压力；利用多年生人工草地进行幼畜放牧育肥（实行季节畜牧业，在青草期利用牧草，冬季前出售家畜）；建立半人工草地，恢复天然草地植被；严重退化的草地实施"围封转移"。

11.2.8　废弃矿地的恢复与重建

由于废弃矿地的环境条件恶劣，其植被恢复还面临着许多问题。从生态角度看，废弃矿地需经过改良后才能恢复植被，包括基质的改良和优良物种的选择等。废弃矿地生态恢复与重建的关键是在正确评价废弃地类型、特征的基础上进行植被的恢复与重建，进而使生态系统实现自行恢复并达到良性循环。

11.2.9　退化海岛生态系统的恢复与重建

海岛是地球进化史中不同阶段的产物，反映重要的地理学过程、生态系统过程、生物进化过程以及人与自然相互作用过程。海岛在干扰下极易退化且不易恢复。这些干扰包括毁林、引种不当和自然灾害 3 类。海岛生态恢复的限制性因子是缺乏淡水、土壤和生物资源以及严重的风害或暴雨。海岛恢复的长期利益包括重建海岛的生物群落，再现海岛生态系统的营养循环，恢复海岛的进化过程。

11.2.10　退化水生生态系统的恢复与重建

水生生态系统的恢复是指重建水生生态系统干扰前的功能及相应的物理、化学和生物特征，即在退化的水生生态系统恢复过程中常常要求重建干扰前的物理条件，调整水和土壤的化学条件，再植水体中的植物、动物和微生物群落。

11.3　土地沙漠化及其防治措施

土地沙漠化是当前全球重大生态环境问题之一，制约了经济社会可持续发展。据 2005 年《联合国防治荒漠化公约》，土地沙漠化已影响到世界 1/5 的人口和全球 1/3 的陆地。土地沙漠化对全球生态环境及社会经济发展造成巨大影响，并给许多发展中国家人民的生活和生存带来了严重灾难，土地沙漠化已成为导致贫困和阻碍经济与社会持续发展的重要因素。全球沙漠化分布状况见表 11-3。

表 11-3　　全球沙漠化分布状况（1996 年）

地区	旱地面积/千 km²	荒漠化面积/千 km²	荒漠化程度/千 km²			
			轻度荒漠化	中度荒漠化	重度荒漠化	极度荒漠化
全球	51692	36184	4273	4703	1301	75
非洲	12860	10000	1180	1272	707	35
北美洲	7324	795	134	588	73	—
南美洲	5160	791	418	311	62	—
大洋洲	6633	875	836	24	11	4
欧洲	2997	994	138	807	18	31
亚洲	16718	14000	1567	1701	430	5

截至 2004 年，我国沙漠化（包括沙化）土地面积为 173.97 万 km²，占国土总面积的 18.12%。依据 1999 年全国沙化监测结果，我国每年因土地沙漠化造成的直接经济损失为 1281.41 亿元，相当于重点土地沙漠化地区 1999 年财政收入的 3.60 倍，其中土地资源的损失为 955.71 亿元，占直接经济损失的 74.58%。土地沙漠化不仅造成土地资源退化，土地生产力下降，而且造成生态环境恶化，风沙日、沙尘暴频率增加，导致人们生活贫困，使人类生存空间减小。同时，土地沙漠化及由此产生的沙尘暴给工农业生产和人民生活带来严重影响，风沙危害交通道路、水利设施及大中城市基础设施建设。

全国有 2.4 万多个村庄和许多城镇经常受到风沙危害。土地沙漠化威胁大中城市、工矿企业及重要基础设施建设和经济可持续发展，全国有 1300 多千米铁路、3 万 km 公路、数以千计的水库和 5 万多千米长的灌溉渠道常年受风沙危害。

11.3.1　土地沙漠化概念

土地沙漠化（desertification）是指包括气候变异和人类活动在内种种因素所造成的干旱、半干旱及亚湿润干旱区土地出现类似沙漠景观的退化过程。土地沙漠化主要特点体现在风沙活动方面，退化最终结果是地表出现流沙。

国务院既有设在水利部的负责水土保持的水土保持协调小组，又有设在林业部的全国防治荒漠化协调小组；中国科学院有专门研究水土流失的水土保持研究所和专门研究沙子的沙漠研究所；我国对沙漠化及荒漠化认识也经历由 20 世纪 70 年代的沙漠化，到 20 世纪 80 年代荒漠化及 1994 年以来荒漠化与沙质荒漠化的过程。

陈隆亨（1981）指出，土地沙漠化是特定的生态系统在自然条件因素、人为因素作用下，在或长或短的时间内退化和最终变成不毛之地的破坏过程。

朱震达（1984）又根据土地沙漠化发生的性质将土地沙漠化划分为沙质草原沙漠化、固定沙丘活化（沙地）及沙丘前移入侵三种类型，将土地沙漠化定义为干旱、半干旱（包括部分半湿润）地区，在脆弱生态条件下，由于人为过度的经济活动，破坏了生态平衡，使原非沙漠地区出现了以风沙活动为主要特征的类似沙质荒漠环境的退化，沙漠化影响的土地称为"沙漠化土地"。

吴正（1991）完善后指出，沙质荒漠化是指干旱、半干旱和部分半湿润地区，由于自然因素或受人为活动影响，破坏了自然生态系统的脆弱平衡，使原非沙漠的地区出现了沙漠环境条件的强化与扩张过程（即沙漠的形成和扩张过程），将原来的沙质荒漠化概念在空间上进行了扩展。

11.3.2　中国土地沙漠化现状

1. 中国沙漠化土地面积

我国是世界上沙漠化土地分布较广、危害极为严重的国家之一。为查清我国沙漠化土地现状及动态变化状况，1994 年我国组织开展了第一次全国荒漠化和沙化普查工作，并建立了 5 年为一个周期的荒漠化和沙化监测制度，目前已先后完成了三次全国荒漠化及沙漠化土地普查和监测（1994 年、1999 年、2004 年）工作。根据 2005 年完成的最新监测结果，我国沙漠化（包括沙化，下同）土地面积为 173.97 万 km^2，占国土面积的 18.12%。

从行政区域来看，我国沙漠化土地分布范围十分广阔，分布在除上海、台湾及香港和澳门特别行政区外的 30 个省（自治区、直辖市）（表 11-4）的 889 个县（旗、区），但主要分布在西北、华北、东北等省区，其中尤以新疆、内蒙古、西藏、青海、甘肃 5 省份最为严重，这五省份的沙漠化土地面积分别为 74.63 万 km^2、41.59 万 km^2、21.68 万 km^2、12.56 万 km^2、12.03 万 km^2，分别占全国沙漠化土地总面积的 42.9%、23.9%、12.46%、7.22% 和 6.91%，5 省份沙漠化土地总面积 162.49 万 km^2，占全国沙漠化土地总面积的93.4%；河北、宁夏、陕西、四川、山东、江苏、山西、河南、吉林、辽宁和黑龙江 11省份也有较大面积分布，其沙漠化土地总面积为 10.46 万 km^2，占全国沙漠化土地总面积的 6.01%，其他 14 省份的沙漠化土地分布面积较小，其沙漠化土地总面积为 1.01 万 km^2，仅占全国沙漠化土地总面积的 0.58%。

表 11-4　全国部分省份沙漠化土地面积情况表　　　　　（单位：km^2）

省份	沙漠化面积	省份	沙漠化面积	省份	沙漠化面积
北京	546.21	天津	156.15	河北	24034.98
山西	7054.63	内蒙古	415935.70	辽宁	5496.02
吉林	7107.04	黑龙	5286.63	江苏	5908.73
浙江	0.58	安徽	1269.01	福建	450.68
江西	749.94	山东	7937.98	河南	6462.93
湖北	1916.29	湖南	588.14	广东	1095.28
广西	2115.78	海南	634.39	重庆	27.48
四川	9143.57	贵州	66.79	云南	452.97
西藏	216842.85	陕西	14343.97	甘肃	120345.68
青海	125583.41	宁夏	11826.28	新疆	746283.03

资料来源：国家林业局沙漠化监测报告 2005。

2. 中国沙漠化土地的分布

中国的沙漠化土地主要分布于富裕、扶余、康平一线以西，塔里木盆地西部以东，康平、赤峰、张家口、绥德、固原、贵南至昆仑山一线以北，中蒙、中俄国境线以南的广大地区，此外在青藏高原高寒地区也分布着一些面积较大、集中连片的沙漠化土地，在黄淮海平原及长江以南的其他一些沿海、沿河和沿湖地区分布着零星的沙地。

从沙漠化土地分布的主要自然区域来看，蒙新高原地区和青藏高原地区是我国沙漠化土地的集中分布区，东部季风地区的沙漠化土地则零星分布于江、河、湖、海沿岸。

蒙新高原地区的沙漠化土地主要分布在新疆塔里木盆地、准噶尔盆地、吐鲁番盆地及东疆地区，往东跨甘肃河西走廊、宁夏北部和黄河以东地区，内蒙古的大部分地区，陕西和山西两省北部的长城沿线和河北坝上地区等，该区域沙漠化土地面积为 132.9 万 km^2，占全国沙漠化土地总面积的 76.4%。

青藏高原高寒地区的沙漠化土地主要分布于青海省的柴达木盆地、共和盆地、青海湖周边地区，西藏"一江两河"和藏北那曲、阿里地区，此外，藏东"三江"河谷以及甘南玛曲、青海玛多、玛沁和川西北高原等地也有星状分布，该区域的沙漠化土地面积为 34.98 万 km^2，占全国沙漠化土地总面积的 20.1%。

东部河、湖、海沿岸地区为以上两个区域以外的低海拔湿润、半湿润地区，沙化土地零星分布。沙漠化土地面积为 6.1 万 km^2，占全国沙漠化土地总面积的 3.5%。

3. 沙漠化土地类型

我国沙漠化土地分布的广阔性及分布区的自然环境、气候多样性，决定了我国沙漠化土地类型的多样性，沙漠化土地类型包括流动沙地、半固定沙地、固定沙地、戈壁、风蚀劣地等类型。在现有的 173.97 万 km^2 的沙漠化土地中，流动沙丘（地）面积为 41.16 万 km^2，占沙漠化土地总面积的 23.66%；半固定沙丘（地）为 17.88 万 km^2，占 10.28%；固定沙丘（地）为 27.47 万 km^2，占 15.79%；戈壁为 66.23 万 km^2，占 38.07%；沙化耕地为 4.63 万 km^2，占沙漠化土地总面积的 2.66%；非生物工程治沙地为 0.01 万 km^2，其他见图 11-3。

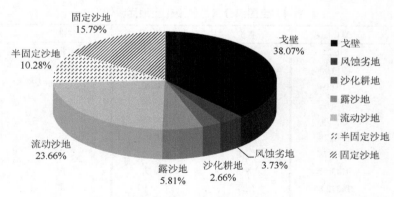

图 11-3　沙漠化土地类型

4. 沙漠化土地分布特点

1）西北干旱区沙漠化土地

西北干旱区沙漠化土地分布在贺兰山以西，祁连山、阿尔金山和昆仑山以北，行政范围包括新疆大部、内蒙古西部和甘肃河西走廊等地区。西北干旱区沙漠化土地在地貌景观上呈现吹扬灌丛沙堆与新月形沙丘、沙丘链相间的特点，类型上以流动沙丘分布较广，我国 90%的沙漠都集中在该地区，如塔克拉玛干沙漠、巴丹吉林沙漠、古尔班通古特沙漠、腾格里沙漠、库姆塔格沙漠和乌兰布和沙漠。

除原生沙漠外，西北干旱区沙漠化土地主要分布在绿洲周围或深入沙漠的河流下游，分布形式呈现不相连的小片状。该地区年降水量在 200mm 以下，蒸发量却高达 2500～3500mm，在沙漠边缘分布的绿洲生存完全依赖地表水和地下水灌溉。由于大水漫灌等不合理的水资源利用方式，造成水资源严重浪费，挤占了生态用水，导致天然植被衰退死亡，同时过牧、樵采、乱挖、乱垦等不合理的经济活动使天然荒漠遭受严重破坏，生态防护功能日益衰退，造成沙丘活化、沙漠前移，绿洲萎缩。这也是该地区土地沙漠化的主要原因。如甘肃民勤绿洲，石羊河来水量从 1956 年的 5.14 亿 m^3 下降到 2003 年的 1.16 亿 m^3，加之过度开采地下水，使地下水水位不断下降，造成大量天然植被死亡，土地沙漠化仍在持续扩展。

2）半干旱区沙漠化土地

半干旱区沙漠化土地分布在贺兰山以东、长城沿线以北以及东北平原西部地区，行政范围包括北京、天津、内蒙古、河北、山西、辽宁、吉林、黑龙江、陕西和宁夏等省份。

半干旱区沙漠化土地主要分布在半干旱草原和农牧交错区，并集中分布在浑善达克、呼伦贝尔、科尔沁和毛乌素四大沙地，景观上以森林草原、干草原和荒漠草原分布为特点，沙漠化土地类型多样，主要以固定沙丘（地）为主，但流动沙丘（地）和风蚀劣地在植被破坏严重地区也多有分布，在农牧交错区，存在沙化耕地分布。

该地区降水量为 200～400mm，但季节分配极不均匀，易造成春季和初夏干旱，使靠天然降水维持生长的植被非常脆弱。在干旱的背景下，超载放牧、滥垦乱樵等不合理的人类活动干扰，造成草场沙化、风蚀沙化、沙丘活化，出现灌丛沙堆和砾质化地表，这是该地区土地沙漠化的主要特点。如内蒙古乌盟后山地区，由于大量开垦耕地，经过长期的风蚀粗化，细粒物质被吹蚀殆尽，仅留下粗沙砾石，整个地区的土地沙漠化朝着风蚀粗化砾质化发展，呈现砂砾质草原景观。

3）高原高寒区沙漠化土地

高原高寒区沙漠化土地主要分布在青藏高原高寒地带的青海柴达木、共和盆地和澜沧江、金沙江、怒江、黄河源头、川西北部分地区以及雅鲁藏布江中游河谷，行政范围包括西藏、青海、四川三省区。

该地区虽然地广人稀，但生态环境极其脆弱，植被一旦破坏极难恢复。由于不合理的人类活动和干旱的共同影响，沙漠化土地分布呈现扩展的趋势。根据监测结果，青海三江源头地区，由于长期超载过牧，植被破坏严重，生态状况恶化，土地沙漠化仍在不断扩展。

4）半湿润区沙漠化土地

半湿润区沙漠化土地主要分布在河流中下游或三角洲平原，其形成与河流改道、决口泛滥有着直接的关系，其中以黄河故道及黄河泛区的沙漠化土地分布面积最大。类型上以固定沙丘（地）为主，流沙仅以片状、辫状分布。与干旱和半干旱区相比，面积相对较小，多呈零星分布。

半湿润区沙漠化土地在景观上具有季节性的变化特点。春季干旱多风，土壤风蚀严重，耕地下风向洼地出现积沙，严重的出现辫状沙堆、片状流沙和风蚀地的风沙地貌，沙质岗丘上出现沙波纹，局部景观与半干旱沙地无异。在夏季多雨季节，则呈现一片绿色，即使是裸露的沙丘也因降水多、水分条件好，使沙波纹消失，形成固定沙丘。

11.3.3　土地沙漠化的成因

土地沙漠化主要是由于人类的活动违背了自然、经济规律，忽略了生态环境对经济发展的承载能力，过度利用自然资源。土地沙漠化问题不是一个孤立的问题，它源于一定的社会经济活动方式，与当代社会其他主要问题，如人口压力、产业结构、经济发展水平、政策制度等深层次原因紧密相关，要解决土地沙漠化问题，必须同时研究解决这些问题。

土地沙漠化成因研究，主要表现为环境论、人为论、二元论和综合论四种观点。大部分持有综合论的学者从气候变化和人类活动两方面综合考察土地沙漠化形成与发展，认为土地沙漠化或沙漠的扩张是气候变化或人类活动的结果。

联合国环境规划署曾经提出，土地沙漠化与以下四种因素有关：

（1）干旱区及与之毗邻的半湿润地区生态系统本身比较脆弱。

（2）人口压力常常导致资源过度利用。

（3）出于经济考虑，未能确定合理的土地利用规划。

（4）政治动乱妨碍了行动计划中长期行动的执行。

从自然地理角度，沙漠是地质年代产物，一定程度上，可以认为人为活动对土地沙漠化影响起主导作用，即便是全球变化，也是由于人类生产、生活等活动引起温室气体增加而造成的，只是程度不同而已。除藏北高原人烟稀少，人为因素贡献率稍低于自然因素贡献率外，半干旱草原区人为因素的贡献率远远大于自然因素的贡献率。

沙漠化过程中，自然因素尤其是气候变化起着主导作用，气候的干湿、冷暖变化决定着土地沙漠化过程的基本方向与规模，人类活动则只是进一步加剧了土地沙漠化过程（表11-5）。随着人口的不断增加和生产技术水平的不断提高，人为活动对自然过程干扰与作用的能力大幅度增强，人为活动不但可以以数倍、数十倍值地加剧自然过程变化的速度，甚至一定程度上可以在一定范围内改变自然过程变化的方向，土地沙漠化的人为加速加剧，形成了现代时期总体上自然因素与人为因素共同作用、以人为因素为主导的沙漠化过程，土地沙漠化的原因具有显著的时空性。

表 11-5　中国沙漠化的成因类型

成因类型	面积/万 km^2	占沙漠化土地的比例/%
以草原过度农垦为主	4.47	25.4
以草原过度放牧为主	4.99	28.3
以过度樵采为主	5.60	31.8
以工矿交通城市建设中破坏植被为主	0.13	0.7
以水资源利用不当为主	1.47	8.3
以风力作用下沙丘前移为主	0.94	5.5

脆弱的生态环境与落后的经济社会状况以及不合理的经济制度相耦合，并且相互影响和叠加放大，是导致土地沙漠化的主要原因。我国人口急剧增长、人口密度过大，一些绿

洲区人口密度大于 500 人/km²，远远超过联合国规定的低于 7～20 人/km² 的标准，加之受教育程度较低，维持生计手段更多地依赖消耗自然资源；沙区产业结构单一，种植业多样化指数在 1.5～1.8 之间；经济贫困，农民人均收入不足东部地区的一半，导致滥樵采、滥开垦、过度放牧以及对水资源的过度利用，这是土地沙漠化产生的直接原因。制度和政策问题既是土地沙漠化的诱因又是防治乏力之源。土地权属的不安全给人们随意开垦土地提供了负向激励；林权草权虚置和缺位，导致人们竞相利用，制约投资者积极性；投资主体错位，政策的不可持续性、部门间的相互掣肘、补偿机制无力、水资源管理制度不合理等导致不能有效防治土地沙漠化。

11.3.4　土地沙漠化的危害

土地沙漠化危害是巨大的，影响是深远的，要深刻认识其危害性。

1. 造成土地退化，导致农牧业减产

1949～1994 年，全国共有 6666km² 耕地发生了不同程度的土地沙漠化，占该土地沙漠化地区耕地面积的 40.1%，年平均丧失耕地 148km²。可利用土地资源减少，造成每年粮食损失高达 30 亿多千克，相当于 750 万人一年的口粮。土地沙漠化导致生态环境及生存条件恶化，自然灾害频繁发生。土地沙漠化对土地资源的危害主要表现在土地沙漠化过程中土壤表层发生风蚀，使富含有机质和养分的表土层或细土流失，造成土壤肥力损失直至丧失，土壤理化性状恶化、土地生产力衰退。

1) 导致耕地退化、粮食减产

河北省坝上地区沙漠化土地面积已占总土地面积的三分之一，丰宁县土地沙漠化沿 4 条沟谷向坝下迅速发展，即所谓的"坝上一大片，坝下一条线"。由于风沙危害，一些地区因风蚀毁种造成多次重播，加大了农业投资，延误了农时，造成巨大经济损失。风蚀土地沙漠化造成土地退化、土壤肥力损失及土地生产力下降，最终导致粮食产量递减直至弃耕。如河北丰宁县粮食单产 20 世纪 60 年代为 89kg，20 世纪 70 年代为 85kg，20 世纪 80 年代为 60kg，20 世纪 90 年代仅为 30kg 左右，干旱年份甚至只有 10 多千克。群众称"种一坡、拉一车、打一笸、煮一锅"。土地沙漠化造成表土风蚀沙漠化，土壤有机质和其他养分严重吹蚀，土壤肥力下降。据测算，全国因风蚀沙漠化每年损失土壤有机质、氮素和磷素高达 5598 万 t，相当于 26849.31 万 t 各类化肥。

2) 土地沙漠化导致草原退化、影响畜牧业发展

我国干旱、半干旱地区草场退化现象极为严重，是沙漠化土地的主要组成部分。据统计，三北地区退化草场面积达 10524 万 hm²，占该地区草场面积的 70.7%，其中轻度退化面积 5659 万 hm²，中度退化 3427 万 hm²，重度退化面积 1438 万 hm²，分别占退化草场总面积的 53.8%、32.6% 和 13.6%。

草场退化过程及表现形式：草场植被变得低矮稀疏—草原风蚀沙漠化—植物生长发育能力减弱、繁殖更新能力下降—可食优良牧草数量减少、饲用价值降低—牲畜体况变差、生产性能降低。目前，我国"三北"地区的草场，昔日那种"风吹草低见牛羊"的景象，已为"老鼠跑过露脊梁"所替代。农业部的有关研究资料表明，近 20 年来，各类草场的

产草量下降了 30%～50%及以上，草场退化速度仍以每年 133.33 万 hm² 的速度扩展。

土地沙漠化不仅使草场产草量降低，载畜量下降，同时，还导致草场植物群落退化，群落结构变得简单，豆科、禾本科等优良牧草数量锐减，有毒有害、适口性差和营养价值低的植物种增加，草地质量变劣，牧民只能放养耐粗饲草和抗逆性强的山羊和骆驼。有的草场由于风蚀沙漠化完全丧失生产力。

土地沙漠化造成的草场退化使得草场载畜量下降，畜产品产量和质量随之降低。一些地区牲畜存栏数勉强增加，但单位牲畜占有草场数量急剧下降，仅为以往的二分之一或三分之一，这样一方面牲畜长期处于饥饿半饥饿状态，畜产品单位产量下降，另一方面，导致进一步过牧，从而进一步加剧了草场退化。如内蒙古乌审旗，绵羊平均体重由 20 世纪 50 年代的 25kg 降至 20 世纪 80 年代 15kg 左右；山羊体重同期由平均重 15kg 降至 9kg，而且怀孕山羊采食落有沙尘的牧草易流产。

3）导致林地退化，覆被率锐减

林地是绿色卫士，是防治土地沙漠化的主体之一。但由于水资源的不合理利用以及人为破坏，我国干旱、半干旱地区的林地资源也呈退化趋势。如准噶尔盆地天然梭梭林面积由 20 世纪 50 年代的 750 万 hm² 降至 20 世纪 80 年代的 237 万 hm²，减少了 68.4%。塔里木河下游因水流量剧减以至断流，导致英苏以下至库尔干 180km "绿色走廊" 消失，大片胡杨林林相衰败，枯木或枯梢，胡杨面积由 20 世纪 50 年代 5.4 万 hm² 减少到 1.6 万 hm²。林地退化不但使木材蓄积损失，而且减少了当地农牧民的薪柴来源，农牧民在薪材不足情况下樵采沙漠灌木作为燃料，进一步加剧了土地沙漠化，破坏了农业生态屏障，加重了农业的灾害程度，从而在生态、经济、社会三方面形成一种恶性循环。

4）激化人地矛盾、威胁国家粮食安全

随着人口的增长、土地沙漠化加剧，耕地、牧场数量和生产力受土地沙漠化影响呈明显下降趋势，进一步激化人口与耕地之间的矛盾，威胁国家粮食安全。人均粮食自给能力、膳食结构改善水平都因人地关系的紧张而忧虑，我国粮食自给受到威胁。

5）造成生物多样性的降低

土地沙漠化不仅造成了耕地、草地、林地等可利用土地的减少和退化，也造成了生物多样性的骤减。土地沙漠化一方面使生物栖息地损失、破碎化或受到隔离；另一方面造成种群、群落结构破坏，生产力下降，物种生存能力降低（生育率和存活率降低，抗病虫害能力降低等），使许多物种日趋濒危或消亡。例如，毛乌素沙地许多动植物种迅速消失或其分布面积和种群数量锐减，一些啮齿类动物的天敌数量迅速减少，鼠害、虫害大面积发生。又如，内蒙古草原，20 世纪 50 年代有黄羊 500 多万只，现残存不到 30 万只，金钱豹、野牛、野骆驼几乎灭绝，许多珍禽数量急减，珍稀动物迁徙灭绝，鼠虫害增多。

2. 导致生态环境及生存条件恶化，自然灾害频繁发生

内蒙古自治区鄂托克旗 30 年间流沙压埋房屋 2200 多间、棚圈 3300 多间，有近 700 户村民被迫迁移他乡。宁夏由于土地沙漠化导致搬迁的生态难民高达数十万，青海已搬迁了 20 多万生态难民，京津风沙源工程计划移民 8 万人。青海湖水位下降，面积急剧缩小，举世闻名的鸟岛早已成为半岛。地处塔克拉玛干沙漠南部的皮山、民丰两县，因风沙危害，

县城两次搬家，策勒县城三次搬家。1993 年 "5.5" 强沙尘暴，席卷我国西北大部，沙尘暴过境面积约 110 万 km^2，造成死亡 85 人、伤 264 人、毁坏房屋 4412 间、死亡牲畜 12 万头、农作物受灾面积 37 万 hm^2、埋没水渠 2000km，造成直接经济损失 5.5 亿元；1998 年 4 月 16～18 日特强沙尘暴，造成 "西北起沙暴，北京下泥雨，黄沙笼罩长江以北"。

近半个世纪以来，特大沙尘暴发生频率：20 世纪 60 年代发生了 8 次，20 世纪 80 年代 14 次，20 世纪 90 年代 23 次；2000 年发生了 15 次，2001 年发生了 18 次。沙尘暴发生时间之早、影响范围之广、危害之重，都为中华人民共和国成立 50 年来所罕见，成了社会关注的热点。

3. 威胁大中城市及重要基础设施建设和经济可持续发展

我国北方包括北京在内的许多大中城市，受风沙危害严重。北京北部的坝上地区，近 10 年来流沙面积增加了 89.9%，浑善达克沙地近 7 年来流沙面积增加了 93.3%，20 多年前所说的 "风沙紧逼北京城" 正在变成现实。全国有 1300 多千米铁路、3 万 km 公路、数以千计的水库和 5 万多千米长的灌溉渠道常年受风沙危害。1993 年 5 月 5 日发生在西北地区的强沙尘暴，使兰新线中断 31h，乌吉线中断 4d，造成 37 列火车停运或晚点，兰州和敦煌机场分别关闭 2d 和 7d，造成巨大经济损失。2000 年春季发生在北方的沙尘暴，造成北方许多地区交通瘫痪，北京首都机场多次关闭，航班取消或延误，大量旅客滞留。每年因土地沙漠化进入龙羊峡水库的泥沙 3130 万 m^3，造成的经济损失达 4700 多万元。

4. 加剧贫困，影响社会稳定

我国土地沙漠化地区多数为经济欠发达地区，同时也是少数民族聚居地和边疆区。土地沙漠化加剧和加深了这一地区群众的贫困程度，进一步扩大了地区间的差距。土地沙漠化地区严酷的自然条件、严峻的土地沙漠化扩展现实、严重的风沙及沙尘暴危害、尚不发达的区域经济基础、相对集中分布的少数民族区域及边疆地区、日益扩大的东西部经济差距，以及在资源开发中盲目行为等，严重地影响到包括资源开发利用、区域经济发展、民族团结，以及我国社会经济发展。与此同时，为了防治土地沙漠化继续扩展，保护生态环境，每年国家不得不投入大量的资金来治理沙漠化土地，对遭受严重土地沙漠化危害的群众和地区进行救助，以减少土地沙漠化地区的人民群众的负担和损失。

据统计，自 2000 年以来，我国中央财政每年用于土地沙漠化防治费用（包括土地沙漠化及沙尘暴监测、沙地治理、沙尘灾害救助等）近 120 亿元。对全国 2000～2004 年 5 年间防治土地沙漠化所形成的新增可利用土地的经济价值进行了土地沙漠化的综合效益评价，年均为 872.6 亿元，投入产出比为 1：7.27。因此，土地沙漠化防治已成为我国社会经济可持续发展过程中必须面对的一个严峻问题。

11.3.5　土地沙漠化的防治

土地沙漠化需要采取综合生态系统管理，实行标本兼治、综合治理，主要措施有以下四个方面：

（1）植被自然恢复与重建策略。应遵循生态学原理，按照 9 项基本原则和分 4 个类型区 12 个亚区进行植被建设。

（2）经济社会发展促进策略。通过实行沙区适度的人口控制政策，逐渐减轻人口压力，提高人口素质；调整区域布局，优化沙区经济结构，协调农、林、牧业发展，大力发展沙区加工业及沙产业；建立生态保障区，采取措施切实解决贫困问题。

（3）制度创新策略。建立以公共财政为主的稳定投资机制；完善生态补偿机制；完善产权制度；实行国家生态购买制度；改革水资源管理和草原管理等。

（4）制度保障策略。完善组织保障、法律保障、科技保障、科技支撑和预警与监测等保障制度。

11.4　水　土　流　失

水土流失是指由于水的侵蚀或者风力的作用使得土壤迁出土体，导致地力下降，严重的甚至完全失去地力。孙鸿烈院士指出，水土流失是各类生态退化的集中反映。主要表现在以下三个方面：

第一，水土流失是各类生态退化的集中反映。不同的生态退化如森林破坏、草地过牧、不合理的开垦、湿地不合理的利用导致干涸等，都最集中地体现在水土流失上，抓住水土流失这个问题就抓住了中国生态退化的关键。

第二，水土流失是生态退化程度判断的一个依据。水土流失面积和严重程度这样一个指标更有利于判断这个地区生态退化的程度。

第三，水土流失是制定生态建设对策的依据。治理水土流失实际上是一个生态建设过程，需要宜林则林，宜草则草。

11.4.1　中国水土流失现状与特征

（1）我国国土总面积约占全世界土地总面积的 6.8%，而水土流失面积却约占全世界水土流失面积的 14.2%，不论是山区、丘陵区、风沙区还是农村、城市、沿海地区都程度不同地存在着水土流失。

（2）我国是世界上水土流失严重的国家之一，每年约流失土壤 50 亿 t。中度以上的水土流失面积达 193.08 万 km^2，强度以上的水土流失面积达 112.22 万 km^2。水蚀区平均土壤侵蚀模数约为 $3800t/(km^2 \cdot a)$，远远高于土壤容许流失量值，也远大于世界上水土流失严重的国家，印度、日本、美国、澳大利亚和苏联的平均土壤侵蚀模数分别是 $2800t/(km^2 \cdot a)$、$967t/(km^2 \cdot a)$、$937t/(km^2 \cdot a)$、$321t/(km^2 \cdot a)$ 和 $167t/(km^2 \cdot a)$，水土流失区土壤流失速度远远高于土壤形成的速度。

（3）我国各类型水土流失严重地区相对集中。水蚀严重地区主要集中于黄河中游地区的山西、陕西、甘肃、内蒙古、宁夏和长江上游的四川、重庆、贵州、云南；风蚀严重地区主要集中在我国西部地区；冻融侵蚀严重地区主要集中在西藏、青海和新疆等省（区）。

（4）近年来我国水土流失总体上在减轻，但西部地区仍很严重。在全球水土流失继续向恶化方向发展的背景下，我国水土流失总面积在减少，强度在下降，尤其水蚀面积和强度均有明显的下降。

（5）我国水土流失分布的总体格局没有改变，但不同区域水土流失变化趋势不同。西部地区仍然是我国水土流失最严重的地区，水土流失面积在继续扩大，而其他区域的水土流失面积和强度均呈下降的趋势。

11.4.2　土壤侵蚀过程的三个基本阶段

"土壤侵蚀"最初用于表达外营力的夷平作用。侵蚀是一种夷平过程，使土壤和岩石颗粒在重力的作用下发生转运、滚动或流失。土壤侵蚀是指土壤或其他地面组成物质在外营力作用下，被剥蚀、破坏、分散、分离、搬运和沉积的过程。风和水是使颗粒变松和破碎的主要营力。侵蚀营力除水力、风力等外营力（还应包括人为作用）外，内营力（如地震、火山喷发等）也可能造成侵蚀。土壤侵蚀过程分为三种基本状态——分散、转运和淤积，包括分离、搬运和沉积（或堆积）3 个阶段，三者是不可分割的有机整体，共同构成完整的土壤侵蚀过程。

1. 分离

分离指使地表土壤受到破坏、分化并离开原土体，从而发生物理位移。雨水冲击、流水、冻融、风的磨蚀作用都是分离的主要作用力。

2. 搬运

当土壤颗粒从原先的位置分离出来后，往往以不同的方式发生搬运。在水蚀区，搬运由漂流、滚动、拖曳、溅水等所引起。径流水的切割、运移能力在土壤搬运中起着主要作用。但有时雨滴溅击搬运具有相当的重要性：在易受到分散的土壤上，暴雨可以在 $1hm^2$ 的土地上溅起 246.6t 的土壤，有些雨滴使土粒升高到 0.6m、水平方向移动到 1.2m 或 1.5m；在斜坡上或正刮风时，雨滴溅击极大地帮助并增加土壤的径流搬运。雨滴溅击不仅起着分散土壤、破坏团粒的作用，在有些情况下还明显地影响着土壤搬运。在风蚀地区，风力作用可使从原来位置上分离出来的土粒以跳跃、滑动、悬浮等方式发生搬运，其中"跳跃"搬运过程可以占总搬运量的 50%～75%，土壤"滑动"可占总搬运量的 5%～25%，土粒的"悬浮"运动虽然是最明显的搬运方式，但它占总搬运量的比例很少达 40%以上，通常低于 15%。

3. 沉积

搬运过程中，在不同大小的搬运力作用下，当运移的土粒（或泥沙）超过外力（搬运力）所能负担的能量时，土粒（或泥沙）就会沉积（或堆积）下来。

土粒（或泥沙）沉积（或堆积）的方式包括：

（1）在同一地块内作短距离搬运后即堆积下来。

（2）从一地块搬运到另一地块或从上部地块"流"到下部地块后就发生了堆积。

（3）可从山顶或山坡流到山麓或山下平地块堆积起来。

（4）流进山沟、大江大河的干支流，成为河流泥沙，在经过不同程度的悬移、跃移、推移等过程后沉积下来，尤其以河流中下游沉积量较多。

（5）流入湖泊、水库、池塘等淤积起来。

土壤侵蚀过程就是土壤和水分同时流失的过程，即水土流失过程；土壤侵蚀过程实际上就是水土流失过程，二者在本质上是一致的。

如上所述，土壤侵蚀过程不仅是土壤流失的过程，同时也是水分（径流水、土壤水分等）的流失过程。在水力侵蚀区，径流水不仅是地表水的来源，也是造成土壤侵蚀和土壤流失的动力，水分流失与土壤流失通常是分不开的。即便在风力侵蚀区，也存在水分散失问题，一方面土壤流失意味着土壤中所含水分也随之流失，另一方面由于地表土壤水分减少（变干）而使风力侵蚀加重。

水土保持中"水的保持"就是通过采取有关措施尽可能多地截留一些雨水径流和减少一些蒸发损失，从而为作物（或植物）生长发育提供较好的水分条件；而不是硬将全部雨水径流都勉强截留在当地，否则不仅是不经济的，还可能造成水灾（尤其多雨地区）。至于土壤水分（属土壤组成三相物质体系中的"液相"部分）的流失，完全是随土壤流失而流失的，因而土壤水分的保持也完全取决于"土的保持"。

水土保持就是预防和治理水土流失（或防治土壤侵蚀），其核心是土壤的保持。至于"水的保持"，主要有两层含义：①通过"土的保持"而使土壤中的水分免于流失；②通过采取增加地面覆被、地表糙率、土壤渗漏速度及持水能力等措施以及减缓地面坡度、缩短坡长（如"坡改梯"）等有关水土保持措施，尽可能多地保留一些径流和减少一些蒸发损失，使植物（作物）获得相对较充分的水分供应。这说明，土壤保持措施同时也是基本的保水措施。农业生产上总结的"三保田"中的"三保"（即保土、保水、保肥），即将土壤固体物质、水分和土壤养分3个方面的保持有机结合在一起。

11.4.3　水土流失成因

土壤侵蚀是自然环境诸因素相互作用和相互制约的结果。人类不合理的社会经济活动是加剧土壤侵蚀的主要因素。

1. 自然因素

影响水土流失的主要自然因素是降水、地形、地质、土壤类型和植被等，其中地形、地质、土壤类型和植被等方面是潜在因素，而降水是主要动力因素。

2. 人为因素

自然因素是水土流失发生的潜在因素，而不合理的人为活动则是产生水土流失的主导因素，是诱发和加速水土流失的主要因素。人为破坏植被、陡坡开荒、开山采矿和基础设施建设等破坏水土资源的行为，都是造成水土流失的主要因素，而且呈现出不断增强的趋势。长期以来，形成了两个难以逆转的恶性循环：一是"越穷越垦、越垦越穷"的恶性循环。人口增长快，环境人口容量严重超载，不断破坏植被开垦荒地，过度利用自然资源，导致土地利用结构不合理，耕地（主要是坡耕地）比例过大，农业经营粗放，生产水平很低，天然草场超载放牧，退化严重，不能发挥生态防护效益，造成水土流失加剧，生态环境恶化。二是"越穷积累越少，积累越少越穷"的恶性循环。另外，滥挖、滥伐等人为破坏活动和近年来生产建设项目不注意水土资源、自然植被和水土保持设施保护，人为造成新增水土流失。

11.4.4　水土流失的危害

1. 水土资源损失严重

水土资源是人类生存最基本的条件，而严重的水土流失导致自然生态平衡失调，生态环境逆向演替，影响水资源的有效利用，加剧干旱程度，沙尘暴频发；严重的水土流失导致耕地减少，土地退化，地表活土流失导致土地贫瘠，土壤肥力衰退，生产力严重下降，制约了农业和农村经济的发展，加剧了当地群众的贫困程度。

2. 加剧自然灾害的发生

由于植被破坏、径流改变，土壤乃至地质结构受到影响，造成沟头延伸和沟岸扩张，沟壑面积扩大。自然灾害频发，一遇暴雨，极易形成山体滑坡和泥石流，造成山洪灾害；滑坡、泥石流等灾害除了冲毁房屋、道路、电力通信等设施外，还破坏农田、水塘、水库等水利设施，严重的还会影响航运，使河道断流。水土流失、恶化生态环境，是造成山区区域经济落后、人民生活贫困的主要原因，还严重威胁人类正常的生产生活，制约经济社会可持续发展，对社会主义新农村的建设产生极大的负面影响。

3. 淤塞河流、淤积水库等沟道工程

大量泥沙淤积下游河道水库，缩短水库使用寿命，严重影响行洪调洪、蓄水灌溉等综合效益的发挥，对水利工程安全构成了威胁，加剧洪涝灾害。水库淤积防洪能力降低成为病险水库，保灌面积不到设计灌溉面积的 1/3，有些水库已完全丧失了蓄水灌溉能力，只能采取"空库迎汛"的运行方式，造成汛期有水不敢蓄，汛后想蓄又无水的状况。

11.4.5　水土流失的安全保障措施

水土流失是我国生态环境恶化的主要特征，大力发展水土保持是国土整治的根本。保持水土，根除自然灾害，应呼吁全社会都来关心，要鼓励流域群众参与，发挥乡土知识在水土保持工作中的作用，广大水土保持工作者更是责无旁贷，使水土保持科学技术能够和当地的乡土知识建立起高度的兼容性。水土保持必须以地块土壤侵蚀防治为核心，其特殊任务是在土地合理利用的基础上，一是对原来只有侵蚀可能而没有发生侵蚀的土地采取防止其发生侵蚀的措施；二是对原来就有侵蚀的土地采取治理侵蚀的措施，从根本上有效地控制土壤侵蚀。

1. 预防措施

（1）宣传措施。通过大力宣传水土保持法律法规，提高社会各界水土保持法律意识。

（2）政策措施。针对当地水土保持生态建设存在的突出矛盾，根据水土保持法律法规，制定地方配套规范性文件。

（3）监管措施。建立一支高素质的监督执法队伍，加大监督检查力度，严格落实开发建设项目水土保持方案"三同时"制度，及时治理人为因素造成新的水土流失。

2. 管护措施

管护措施包括管理措施和看护措施。管理措施是为了调动全社会治理小流域的积极性，提高治理效果和水平所采取的项目管理措施；看护措施主要是为维护和保护治理成果而采取的措施，分为自管、专管、监管措施。对属于个人所有或承包的区域内的水土保持设施，主要以自管为主；村集体所有水保设施，主要以村级管护员专管为主，对国有水保公共设施主要以职能部门监管为主。

3. 工程措施

（1）分级截流泄洪。在山丘自然林与耕地交界处，即坡岗地上部建截流沟，截住山水，防止山水冲刷耕地；在岗坡地中部和岗坡地下部分别开挖截流沟，中部截流沟防止坡面水土流失，坡下建截流沟，既防止坡面水土流失又防止洪水倒灌。

（2）小塘坝工程。在山与山之间的沟谷里，修建小塘坝蓄积地表水，既蓄洪调洪，有效防止水土流失，又可以综合利用水资源发展灌溉农业。

4. 植物措施

要求土地整治与造林种草措施相结合，对树种选择要适地适树，并结合生活及美化要求。在具体布设上，注意乔、灌、草的合理搭配，绿化和美化的有机结合，实行近灌远乔，形成综合性水土保持的防护体系。根据所在地区的气候、土壤立地条件选择树木花草种类。

（1）"一退一还"。退大坡度耕地为林地；在低山丘陵的耕地基本上都是毁林开发的；破坏了生态环境，加剧了水土流失；对此在短期内必须采取"二退二还"的退耕还林治理对策。

（2）"一防一治"。对已发生库淤、湖淤的水库、湖泊采取清淤、治污，并在库区、湖区周围营造水源涵养林，达到防淤、防污的目的。

（3）生物措施。进行农田防护林、护沟林及封禁治理，形成生态自我修复，使活立木蓄积量≥400m³/km²，提高森林涵养水源、调节小气候的能力。

5. 多部门协作和资源整合

要实现真正意义上的小流域"综合"治理管理，就必须建立相应的多部门（如水利、农业、林业、畜牧等）协作机制。只有各相关部门通力合作，包括技术合作和政策层面的协调和统一，才能实现"综合"治理。

各县（级）政府对流域综合治理要高度重视，培养和提高当地群众的技术能力和管理能力，有效地保护和巩固水土保持项目的成果，在实现流域群众自身可持续发展的前提下，实现流域可持续发展。

11.5　生物多样性

生物多样性（biodiversity）是指一个区域内生命形态的丰富程度，是生物及其与环境有规律地结合所构成稳定的生态综合体以及与此相关的各种生态过程的总和。它包括物种多样性、遗传多样性及生态系统多样性三个层次。其中，物种多样性是生物多样性的核心，它既体现了生物与环境之间的复杂关系，又体现了生物资源的丰富性。目前已知的生物大约 0 有 200 万种，这些形形色色的生物种类就构成了物种的多样性。

生物多样性优先保护的对象是物种多样性，只有物种存在，遗传物质才能够不丢失，生态系统才不至于退化或消失。对于一个健康的生态系统来说，物质循环和能量流动是维持其基本功能的重要过程，这一过程是通过许多错综复杂的食物链和食物网完成的，而动物有机体在此过程中起着关键作用，因此，物种多样性，特别是动物种类的多样性将直接影响整个生态系统的质量，也一直是生物多样性保护与研究的重要内容。

11.5.1　全球生物多样性的现状

在过去的 6 亿年间，由于地质和气候的变迁，地球上经历了 5 次物种大灭绝事件，目前地球上的生物多样性已达到了前所未有的高度。但是，随着世界人口的持续增长和人类活动范围与强度的不断增加，人类社会对地球上的生物多样性产生了越来越显著的影响，打破了生物多样性相对平衡的格局，在这一过程中产生的栖息地丧失与破碎化、资源过度利用、环境污染等现象已对物种的生存与繁衍构成了严重威胁。

由于近期人类活动的加剧，目前地球上的生物多样性正面临严重的威胁。当前全球大约有 1/5 的脊椎动物处于濒危和易危状态，每年平均约有 50 个物种走向下一个濒危等级，而目前人类所做的保护工作仍不足以阻止这一趋势的发展。

2012 年世界自然保护联盟（International Union for Conservation of Nature，IUCN）濒危物种红色名录显示，在所有受评估的 6 万多类生物物种里，已经灭绝和受到不同程度威胁的占 32%；在所有受威胁的物种中，两栖类最高，约占 41%。由于受社会生产力和经济发展的影响，全球物种受威胁最严重的区域主要集中在热带地区，多为印度尼西亚、印度、巴西等发展中国家。在这些地区，人们对资源的过度利用导致大量的热带雨林被砍伐，猖獗的盗猎活动等现象已对当地物种的生存构成严重威胁。虽然中国地理位置上大部分属于北温带，由于经济的高速发展，生物多样性同样面临严重威胁，许多物种处于濒危状态，存在灭绝风险。

11.5.2　生物多样性丧失的原因

人类社会和经济发展引起的栖息地丧失与破碎化、对动植物资源的过度利用、气候变化、环境污染、生物入侵以及动物疫病等现象是造成全球生物多样性丧失的主要因素。

1. 栖息地丧失与破碎化

栖息地丧失与破碎化被认为是造成生物多样性减少的最主要原因，其产生的危害也最大，往往不可恢复。在栖息地面临严重破碎化时，处于高营养级的生物往往具有较强的灭绝延迟能力，用灭绝债务（extinction debt）来表示这一现象，其主要观点为，人类破坏生态系统所导致的生活与该生态系统内物种的灭亡在时间上存在着几十年甚至几个世纪的延迟，并认为这一延迟过程可为人类进行及时有效的保护和拯救行动争取宝贵时间。另外，不同物种的受威胁状况也存在显著的地理差异。如加拿大具有广阔的荒野，但农业活动导致的栖息地破碎化使得区域内物种恢复难度增加。栖息地破碎化是妨碍物种恢复的主要因素，其对不同物种的作用程度往往不同。

对动物而言，栖息地破碎化主要通过影响其种群动态、繁殖成功率以及遗传变异等产生作用。栖息地的破碎化使得物种生存空间缩小并最终导致区域内物种种群数量下降或灭绝。破碎化可影响动物的繁殖活动。在破碎化的栖息地内，鸟类的每日筑巢成功率均显著低于那些生活于连续栖息地内的同种鸟类。破碎化的另一重要影响主要表现为阻碍个体或种群间的交流，导致形成小种群，进而导致遗传分化和遗传多样性的丧失。

2. 对动植物资源的过度利用

人类对生物资源的过度需求导致的非法利用已对全球生物多样性保护构成严重威胁。非法动植物贸易成为各国共同关注的国际问题，包括非洲象、白犀牛、北极熊在内的众多濒危物种的命运。在全球受威胁的物种中，30%是由于国际贸易引起的，其中，最具代表性的就是犀牛，由于人类对犀牛角无止境的需求，导致其价格甚至超过了黄金，从而引起非洲疯狂的盗猎行为，使得非洲犀牛的数量急剧下降，个别地区甚至面临灭绝的风险。人类对象牙制品的需求也导致每年数以万计的野生大象被非法猎杀。联合国环境规划署和CITES 等机构联合发布的报告显示，非法象牙贸易在过去 10 年里增加 2 倍，而随着非法象牙贸易的不断增长，非洲中西部的象数量持续下降。仅 2011 年就有约 1.7 万头大象被非法猎杀，这已严重威胁到其种群的未来。

人类对动植物资源的利用除了直接导致物种的种群数量下降甚至灭绝外，也会造成种群遗传特征的变化，如种群遗传分化、遗传多样性丧失以及选择性的遗传变化等，进而影响种群的生存力。因此，加强生物多样性保护，需要制定相关法律措施来防止非法贸易，还要制定合理的资源利用规则，如基于基本的遗传学原理，结合分子遗传学的监测进行合理利用，将生物资源利用过程中产生的种群遗传学影响降到最低。

3. 气候变化

在过去的几亿年间，地球经历了多次大的地质和气候变化过程，导致在地球漫长的历史进程中 5 次大的物种灭绝事件发生。工业革命全面开展仅仅 200 多年后，地球生物却面临前所未有的生存危机，这个危机来自全球气候变化。温室效应气体（green house gas）的排放所造成的气候变暖速度已经超过以往一万年的总和，而普遍的共识是气温的升高应该控制在 2℃以内。

以二氧化碳为主的温室气体大肆排放，造成了全球气温持续升高，特别是 20 世纪以来，全球平均温度升高了 0.3～0.6℃。随着气候变暖，北半球的冰雪覆盖量和冰雪厚度在过去的几十年间已经显著下降。由于人类活动和社会经济发展所导致的气候变化对生物多样性的影响已越来越显著，气候变化对生物物候、分布、迁徙、群落结构、栖息地质量、生态系统、景观以及遗传多样性都产生了一定的影响，已严重影响物种的种群动态以及遗传特征。

在北半球，由于温度上升引起的积雪覆盖率减少已对当地物种的皮毛颜色产生影响。研究发现，为适应不断变化的气候条件，黄鸽（strix aluco）羽毛颜色在过去的 30 年内发生了变异，并最终分化成褐色和灰色两种不同的体色。

估计到 2070 年，全球许多重点区域每月都将遭受到极端气候的影响，届时，高达 86% 的陆地系统和 83%的水生系统都将暴露于恶劣的气候状况下，因此，减少温室气体的排放已迫在眉睫。

4. 环境污染

环境污染对物种多样性的影响主要表现为：

（1）污染物的直接毒害作用。通过有毒物质的毒害作用阻碍有机体的正常生长发育，使生物丧失生存或繁衍能力。

（2）污染引起环境的改变，导致物种丧失生存的环境。

（3）污染物在生态系统中生物富集，影响食物链后端生物的生存与繁殖。

（4）其他一些新型污染的影响。由于在城市化发展过程中电力的广泛应用，黑暗的缩短与缺失已对物种生存和生物多样性产生不可忽视的影响，许多夜行性物种被迫长时间暴露于光照之下，增加了被捕食的风险，也在一定程度上改变了动物的繁殖规律。

5. 生物入侵

生物入侵，也称外来物种入侵，指外源生物被引入本土，并迅速蔓延失控，造成本土种类濒临灭绝并引发其他危害的现象。入侵生物的种类基本包括所有的生物类群，也几乎影响到所有的生态系统和生物区系。生物入侵不仅造成巨大的经济损失，同时也对全球生物多样性保护产生严重威胁。

生物入侵主要包括自然和人为两种途径，随着人类社会的发展和经济全球化进程的加快，人类活动造成的外来物种入侵已成为生物入侵的主要方式。人为引入最初主要是为了经济利益，然而，引入种往往会在当地迅速扩张并产生严重的生态后果。

外来物种入侵对本地物种多样性的影响：主要表现为加快本地物种的灭绝速度，使物种多样性锐减，同时还可能导致物种遗传多样性丢失和遗传污染。一般来说，能够成功入侵的外来物种往往具有较强的竞争能力，容易抑制或排挤本地物种，最终导致入侵地物种多样性及遗传多样性的丧失。

在过去的 200 年间，欧洲和新西兰的外来物种数量急剧增加，已对本地物种和生物多样性保护造成严重威胁。生物入侵往往由最初的有利变成后来的负担，它的影响存在于种群、群落以及生态系统的每个水平。针对生物入侵，人们采取的应对措施主要是阻止、根除以及长期的管理，但是每种措施都有利弊，代价与结果往往有很大差异。

6. 动物疫病

动物疫病是指动物传染病、寄生虫病等。随着经济全球化进程的加快,动物及动物制品的流通越来越频繁,动物疫病的传播途径不断增多,不仅在经济上造成重大损失,同时严重危害了人类的健康和生命安全。动物疫病的危害途径主要表现在动物与动物之间以及动物与人类之间的相互传播。病毒和病菌可在动物与人之间进行传播,如严重急性呼吸综合征(severe acute respiratory syndrome,SARS),又称重症性肺炎,又如鼠疫、禽流感病毒等。Kondgen 等对死亡的非洲黑猩猩(gorilla)个体进行病毒检验,发现人类(旅游或科研活动)在与黑猩猩的接触过程中可向猩猩传播病毒而导致其种群数量下降,建议减少人类与野生动物的直接接触,避免传染疾病在人类与动物之间传播,从而降低对野生动物的威胁;同样也可降低有害病原体由野生动物向人类传播的机会。

在动物疫病的研究和防控中,病原体的快速变异会导致许多物种种群数量的下降甚至灭绝,这种由病毒和病菌引起的选择压力会促进宿主不断产生快速的协同进化,对动物疫病的有效控制构成严峻挑战。病原微生物和宿主的共同进化会成为决定生物多样性的重要因素。

11.5.3　生物多样性丧失对生态系统功能的影响

一般来说,生物多样性水平越高,越有利于生态系统的稳定。生物多样性高的生态系统内食物链多,食物网更为复杂,为能量流动提供了多种选择途径,使各营养级间的能量流动更能趋于稳定。

生态系统的功能主要由系统内有机体的功能特点所决定,而并非完全依赖于物种的数目,群落对生境变化的反应也可通过优势种的功能特点来预测。Cardinale 等通过试验控制物种的多样性,模拟生态系统内物种丧失对生物多样性的影响,结果表明,物种丧失确实影响到生态系统的功能,但其影响程度却最终由消失的物种在该生态系统内的地位特征来决定。尤其本地物种对生态系统的稳定往往起决定作用,认为生物多样性尤其是本地物种的丧失将造成生态系统内的生产能力和分解能力的改变,进而破坏生态系统的结构与功能,使得整个生态系统面临巨大压力。因此,加强生态系统物种多样性保护,特别是本地优势物种的保护将直接关系到整个生态系统的稳定与功能的发挥。

11.5.4　生物多样性的安全保障措施

保护生物多样性就等于保护了人类生存和社会发展的基石,保护了人类文化多样性基础。生物多样性及其栖息地是人类赖以生存的基础,人类的发展离不开自然界中各种各样的生物资源及其服务功能。生物多样性与人类的生活和福利密切相关,不仅给人类提供了丰富的食物、药物资源,而且在保持水土、调节气候、维持生态平衡、稳定环境等方面起着关键性的、不可替代的作用,表现为经济效益、生态效益和社会环境效益三者的高度统一;同时,生物多样性还为人类提供了适应未来区域和全球变化的各种机会。

生物圈是一个相互关联的功能整体,生物物种分布和迁徙不受国界的限制,局部的生物多样性变化将影响到整个生物圈,而且生物多样性也正在受到气候变化等全球性的环境问题和人类活动的影响,保护生物多样性成为一项全球性的任务。同时要加强环境污染治理与生态修复,严格控制外来物种入侵。

　　许多国际组织和国家开展了对生物多样性及其相关问题的研究,编制了与生物多样性相关的法规、战略计划,采取了许多保护生物多样性的行动。国际生物多样性计划(DIVERSITAS)将自然科学和社会科学的各学科领域科学家联合起来,对全球关注、跨国家、跨区域的生物多样性变化和丧失问题开展了长期、持续的科学研究。

思　考　题

1. 简述生态系统退化的基本概念。
2. 简述退化的生态系统恢复的目标及其基本恢复方法。
3. 简述沙漠化土地类型与沙漠化的成因。
4. 论述生物多样性丧失的原因及其安全保障措施。

第 12 章　人居环境安全保障体系的评估

12.1　人居环境安全概述

12.1.1　人居环境安全的概念

环境安全是指人类赖以生存发展的环境处于一种不受环境污染和破坏的良好状态。狭义的环境安全问题是指因环境污染和破坏引起的对人的健康有害的影响。在我国，生态安全也称环境安全，表示自然生态环境和人类生态意义上的生存和发展的风险大小，包括生物安全、资源安全、食物安全、人体安全、生产安全及社会生态系统安全等。它与国防安全、经济安全一样，是国家安全的重要组成部分。

人居环境安全是指维持人居环境质量和自然资源在正常水平，并且居民安全与人居环境不受到威胁和破坏。它既包括人居环境抗击各种风险的能力，也包含人类为保护环境和自然资源所确立的目标以及为此而采取的有关政策和措施。环境安全可以看作与人类生存、生产活动相关的生态环境及自然资源基础特别是可更新资源处于良好的状况或不遭受不可恢复的破坏。这关系到全人类、某一国家、地区或城市居民的生存安全的环境容量、城市空气环境容量、江河湖海的地面水环境容量、大气臭氧层破坏的最大极限等最低值是否具备，战略性自然资源如水资源、土地资源、森林和草地资源、海洋资源、矿产资源等存量的最低人均占有量是否有保障，重大生态灾害如重大沙尘暴灾害等是否得到抑制等。

12.1.2　人居环境安全评估的意义

1960 年以来，人类经受了人口膨胀、资源匮乏和环境恶化三大危机，特别是温室气体排放、臭氧层破坏、森林锐减、物种灭绝、土地退化等一系列全球环境变化及其重大问题困扰着人类社会并危及人类生存。人居环境建设与可持续发展有着密切关系。住房建造需要消耗大量的不可更新能源；建筑原材料的过度开采造成资源枯竭；住房建设及住房维护引发能源巨大消耗。据统计，建筑业原材料约消耗世界原料的 40%，而发达国家建筑业的自然资源消耗量约占总自然资源消耗量的 30%；在能耗方面，建筑物照明与空调消耗的能量占世界总能耗的 40%，其中，住宅能耗约占世界总能耗的 30%~40%。到 2020 年，世界能源需求将会在 1990 年的基础上增加 50%~80%。在温室气体排放方面，人类活动（主要是矿石燃料的燃烧）正在导致大气中温室气体浓度不断升高，并改变大气中的辐射平衡。能源需求的增长，不仅造成对能源基础设施建设的压力，同时也加大了温室气体（CO，CO_2，SO_2，NO_x）排放，造成全球环境变暖。区域层面上，大多数城市和小城镇面临着人居环境品质降低，如人口集中、水和空气污染、住房条件恶化和土地荒芜、空地面积减少等。

人居环境的生态安全问题是当今社会应共同面对，并应优先解决的问题。生态安全成为衡量人类社会发展所必须考虑的生态系统的主要度量，没有生态安全，系统就不能实现可持续发展。人居环境科学范围可分为全球、区域、城市、社区村镇、建筑五大层次。城市居住环境与人类生活最密切相关，是人居环境的重要组成部分。研究城市人居环境问题，尤其以生态学观念为指导的研究有着积极的现实意义。近些年来，城市人居环境的生态安全问题受到人们的重视。城市人居环境生态安全评价是生态安全研究的主要内容之一，其目的是让人们可以深刻理解环境对人类生产生活的重要性，让生态建设深入人心，使环境建设工作操作性更强，为城市提供良好的人居环境，实现人类生存环境生态安全的可持续发展。

12.1.3　环境安全评估步骤

1. 设立评估目标

不同评估目标下的评估结果是不相同的，如灾害保险与灾害救济就有不同的目标，二者的评估范围、评估项目具有明显的不同。保险评估目标只关心其保险目标的受害程度，对其他灾损不予考虑；而灾害救济评估更关心灾害对受害区域的居民生活和恢复简单再生产的影响。为了反映这种差别，一般灾害评估均设有评价前提或假定，如保险前提、救济前提、综合成灾前提等。

2. 选择评估模式

世界银行《工业污染事故评价技术手册》和我国《建设项目环境风险影响评价技术导则》中都推荐用事件树分析法和事故树分析法两种技术方法。由于人居环境系统的复杂性，其安全评估模式较多，应根据具体评价内容确定。常用的评价模式有概率统计模式、灾害敏感性与建地安全评估模式、多因子系统模糊评估模式、减灾效益分析模式等。

3. 建立评估指标体系

根据评价目的、系统分析引起灾害的致灾因子和导致的灾害损失，选算评价指标，建立评估指标体系。

4. 计算评估指标的权重

权重是指影响某一灾害发生的多个因素各自所占的影响比重。众多的参评因素对灾害发生所起的作用不同。在评价之前，必须先确定每个因子对灾害发生、发展以及后果严重程度的贡献，即权重。确定权重的方法有专家评分法、层次分析法、最大特征值和特征向量求解法、模糊判断法等。

5. 确定评估指标值

反映灾害系统本质特征的指标可分为两类：

（1）能准确用数字表示的定量指标，如灾害所造成的死亡人数、伤害数、财产损失金额等。

（2）不能准确地用数字来表示的定性指标，只能借助专家的丰富经验，根据好坏程度标定相应的数值，以便进行模型程序运算。如灾害对社会组织的破坏程度就是定性指标。

在专家评分的过程中，为了避免不同专家的价值偏好，应设定一套行为规范来约束评估主体的行为，并采用多专家评分概率折算的方法，确定最终评分数值，使其主观偏好的影响降到最低限度。

12.2　人居环境安全评估体系的构建与评估方法

12.2.1　人居环境安全等级的评估

重警状态（Ⅰ）表征环境已受到严重破坏，并已严重影响到人体健康与社会、经济的发展，难以实现人口、资源和环境的协调发展。

中警状态（Ⅱ）表征环境受到较大破坏，对人体健康造成较大的影响，阻碍了人口、资源和环境的协调发展。

预警状态（Ⅲ）表征环境受到一定破坏，对人体健康与正常的生活、生产有一定的影响，环境质量出现恶化，环境问题时有发生。

较安全状态（Ⅳ）表征环境较少受到破坏，功能尚好，对人体健康与正常的生活影响较小，环境问题不显著。

安全状态（Ⅴ）表征环境基本未受到干扰破坏，系统功能性强，对人体健康基本没有影响，环境问题较少，是人类居住的理想环境（表 12-1）。

表 12-1　环境安全等级划分标准

环境安全等级	表征状态	对应分值
Ⅰ	重警状态（恶劣状态）	[0，0.2]
Ⅱ	中警状态（较差状态）	[0.2，0.4]
Ⅲ	预警状态（一般状态）	[0.4，0.6]
Ⅳ	较安全状态（良好状态）	[0.6，0.8]
Ⅴ	安全状态（理想状态）	[0.8，1.0]

12.2.2　人居环境评价指标体系构建

1. 人居环境评价指标体系构建的原则

城市人居环境评价是对城市人居环境质量的优劣进行科学的定量描述和评估。在进行城市人居环境评价时，建立科学合理的评价指标体系关系到评价结果的正确性。通过一系列科学可行的分析方法进行指标的提炼和筛选，以建立科学、规范的城市人居环境评价指标体系。

1）指标体系构建的原则

建立人居环境评价指标体系是推进人居环境管理的需要，是评价人居环境质量优劣的重要依据。一个切实可行的人居环境指标体系有利于发展经济和改善环境,给居民营造一个舒适、满意的生活空间。指标的选取应遵循以下几个原则:

(1)客观与科学性原则。选取的指标建立在充分认识系统研究的科学研究的基础上,能客观、真实地反映城市人居环境的优劣状况,并较好地量度出各主要指标的发展程度。

(2)以人为本的原则。人居环境的核心是"人",人类建设人居环境的目的是要满足"人类聚居"的需要。人既是人居环境的参与者、创建者,又是人居环境的管理者、感受者。所以,选取关于人居环境质量的评价指标,应该体现与人类居住和生活有关的要素,反映居民对居住环境的主客观感受和需求。

(3)层次性原则。人居环境是一个多层次的复合系统,其影响因素具有多元性和多层次性。指标体系应根据系统的结构分出层次,使指标体系结构清晰,并在此基础上进行指标分析。

(4)全面性原则。指标体系必须能够全面地反映人居环境的各个方面,反映人居条件、生态环境、基础设施、社会环境等各类别的指标,又反映以上各类别相互协调的指标,使指标体系成为一个有机整体。

(5)可操作性原则。由于人居环境系统本身所固有的复杂性,在构建城市人居环境的评价指标体系时,选择的指标应能够用数量来表达,保证指标可定量计算,尽可能选取已有的统计数据,保证数据的可采集性。

(6)稳定性和动态性。指标的选取应该具有一定的时效性。一方面,一定时期内指标体系的内容应保持相对的稳定性;另一方面,人居环境建设不是静态的过程,而是不断发展、变化的,因此,指标体系必须具有一定的可调性,能够适应不同时期城市发展的特点,能反映人居环境发展趋势。

2)评价指标体系的组成

城市人居环境评价指标体系是根据城市人居环境的共同特征而建立起来的、带有普遍性的指标体系。从本质上看,城市人居环境评价指标体系应包括社会状况、经济发展程度、自然环境、公共设施以及环境管理等几方面。基于城市人居环境评价指标体系的构建原则,构建由社会经济环境、自然生态环境、公共设施建设、环境资源保护和环境管理能力五大系统组成的城市人居环境评价指标体系。

2. 城市环境安全评价方法

1)确定评价标准及分级标准

城市人居环境评价指标体系标准值的确定是评价指标体系的核心内容,因此,在评价标准确定上,应依据以下几个原则:①参考国内外人居环境质量较好的城市现状值作为标准值;②有国家标准或国际标准的指标,尽量采用规定的标准值;③参考国外城市的现状值作趋势外推,确定标准值。城市人居环境质量分级标准是人居环境评价的重要组成部分,是如何使评价结果更准确地反映人居环境质量状况的手段和工具。按指标在一定的环境指数范围内进行分段,其分段依据是评价指标所对应的环境影响程度。因此,可将评价指标标准分为五个等级,其中评价指标指数在[0,1]范围内相应划分为五类(表 12-1)。

2）指标权值的确定

在城市人居环境评价中，由于各评价指标对人居环境的影响程度不同，定量评价各指标对人居环境的作用是准确评价的基础。现行的许多定性分析法带有很大的片面性，评价结果不能反映其实质。因此，可采用统计分析法（Delphi），通过对多位专家的咨询和估算结果的反馈，最终得到专家的赋权方案，然后进行统计分析，得到该指标体系的指标权值。

3）人居环境安全的评估方法

在研究人居环境评价指标体系的同时，对人居环境评价的数学方法也进行了深入的探讨。人居环境安全的评估方法归纳为 5 个最为主要且运用较成熟的方法，即简单数据分析法、线性权重法、模糊综合评判法、GIS 分析法和 BP 神经网络模型法。

（1）简单数据分析法。简单数据分析法是一种主要运用于人居环境主观评价的方法，该方法的主要步骤为评价指标问卷化、五级制划分赋值进行问卷调查、简单均值处理调查结果、现状分析评价。周侃等（2011）通过对北京市首批市级新农村规划建设试点村进行问卷调查，并结合多元统计分析，探讨了新农村建设以来京郊农村人居环境质量的要素特征、影响因素和发展水平。

（2）线性权重法。线性权重法是目前我国人居环境评价中运用最为广泛的一种方法，该方法首先对各级指标赋予相应的权重，然后进行加权求和得出综合评价结果。根据赋予权重的方法不同，又可分为以下几种：

（a）基于算数平均法的线性权重法。基于算数平均法的线性权重法是目前多属性决策方法中最常使用的方法，它的特点在于将各指标权重均等化赋值。如周志田等（2004）设计了包含城市经济发展水平、经济发展潜力、社会安全保障条件、生态环境水平、市民生活质量水平和市民生活便捷程度 6 个方面的中国适宜人居城市评价指标体系，采用均值法对我国 50 个城市的适宜人居水平进行了测度和排序分析。

（b）基于德尔斐法的线性权重法。德尔斐法（Delphi method）又称专家意见法，在人居环境评价中往往应用于权重的打分赋值，即通过专家打分对比指标的相对重要性，赋予每个指标相应的权重值，然后通过线性加权求和得出综合评价结果。由于人居环境以人为本的特殊性，因此德尔斐法在评价过程中又可分专家咨询法和居民打分法两种：①专家咨询法。张智等在构建城市人居环境评价指标体系的基础上，利用专家打分确定了各指标的权重值，然后通过单项评价和综合评价相结合，并结合城市人居环境质量指数和系统协调度两个综合性指标来全面评价重庆市渝北城区人居环境。②居民打分法。李雪铭等通过评价主体（居民）采用 5 分制降序打分的方式对城市人居环境单项指标影响的重要程度和满意程度的得分进行了赋值，再以加权求和的方法建立了城市人居环境可持续发展综合评价模型，对大连市人居环境可持续发展进行了评价研究。

（c）基于层次分析法和德尔斐法的线性权重法。层次分析法（analytic hierarchy process，AHP），将所选相关因素分为目标层、准则层、方案层三个层次，在此基础上综合使用定性与定量相结合的决策方法。这一方法需要结合专家咨询法来完成。层次分析法和专家咨询法的主客观结合，使研究更加科学和准确。因此是目前评价人居环境常用的一种辅助工具。在人居环境评价中，首先通过层次分析法建立目标树，确定上下层次元素之间的隶属关系，然后结合德尔斐法，利用 1～9 间的整数及其倒数作为标度构造两两比较的判断矩阵确定权重，最后加权求和得到综合评价结果。

(d) 基于熵值法的线性权重法。熵是克劳修斯（Rudolf Clausius）首次提出并运用于热力学的一个物理概念，后由香农将其在信息论中引入。该方法中，某项指标的指标值变异程度越大，熵值越小，则该指标提供的信息量越大，其指标的权重也越大，反之则越小。现已广泛应用于社会经济等领域相关问题的研究。根据各项指标值的变异程度，利用熵值来确定指标的权重，为人居环境的综合评价提供了科学依据。该方法的主要步骤可分为数据标准化处理、计算评价指标的熵值、计算评价指标的差异性系数、定义评价指标的权重、计算样本的评价值。

(e) 主成分分析法。主成分分析法是多元统计分析中一种重要的方法，通过多个指标的线性组合，可以将众多具有错综复杂相关关系的一系列指标归结为少数几个综合指标。在人居环境评价中，该分析方法主要基于 SPSS 等统计软件，具体分为以下几个主要步骤：原始数据标准化；计算相关系数矩阵 R 及其特征值和特征向量；计算贡献率和累积贡献率并按特征值大于 1 或累积贡献率大于 80%的原则提取主成分；以方差贡献率百分比作为权重计算综合得分；依据综合得分进行评价。如王维国和冯云（2011）以国内 37 个在人居环境建设方面具有代表性的城市为研究样本，利用 SPSS 软件提取评价指标体系中的 9 个主因子，并以各主因子的方差贡献率为权重，求出了各样本城市的人居环境综合得分。

(3) 模糊综合评判法。模糊综合评判法是一种基于模糊数学的综合评价方法，该方法根据模糊数学的隶属度理论把定性评价转化为定量评价，即用模糊数学对受到多种因素制约的事物或对象作出一个总体的评价。该方法的主要步骤可分为指标体系的构建、权重的确定、建立评价集矩阵、确定指标评价矩阵、多层次模糊综合评价。由于该方法也需要确定权重，因此较多的学者采用层次分析法与德尔斐法相结合使用。如夏青（2008）基于人居环境系统理论，运用层次分析法构建了资源型城市人居环境评价指标体系，然后应用模糊综合评价方法建立了资源型城市人居环境评价模型，最后对鸡西市进行了实证研究。鉴于人居环境满意度评价是研究人主观感觉与感知对某事物所反映的满意程度，其内涵与边界具有一定的模糊性，因此，模糊综合评价法是研究人居环境满意度的良好工具。

(4) GIS 分析法。GIS 即地理信息系统，在人居环境评价中多用于气候、高程、坡度、坡向、水资源、土地利用、空间分布等自然因素方面的研究评价。如王德辉（2008）利用 GIS 技术，对广东省的地形起伏、温度、相对湿度、水文、地被、生态脆弱性、生态敏感性进行了分析，建立了基于 GIS 的人居环境指数模型（HEI），并对广东省县域人居环境适宜性进行了初步评价；李益敏（2010）采用 GIS 的空间叠置分析、缓冲区分析等空间分析技术分析了怒江峡谷区人居环境的主要影响因子，即海拔、坡度、坡向、交通、水资源、土地利用，并对研究区人居环境适宜性进行了定量、定位综合评价。

(5) BP 神经网络模型法。BP 神经网络是一种按误差逆传播算法训练的多层前馈网络，是目前应用最广泛的神经网络模型之一，具有自组织、自适应、自学习等特点，对解决非线性问题有着独特的先进性，同时它还具有很强的输入输出非线性映射能力和易于学习和训练的优点。该方法的主要步骤可分为模型的输入/输出参数的选择、模型的结构设计、模型网络参数的选取及样本设定、模型检验与应用。如李明和李雪铭（2007）在国内首次将遗传算法全局寻优和 BP 神经网络局部寻优相结合的改进神经网络模型应用于人居环境评价中，并对全国 35 个主要城市人居环境质量进行了定量判定，揭示了城市人居环境现状及各城市在国内人居环境中的相对水平。

BP 网络是一种单向传播的多层前向神经网络，其结构如图 12-1 所示。

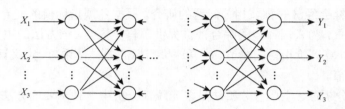

图 12-1　BP 神经网络模型图

BP 网络除有输入层、输出层之外还有一个或多个隐含层，同一层节点没有任何联结。输入信号从输入层节点依次传过各隐含层节点，然后传到输出节点，每一层节点的输出只影响下一层节点的输出。神经元的传递函数通常为 Sigmoid 型 $f(x) = \dfrac{1}{1 + \exp(-\beta x)}(\beta > 0)$ 函数。有时，输入层或输出层的神经元的传递函数选取线性函数。

网络的输入数据 $X = (x_1, x_2, \cdots, x_n)$ 从输入层依次经过各隐含层节点，然后到达输出层节点，从而得到输出数据 $Y = (y_1, y_2, \cdots, y_n)$。可以把神经网络看成是一个从输入到输出的高度非线性映射，即

$$f : R^n \rightarrow R^m, f(X) = Y \tag{12-1}$$

理论已证明了三层的网络就可以精确地逼近任一连续函数。但是，在实际应用中，有时需要使用具有多个隐含层的神经网络。网络输入层的节点数由学习实例的输入向量的输入量的个数来决定，输出层的节点数由学习实例的输出向量的输出量的个数来决定。

（6）单项评价与综合评价。城市人居环境是由社会经济环境、自然生态环境、公共设施建设、环境资源保护和环境管理能力五大系统有机组合而成的，为了全面评价城市人居环境建设质量，指标体系可采用多指标综合评价的方法进行评价。首先把指标层的指标实测值转化为各指标的评价指数，然后通过加权综合层层叠加得到系统层指标的评价指数，最后将其以一定的模式进行综合，得到城市人居环境的总体评价。

（a）单项评价。将各系统层所属的单项指标通过层层加权叠加后得出各系统评价指数。计算公式如下：

$$U = \sum_{i=1}^{m} W_i P_i \tag{12-2}$$

式中，U 为某一级指标的评价指数；W_i 为 i 指标的权值；P_i 为该级指标所属的各次级指标指数；m 为次级指标的项数。

其中，指标层的指标指数 P_i 由实测值依据指标分级标准得到，评价结果的等级和质量状态划分见表 12-2。

表 12-2　评价等级及状态

评价指标	一级	二级	三级	四级	五级
指标指数（P）	$0.9 \leqslant P < 1$	$0.8 \leqslant P < 0.9$	$0.6 \leqslant P < 0.8$	$0.4 \leqslant P < 0.6$	$0 \leqslant P < 0.4$
状态描述	优	良	中	差	劣

（b）综合评价。城市人居环境建设是一个由低级向高级、由简单向复杂发展的过程，也是各系统之间相互作用的过程，理想的人居环境应该是各系统之间的协调发展，并实现人居环境的可持续发展。因此，城市人居环境质量指数和系统协调度两个综合性指标能更好地反映城市人居环境建设的水平和发展的质量：①城市人居环境质量指数（I）。城市人居环境质量状态是衡量城市人居环境建设水平的综合指标，反映某一时期人居环境的总体状态。根据评价指标体系的结构特点，城市人居环境质量指数通过加权综合计算得出。计算公式如下：

$$I = \sum_{j=1}^{5} W_j U_j \tag{12-3}$$

式中，I 为城市人居环境质量指数；W_j 为系统层评价指标相应权值；U_j 为系统层评价指标相应指数。其评价结果的等级和质量状态划分见表 12-2。②城市人居环境系统协调度（C）。协调度是度量要素之间的协调状况好坏程度的定量指标。城市人居环境系统协调度是指城市人居环境指标体系系统层中的五大系统的协调一致程度。城市人居环境系统协调发展的内涵就是在不超过系统承载力或容量范围内实现人居环境的可持续发展。这种协调关系在评价中表现为五个系统的评价指数应相互均衡，五系统之间越协调，其评价指数就越接近，五系统之间越不协调，其评价指数相差就越大（表 12-3）。系统协调度的计算公式如下：

$$C = 1 - \frac{5S}{(U_1 + U_2 + U_3 + U_4 + U_5)} \tag{12-4}$$
$$S = \sqrt{\frac{1}{5}[(U_1 - \bar{U})^2 + (U_2 - \bar{U})^2 + (U_3 - \bar{U})^2 + (U_4 - \bar{U})^2 + (U_5 - \bar{U})^2]}$$

式中，C 为人居环境系统协调度；S 为标准差；U_1，U_2，U_3，U_4，U_5 为系统层评价指标相应指数；$\bar{U}$ 为系统层评价指标指数的均值。

表 12-3　城市人居环境系统协调度等级

城市人居环境系统协调度（C）	$0.9 \leqslant C < 1$	$0.8 \leqslant C < 0.9$	$0.7 \leqslant C < 0.8$	$0.5 \leqslant C < 0.7$	$0 \leqslant C < 0.5$
协调度描述	优质协调	良好协调	一般协调	勉强协调	失调协调

12.3　大气环境安全评估方法

12.3.1　指标体系的构建

根据我国大气环境安全的现状及存在问题，建立大气环境安全评估指标体系。由于评估指标较多，本节将按照评价目标的层次性及经济合作与发展组织（OECD）制定的"压力-状态-响应"（PSR）模型，对不同环境指标的性质进行分类。本着以人为本、全面系统性、实用操作性、可比性、连续性和可修订性等原则，建立大气环境安全指标体系，分别从大气环境安全的状态、压力和响应 3 个角度出发，结合大气环境安全现状，从与人类活动密切相关的生产、生活、自然生态（三重安全受体）3 个方面确定相应的指数。由此构建系统层、变量层、指数层和指标层的 4 层指标体系，结合 PSR 模型，形成 4 层 3 度的复合指标体系。大气环境安全评估指标体系系统框架见图 12-2。

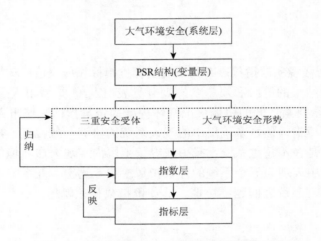

图 12-2　大气环境安全评估指标体系系统框图

1. 大气环境安全状态层

从环境安全影响的受体角度考虑，大气安全状态对人体健康、生态系统、经济和社会有重要的影响。

（1）从对人体健康的影响角度考虑，选取空气清洁健康指数和大气污染物排放指数。空气清洁健康指数与人类生活密切相关，直接关系到人体健康，选用空气质量劣于二级的天数和 PM_{10} 超标比例 2 项指标表征；大气污染物排放指数选用 SO_2 和烟尘的人均与单位面积排放量 4 项指标表征，其中人均污染物排放量表征人均污染物承载量，单位面积污染物排放量表征污染物排放密度。

（2）从大气对生态影响的角度考虑，选用大气生态干扰指数，其主要表征大气污染对生态系统的干扰水平，选取反映酸雨发生情况及酸性的酸雨频率和降水 pH 两项指标。

（3）从大气对经济发展、社会稳定的影响角度考虑，选用大气污染纠纷指数与全球大气环境指数。其中大气污染纠纷指数中的大气污染事故发生次数、大气环境信访比例、上访比例与社会稳定具有一定的关系，能够反映人们对大气环境质量的满意程度。

2. 大气环境安全压力层

大气环境安全压力主要来源于人口增长、经济发展带来的社会压力以及能源消耗对大气环境污染造成的压力两方面。社会压力用大气社会压力指数表征。因机动车尾气排放是大气环境质量下降的主要原因之一，且随着机动车保有量的增加，机动车污染物排放量也将迅速增加，将对大气安全系统构成较大的威胁，故大气社会压力指数选取 1000 人机动车拥有量这 1 项指标。能源消耗对大气环境构成的压力，主要是经济发展对能源的消耗增加以及不合理的能源结构间接造成污染物排放量的增加。能源消耗不仅是造成大气环境污染的重要原因，且能源消耗结构也与大气污染密切相关，故采用能源消耗指数。能源消耗指数具体选用单位 GDP 能耗系数、人均能源消耗量、煤炭消耗量占能源总消耗量的比例 3 项指标。

3. 大气环境安全响应层

大气安全响应层根据大气安全压力来源，从能源结构调整、大气污染治理水平、大气环境管理政策响应等方面考虑：

（1）在能源结构调整方面，能源结构调整指数用城市燃气普及率、清洁能源消耗占能源消耗总量比例两项指标来反映。

（2）在大气污染治理方面，选用大气污染治理投资占 GDP 比例、工业 SO_2 排放达标率、工业烟尘排放达标率、工业粉尘排放达标率、机动车尾气排放达标率共 5 项指标来反映。

（3）在政策响应方面，大气环境管理指数主要采用 SO_2 排放收费强度 1 项指标，其特点是易于操作且具有对比性。

4. 大气环境安全评估指标体系

根据以上分析，最终形成易于操作的包含 9 个指数、23 项具体指标的大气环境安全应用型评估指标体系（表 12-4）。

表 12-4   大气环境安全应用型评估指标体系及权重

系统层	变量层及权重	指数层及权重	指标层及权重
大气环境安全系统	大气环境安全状态层（0.50）	空气清洁健康指数（0.46）	空气质量劣于二级的天数（0.67）
			PM_{10} 超标比例（0.33）
		大气污染物排放指数（0.14）	人均 SO_2 排放量（0.26）
			单位面积 SO_2 排放量（0.14）
			人均烟尘排放量（0.46）
			单位面积烟尘排放量（0.14）
		大气生态干扰指数（0.14）	酸雨频率（0.33）
			降水 pH（0.67）

续表

系统层	变量层及权重	指数层及权重	指标层及权重
大气环境安全系统	大气环境安全状态层（0.50）	大气污染纠纷指数（0.26）	大气污染事故发生次数（0.54）
			大气环境信访比例（0.16）
			大气环境上访比例（0.30）
	大气环境安全压力层	大气社会压力指数	1000 人机动车拥有量（1.00）
		能源消耗指数（0.67）	单位 GDP 能耗系数（0.31）
			人均能源消耗量（0.20）
			煤炭消耗量占能源总消耗量的比例（0.49）
		能源结构调整指数（0.55）	城市燃气普及率（0.67）
			清洁能源消耗占能源消耗总量比例（0.33）
	大气环境安全响应层	大气污染治理指数（0.24）	大气污染治理投资占 GDP 比例（0.19）
			工业 SO_2 排放达标率（0.09）
			工业烟尘排放达标率（0.31）
			工业粉尘排放达标率（0.31）
			机动车尾气排放达标率（0.10）
		大气污染管理指数（0.21）	SO_2 排放收费强度（1.00）

12.3.2　评估方法选用及评估标准

1. 指标归一化

具体指标间没有统一的量纲，不能用于直接比较。为了进行不同指标间的比较，需要对各项指标进行归一化处理，即对各项指标进行赋分。在进行大气环境安全评估过程中，结合具体情况，采用极差标准化法对指标进行归一化处理。

首先确定指标的最低下限（X_{min}）和最高上限（X_{max}）作为指标阈值，分别将这 2 个数值对应于分值 0 和 1，并根据以下 2 种情况确定指标值：

（1）在上、下限之外的数值，即 $X > X_{max}$ 或者 $X < X_{min}$，分别根据具体情况取 0 或 1。

（2）在上、下限之间的数值，即 $X_{min} < X < X_{max}$，确定标准化值：$f_i = (X - X_0)/(X_1 - X_0)$，式中，$X_0$，$X_1$ 根据具体情况，对应于 X_{min}，X_{max}，该归一化分值属于[0，1]。

指标阈值主要参考国家、行业和地方标准及各省横向比较等来确定，并能反映环境安全的相对性。

2. 权重确定

权重的确定是开展评估的基础，依据权重大小可衡量指标的相对重要性。采用基于德尔斐法的层次分析法确定各项指标与各层指数的权重（表 12-4），以对指标体系中各项指标（指数）进行合并。具体指标的"短板效应"将通过指标的权重加以反映。层次分析法的步骤如下：

1）判断矩阵构造

A 为目标，b_i 为评价因素，$b_i \in \textbf{\textit{B}}\,(i=1,2,3,\cdots,n)$。$b_{ij}$ 为 b_i 对 b_j 的相对重要性数值（$j=1,2,3,\cdots,n$），b_{ij} 的取值依据表 12-5 进行，得判断矩阵 $\textbf{\textit{P}}$，矩阵 $\textbf{\textit{P}}$ 称为 $\textbf{\textit{A-B}}$ 判断矩阵。

$$\textbf{\textit{P}} = \begin{bmatrix} b_{11} & \cdots & b_{1n} \\ b_{21} & \cdots & b_{2n} \\ \vdots & \vdots & \vdots \\ b_{n1} & \cdots & b_{nn} \end{bmatrix} \begin{bmatrix} b_1 \\ b_2 \\ \vdots \\ b_n \end{bmatrix}$$

表 12-5　判断矩阵标度及其含义

标度	含义
1	b_i 与 b_j 具有同等重要性
3	b_i 比 b_j 稍微重要
5	b_i 比 b_j 明显重要
7	b_i 比 b_j 强烈重要
9	b_i 比 b_j 极端重要
2，4，6，8	2，4，6，8 分别表示相邻判断 1～3，3～5，5～7，7～9 的中值
倒数	比较的 b_{ij}，则 b_j 与 b_i 比较的 $b_{ji}=1/b_{ij}$

在构造矩阵时，指标之间要进行两两比较，在该过程中，因为每个人对同一问题的看法不一致，往往导致主观性的差异，为尽量缩小主观性成分，客观地反映环境安全状况，在构造矩阵时，要选择不同的专家，根据他们的经验对指标进行综合打分。按照指标的层次以及归类，对所有指标建立判断矩阵。

2）采用方根计算权重

根据建立的判断矩阵，用下式求得以下各值：

$$w_i = n\sqrt{\prod_{j=1}^{n} b_{i,j'}} \tag{12-5}$$

$$w_i = w_i \bigg/ \sum_{i+1}^{n} w_i \tag{12-6}$$

$$B_i = \sum_{i=1}^{n} b_{i,j'} w_j \tag{12-7}$$

式中，n 为判断矩阵的阶数；单权重 $\textbf{\textit{w}} = (w_1, w_2, w_3, \cdots, w_n)^{\mathrm{T}}$。

3）一致性检验

最大特征根计算公式为

$$\mathrm{CI} = \frac{\lambda_{\max} - n}{n-1}, \quad \lambda_{\max} = \sum_{i=1}^{n} \frac{B_i}{n w_i} \tag{12-8}$$

根据表 12-6 确定判断矩阵的平均随机一致性指标（RI）取值。

表 12-6　RI 取值表

矩阵阶数	1	2	3	4	5	6	7	8	9
RI	0.00	0.00	0.58	0.90	1.12	1.24	1.32	1.41	1.45

以上得到的特征向量即为权重。权重分配是否合理，需要对判断矩阵进行一致性检验。检验公式：CR = CI/RI。式中，CR 为判断矩阵的随机一致性比率；CI 为判断矩阵的一般一致性指标。当 CR＜0.10 时，即认为判断矩阵具有满意的一致性，权重分配合理；否则，就要调整判断矩阵，直到取得符合一致性的要求。依据该方法，结合德尔斐法专家打分，计算各指数与指标的权重（表 12-6）。

3. 指数分值计算

各级指数分值的计算采用权重求和的方法，即通过各指标归一化数值与该项指标权重积的加和，可以合并得到指标对应的上级指数的评估分值；依此类推，计算其他各级指数的评估分值，即

$$F = \sum_{i=1}^{n} w_i f_i \qquad (12\text{-}9)$$

式中，F 为指数评估分值；f_i 为对应于该指数的第 i 个指标（指数）分值；w_i 为第 i 个指标（指数）的权重。

由该法计算得到大气环境安全的压力、状态、响应分值，作为一个基础性分值，用于计算大气环境安全的评估分值。该项评估融入了大气环境安全的 PSR 分值，因此可以说是对大气环境安全的综合评估。

4. 环境安全等级划分标准

将环境安全的总评价分值进行划分作为环境安全等级的数值标准，以确定环境安全度等级。根据对生态安全等级划分等资料的分析，并借鉴相关安全领域的等级划分标准，结合具体操作的需要，采用五级均分方法，将环境安全等级划分为五级。

12.3.3　评估与分析

按照大气环境安全应用型评估指标与评估方法，对全国各省、自治区、直辖市的大气环境安全进行评估。评估以指数分类为依据，并分别计算 2002 年度指数及其状态、压力、响应与综合评估分值（表 12-7），根据大气环境安全状态层，我国大气环境安全状态基本处于中警和预警状态，湖南、重庆接近于重警状态，属较安全与安全状态的省份呈边缘型分散。中部地区相对较差，华中地区最差。相对于 2001 年，2002 年全国大气环境状态层分值普遍略微好转。

表 12-7　2002 年度指数及其状态、压力、响应与综合评估分值

排序	地区	大气环境安全状态	大气环境安全压力	大气环境安全响应	综合分值	环境安全等级
1	海南	0.90	0.92	0.59	0.84	（九）
2	福建	0.82	0.81	0.70	0.79	（一五）
3	云南	0.79	0.64	0.59	0.71	（一五）
4	广东	0.69	0.67	0.64	0.67	（一五）
5	广西	0.62	0.88	0.36	0.65	（一五）
6	浙江	0.52	0.62	0.91	0.63	（一五）
7	黑龙江	0.74	0.59	0.38	0.62	（一五）
8	吉林	0.80	0.44	0.385	0.61	（一五）
9	山东	0.66	0.54	0.56	0.60	（一四）
10	江西	0.54	0.77	0.35	0.57	（一四）
11	安徽	0.59	0.57	0.41	0.55	（一四）
12	上海	0.51	0.40	0.75	0.53	（一四）
12	四川	0.46	0.78	0.32	0.53	（一四）
14	北京	0.38	0.45	0.97	0.52	（一四）
14	青海	0.64	0.58	0.14	0.52	（一四）
16	江苏	0.37	0.65	0.65	0.51	（一四）
17	贵州	0.60	0.46	0.31	0.50	（一四）
18	湖北	0.40	0.68	0.40	0.49	（一四）
19	甘肃	0.48	0.56	0.35	0.48	（一四）
20	天津	0.51	0.26	0.66	0.47	（一四）
20	辽宁	0.44	0.43	0.59	0.47	（一四）
20	新疆	0.49	0.44	0.44	0.47	（一四）
23	陕西	0.39	0.62	0.41	0.46	（一四）
24	重庆	0.23	0.82	0.47	0.45	（一四）
25	河南	0.40	0.57	0.36	0.44	（一四）
25	宁夏	0.54	0.32	0.38	0.44	（一四）
27	河北	0.38	0.37	0.62	0.43	（一四）
28	湖南	0.21	0.80	0.33	0.41	（一四）
29	内蒙古	0.51	0.26	0.28	0.39	（一七）
30	山西	0.35	0.20	0.35	0.31	（一七）

注：西藏、港澳台数据暂缺。

12.4　水环境安全评估方法

12.4.1　指标体系的构建

根据我国水环境安全的现状及存在问题，建立水环境安全评估指标体系。由于评估指标较多，将按照评价目标的层次性及经济合作与发展组织（OECD）制定的"压力-状态-响应"（PSR）模型，对不同环境指标的性质进行分类。本着以人为本、全面系统性、实用操作性、可比性、连续性和可修订性等原则，建立水环境安全指标体系，分别从水环境安全的状态、压力和响应3个角度出发，结合水环境安全现状，从与人类活动密切相关的生产、生活、自然生态（三重安全受体）3个方面确定相应的指数。由此构建系统层、变量层、指数层和指标层的4层指标体系，结合PSR模型，形成4层3度的复合指标体系。水环境安全评估指标体系系统如图12-3。

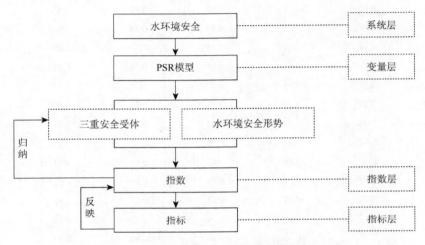

图 12-3　水环境安全评估指标体系系统构建框图

根据环境安全的定义及我国的水环境问题，构建水环境安全理论评估指标体系，并根据现阶段数据可获得性程度的差异，筛选指标指数，最终形成易于评估操作的应用型评价体系。

12.4.2　水环境安全评估方法

水环境安全评估按照"指标归一化—权重确定—分值计算—环境安全等级划分"四个步骤进行，各步选取相应的评估方法，进行水环境安全综合评估。

1. 指标归一化

具体指标间无统一量纲，不能用于直接比较，为了进行不同指标间的比较，需要对各项指标进行归一化处理，即对各项指标进行赋分，在进行水环境安全的评估过程中，结合具体情况，对指标进行归一化处理。

2. 权重确定

权重的大小衡量指标的相对重要性，采用合适的指标分析方法确定各项指标与各层指数的权重，以对指标体系中各项指标（指数）进行合并。具体指标的"短板效应"将通过指标的权重加以反映。

3. 分值计算

各级指数分值的计算采用权重求和的方法,即通过各指标归一化数值与该项指标权重积的加和,可以合并得到指标对应的上级指数的评估分值;依此类推,计算其他各级指数的评估分值。由该法计算得到水环境安全的压力、状态、响应分值,作为一个基础性分值,用于计算水环境安全的评估分值。该项评估融入了水环境安全的 PSR 分值,因此可以说是对水环境安全的综合评估。

4. 环境安全等级划分

环境安全等级划分为五级,采用五级均分的方法。按照环境安全度由劣到优,分别对应于 I(重警状态)、II(中警状态)、III(预警状态)、IV(较安全状态)、V(安全状态),并将环境安全度所处的等级以不同的颜色加以表示,分别对应于红色、橙色、黄色、蓝色和绿色,如表 12-8 所示。

表 12-8　水环境安全等级划分

环境安全等级	表征状态	对应分值	颜色表征
I	重警状态(恶劣状态)	[0, 0.2]	红色
II	中警状态(较差状态)	[0.2, 0.4]	橙色
III	预警状态(一般状态)	[0.4, 0.6]	黄色
IV	较安全状态(良好状态)	[0.6, 0.8]	蓝色
V	安全状态(理想状态)	[0.8, 1.0]	绿色

12.4.3　水环境安全评估

按照水环境安全应用型评估指标与评估方法,开展全国各省、自治区、直辖市的水环境安全评估。评估以指数分类为依据,并分别计算 2002 年度指数及其状态、压力、响应与综合评估分值,在空间上进行横向的比较分析,水环境安全综合评估分值见表 12-9。根据水环境安全状态层看,我国水环境安全状态基本处于中警和预警状态。

表 12-9　2002 年省级区水环境安全综合评估分值表(周劲松,2005)

省(自治区、直辖市)	状态	压力	响应	综合值	综合评定
宁夏	0.4583	0.4570	0.2463	0.4155	预警状态
吉林	0.4598	0.3329	0.4228	0.4143	预警状态
上海	0.5177	0.0284	0.5661	0.3806	中警状态
江苏	0.4876	0.0785	0.5586	0.3791	中警状态
内蒙古	0.4347	0.2790	0.3858	0.3782	中警状态
甘肃	0.4378	0.3112	0.3235	0.3769	中警状态
河北	0.3873	0.1042	0.6848	0.3619	中警状态

省（自治区、直辖市）	状态	压力	响应	综合值	综合评定
河南	0.3560	0.2182	0.5317	0.3498	中警状态
陕西	0.2812	0.3527	0.4173	0.3298	中警状态
山东	0.2567	0.1514	0.7225	0.3183	中警状态
山西	0.3412	0.1169	0.5144	0.3140	中警状态
辽宁	0.3319	0.0408	0.4561	0.2694	中警状态
云南	0.7750	0.7011	0.2870	0.6553	良好状态
福建	0.7473	0.6872	0.3156	0.6416	良好状态
江西	0.7308	0.7111	0.2134	0.6214	良好状态
浙江	0.6419	0.6322	0.4693	0.6081	良好状态
湖南	0.6943	0.6388	0.2611	0.5910	预警状态
广西	0.8062	0.4834	0.1930	0.5867	预警状态
新疆	0.7670	0.4502	0.2785	0.5743	预警状态
海南	0.7781	0.3959	0.3125	0.5703	预警状态
重庆	0.6114	0.6326	0.3293	0.5614	预警状态
贵州	0.6029	0.6763	0.2090	0.5461	预警状态
四川	0.5026	0.7382	0.3412	0.5410	预警状态
湖北	0.5772	0.6009	0.2741	0.5237	预警状态
黑龙江	0.5948	0.4194	0.3847	0.5002	预警状态
广东	0.5810	0.5253	0.1968	0.4875	预警状态
安徽	0.4240	0.4910	0.5361	0.4665	预警状态
天津	0.4768	0.1781	0.8026	0.4524	预警状态
北京	0.5268	0.1463	0.6786	0.4330	预警状态

12.5　环境灾害评估的指数计算方法

12.5.1　灾级评估的指数计算方法

灾害不论是成因还是形式都是复杂多样的，但它所造成的社会损失最终可以归结为人员伤亡和财产损失两个方面。在人员伤亡中，死亡是一种重大损失，但伤害（包括受伤、毒害和病害）也不容忽略，因为一次灾害中往往都伴有人员伤害，有时是伤多亡少，有时是有伤无亡（表 12-10）。财产损失包括直接经济损失和间接经济损失两部分，由于间接经济损失难以估算，故只考虑直接经济损失。这样，在计算指标时，一般考虑死亡、伤害和直接经济损失三个因子。

表 12-10　不同灾害的等级

年份	地区	灾因	死亡/人	伤害/人	直接经济损失/亿元	灾级/级
1976	中国唐山	地震	24.2 万	16.4 万	100	11.6
1989	中国	自然灾害	5952	78639	525	10.4
1988	中国	交通事故	54814	170598	3.09	9.5
1991	中国安徽、江苏	洪涝	801	14478	450	8.7
1988	中国	25 种传染病	16090	500 万		7.9
1989	中国四川	风雹	259	10900	15	6.6
1986	中国广西、海南	台风	88	2208	11.2	5.3
1987	中国大兴安岭	火灾	193	226	5	4.2
1987	中国丹东	暴雨滑坡	63	800	1.1	3.5
1988	中国	破坏水利设施			1.54	2.2
1943	美国多诺拉镇	工业烟雾	17	5511		1.9
1988	中国	放射事故		706		0.8

为了进行灾害损失的定量计算，首先把死亡、伤害和直接经济损失数目折算成规范化指数。图 12-4 是规范化指数与各因子分界值的关系图。

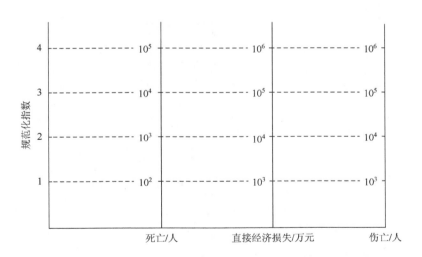

图 12-4　规范化指数与各因子分界值的关系

当死亡人数 $d \geqslant 100$ 人、伤害人数 $h \geqslant 1000$ 人、直接经济损失 $e \geqslant 1000$ 万元时，利用对数函数关系，把各因子的数目折算成规范化指数：

$$I_d = \lg d - 1 \qquad I_h = \lg h - 1 \qquad I_e = \lg e - 1 \qquad (12\text{-}10)$$

式中，I_d、I_h、I_e 分别为死亡、伤害、直接经济损失的规范化指数。

当 $d < 100$ 人、$h < 1000$ 人、$e < 1000$ 万元时，则利用线性函数关系，把各因子的数目折算成规范化指数：

$$I_d = \frac{d}{100} \qquad I_h = \frac{h}{1000} \qquad I_e = \frac{e}{1000} \qquad (12\text{-}11)$$

然后把各因子的规范化指数直接相加，作为灾害损失的定量指标：

$$G = I_d + I_h + I_e \qquad (12\text{-}12)$$

由于该指标具体地反映了灾情的大小，即灾情等级，因此可以称为灾级。

从表 12-10 中可以看到，灾情大小不一，灾级也不一，因此可以根据计算的灾级来比较不同灾情的大小。

12.5.2 灾级评估的模糊分级统计

1. 评估指标

1) 灾害损失的构成要素

灾害损失的构成要素分析是建立灾害损失评估指标体系的基础。本书将灾害损失分为自然环境和社会环境两方面的损失，具体内容如图 12-5 所示。

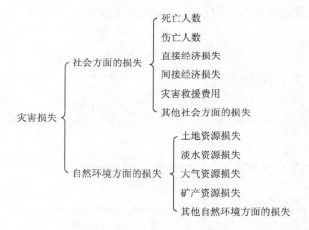

图 12-5　灾害损失的构成要素

2) 灾害损失定量评价指标

由于致灾因子的不同以及承灾体系的差异，灾害损失特征千差万别。若采用相同的指标体系对各类灾害损失进行定量评估，一般难以取得满意的效果。但对灾害损失的各类构成要素给出可以相互比较的定量评价指标是不可能的。所以一般不拟统一灾害损失定量评估指标体系，而是给出适用于不同致灾因子和不同承灾体系的灾害损失评估指标体系的一般形式。表 12-11 中的指标既可表示绝对灾害损失指标，又可表示相对灾害损失指标。需要说明，为了不失一般性，灾害损失的指标因子取 n 项，灾害损失的等级划分为 m 级，n、m 都是正整数。评估指标种类的选取以及其临界值的确定可视灾种和评价目的而定。

表 12-11　灾害损失评估指标

灾害等级	指标 1	指标 2	…	指标 n
1	$a_{01} \sim a_{11}$	$a_{02} \sim a_{12}$	…	$a_{0n} \sim a_{1n}$
2	$a_{11} \sim a_{21}$	$a_{12} \sim a_{22}$	…	$a_{1n} \sim a_{2n}$
⋮	⋮	⋮		⋮
$m-1$	$a_{(m-2)1} \sim a_{(m-1)1}$	$a_{(m-2)2} \sim a_{(m-1)2}$	…	$a_{(m-2)n} \sim a_{(m-1)n}$
m	$\geqslant a_{(m-1)1}$	$\geqslant a_{(m-1)2}$	…	$\geqslant a_{(m-1)n}$

2. 计算方法

假定灾害损失有 n 项指标, 灾害损失分为 m 个等级, 第 i 项指标为 $x_i (i = 1, 2, \cdots, n)$, 用符号 g 表示与指标 x_i 对应的灾级, 灾级计算公式如下:

$$g_t = (j-1) + [x_i - a_{(j-1)i}] / [a_{ji} - a_{(j-1)i}] \qquad a_{(j-1)i} \leqslant x_i \leqslant a_{ji} \qquad (12\text{-}13)$$

$$g_i = m, x_i \geqslant a_{(m-1)}; j = 1, 2, \cdots, (m-1); i = 1, 2, \cdots, n \qquad (12\text{-}14)$$

利用上述灾级计算公式可以算出灾害损失单一因子所属的灾级。

将表 12-11 中的指标代入公式, 将灾害损失指标体系换算为用灾级表示的形式 (表 12-12), 灾级表示的灾害损失等级指标全为整数。

表 12-12　灾级表示的灾害损失评估体系

灾害等级	指标 1	指标 2	…	指标 n
1	$0 \sim 1$	$0 \sim 1$	…	$0 \sim 1$
2	$1 \sim 2$	$1 \sim 2$	…	$1 \sim 2$
⋮	⋮	⋮		⋮
$m-1$	$(m-2) \sim (m-1)$	$(m-2) \sim (m-1)$	…	$(m-2) \sim (m-1)$
m	m	m	…	m

12.6　危险度评估的多因子评分计算方法

将职业环境中危险性评价的方法引入环境灾害的危险度评估中, 将其评价范围扩大, 使其不仅可以用于劳动环境, 而且可以涉及人类的所有活动环境, 即可作为人类生存环境 (生活环境、劳动环境) 的危险评价方法。

采用定性与定量相结合的方法, 首先确定某些参考环境, 指定自变量的分数值和相对评分标准; 然后将被评价环境与所确定的参考环境对比并评分, 最后根据总的危险分数来评价其危险性。

为了计算方便，将影响环境危险性的主要因素归纳为三类：

（1）发生灾害（或称危险）的可能性，以符号 L 表示。

（2）暴露于这种危险环境的频率，以符号 E 表示。

（3）灾害一旦发生，可能造成的后果，以符号 C 表示。

前两项可视为危险频率，第三项相当于危险的严重度与环境的危险性，即

$$危险性 = L \times E \times C \tag{12-15}$$

根据被评价环境的具体情况，分别对上述 L、E、C 打分，如环境存在多种灾害的可能，则应算其平均分，然后按上式计算的结果来评价环境的危险性。L、E、C 的分数可参照表 12-13 选取，最终计算出的危险分数可参照表 12-14 进行分级。

表 12-13　灾害发生危险度评估主要参评因素的评分表

灾害发生的可能性分数值（L）		暴露于危险环境的分数值（E）		可能后果的分数值（C）	
分数值	灾害事件发生的可能程度	分数值	出现危险环境的情况	分数值	可能的后果
10	完全会被预料到	10	连续暴露与潜在危险环境	100	大灾难，很多人死亡
6	相当可能	6	逐日在工作时间内暴露	40	灾难，数人死亡
3	不经常，但可能	3	每周一次或偶然暴露	15	非常严重，一人死亡
1	完全意外，极少可能	2	每周一次暴露	5	严重，严重伤害
0.5	可以设想，但高度不可能	1	每年几次出现潜在危险	3	重大，致残
0.2	极不可能	0.5	非常罕见地暴露	1	引人注目，需要营救
0.1	实际上不可能				

表 12-14　危险度分级参照分数值

危险分数	危险程度	对策
＞320	极其危险	不能继续活动
160～320	高度危险	需要立即整改
70～160	显著危险	需要整改
20～70	可能危险	需要注意
＜20	稍有危险	或许可能接受

为便于上述方法的应用，可将表 12-13 和式（12-15）做成诺模图（图 12-6）。使用此诺模时，首先在"灾害可能性"线上找出对应点（如"相当可能发生"）；在"暴露线"上找到相应点（如"经常暴露"）；两点划直线，并延长至辅助线上，得到一个交点；从这点出发，与"可能结果"线上点（如严重与非常严重点中间一点）相连划一条直线，在"危险分数"线上相交的点，即是评价结果。

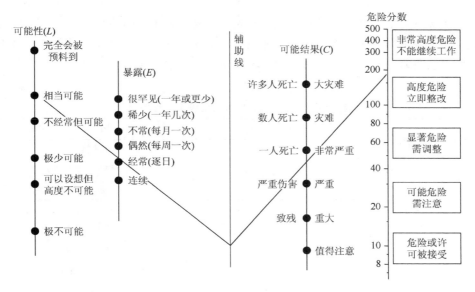

图 12-6　危险评价诺模图

12.7　城市人居环境安全评价指标体系

人居环境是人类社会的集合体，包括所有社会、物质、组织、精神和文化要素，涵盖城市、乡镇和农村。将城市人居环境在地域层次上划分为近接居住环境、社区环境和城市环境。其中以住宅为核心的近接居住环境又分为两个部分：住宅和邻里环境；社区环境为居民社会活动的主要环境，其地域范围相当于一个居住区；城市环境相当于整个城市系统环境。人居环境被认为是社会经济活动的空间维度和物质体现，所有创造性行为都离不开人居环境条件的影响。

从环境舒适度的角度讲，可对不同角度制定的指标体系归纳如下：住宅条件（室内和室外）、生态环境质量（包括绿化和大气、水等环境质量）、基础设施（道路）、服务设施（服务网点等）。具体体现在：①良好的自然条件及其利用。包括美丽的河流、湖泊，大公园（树丛），富有魅力的自然景观，洁净的空气，非常适宜的气温条件等良好的人工环境的建设，如杰出的建筑物、清晰的城市平面、宽广的林荫大道、美丽的广场、街道的艺术、喷泉群、富有魅力的人工景观等。②丰富的文化传统及设施。包括杰出的博物馆、富有盛名的学府、重要的历史遗迹、众多的图书馆、剧院、美好的音乐厅、琳琅满目的商店橱窗、可口的佳肴、大型的游乐场、多种参与游憩的机会、多样化的邻里等。具代表性的城市如巴黎、伦敦、罗马等城市。

不同角度出发建立的评价指标体系存在着差异，对于人居环境舒适度评价的研究也有着不同的借鉴作用（表 12-15）。从居住环境角度出发，重点在居住小区，侧重小区内部居民生活的完善；从人居环境角度出发的指标体系考虑了整个城市对居民居住环境的影响，能生动反映居民生活特点；而侧重在生态城市和可持续发展能力评价的指标重点则是城市进一步发展的能力和潜力，对环境舒适度而讲，具有间接的支撑作用。城市人居环境作为一个大系统，是一个拥有多种功能的有机综合体，上述指标体系的纷繁复杂性反映了这一点；同时城市人居环境系统本身又是统一的，这表现在指标体系的相似性。城市的人文环境和社会环境仅在部分指标中有所体现，没有一致的见解。

表 12-15　城市人居环境安全评价指标体系

类别	指标
居住条件	人口密度
	人均居住面积
	建筑密度
城市生态环境	人均公共绿地面积
	城市区域环境地质状况
	城市水系布局及水资源状况
	地表水综合评价指数
	大气环境综合评价指数
	垃圾无害化处理率
	噪声达标覆盖率
	城市生活污水/工业废水处理率
资源配置与公共服务基础设施	人均生活年用电量
	人均生活日用水量
	家用燃气普及率
	通信/网络设施普及率
	人均道路面积
	公共交通覆盖率
	千人拥有医院病床数
	千人拥有商业网点数
	教育环境状况/各级学校建筑面积
经济能力	人均 GDP
	环保投入占 GDP 的比重
	住宅投入占 GDP 的比重
	公共服务设施占 GDP 的比重
	科技投入占 GDP 的比重
社会稳定度	就业率
	人均期望寿命
	劳保福利占工资比重
	刑事案件发生率
	防灾抗灾能力

总的来说，环境舒适贴近人的生活，上述指标只能反映城市的整体状况，对环境舒适

也有一定的借鉴作用。但作为环境舒适的指标必须进一步细化。如对园林的指标不能仅限于人均公共绿地和绿化覆盖率,应该包括居民的可达性指标,如到不同公园、应用不同的交通工具所需的时间,居住区内部小游园的面积控制等。另外,对城市人文环境或城市软环境的评价也需要作进一步研究。

　　无论是城市人居环境质量评价指标体系的构建,还是生态城市评价指标体系或城市人居环境可持续发展评价指标体系的研究,均要依据以人为本、层次性、区域性、可操作性以及稳定性与动态性的原则,利用层次分析法,构建一个三层次的评价指标体系。其中一级指标包括三类:聚居条件、聚居建设和可持续性。聚居条件包括人口、资源与人工构筑等,体现舒适的居住条件、适宜的人口密度和良好的资源配置等内容。聚居建设包括生态环境的建设和基础设施的建设,从侧面反映了城市的环境质量、生活、生产的方便程度和服务水平。可持续性包括社会秩序稳定、智力能力和经济能力三方面,反映了城市各项人类活动与社会、经济之间的相互关系、协调能力和发展潜力。充分考虑到评价指标选择的代表性、不可替代性和多层次性,选择30项指标构成一个相对完整的城市人居环境评价指标体系。

12.8　生物多样性不同层次尺度效应及其评估方法

　　生态系统退化程度诊断对于生态恢复实践的重要性,如 Platt(1977)总结成一个小模型(图 12-7),该模型的基础是把退化的生态系统按退化程度分为两类:超负荷受害的(overstressed)/不可逆的(irreversible)和不超负荷受害的(understressed)/可逆的(reversible)。

图 12-7　受害生态系统恢复的两种模式(Platt,1977)

　　当前生态系统退化程度诊断的研究大多仍停留在定性阶段,这制约着生态恢复实践和恢复生态学的发展,亟需开展退化生态系统退化程度诊断的深入研究。

12.8.1　生态系统退化潜势的定量表达

　　构建系列指数旨在定量表达生态系统退化潜势的大小。

1. 生态质量指数

　　区域生态系统的稳定性很大程度上取决于地理位置和自然环境背景(包括稳定的气候、地貌和水文背景)的性质和状况,即生态质量(eco-mass)。不同的区域往往具有不同的生态环境质量,因此,在此基础上发育的生态系统也势必具有不同程度的稳定性抗逆能力和恢复能力。一般来说,在气温适度、降雨丰沛、气候湿润的平原和丘陵地区,其自然环境条件适宜生物的生长,生态多样性较高,并具有较高第一性生产力和系统生产力,经长期的演化，生态系统的结构和功能往往较为完善和成熟，该生态系统通常具有较强的稳定性和抗逆能力；而且，当生态系统遭受破坏后，其自我恢复能力也较强。相反，在气候寒冷、干燥、干旱、山区等地区，这种恶劣的生态条件通常不适宜生物的生长与生存，生物种类贫乏单一，生态系统结构和功能简化，生态系统是相当脆弱的，在外界干扰下极易发生退化，而且退化后也不容易恢复。某一区域生态质量的好坏往往决定着该区域生态系统的潜在稳定性或脆弱性。

为了描述区域生态系统的自然稳定性或脆弱性，可采用生态质量指数（eco-mass index，EMI）来对此加以描述。一个地区的生态质量指数越大，生态系统的稳定性和抗逆能力越高。一般而言，区域的生态质量指数与该区域的地理位置（主要是纬度）、气候干旱程度（即海陆位置）以及地貌结构密切相关。因此，生态质量指数可用大陆度（KK）、干燥指数（D）和地貌指数（H）来加以构建。生态质量指数用大陆度、干燥指数和地貌指数的几何平均数的倒数来表示。生态质量指数与大陆度、干燥指数和地貌指数呈负相关，即大陆度、干燥指数和地貌指数越大，其生态质量指数越小。其中，大陆度的大小可说明平均最高气温与最低气温的相差范围和变化时间的长短；同时也可部分地反映生态系统平衡的稳定度。干燥指数（D）反映的是降水量和蒸发量的比值，它与云量的大小、雾日的多少和日照辐射量的高低有关，与生态系统的平衡也有着密切关系。大陆度和干燥指数越大，表明生态环境条件十分恶劣，生态系统较为脆弱。地貌指数是指单位面积内绝对高程与相对高程的综合特征，用以反映区域的地貌基底稳定性和重力作用潜势的大小。地貌指数越大，重力灾害越多，地貌基底也越不稳定。

大陆度采用康拉德（Gonrad）公式，$K = [1.7\Delta\theta/\sin(h+10)]-14$，即它可避免赤道的 K 值为无限大，式中，$\Delta\theta$ 为气温年较差；h 为纬度；干燥指数（D）采用张宝堃公式，即

$$D = 0.016\sum T_{10} / R \qquad (12-16)$$

式中，T_{10} 为日平均气温 $\geq 10℃$ 期间的活动积温；R 为同期降水量；地貌指数是某一区域的平均相对高度（RH）与平均绝对高度（AH）的乘积与该区域的面积（S）之比，其中平均绝对高度反映的是某一区域地貌的总体状况，主要是区别高原与低地，而平均相对高度反映的是某一区域地形的起伏程度，表征的是山地、丘陵与平地的区别。

$$EMI = (D \times K \times H)^{-1/3} \times 100\% \qquad (12-17)$$

其中，

$$K = [1.7\theta / \sin(h+10)] - 14$$

$$D = 0.16\sum T_{10} / R$$

$$H = (RH \times AH) / S$$

式中，K 为大陆度指数；D 为干燥度；H 为地貌指数。

2. 自然干扰指数

从自然干扰的角度来讲，区域地质地貌（如重力作用等）、气候（如热力、水力、风力等）和水文（水力等）等的异常变化是生态系统不稳定性和退化的自然成因。自然干扰因素的稳定变化一般不能视为生态退化的诱发因子，只有当自然干扰因素发生较高强度的不稳定的波动或无规则的异常变化时，才会打断生态系统正常的运行过程或节律，导致生态退化的发生，

此时，自然因素就扮演着"干扰因子"的作用。因此，可以用地质地貌、气候和水文等干扰作用的异常变化特征等来表征自然环境因素对生态系统的扰动。即自然干扰指数（natural disturbance index，NDI）可用地质灾害指数（G_i）、风力灾害指数（W_i）、水力侵蚀指数（E_i）、干旱灾害指数（Dr_i）、洪涝灾害指数（F_i）、低温冻害指数（Tf_i）等之和来表示，即

$$NDI = G_i + W_i + E_i + Dr_i + F_i + Tf_i \qquad (12\text{-}18)$$

式中，G_i、W_i、E_i、Dr_i、F_i、Tf_i 分别用相应的灾害强度（I_i）乘以相应的灾害发生频率（f_i）来表示。其通式为 $S_i = I_i \times f_i$（式中，S_i 可相应代表 G_i、W_i、E_i、Dr_i、F_i、Tf_i 几个指数）。

一般地，自然灾害的强度越大，频率越高，自然干扰指数也就越大，表明自然因素对区域生态系统的干扰作用也越强。

3. 人类活动强度指数

人类活动的干扰作用是生态环境退化重要的外部驱动力，生态退化通常是自然环境干扰与人为活动干扰叠加作用的结果。在研究生态系统退化时，还应考察人为活动对生态系统的作用。采用人类活动强度指数（human activity index，HAI），以此来度量人为活动对生态环境的干扰程度。即用人口密度指数（D_i）、工业与城市化发展水平（U_i）、环境污染综合指数（P_i）、农业土地利用强度（A_i）和区域旅游活动强度（T_i）五者之和来综合表示。

$$HAI = D_i + U_i + P_i + A_i + T_i \qquad (12\text{-}19)$$

式中，D_i 为某一研究区域的人口密度与该区域的适宜承载人口密度之比，在一定程度上反映了区域人口对环境的静态和动态压力，因为人口密度越大，就意味着周围环境要提供越多的资源、粮食和生存空间，才能满足人类的某种水平上的需要；U_i 为工业化与城市化（或城镇化）指数，由于工业化与城市（镇）化总是紧密相连的，工业活动与城市（镇）化不仅会对其周围环境产生较大的破坏和动态压力，而且城市本身也是一个较为脆弱的生态系统，因此可用某一区域的城市化与工业化水平来表征人类活动强度的部分特征；P_i 为环境污染综合强度指数，从单一污染物的指数（I_i）和相应权重（W_i）两者之积求和，再取平均值表示。A_i 为农业土地利用强度指数，采用农业垦殖指数（C_i）和复种指数（MC_i）二者之和加以度量，它表明人类对土地的利用强度；T_i 为旅游活动强度指数，它可用实际的年旅游人数与该区域的旅游容量来加以度量。

上述有关指数的计算公式如下：

$$P_i = 1 / n(\sum I_i W_i), W_i = [B_i / (C_{si} - B_i)] / \sum [B_i / (C_{si} - B_i)] \qquad (12\text{-}20)$$

式中，I_i 为某污染物的分指数；W_i 为某污染物相应的权重；B_i 为某污染物在环境中的背景值；C_{si} 为某污染物的评价标准。

$$A_i = C_i + MC_i \qquad (12\text{-}21)$$

式中，C_i 为耕地面积/区域土地总面积 $X \times 100\%$；MC_i 为全年农作物总播种面积/耕地面积。

4. 生态系统退化潜势指数

在构建了区域生态质量指数、自然干扰指数和人类活动强度指数这三个指数的基础上，可以进一步探讨在生态环境背景与人类活动强度的不同组合作用条件下生态系统的响应状况。为此，提出生态退化潜势指数（ecological degradation potential index，EDPI），用

以说明生态系统退化的潜在趋势的大小。与物理学中的加速度公式 $a = F/M$ 类似，生态退化潜势指数可用下式加以描述，即

$$EDPI = (HAI + NDI)/EMI \tag{12-22}$$

式中，HAI 为人类活动强度指数；NDI 为自然干扰指数；EMI 为生态质量指数。

5. 生态系统退化潜势大小的论述

根据生态退化潜势指数的计算公式，可得如下几个推论：

（1）人类活动强度指数（HAI）和自然干扰指数（NDI）越大或其之和越大，对生态系统的干扰也就越大，就越易导致生态系统退化，在这种情景下，生态系统具有较高的退化潜势与退化加速度，此时，EDPI 就越大。

（2）当受到外界干扰力一定时，生态质量指数（EMI）越大时，EDPI 就越小。也就是说，生态系统具有较强的稳定性、抗逆能力以及生态惯性，阻止着生态系统的逆向演替或退化，此时生态系统具有较小的退化潜势和加速度。

（3）在相同的生态背景条件即生态质量下，生态退化的方向和潜势取决于人类活动强度和自然干扰强度的大小。一般而言，人类活动的强烈干扰往往会加速生态退化的进程，它可将潜在的生态退化转化为现实的生态退化，特别是在当今社会里，人类活动对生态退化起着主要的作用。

（4）在相同的人类活动强度条件下，生态质量指数越小的生态系统越易发生退化。生态质量指数大的生态系统不易发生"位移"或退化，它们通常具有较强的生态阻抗及生态惯性，因而在一定限度内可以抵消人类活动和自然因素异常变化的干扰。

12.8.2 生物多样性的多层次研究

物种多样性是物种丰富度和分布均匀性的综合反映，体现了群落结构类型、组织水平、发展阶段、稳定程度和生境差异，反映了生物群落在组成、结构、功能和动态等方面的异质性。景观多样性和生态系统多样性从大尺度反映了景观组成、物种生境范围和形状，生态系统的结构、功能和演替等。生物多样性不仅具有遗传、物种、生态系统和景观层次结构，还具有空间尺度效应。空间尺度指研究对象的空间量度，包含幅度和粒度两个方面。随着评价空间尺度的不同，多样性指数表现也不同。

生物多样性分析的内容包括遗传、物种、生态系统和景观多样性四个方面。目前，物种多样性的分析多采用传统的样方群落学调查方法。对于单一种群，利用卫星遥感影像在一定条件下能进行植物种群的分析监测。但是对于复合种群或者物种多样性分析，虽然可以应用生境多因子评价等方法，通过遥感与地理信息系统进行间接物种多样性分析，但是该方法限制因素较多。景观和生态系统多样性层次的评估监测多应用遥感及地理信息系统进行分析。对于人类难以到达的地区，以及海洋等大面积的景观及生态系统水平的监测，3S 技术更具有优势。遥感可能成为跨越不同时空尺度监测生物多样性的重要工具。

1. 生态系统多样性的评估和尺度效应

生态系统多样性是生物多样性的一个重要层次，生态系统多样性的研究结果多具有地

域特征，由于缺少一个国际公认的生态系统分类体系和判断标准，可比性较差。同时，生态系统因为需要考虑生物群落、环境因子甚至人为活动因子，生态系统多样性的评估更为复杂。生态系统多样性评估需要从生态系统的结构、类型、生态过程和生态服务功能多样性方面进行分析，多以生物群落类型作为生态系统多样性评估依据。有些研究借鉴生态经济学调研方法，对区域进行生态价值评估，发现生态服务价值高的地区有高的生态系统多样性。在大尺度上的生物多样性热点区域研究中，生态系统多样性的判断常基于物种的样方调查，以物种多样性的空间分布来间接评估，或者进行群落类型调查，以群落的多样性代表生态系统多样性。部分研究对于单一景观类型内的生态系统进行多样性评价时，常用景观异质性的方法，间接评估生态系统多样性。

2. 景观多样性的评估和尺度效应

景观多样性的评估常采用遥感、地理信息技术、野外调研相结合的办法，采用研究区域内各种景观类型的丰富度、均匀度以及各类景观类型面积比例等指标进行分析。景观多样性研究方法较为成熟，景观多样性具有显著的尺度效应，这种尺度效应表现在空间幅度上，其随着空间尺度的不同，景观类型丰富度与均匀度表现不同。景观多样性空间尺度规律表现为：在一定区域内，随着空间幅度的增加，景观丰富度、景观 α 多样性、景观 β 多样性增加，但是增加的幅度和变异性有着显著的空间差异；景观像元粒度体现了评估对景观优势度的要求，随着景观类型粒度的增加，单位面积内景观元数量减少，景观多样性指数呈现下降趋势。马胜男等发现，Scaling 景观多样性模型同时考虑了空间尺度因素的作用，模拟结果具有很好的规律性，用该模型在省级、县级尺度上分析了我国中西部地区景观多样性的变化。在新疆阜康地区的研究发现，随着空间分辨率的粗化，景观元均匀度方面多样性的变化幅度大于丰富度的变化幅度；Shannon 多样性指数在较小的空间尺度上具有一定的规律性。岳文泽等采用基准分辨率为 5m 的 SPOT 遥感图像作为数据源，对不同幅度下的城市景观多样性的空间分布格局进行了分析，发现随着空间尺度的增加，景观多样性也增加；景观多样性在空间分布上不平衡，尺度越大，不平衡越明显。

12.8.3　生物多样性各层次之间的关系

生物多样性在各个层次（即遗传、物种、生态系统和景观多样性）的单独研究较多，而各层次之间的关系、生物多样性各层次之间表现是否一致、存在何种耦合关系等研究较少。为了评估生物多样性指数在物种、群落和生态系统三个层次上的关系，有学者对 1000 个群落的最新研究表明，物种多样性指数之一的物种丰富度只能代表一个区域 21.5% 的生物多样性信息，这说明生物多样性的评估离不开多个层次的整合分析。

物种多样性和生态系统多样性之间存在着一定相关性。生境异质性理论认为，几乎很少有物种能够在所有生境类型中出现。因此，区域内随着生境类型的增加，物种多样性呈递增趋势。生境异质性丰富的地区分布着种类较多的物种。这种生境异质性在卫星遥感影像上表现为光谱的异质性，随着遥感影像空间分辨率的提高，影像光谱异质性与物种丰富度的相关性指数明显提高。生境丰富的物种多样性也推动了沿环境梯度的群落 β 多样性的提高。研究植被多样性和物种丰富度时发现，植被多样性和植物物种多样性具有显著的正相关关系（$R^2 = 0.52$，$P < 0.05$）。植被多样性（群系）和动物物种多样性则无显著关系。可见，植物群系越丰富，植物物种多样性也越高。这种相关性分析没有考虑到样地的同一性和取样的尺度效应，例如，植被多样性和动物物种多样性之间的关系也需要多尺度的分析。

物种丰富度和景观异质性之间有一定的相关性，但是这种关系随着取样尺度的不同而不同，在一些尺度上景观异质性与物种丰富度能达到很高的显著性水平。彭羽等采用野外样方调查结合 3S 技术，对北京市顺义区农林生物多样性多层次分析进行了尝试，发现农林复合景观多样化的区域物种多样性较高。有学者通过分析 $1m^2$ 样方、生境、景观 3 个尺度的放牧草地和疏林草地的植物多样性（α、β 和 γ 多样性），发现放牧地 α 植物多样性由小尺度决定，而疏林草地则由景观尺度决定；景观格局对不同生境小尺度植物多样性的影响一致，对 β 多样性在不同生境类型的表现则不同。因此景观异质性也被用于遥感监测，用于间接评估区域的物种丰富度和 β 多样性。

人类干扰对生物多样性的影响也表现在不同尺度上。放牧对生物多样性的影响具有尺度效应。不合理的放牧方式，使得草地植物遗传多样性、物种多样性和生态系统多样性这类中小尺度植物多样性降低，而使景观多样性这种大尺度多样性增加。景观多样性的增加表现为大尺度上植被类型的分割和破碎化，放牧干扰程度的不同使原本相同的植被类型变为不同受损的植被类型。放牧方式较合理及放牧强度适中时，物种多样性、生态系统多样性往往达到最高，符合中度干扰假说。

生态系统多样性在大尺度上提高了物种多样性，但是受生物地理区域和取样尺度的影响。从某一层次分析生物多样性的研究较多，但是对区域生物多样性进行物种、生态系统和景观多样性多层次综合分析的研究较少。同一区域生物多样性在遗传、物种、生态系统和景观层次上的表现并不一致。对一个区域进行生物多样性评估时，仅从某一个层次进行分析是不全面的。随着我国《生物多样性保护战略与行动计划（2011—2030）》的推进，未来可能开展如下 3 个方面的研究：①生物多样性各层次耦合关系研究。对某一区域多样性的综合评价，在考虑尺度效应的基础上，对区域生物多样性在遗传、物种、生态系统和景观层次进行空间分布特征研究，揭示不同层次间的生物多样性有什么耦合关系，进而揭示生物多样性维持机制。②生态系统多样性红色名录和生态系统类型丰富地区的确定。采用生物多样性多层次分析方法，识别我国急需进行保护的生态系统多样性关键地区，特别是那些同时决定遗传多样性、物种多样性和景观多样性的关键区域。③生物多样性多层次的监测研究。可以应用遥感影像和地理信息系统等 3S 技术，采取分层分类提取及遥感影像辐射增强处理方法，结合野外样方调查，从遗传、物种、生态系统和景观层次，按照小、中、大的空间尺度，对生物多样性进行综合监测和评估。

思 考 题

1. 了解大气环境安全及水环境安全评估方法。

2. 熟悉城市人居环境安全评价指标体系及其在实际工作中的应用。

3. 比较生物多样性不同层次尺度效应及其评估方法的差异。

第13章　人居环境安全灾害防治和应急预案

13.1　自然灾害的预防与自救

自然灾害是不可抗拒的，给人类的生命财产造成巨大的损失。如果具备灾害发生前的紧急预案措施和发生后的基本自救常识，就能将损失降到最低限度。医院、学校、高层建筑等是人群聚集的场所，要给予高度重视。

13.1.1　地震预防与躲避

地震发生之前一般会有前兆，往往很多动物、家禽都会有异常的表现；此外，地下水出现异常变化，水温升高，水位变化幅度大，井水、泉水翻花冒泡；地光和地声现象；人出现异常感觉，如精神恍惚、坐立不安等症状。当了解到这些地震前兆之后，就应该立刻采取地震前的预防措施，镇静、积极地做好逃生准备：

（1）观察异常的种种表现，预感到地震将要发生时，要及早地把饮水、手电筒、急救药品等装袋包好，立即逃离到空旷、开阔地带；

（2）城市楼房密集，危险性极大，震前要立即冲出楼房到空旷地带，尽量远离建筑物；当来不及逃离楼房时，可钻到桌底、卫生间、墙角等部位避震，也可在房间跨度最小的横梁下躲避（不要靠近窗户），切不可集体涌向门口和楼梯；如在体育馆，要听从指挥，有顺序地向中央靠拢，不要拥挤在墙壁或栅栏边。学生如来不及逃出教室，可躲避在教室内的桌子下、墙角、墙根下等地方，同时要选好震后的疏散路线。

13.1.2　地震后自救

如果发生地震时，不慎被埋在废墟下，一定不要慌乱，应鼓起求生的勇气，要有长时间与困难做斗争的精神准备，等候救援人员的到来。

（1）如果被压在废墟下，要想办法将手脚挣脱出来，消除压在身上的物体，特别是压在腹部以上的物体；发现身上有受伤出血的部位，首先要设法止血；假如身体没有受伤，应用衣服捂住口鼻，防止直接吸收烟尘导致窒息。

（2）观察周围情况，防止支撑不稳的重物出现新的塌落，并寻找新的较为安全的地方，尽量找到水和食物，等待救援。在救援人员靠近时，尽量通过呼喊或敲击墙壁等发出响声，使救援人员知道你所处的位置，以便获救。

13.1.3　洪水灾害的安全保障技术

水灾通常是连日暴雨造成河流、湖泊、水库暴涨而引发的洪水泛滥现象。此外，大量的融雪、山洪、海啸也可引发水灾。水灾导致巨大的经济损失，甚至丧失生命。尤其处在低洼处的建筑群和校舍潜在危险更大。做好洪水来临的前期教育和实施启动紧急预案非常重要，尤其是农村学校领导要格外重视，完善紧急预案。

（1）要有强烈的水灾预防意识，做好充分的准备，在水灾到来之前要提前撤离洪水可能到达的地方，特别是处在低洼地带的学校，尽可能带足食品、药品、手电筒、防雨用具等转移到较安全的地方。在平时，学生发现连续几天下雨，就应该萌发可能有洪水到来的防患意识。

（2）要定期进行预防洪水的演练，配有专人负责。学校要向学生经常进行预防洪水和自救常识的教育，介绍洪水的特点，教育学生在各种复杂的环境下，懂得怎样不遭受侵害，懂得怎样去保护自己；在暴发洪水时不要惊慌，更不能乱跑，要听从统一指挥。学校要提前选好疏散路线和紧急躲避地点，让每名学生都知道，并准备好必要的营救物品。

（3）如果洪水来势凶猛，来不及转移，洪水已经涌进屋内，应立即设法爬上房屋顶、就近高处或大树上，暂时避难，等待救援人员的到来，千万不能独自游泳转移；如现实条件不容许移动，应抓住桌椅、家具等可漂浮的物体；如周围有人，要尽量在一起；如发现漂浮物，要尽力抓住；如果一切都不可能，此刻应抓住固定物不放，并大声呼救他人搭救脱险。

13.2　自然灾害应急预案的制订

为了进一步有效提高自然灾害事故应急反应能力和救灾工作的整体水平，以及确保破坏性自然灾害发生后，能够迅速有效地开展救灾行动，最大限度地减轻灾害后造成的损失，建立和完善灾害救助应急体系，最大限度地减少或消除自然灾害造成的损失，确保广大人民群众生命财产的安全，维护社会安全生产的稳定发展，需要制订自然灾害应急预案。国务院办公厅颁布了《国家自然灾害救助应急预案》国办函〔2016〕25 号，各地可以依据具体情况制订相应的自然灾害应急预案。

13.2.1　总则

自然灾害事故应急预案是灾害发生后，对人民群众和财产受灾进行救助的紧急行动方案。本预案适用于洪灾、旱灾、地震、火灾、冰雹、雷击及暴雪等因素造成社会建筑倒塌、淹没、群众伤害、道路阻塞等应急救助反应。

13.2.2　工作目标

（1）加强自然灾害危害性的教育，提高人员的自我保护意识。

（2）完善自然灾害事故的报告网络，做到早预防、早报告、早处置。

（3）建立快速反应和应急处理机制，及时采取措施，确保不因自然灾害而危及群众生命安全和财产损失。

13.2.3　工作原则

坚持以人为本，确保受灾人员基本生活；坚持统一领导、综合协调、分级负责、属地管理为主；坚持政府主导、社会互助、群众自救，充分发挥基层群众自治组织和公益性社会组织的作用。具体体现如下：

（1）预防为主，常备利解。要经常宣传自然灾害事故的预防知识，提高单位管理人员及从业人员的安全保护意识。加强日常检查，发现隐患及早采取有效的预防和控制措施，努力减少自然事故的损失。

（2）依法管理，统一领导。严格执行国家有关法律法规，对自然灾害事故的预防、控制和救治工作依法管理，对于违法行为，依法追究责任。

（3）快速反应，运转高效。建立预警快速反应机制，增加人力、物力、财力储备，提高应急处理能力。一旦发生自然灾害事故，快速反应，及时高效地做好处置工作。

13.2.4　组织管理及其主要职责

（1）成立自然灾害救助工作领导小组，指导救灾工作。

（2）加强领导，健全组织，强化工作职责，加强对破坏性自然灾害及预防减灾工作的分析和研究，完善各项应急预案的制定及各项措施的落实。

（3）充分利用各种渠道进行自然灾害知识的宣传教育、组织企事业单位专、兼职安全员以及从业人员的防灾、抗灾知识的普及教育，广泛开展自然灾害中的自救和互救训练，不断提高广大从业人员防灾、抗灾的意识和基本技能。

（4）认真做好各项物资保障工作，严格按预案要求积极筹备、落实饮食饮水、防冻防雨、抢险设备等物资的应急储备，强化管理，要始终保持良好的战备状态。

（5）破坏性自然灾害发生后，采取一切必需的手段，组织各方面的力量全面进行抗灾减灾工作，把灾害造成的损失降到最低。

（6）调动一切积极因素，迅速恢复灾后秩序，全面保证和促进社会安全稳定。

（7）领导小组下设通信联络组、警戒保卫组、后勤保障组、抢险救援组、医疗救护组。①通信联络组。负责事故的报警、报告及各方面的联络沟通。通知相关部门和人员立即赶赴现场，及时向上级部门报告受灾情况。②警戒组。负责组织应急安全队员有序疏散人员，保卫要害部门，设置警戒区域，维护现场秩序，疏通道路交通。③抢险救援组。抢救被压人员，排除险情。迅速组织力量对重要设施进行排险、抢修，尽量避免自然灾害的扩大，防止水灾、火灾、毒气泄漏事件的发生蔓延。负责对受伤害的人员实施就地抢救，减少不必要的伤亡，把人员伤亡降到最低限度。④医疗救护组。开展救护、防疫工作。⑤后勤保障组。安置人员，提供食品、饮用水、帐篷、防寒衣物以及其他生活必需品。特别做好孤、幼、残人员的安置及死难者的善后工作。

13.2.5　发布灾害预报时的应急反应

灾害预警响应：气象、水利、国土资源、海洋、林业、农业等部门及时向国家减灾委办公室和履行救灾职责的国家减灾委成员单位通报自然灾害预警预报信息，测绘地理信息部门根据需要及时提供地理信息数据。国家减灾委办公室根据自然灾害预警预报信息，结合可能受影响地区的自然条件、人口和社会经济状况，对可能出现的灾情进行预评估，当可能威胁人民生命财产安全、影响基本生活、需要提前采取应对措施时，启动预警响应，视情况采取一项或多项措施。

当发布自然灾害预报时，临时应急行动如下：

（1）召开救灾指挥部会议。加强监视，随时报告异常现象，做好临时预报。

（2）根据灾情发展情况，组织人员疏散。

（3）加强对实验室、图书馆、主控室、档案室等重要部门、场所的安全保卫工作。

（4）加强自然灾害知识的宣传，及时平息各种谣言和误传。

（5）对易燃、易爆、毒气、疫病等自然灾害源进行检查，进行必要的处理。

（6）做好灾后应急的准备和必要的物资、资金储备工作。

（7）采取必要的强制措施，保持社会秩序稳定。

13.3　社会环境灾害的安全保障技术

全球性的生态环境灾害主要有温室效应、酸雨、臭氧空洞等，后两者已经在前面相关章节进行了论述，本章节重点探讨温室效应的安全保障技术。

13.3.1　温室效应

二氧化碳、甲烷、氮氧化物都是能产生温室效应的气体，其浓度的增加导致气温升高。温室效应主要表现为全球气候变暖、冰川消融、海平面相应升高、沿海低地受到海水淹没的威胁。

大气圈中发生的这些变化，有自然本身的原因，火山喷发、森林大火都能把污染物送入大气。但是人类使用煤和石油等化石燃料，释放出二氧化碳、甲烷、氮氧化物、二氧化硫及其他有害气体和粉尘，对大气的污染更为严重。

13.3.2　温室效应的安全保障技术

（1）提高能源的使用效率：日常生活中，随手关灯，节约用电，出门多搭乘公共交通工具，能步行更好，以节省汽油的消耗量，降低能源的使用量。鼓励发展低耗能、低污染的产业，淘汰高耗能、高污染的产业，引进相关技术，优先进行高耗能、高污染产业的二氧化碳排放削减。

（2）开发洁净无污染的能源：如太阳能、地热、风力、水力、潮汐及氢燃料等，这些新能源的使用一方面避免 CO_2 的产生，另一方面又能充分利用资源。

（3）停止砍伐原始热带雨林：热带雨林会吸收二氧化碳，产生氧气，地球的氧气总量的 40% 都是经由亚马孙河区的热带雨林产生。既要阻止现有森林的破坏，又要有计划地造林，大量培养植物，以发挥其净化大气的功能。

（4）开发替代能源：利用生物能源（biomass energy）作为新的干净能源。利用植物经由光合作用制造出来的有机物充当燃料，以取代石油等既有的高污染性能源。燃烧生物能源也会产生二氧化碳，不过生物能源从大自然中不断吸取二氧化碳作为原料，可成为重复循环的再生能源，达到抑制二氧化碳浓度增长的效果。改善汽车使用燃料状况，提升能源使用效率，逐步使用液化气、天然气或乙醇替代汽油。

　　罗布泊本是非常美丽的湖泊,如今消逝了,成了荒漠。生态环境遭受人为破坏的悲剧警醒世人,追求自身发展的同时要注意保护环境,要树立起全民环保意识,搞好生态保护。

　　在古代,人类和自然是不平等的关系,人类是弱者,处处受到大自然的限制。随着工业化的发展,人类科学技术水平不断提高,人与自然的关系发生了逆转,人成了强者,"温和的自然"却成了容易受伤的对象。大规模的能源消耗改变了大气的构成,进而改变了地球气候;结果使"温和的自然"变为"凶恶的自然"。气候异常带来水灾或干旱,饥荒伴随着种种天灾降临人间。"凶恶的自然"再一次让人类成为弱者,人类和自然的关系又回到起点。

　　要想改变这种状况,人类必须保护"温和的自然",不能让它继续恶化,保护环境就是保护人类自身,这是人类经历工业化、城市化建设,在自信心极端膨胀之后的可贵共识。1997 年,160 个国家在日本京都签订了旨在减少二氧化碳排放的《联合国气候变化框架公约的京都议定书》。但由于减少排放阻碍经济发展,美国这个二氧化碳头号排放国却拒绝执行。在南非城市约翰内斯堡举行的"地球峰会"上,各国领导人和科学家继续商讨改善环境的计划。

13.4　人居环境安全灾害应急处置案例

13.4.1　2005 年松花江水污染事件应急处置

1. 事件发生

　　2005 年 11 月 13 日 13 时 36 分,中国石油天然气股份有限公司吉林石化分公司(简称吉化分公司)双苯厂一车间发生爆炸。截至同年 11 月 14 日,共造成 5 人死亡、1 人失踪,近 70 人受伤。爆炸发生后,约 100t 苯类物质(苯、硝基苯等)流入松花江,造成了松花江流域重大水污染事件,给流域沿岸数百万的居民生活、工业和农业生产带来了严重的影响,引起了社会极大关注。爆炸导致松花江江面上产生一条长达 80km 的污染带,主要由苯和硝基苯组成。污染带通过哈尔滨市,致使该市经历长达 5 天的停水,是一起工业灾难。

　　2005 年 11 月 21 日,哈尔滨市政府向社会发布公告称全市停水 4 天,"要对市政供水管网进行检修"。11 月 22 日,哈尔滨市政府连续发布 2 个公告,证实上游化工厂爆炸导致了松花江水污染,动员居民储水。11 月 23 日,国家环境保护总局向媒体通报,受中国石油吉化分公司双苯厂爆炸事故影响,松花江发生重大水污染事件。俄罗斯对松花江水污染对中俄界河黑龙江(俄方称阿穆尔河)造成的影响表示关注。中国向俄罗斯道歉,并提供援助以帮助其应对污染。

　　2005 年 11 月底,国家环境保护总局称,这次污染事故负主要责任的是中国石油吉化集团公司双苯厂。国家环境保护总局局长解振华因这起事件提出辞职,2005 年 12 月初,国务院任命周生贤为局长。吉化分公司双苯厂厂长申东明、苯胺二车间主任王芳、吉林石化分公司党委书记、总经理于力,先后于 2005 年 11 月底~12 月初被责令停职,接受事故调查。周生贤 2006 年 1 月 7 日要求,松花江流域水污染防治工作要规划到省、任务到省、目标到省、资金到省、责任到省,确保沿江群众吃上干净水。

2. 事故原因

1）爆炸事故的原因

（1）爆炸事故的直接原因是：硝基苯精制岗位外操人员违反操作规程，在停止粗硝基苯进料后，未关闭预热器蒸汽阀门，导致预热器内物料气化；恢复硝基苯精制单元生产时，再次违反操作规程，先打开了预热器蒸汽阀门加热，后启动粗硝基苯进料泵进料，引起进入预热器的物料突沸并发生剧烈振动，使预热器及管线的法兰松动、密封失效，空气吸入系统，摩擦、静电等原因，导致硝基苯精馏塔发生爆炸，并引发其他装置、设施连续爆炸。

（2）爆炸事故的主要原因是：中国石油天然气股份有限公司吉林石化分公司及双苯厂对安全生产管理重视不够、对存在的安全隐患整改不力，安全生产管理制度存在漏洞，劳动组织管理存在缺陷。

2）污染事件的原因

（1）污染事件的直接原因是：双苯厂没有事故状态下防止受污染的"清净下水"流入松花江的措施，爆炸事故发生后，未能及时采取有效措施，防止泄漏出来的部分物料和循环水及抢救事故现场消防水与残余物料的混合物流入松花江。

（2）污染事件的主要原因：①吉化分公司及双苯厂对可能发生的事故会引发松花江水污染问题没有进行深入研究，有关应急预案有重大缺失。②吉林市事故应急救援指挥部对水污染估计不足，重视不够，未提出防控措施和要求。③中国石油天然气集团公司和股份公司对环境保护工作重视不够，对吉化分公司环保工作中存在的问题失察，对水污染估计不足，重视不够，未能及时督促采取措施。④吉林市环境保护局没有及时向事故应急救援指挥部建议采取措施。⑤吉林省环境保护局对水污染问题重视不够，没有按照有关规定全面、准确地报告水污染程度。⑥国家环境保护局在事件初期对可能产生的严重后果估计不足，重视不够，没有及时提出妥善处置意见。

3. 对水环境的影响

苯（benzene，C_6H_6）在常温下为一种无色、有甜味的透明液体，具有强烈的芳香气味。苯可燃，毒性较高，是一种致癌物质，可通过皮肤和呼吸道进入人体，在体内极其难降解，因为其有毒，常用甲苯代替，苯是一种碳氢化合物，也是最简单的芳烃。

双苯厂爆炸污染造成松花江江面上有一条长达 80km 的污染带向下流动，苯含量一度超标 108 倍。污染带先通过了吉林省的多个市县，包括松原市；之后污染带进入黑龙江省境内，省会哈尔滨市几乎是首当其冲。经过了哈尔滨之后，污染带继续从南向北移动，并且流经佳木斯市等黑龙江省的多个市县，然后在松花江口注入黑龙江。污染带再沿黑龙江向东流动，先经过俄罗斯的犹太自治州，然后进入哈巴罗夫斯克边疆区，流经哈巴罗夫斯克（伯力）、共青城、尼古拉耶夫斯克（庙街）等城市，最后注入太平洋。

吉林省境内松花江边发现百余条死鱼，很多人说松花江已经成了一条毒江。对此，黑龙江省环境科学研究院表示，进入哈尔滨境内的污染团已经稀释很多，不会对人体和其他动物造成致命伤害。只有当每升水含有 500mg 硝基苯时，会立即致哺乳动物死亡，即便是造成江中鱼的慢性死亡，硝基苯含量也必须超标几百倍以上，而 21 日 9:00 流经肇源的硝基苯超标 29.1 倍，不可能造成鱼类死亡。所以死鱼原因复杂，不能简单判明是这次的苯和硝基苯污染，当然不排除水中还有其他有毒的有机化学物。

4. 饮用水安全保障技术——活性炭吸附应急处理技术

松花江流域重大水污染事件中主要化学品为硝基苯。《地表水环境质量标准》（GB 8383—2002）中硝基苯的限值为 0.017mg/L，在此次污染事件中，松花江污染团中硝基苯的浓度极高，到达吉林省松原市时硝基苯浓度超标约 100 倍，松原市自来水厂被迫停水。根据当时预测，污染团到达哈尔滨市时的硝基苯浓度最大超标约为 30 倍。由于哈尔滨市各自来水厂以松花江为水源，水厂现有常规净水工艺无法应对如此高浓度的硝基苯污染，哈尔滨市政府发出停水 4 天的公告，并从 11 月 23 日 23:00 起，全市正式停止市政自来水供水。根据哈尔滨市政府的要求，自来水供水企业将避开污染团高峰区段，然后在松花江水源水中硝基苯浓度尚未超出标准的条件下，采取应急净化措施，及早恢复供水，要求停水时间不超过 4 天。

1）松花江水污染事件中的应对措施与处理效果

城市给水厂的常规处理工艺混凝沉淀对硝基苯的去除率在 2%～5%，对硝基苯基本无去除作用，增大混凝剂的投加量对硝基苯的去除无改善作用。硝基苯的化学稳定性强，水处理常用的氧化剂，如高锰酸钾、臭氧等不能将其氧化。硝基苯的生物分解速度较慢，特别是在低温条件下。但是，硝基苯容易被活性炭吸附，活性炭吸附是城市供水应对硝基苯污染的首选应急处理技术。在本次松花江水污染事件中，沿江城市供水企业迅速采取应急措施，初步确定了增加粒状活性炭过滤吸附的水厂改造应对方案，并紧急组织实施。

该方案要求对现有水厂中的砂滤池进行应急改造，挖出部分砂滤料，新增粒状活性炭滤层。为了保持滤池去除浊度的过滤功能，要求滤池中剩余砂层厚度不小于 0.4m，受滤池现有结构限制，新增的粒状活性炭层的厚度为 0.4～0.5m。当时哈尔滨市紧急调入大量粒状活性炭，从 11 月 24 日起在制水三厂和绍和水厂突击进行炭砂滤池改造，至 26 日基本完成，实际共使用粒状活性炭 800 余吨。

11 月 23 日建设部专家组到达哈尔滨市，根据哈尔滨市取水口与净水厂的布局情况，专家组技术负责人张晓健教授提出了在取水口处投加粉末活性炭的措施。哈尔滨市供排水集团的各净水厂（制水三厂、绍和水厂、制水四厂）以松花江为水源，取水口集中设置（制水二厂、制水一厂），从取水口到各净水厂有约 6km 的输水管道，原水在输水管道中的流经时间 1～2h，可以满足粉末活性炭对吸附时间的要求。经过紧急试验，确定了应对水源水硝基苯超标数倍条件下粉末活性炭的投加量为 40mg/L，吸附后硝基苯浓度满足水质标准，并留有充分的安全余量。11 月 24 日中午形成了实施方案，方案包括：25 日在取水口处紧急建立粉末活性炭的投加设施和继续进行投加参数试验，26 日起率先在哈尔滨制水四厂进行生产性验证运行，27 日按时全面恢复城市供水。由此，在松花江水污染事件城市供水应急处理中，形成了由粉末活性炭和粒状活性炭构成双重安全屏障的应急处理工艺，并在实际应用中取得了成功。

哈尔滨市制水四厂的净水设施分为两个系统，应急净水工艺生产性验证运行在其中的

87 系统进行，处理规模 3 万 m³/d，净水工艺为：网格絮凝池→斜管沉淀池→无阀滤池→清水池。受无阀滤池的构造条件所限，制水四厂的石英砂滤料无阀滤池未做炭砂滤池改造。11 月 26 日 12:00，在水源水硝基苯尚超标 5.3 倍的条件下，应急净水工艺生产性验证运行开始启动。经过按处理流程的逐级分步调试，从 26 日 22:00 起，87 系统进入了全流程满负荷运行阶段。27 日 2:00 对水厂滤后水取样进行水质全面检验，所有检测项目都达到《生活饮用水水质标准》。其中硝基苯的情况是：在水源水硝基苯浓度尚超标 2.61 倍的情况下（0.061mg/L），在取水口处投加粉末活性炭 40mg/L，经过 5.3km 原水输水管道，到哈尔滨市制水四厂进水处的硝基苯浓度已降至 0.0034mg/L，再经水厂内混凝沉淀过滤的常规处理，滤池出水硝基苯浓度降至 0.00081mg/L。27 日 4:00 以后，制水四厂进厂水中硝基苯已基本上检测不出。经市政府批准，哈尔滨市制水四厂于 27 日 11:30 恢复向管网供水。根据制水四厂的运行经验，哈尔滨市的其他净水厂采取了相同措施，于 27 日中午开始恢复生产，陆续恢复供水。

哈尔滨市各水厂取水口处粉末活性炭的投加量见表 13-1，为确保供水水质安全，12 月 6 日后粉末活性炭的投加量 5～7mg/L，其中制水三厂和绍和水厂因厂内已改造有炭砂滤池，取水口处粉末活性炭投加量为 5mg/L；制水四厂因未做炭砂滤池改造，取水口处粉末活性炭投加量为 7mg/L。

表 13-1　哈尔滨市各水厂取水口处粉末活性炭的投加量　　　　（单位：mg/L）

时间	投加量/(mg/L)	备注
11 月 26 日 12 时～27 日 11 时	40	在水源水中硝基苯浓度严重超标的情况下
11 月 28 日～12 月 5 日	20	在少量超标和基本达标的条件下
12 月 6 日后	5～7	污染事件过后，为防止后续水中可能存在少量污染物（来自底泥和冰中）

2）粉末活性炭吸附硝基苯应急处理技术要点

总结松花江水污染事件城市供水应急处理效果，在取水口处投加粉末活性炭，利用水源水从取水口到净水厂的输送距离，在输水管道中完成吸附过程，把应对硝基苯污染的安全屏障前移，是应急处理取得成功的关键措施。

粉末活性炭使用灵活方便，可根据水质情况改变活性炭的投加量，在应对突发污染时可以采用较大的投加量。其不足之处是在混凝沉淀中粉末活性炭的去除效果较差，使用粉末活性炭时水厂后续滤池的过滤周期将会缩短。对于采用粉末活性炭应急处理的水厂，必须采取强化混凝的措施，如适当增加混凝剂的投加量和采用助凝剂等。此外，已吸附有污染物的废弃炭将随水厂沉淀池污泥排出，对水厂污泥必须妥善处置，防止发生二次污染。

13.4.2　吉林化工原料桶被洪水冲到松花江事件

2010 年 7 月 28 日，吉林省永吉县境内发生特大洪水，温德河出现洪峰，永吉县经济开发区内的新亚强生物化工有限公司、吉林众鑫集团两家企业的库房被洪水冲毁，永吉县新亚强生物化工有限公司一批装有三甲基一氯硅烷的原料桶被冲入温德河，进而流入松花江。据统计，流入松花江的化工物料桶达 7000 只左右，其中 4000 只左右为空桶，3000 只左右为原辅料桶，对松花江环境安全造成巨大隐患。

1. 事故调查及安全保障技术

7 月 28 日 10:00 起，位于吉林省吉林市区域内的松花江江面开始漂浮一些装有化工原料的蓝色铁桶。在吉林大桥、松花江大厦、温德桥附近，均有群众目击大量漂浮的蓝色铁桶，桶上写有"有机硅"字样。铁桶不断往外冒白色气体，在江边一两百米处可闻到刺鼻异味。松花江吉林市段疑遭化学品污染，部分区域停水。

事件发生后，吉林省迅速采取措施，常务副省长赶赴下游部署组织拦截打捞工作，确保所有原料桶及空桶在吉林省境内全部安全打捞出水，吉化公司派出 200 多人组成的专业抢险队伍协助当地政府打捞。吉林省在吉林、长春、松原等沿途层层设置防线，通过拦截、搜索、打捞、排查等多种方式，对吉林省域 235km 江段、632km² 流域面积进行全面搜寻和打捞。由于水流湍急，同时江上集聚大量漂浮物，致使打捞工作十分困难，在松花江沿途设置 8 道防线进行拦截，以期更有效、彻底地拦截打捞浮桶。最终没有一只化工原料桶流出吉林省境外。

进入松花江的原辅料桶内装有三甲基一氯硅烷、六甲基二硅氮烷等物质，每桶约重 170kg，密封性较好，其中三甲基一氯硅烷约 2500 桶。三甲基一氯硅烷是无色透明液体，工业上用作耦合剂，有刺激臭味，与水接触，可反应产生氯化氢（俗称盐酸）和三甲基羟基硅烷，并放热，产生白色烟气。六甲基二硅氮烷遇水分解为氨和六甲基二硅氧烷；三甲基羟基硅烷、六甲基二硅氧烷均属无毒化学品。从现场监测情况看，对江水水体 pH 没有影响。环境保护部第一时间派出工作组赶赴现场指导应急处置工作，并紧急部署沿松花江增设了 7 个监测断面，其中包括上游对照段面，对松花江水质进行全面监测。盐酸经过大量水稀释后，可能产生一定的环境灾害，但一般对人体无害。

2. 对下游哈尔滨市饮用水安全的影响

为应对可能出现的危害，黑龙江省 28 日晚启动应急预案，对松花江水质进行 24 小时监测，科学分段设置水质监测点，组织专家进行分析，及时公布相关数据。据环保部门连续跟踪监测，松花江水质未见异常，符合国家地表水标准。

针对哈尔滨市出现松花江被污染的情况，哈尔滨市供排水集团负责人回应称，哈尔滨市主城区市政供水管网覆盖的区域、松花江取水口在 2009 年 12 月 31 日前就已经全部关闭，哈尔滨市主城区包括道里、道外、南岗、香坊和平房，使用的全部都是磨盘山水源的供水，呼兰区、松北区水源为地下水，居民饮用水与松花江水已经没有直接联系。

13.4.3　天津滨海新区爆炸事故对环境的影响与控制措施

2015 年 8 月 12 日 22:00 左右，天津滨海新区第五大街与跃进路交叉口的一处集装箱码头——瑞海国际物流有限公司危险品仓库最先起火，随后 23:30 左右发生两次爆炸。由于事发地点地理位置的特殊性，爆炸后污染物质的扩散条件特殊，在这种环境下是否更加有利于有毒有害物质的分布扩散，对人们的生活健康有多大危害，为此对天津大爆炸事件进行了调查研究。

1. 事发现场背景

瑞海国际物流有限公司(简称瑞海公司)是天津口岸危险品货物集装箱业务的大型中转、集散中心,以经营危险化学品集装箱拆箱、装箱、中转运输、货物申报、运抵配送及仓储服务等业务为主,仓储的商品类别有:第二类:压缩气体和液化气体(氩气、压缩天然气等);第三类:易燃液体(甲乙酮、乙酸乙酯等);第四类:易燃固体、自燃物品和遇湿易燃物品(硫磺、硝化纤维素、电石、硅钙合金等);第五类:氧化剂和有机过氧化物(硝酸钾、硝酸钠等);第六类:毒害品(氰化钠、甲苯二异氰酸酯等);第八、九类:腐蚀品、杂类(甲酸、磷酸、甲基磺酸、烧碱、硫化碱等)。爆炸仓库包括 7 大类约 40 种危化品,其中氰化钠 700t 左右,硝酸铵、硝酸钾 1300t 左右,金属钠和金属镁等易燃物总计 500t 左右。

2. 事故发生原因及过程

瑞海公司危险品仓库运抵区南侧集装箱内硝化棉由于湿润剂散失出现局部干燥,在高温(天气)等因素的作用下加速分解放热,积热自燃,引起相邻集装箱内的硝化棉和其他危险化学品长时间大面积燃烧,火焰蔓延到邻近的硝酸铵集装箱。随着温度持续升高,硝酸铵分解速度不断加快,达到其爆炸温度。23:34,发生了第一次爆炸,近震震级 ML 约 2.3 级,相当于 3t TNT。30s 后发生第二次爆炸,近震震级 ML 约 2.9 级,相当于 21t TNT。距离爆炸 8 个多小时后,大火仍未完全扑灭,因需沙土掩埋灭火,历时较长,事故现场形成 6 处大火点及数十个小火点。13 日上午,北京军区某防化团紧急前往天津滨海新区参与救援。截至 14 日 16:00,现场明火才被扑灭。该事故造成 165 人遇难,8 人失踪,798 人受伤,304 幢建筑物、12428 辆商品汽车、7533 个集装箱受损。截至 2015 年 12 月 10 日,依据《企业职工伤亡事故经济损失统计标准》等标准和规定统计,已核定的直接经济损失达 68.66 亿元。

3. 事故后气象条件

气象条件对大气环境污染物的迁移转化有重大影响,为此,收集了天津大爆炸后的气象情况(表 13-2)。

表 13-2　天津大爆炸后滨海新区气象状况

日期(月-日)	气温/℃	天气状况	风向	风速
08-12	26~35	晴	西南风	微风
08-13	26~35	晴~阴	西南风	微风
08-14	25~33	雷阵雨~阴	西南风	微风
08-15	26~34	晴	西南风	微风
08-16	25~34	晴~多云	西南风	微风
08-17	24~34	雷阵雨	南风	微风
08-18	23~29	雷阵雨	南风~东南风	微风
08-19	23~26	雷阵雨	东南风	微风
08-20	22~32	晴	西南风~西北风	微风

2015 年 8 月 14 日上午，美国过境卫星 terra 拍摄到天津市事故区域的真彩图（图 13-1）。可以清楚看到，爆炸后产生的烟团在向渤海传输，同时不断扩散。

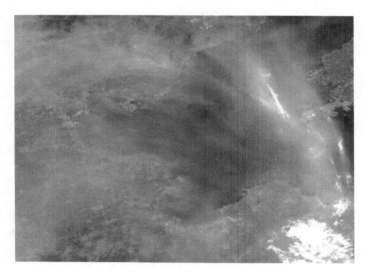

图 13-1　美国过境卫星 terra 拍摄到天津市事故区域的真彩图

4. 事故后的环境安全保障措施

天津港危险品爆炸后，环保部门及相关部门迅速出动了大量人力物力，及时采取了全方位的污染防治措施。在事故区域周边设置围堰，将事故区域与外部隔离，事故区域雨水、污水、外排水全部用水泥进行了封堵；事故区域外的雨水、污水管道内的废水和消防废水，全部进入新设置的应急废水装置，采取强氧化等方式对废水破氰处理后，再排入在前端增加了废水处理应急装置的天津港保税区扩展区污水处理厂做深化处理；对现场隔离区内的水坑、水塘、明渠等低洼汇水区内的高浓度废水，由专用罐车收集后送危险废物处理机构进行处理。

组织防化部队和生产企业河北诚信有限责任公司来现场进行氰化钠的查找和搜索；组织专业技术人员，通过喷洒双氧水等方式来消解氰化钠，减少毒性；构筑围堰、封堵雨水外排口和污水排放口以防止污染物扩散，并对储存下来的污水进行专业处理；对成桶未损坏的氰化钠，予以及时清运、撤离等。

5. 环境质量分析

主要资料来源于天津市环境监测中心、天津市环境保护局、天津市气象局公布的资料。天津市环境监测中心每隔一小时在环境空气质量 GIS 发布平台发布二氧化硫、二氧化氮、一氧化碳、臭氧、PM_{10}、$PM_{2.5}$ 以及 AQI，按照《环境空气质量标准》（GB 3095—2012）和《环境空气质量评价技术规范（试行）》（HJ 663—2013）评价。据此可以了解到天津大爆炸事发点附近监测点的实时环境空气质量监测数据以及事发前天津市的环境空气质量。

天津市环境保护局每天发布天津大爆炸事故的大气、水质监测快报，公布事故周边区域环境空气监测结果以及事故周边区域水质监测结果，包括事发警戒区周边环境空气监测点特征污染物氰化物、VOCs 的监测数据以及事故周边的地表水、地下水和周边可能受影响区域的海水水质监测点总氰化物的监测数据。

天津滨海新区爆炸事故发生时（2015 年 8 月 12 日 23：30）的天气为晴天，气温 28.2℃，相对湿度 59%，西南风，风速 2.9m/s；整个夜间风向、风力基本稳定，没有出现雷电、降水等天气现象。

所有资料经过 Excel 2003 汇总与统计学分析。

1）2015 年 1～8 月天津市环境空气总体状况

从表 13-3 可见，2015 年 3～8 月 SO_2 均未超标；3～8 月 NO_2 均未超标；CO 于 1 月超标 2d；5、6 月 O_3 日最大平均浓度第 95 百分位数分别为 210μg/m^3、202μg/m^3，其他月份均达标；环境空气主要污染物为 $PM_{2.5}$、PM_{10}。

表 13-3　主要污染物指标变化情况

月份	SO_2	NO_2	CO（24 小时平均浓度第 95 百分位数）	O_3（日最大 8 小时平均浓度第 90 百分位数）	$PM_{2.5}$	PM_{10}
1	77	71	2 天超标	未超标	100	158
2	61	53	未超标	未超标	80	145
3	38	53	未超标	未超标	72	162
4	达标	达标	达标	达标	72	114
5	达标	达标	达标	210	50	87
6	达标	达标	达标	202	58	85
7	达标	达标	达标	达标	48	83
8	达标	达标	达标	达标	51	91

注：①CO 浓度单位为 mg/m^3，其余均为 μg/m^3；②各项指标均为月平均浓度。

2）8 月中下旬环境质量监测结果

8 月 13 日，在滨海新区事故发生后，市环境监测中心第一时间在事故现场周边设置了 12 个环境空气质量应急监测点，8 月 13 日凌晨环境空气监测数据见表 13-4。

表 13-4　8 月 13 日凌晨环境空气监测数据

监测时间	监测项目	监测浓度/(mg/m^3)	执行标准	标准限值/(mg/m^3)
4：00	环氧乙烷	2.0	《工作场所有害因素职业接触限值》（GBZ 2—2007）短时间接触容许浓度	5.0
5：30	甲苯	3.7	《大气污染物综合排放标准》（GB 16297—1996）厂界无组织排放浓度限值	2.7
5：30	三氯甲烷	1.72	《车间空气中三氯甲烷卫生标准》（GB 16219—1996）	20.0
5：30	VOCs	5.7	《工业企业挥发性有机物排放控制标准》（DB 12/524—2014）	2.0

截至 11：00 周边环境空气自动监测数据 6 项常规指标无异常。

13～14 日，现场共采集空气样品 540 个，二甲苯超标一次，超标 1.06 倍，其余各项污染物均未超标，氰化氢均未检出。采集各类水样品 24 个，事故区域与污水收集处理排海泵站点位的化学需氧量由 8 月 13 日平均超标 8.8 倍降至 3.7 倍，氨氮由 5.1 倍降至 1.9 倍，氰化物由 10.9 倍降至 2.1 倍，其余各点位及各项污染物浓度均未超标，三氯甲烷和苯系物均未检出。

8 月 15 日，现场采集空气样品共 420 个。对特征污染物苯、甲苯、二甲苯、氰化氢、VOCs 进行筛查，均未检出新的特征污染物；2 个点位氰化氢分别超标 0.04 倍和 0.5 倍（周边无敏感目标），其余各点位各项污染物浓度均未超标。

8 月 17 日，事发地核心区外 4 个流动环境空气监测点位和 10 个固定监测点均未检出氰化氢及 VOCs，同时，各点位均未检出新的特征污染物。在现场共采集各类水样品 76 个，有 29 个点位检出氰化物，其中 8 个点位超标，超标点位全部位于警戒区内，最大超标 28.4 倍。

8 月 18～31 日大气氰化物及 VOCs 监测结果见表 13-5。

表 13-5   特征污染物监测情况

日期（月-日）	24 小时采样样品数	检出氰化氢样品数	检出最高浓度/(mg/m³)	达标情况	检出 VOCs 样品数	检出最高浓度/(mg/m³)	达标情况
8-18	120	53	0.007	达标	35	0.240	达标
8-19	162	48	0.013	达标	33	1.400	达标
8-20	180	19	0.015	达标	33	0.869	达标
8-21	198	16	0.120	超标	35	0.490	达标
8-22	180	0	—	达标	43	0.249	达标
8-23	108	7	0.010	达标	13	0.177	达标
8-24	216	26	0.029	超标	39	0.462	达标
8-25	180	17	0.011	达标	31	0.420	达标
8-26	162	11	0.011	达标	31	0.677	达标
8-27	198	2	0.005	达标	41	0.945	达标
8-28	216	7	0.007	达标	34	0.460	达标
8-29	216	4	0.006	达标	40	0.480	达标
8-30	216	1	0.002	达标	31	0.490	达标
8-31	194	10	0.006	达标	31	0.370	达标

注：环境空气中氰化氢的监测结果执行《大气污染物综合排放标准》（GB 16297—1996），无组织排放监测浓度限值为 0.024mg/m³；VOCs 的监测结果执行《工业企业挥发性有机物排放控制标准》（DB 12/524—2014），厂界监控点浓度限值为 2.0mg/m³。

3）9 月环境样品监测结果

9 月 1～3 日环境空气样品监测情况见表 13-6。

表 13-6   9 月 1～3 日环境空气样品监测情况

时间	采集样品数	氰化氢			VOCs		
		检出数	日检出率/%	检出情况	检出数	日检出率/%	检出情况
9-1	162	0	0.0	达标	16	9.9	达标
9-2	180	1	0.6	达标	36	20.0	达标
9-3	162	0	0.0	达标	30	18.5	达标

8 月 25 日以来，事故点 1km 范围外环境空气、地表水及土壤均已稳定达标，空气中 VOCs 等污染物指标已达到环境背景值水平，空气中氰化氢日检出率降至 5%以下。学校、居民区和企业各项特征污染物均稳定达标，未出现异常波动。

9 月 4 日起，事发地警戒区外环境空气 5 个固定点，警戒区周边 1km 区域内 4 个流动采样点，共采集样品 9 个，均未检出氰化氢。9 月 7 日以来，事故点 1km 范围内环境空气中氰化氢等爆炸事故特征指标未检出，景观地表水、地下水及近岸海域海水中氰化物均稳定达标，核心区外 5km 范围内土壤中氰化物均未检出。

9 月 25 日起，事发地警戒区外环境空气 5 个固定点，警戒区周边 1km 区域内 4 个流动采样点，共采集样品 9 个。监测结果显示，氰化氢、硫化氢、氨等污染物均未检出。

4）2015 年 11 月滨海新区监测点环境空气监测情况

天津市滨海新区事故发生前周围设置有 5 个环境空气质量监测点，表 13-7 为 2015 年 11 月（滨海新区监测点）环境空气监测情况。

表 13-7　11 月主要污染物指标变化情况

监测点	SO_2	NO_2	CO	O_3	PM_{10}	$PM_{2.5}$
河西一经路	达标	57	达标	达标	132	93
汉北路	达标	48	1d 超标	达标	121	81
第四大街	达标	47	达标	达标	138	95
塘沽营口道	达标	43	达标	达标	125	81
永明路	达标	57	达标	达标	153	93

从表 13-7 可见，环境空气质量监测内容包括二氧化硫、二氧化氮、一氧化碳、臭氧、PM_{10}、$PM_{2.5}$ 24 小时平均浓度（或为最大 8 小时平均浓度）6 项常规指标没有发生异常。

环境空气中氰化氢的监测结果大多低于《大气污染物综合排放标准》（GB 16297—1996）无组织排放监测浓度限值，除 8 月 21 日氰化氢的监测浓度为 0.120mg/m³，超标 4 倍，8 月 24 日氰化氢的监测浓度超标 0.003mg/m³，检出浓度总体呈下降趋势；而 VOCs 的监测结果都低于《工业企业挥发性有机物排放控制标准》（DB 12/524—2014）厂界监控点浓度限值。

6. 结论

天津滨海新区爆炸后，环境空气质量监测特征的污染物有氰化氢、VOCs。环境空气中氰化氢的监测结果大都低于《大气污染物综合排放标准》（GB 16297—1996）无组织排放监测浓度限值，且检出浓度总体呈下降趋势；而 VOCs 的监测结果都低于《工业企业挥发性有机物排放控制标准》（DB 12/524—2014）厂界监控点浓度限值，这些特征污染物并未影响环境空气质量。

事故发生后，环保部门对事故区域的三处入海排海口全部实现了封堵，杜绝了事故废水对海洋的影响和对水体环境的影响。同时对警戒区的雨水口、污水口、污水处理厂、海河闸口等进行了不间断的监测，事故点 1km 范围外地表水、地下水、海水及土壤均稳定达标，东疆港区以东附近海域海水中无机氮含量较 14 日有所上升，鉴于无机氮为营养盐，不属于有毒物质，暂不会对人们生产生活及海洋生态环境产生影响。

天津滨海新区爆炸事故发生时的天气为晴天，气温 28.2℃，相对湿度 59%，没有出现雷电、降水等天气现象；但风向呈西南风，主要吹向渤海方向，风速 2.9m/s；整个夜间风向、风力基本稳定，事故释放的污染物向东偏北方向扩散，在接下来的几天里，滨海新区的风向都呈西南风，污染物背离城区向渤海方向扩散，在一定程度上减小了对城区的影响。同时，在事故发生后的几天里降雨量较少，因而在对事故区域的污水封堵、杜绝事故废水对外环境影响的前提下，事故区域周围地表水、地下水、海水及土壤能稳定达标。

13.4.4　深圳滑坡事故分析与警示

深圳以它独有的发展模式，创造了一个发展的奇迹。深圳每年受热带台风影响 4～5 次，雨量充足，年均降雨量为 1933mm，夏季是降水量最为丰沛的季节，而降雨是诱发山体滑坡灾害的重要因素。滑坡是指斜坡上的土体或岩体，受河流冲刷、地下水活动、地震及人工切坡等因素的影响，在重力的作用下，沿着一定的软弱面或软弱带，整体地或分散地顺坡向下滑动的自然现象。

2015 年 12 月 20 日深圳滑坡事故影响范围大，造成了严重的人力和物力损失。人工堆土垮塌的地点属于淤泥渣土受纳场，主要堆放渣土和建筑废料。渣土堆积量巨大、堆积坡度过陡，形成了一个不稳定体。加上事故当天上午降雨的影响，导致堆积的渣土失稳垮塌，冲出山体涌向了附近的工业园区。这起事故不是天灾，而是由多方原因导致的人祸。现对该起重大事故进行深层次分析，引以为戒。

1. 事故的发生与危害

1）事故经过

2015 年 12 月 20 日 11:42，广东深圳市光明新区凤凰社区恒泰裕工业园发生山体滑坡。附近西气东输管道发生爆炸，导致煤气站爆炸，20 栋厂房倒塌，多人被困。经排查，发现深圳光明新区柳溪工业园发生山体滑坡，判断为由此造成管道受损泄漏，并发生爆炸。

18 个中队、185 名消防员、37 辆消防车和搜救犬分队赶赴现场。安全撤离约 900 人，救出被困人员 4 人，其中 3 人轻伤，另 1 人未受伤。现场有消防、特警、卫生等近 1500 人参加救援。

此次灾害滑坡覆盖面积约 38 万 m^2，淤泥渣土厚度达数米至十几米不等，造成附近的恒泰裕、柳溪、德吉成三个工业园 33 栋（间）建筑物被掩埋或不同程度损毁，涉及企业 15 家，其中包括厂房 14 栋，办公楼 2 栋，饭堂 1 间，宿舍楼 3 栋，其他低矮建筑物 13 间。

2）危害程度

滑坡体堆积体积约为 300 万 m^3，掩埋面积约 38 万 m^3，埋深为 3～20m，事故发生时，附近西气东输管道受破坏发生爆炸。事故导致 33 栋建筑物被掩埋或不同程度损坏，事故造成 69 人遇难，还有 8 人失联，经济损失惨重。工业园区部分受损建筑有二次倒塌危险，在滑坡体东侧偏北位置一处储存危化品的仓库被土石覆盖，另有相当数量的液化气罐、乙炔瓶、工业乙醇等易燃易爆危险品被埋，具体数量和位置尚无法核算。事故发生前后的现场分别如图 13-2 和图 13-3 所示。

图 13-2　事故发生前

图 13-3　事故发生后

2. 现场调研与事故原因分析

1）渣土的来源

2000 年以前，深圳建设项目数量相对较少、规模相对小，待建地和低洼地广泛分布，余泥渣土排放基本平衡，甚至不需要另建渣土受纳场。因此，余泥可以被很好地处理。总体说来，深圳的渣土处理可以分为三个阶段，如表 13-8 所示。

表 13-8　深圳市渣土处理发展过程

时间	特色	渣土去处
第一阶段（2000 年以前）	零压力 不需要择址建设渣土受纳场，实现了社会自发的余泥渣土排放平衡	建设项目数量相对较少、项目规模小，待建地和低洼地广泛分布；产生的余泥渣土可以在不同的建设项目间自行消化，主要用于工地"三通一平"中的土地平整、滨海地带大型工程填海造地两个方面
第二阶段（2001~2005 年）	压力出现 待建地逐步减少、低洼地带基本填平，盐田港、大铲港、滨海大道等大型填海工程基本完成，不再需要土方；国家开始严格管制填海行为，原本由社会自发实现的余泥渣土排放平衡被打破	为了确保建设项目的顺利开展，政府部门开始建设渣土受纳场：主要有龙岗中心城（50 万 m³）、塘朗山（432 万 m³）、西乡（90 万 m³）、成坑（120 万 m³）4 个受纳场。这一阶段，余泥渣土的处置在政府相关部门的安排下，并没有形成太大压力
第三阶段（2006 年以后）	压力巨大 深圳进入了余泥渣土排放难的阶段	龙岗中心城余泥渣土受纳场填满封场并被征用为大学生运动会场馆建设地；宝安西乡、南山塘朗山受纳场三期工程均使用完毕。此时深圳成功申办第 26 届大学生运动会，相关场馆正如火如荼地建设；深南路、北环大道、滨海大道等道路大面积进行改造；轨道交通二期工程——1 号线延长线、2、3、4、5 号线集中开工

导致余泥渣土数量"井喷"的最直接原因就是轨道交通建设。深圳的地铁站通用尺寸为 190（m）×19（m）×20（m），这些挖出的土方再乘以 1.2 的松散系数，可以计算出一个地铁站所产生的土方量达到 8.7 万 m³，用 20m³ 一车的泥头车要运 4350 车次。而直径 6m 的地铁隧道，1km（双向）要挖出土方 6.8 万 m³，需要运 3400 车土。例如，地铁二号线的建设，开挖的土方就达到 540 万 m³。

房地产在 2006 年后快速发展，楼盘开发数量激增，汽车保有量的增加又使得无论商业还是住宅地产均需要配备足够面积的地下车库，开挖的土方也大大增加。如何处理这些数量巨大的余泥渣土，成了相关部门头痛的事情。

本次事故人工堆土垮塌的地点属于淤泥渣土受纳场，主要堆放渣土和建筑废料。这两年恒泰裕工业园区附近基建挖出来的渣土都堆积到园区后面的山上，形成人工堆积山体，渣土堆积量巨大、堆积坡度过陡，形成了一个不稳定体。

2）事故原因分析

a）直接原因

任何滑坡的发生都是边界条件、初始条件和激发条件耦合的结果。本次滑坡具有以下3 个特征：①滑坡为多序次残破积层的顺层顺向滑坡；②滑坡属牵引式蠕变→蠕动→滑运过程；③滑坡具有季节性，是与暴雨及连续降雨相关性明显的间歇性滑坡。

导致事故发生的直接原因是：建设、经营者没有在该受纳场修建导排水系统，且没有排除受纳场底部（原为一个石料矿坑）的大量积水就开始堆填建筑渣土，加之周边泉水和天降雨水的不断加入，致使堆填体内部含水过饱和，在底部形成软弱滑动层；在严重超量、超高加载渣土的重力作用下，大量渣土沿南高北低的山势滑动，形成了破坏力巨大的高势能滑坡体，加之事发时应急处置不当，造成了重大人员伤亡和财产损失。这是一起特别重大的生产安全责任事故。

　　b）间接原因

　　（1）建设方的原因。现场调研发现，冲击工业园区、造成垮塌的泥土并非自然山体，而是近两年附近施工挖土在山体上堆积的渣土，山谷两旁的山高约 100m。渣土冲出山体涌向了附近的工业园区。而且，山上的红坳余泥渣土受纳场与山脚居民及工业园区的直线距离仅 100 余米。

　　对于建设者来说，人为受纳场在设立之初应当经过周密设计，堆多高、多大面积和土质等都要在考虑范围之内。受纳场建设之处生成的环境影响评价报告就曾指出该受纳场的不合理之处。项目选址原为红坳采石场，由于采石场开采，造成山体植被严重破坏，弃土任意堆放，开采区形成大面积土壤裸露，造成水土流失严重，存在崩塌、滑坡危险，而"挡土坝发生溃坝风险主要是可能对北侧柳溪工业园和混凝土有限公司的安全造成一定的影响"，并就发生问题提出来了部分应急建议措施。但是建设方没有给予重视，没有实施防范措施。

　　（2）使用方的原因。深圳市光明新区凤凰社区恒泰裕工业园没有在受纳场修建导排水，周边泉水和天降雨水导排不出去只能停留在受纳场；导致受纳场内堆填体吸水饱和，致使堆体结构松动，增加了之后发生滑坡事故的可能性。

　　由于受纳场具有一定的库容，当受纳场库容的使用量达到最大限度时，使用方应该停止向受纳场倾倒垃圾。因为受纳场存容不足直接导致了两个后果：一是偷排乱倒余泥渣土的现象猖獗；二是出现设置非法的受纳场牟利的个人或者小团体。

　　（3）监管方的原因。2014 年 1 月实行的《深圳市建筑废弃物运输和处置管理办法》规定，城管部门负责建筑废弃物受纳管理，对建筑废弃物受纳场所受纳建筑废弃物、运营及遵守联单制度等情况进行监管及相关查处。2015 年 5 月才开始加大检查力度。但是，在此之前的偷倒、偷埋的垃圾已经留下了隐患。

　　政府及其相关部门作为企业安全生产监管主体，在具体实施过程中受监督资源、监督手段、惯性思维等约束，普遍重视前置审批监督，轻视事中监督。在实施安全生产检查方面，没有落到实处，没有对堆积场所及坝体的安全性进行定期的监督与监测措施。此次滑坡事故将这些弊端显露了出来。

　　3）事故性质

　　2015 年 12 月 20 日事故当天，国土资源部立即对救灾工作进行部署，并将地质灾害应急响应级别由四级提升至三级，应急办主要负责同志带队连夜赶赴现场，指导地方开展防范二次灾害等应急处置工作。

　　2015 年 12 月 21 日，国土资源部将地质灾害应急响应由三级提升至二级，国务院相关部门成立工作组赶赴现场指导帮助地方开展抢险救援。2015 年 12 月 22 日，国土资源部将地质灾害应急响应提升至一级。

　　根据《生产安全事故报告和调查处理条例》（国务院令第 493 号）有关规定，经国务院同意，成立由安全监管总局牵头的国务院深圳光明新区渣土受纳场"12·20"事故调查组，由安全监管总局局长杨焕宁担任组长，立即开展事故调查工作，依法依规严肃追责。2015 年 12 月 25 日，国务院深圳光明新区"12·20"滑坡灾害调查组经调查认定，此次滑坡灾害是一起受纳场渣土堆填体的滑动，不是山体滑坡，不属于自然地质灾害，是一起重大安全生产事故。

3. 结论

深圳市光明新区凤凰社区恒泰裕工业园发生的山体滑坡，垮塌体为人工堆土，原有山体没有滑动。人工堆土垮塌的地点属于淤泥渣土受纳场，主要堆放渣土和建筑垃圾。

事故的主要原因主要包括：①受纳场没有修建导排水系统，在严重超量、超高加载渣土的重力作用下，大量渣土沿南高北低的山势滑动，形成了破坏力巨大的高势能滑坡体；②渣场建设单位及使用单位没有实施预防滑坡的相应措施；③城管部门负责建筑废弃物受纳管理，在实施安全生产检查方面，没有对堆积场所及坝体的安全性进行定期的监督与监测措施。此次事故最终认证为重大安全生产事故。

在城市管理建设中要遵循以人为本和可持续发展两方面原则，以人为本是城市建设的出发点和落脚点，可持续发展是项目规划和实施必须考虑的决策前提。建筑垃圾不仅占有大量土地，还对土壤、水源、河道、植被等自然生态环境造成很大危害，发展人居环境安全保障技术，强化建筑垃圾减量化技术等综合利用尤为必要。深圳滑坡悲剧呼吁建立灾害预防机制，灾害前预防更为重要。针对垃圾或渣土堆积场所的坝体建立观测站（网）进行长期动态监测，掌握灾情的变化发展趋势，无论对环境保护还是人群生命安全都有重要意义。

13.4.5　新余仙女湖水污染事件的处置及教训

1. 仙女湖水源地出现镉污染

2016 年 4 月 5 日，江西省新余市水务集团在水质检测中发现江口水库（即仙女湖）水源地出现重金属镉浓度超标，单项指标达到劣五类水标准。当日下午，该市第三水厂关闭停产，近一半城市居民用水受到影响。镉是一种重金属，自然界中镉作为化合物存在于矿物质中，镉进入人体后通过血液到达全身。长期饮用受镉污染的河水，以及食用含镉稻米，致使镉在体内蓄积而中毒致病。镉进入人体，使人体骨骼中的钙大量流失，患者骨质疏松、骨骼萎缩、关节疼痛。镉污染可引起"痛痛病"。

2. 启动应急预案

新余市第三水厂水源异常事件发生后，新余市委、市政府立即启动Ⅳ级应急响应，及时向江西省委、省政府报告有关情况。市委、市政府主要领导 5 日晚上召开紧急会议，对应急处置工作进行部署，成立相关市领导任组长的排查调查组、水质处理组、维稳保障组、舆情宣传组 4 个工作组，迅速采取有效措施，全面排查污染源，保障居民用水安全。具体部署如下：①第三水厂停止供水，城区全部改由第四水厂供水；②在国家、省环保部门专家组指导下，对水质进行技术处理，确保第三水厂供水安全，同时密切关注水质变化；③调配 25 辆消防车，组织 230 余名机关单位党员干部到停水小区开展送水工作；④在新钢及附近片区增装加压泵，解决新钢片区及附近居民生活用水紧张问题；⑤紧急启动备用水源。

3. 重金属污染源的来源

袁河古称"芦水"，发源于武功山，东流宜春、新余、樟树注入赣江，为赣江水系。水质污染事件发生后，4月5日晚开始，新余市环境保护、国土、安监等部门迅速联动，在江西省环境保护厅专家组指导下，组织县区、乡镇、村组相关人员，利用环境监管网格化，对境内仙女湖上游袁河流域工业园区和企业、矿山、尾矿库、入湖口等开展拉网式排查，同时发动群众举报，仙女湖库区新布设了18个点位进行加密监测，仙女湖周边经排查均未发现镉污染源。后来将排查范围扩大到了袁河上游，4月6日晚，经过国家、省环保部门和地方政府、部门日夜地毯式的排查，发现袁河上游段一企业（宜春中安实业有限公司）排污口正在向袁河下游排污。在袁河上游高家断面4月6日监测的镉含量为0.192mg/L，4月6日该企业停产，污染源切断后，4月7日监测的镉含量为0.0017mg/L。经省环境保护厅检测，该厂排污口水中镉浓度超过排放标准，随即控制企业法人代表。

宜春中安实业有限公司2014年8月20日注册成立，该企业位于宜春市袁州区彬江镇彬江村与新余市分宜县分宜镇角元村交界处，厂区占地约6亩，原注册经营项目为农业项目开发、有机肥生产、销售。2016年1～4月，该公司在没有申请改变经营范围、未取得危险物综合经营许可证、无环评审批手续、无有效污染治理设施的情况下，进行非法生产，以从湖南衡阳等地运来的危险废物为原料，生产铁渣、锌渣、氯化钾、硫酸钾和海绵铟等产品，产生含有镉、镍重金属的废液。该企业属非法生产，经检测，该公司原料中含有大量的镉、砷、铊等有害重金属，为了规避监管，其私设约2.5km排污管，多次未经任何处理直接将含有镉、镍重金属的废液违规排放。该厂外排口水中镉浓度4655mg/L，超过标准46550倍。该公司生产时间、排放污染物种类与仙女湖受污染的时间、污染物种类相吻合，且企业污染物排放量与湖区污染物总量基本相符，可以确定该企业是造成仙女湖污染的污染源。环保部门已截断了该企业的排污管道，封存了生产设备、原料和厂房，企业相关责任人被宜春市袁州区检察院以涉嫌污染环境罪批准逮捕。

4. 供水调度与新水源的寻找

污染事故发生后，第三水厂紧急停产，新余水务集团采取应急措施，打开所有管网阀门，将第四水厂水引入原先第三水厂供水区域，并紧急新建一个功率为75kW的临时应急管道加压泵，实现供水从城东到城西的紧急调度。虽然自4月5日起第四水厂就实现了满负荷供水，但因设计能力不足，城区日供水量仍有2万t的缺口。为弥补这一缺口，市委市政府高度重视，对应急处置工作进行紧急部署，组织消防车开展应急送水行动，缓解市民用水之急。新余市第四水厂满负荷供水，由原来的日供水8万t提高至15万t，不过依然有市民无法正常用水，有数万吨的用水缺口。新余组织数百名党员干部到停水的小区送水，共有25辆消防车、100余名指战员在外送水，新余市志愿服务中心组织了21支志愿服务队到社区送水。

在保障城区居民安全用水的同时，市委、市政府积极准备，紧急启动备用水源。在经技术比较江口水库、九龙湾库区和界水江水源后，最终确定界水江为应急备用水源，在河下镇龙伏村境内界水江段建取水泵站，向第三水厂供水。4月9日，新余市水务集团在界水河紧急施工，铺设取水管道，安装临时泵闸，泵站建成以后每天可以取水 3 万 t，加之第四水厂每天 15 万 t 的供水能力，能够满足新余市居民的正常生活用水。

谈及此次事件的教训，清华大学张晓健教授表示，首先要保护好水源地，防止污染；其次，要加强城市供水基础设施建设，提高应对突发污染事件的能力，自来水厂要有应对水源突发污染的能力。

5. 饮用水安全保障技术

仙女湖水源异常事件发生后，新余市政府领导蹲守在第三水厂，靠前指挥。清华大学环境学院突发环境污染事件应急处置专家张晓健教授不远千里赶到新余，这位成功开展多次水源突发性污染事故中的应急供水工作的、我国自己培养的第一名环境工程博士顾不上休息，马不停蹄赶到现场查看水源地，回到第三水厂实验室后反复对水样进行试验，对水体中镉元素含量超标问题全力进行技术处理。经过大量试验之后，张晓健和来自环境保护部应急中心、华东督查中心、华南环境科学研究所以及省环境保护厅的专家组、工作组负责人连夜商定应对技术方案，包括设备的改进、安装药品的采购、生产的调试和完善。开展了十几组试验，先后确定了应对的工艺和有关参数。经过反复试验和检测，很快验证了净水工艺的安全性。

张晓健及其助手每隔一个小时对处理过的水样进行检测，其中检测的指标多达 100 多项，涉及重金属的指标共 30 多项。水质稳定达标后才具备恢复供水条件，并不是一次检测达标就行，要至少连续 3 次达标才可以，除了出厂水要合格，管网水也要合格。我国对发生污染事故造成停水后恢复供水有一套严格的管理办法，必须全面、稳定达到生活饮用水标准。在两天 48 个小时的处置过程中，张晓健和他的助手待在第三水厂实验室，时刻关注着试验检测的数据，寸步不离，平均每天只睡两三个小时。

4 月 10 日 9:00，新的水质检测结果出来了，所有的指标都达标了。在接下来每隔一个小时的检测中，10:00、11:00、12:00 连续三次检测，各项指标均达标。环境专家当场给出结论：第三水厂现在具备恢复供水条件了！

水体经过处置达标后，到能够恢复供水还需要一段时间，要经过卫生部门的全面检测，持续稳定检测合格后，还要经过研判，然后才能恢复供水。4 月 11 日，新余市卫生和计划生育委员会发布公告：经过采取科学有效的应急处置工艺和治理措施，新余市疾控中心等检测机构连续检测，第三水厂出厂水污染物相关指标均符合国家生活饮用水卫生标准，新余市第三水厂恢复供水。

思 考 题

1. 熟悉洪水灾害的安全保障技术。

2. 了解自然灾害应急预案的制订方法。

3. 了解活性炭吸附在饮用水安全保障中的应用技术。

4. 论述天津滨海新区爆炸事故对环境的影响与控制措施。

参 考 文 献

北京建筑大学. 2015. 海绵城市建设技术指南——低影响开发雨水系统构建（试行）. 北京：中国建筑工业出版社.

柴发合，陈义珍，文毅，等. 2006. 区域大气污染物总量控制技术与示范研究. 环境科学研究，19（4）：163-171.

常晋娜，瞿建国. 2005. 水体重金属污染的生态效应及生物监测. 四川环境，24（4）：29-33.

常学秀，施晓东. 2001. 土壤重金属污染与食品安全. 环境科学导刊，20（z1）：21-24.

陈德基. 2008. 三峡工程水库诱发地震问题研究. 岩石力学与工程学报，9（8）：1513-1524.

陈姜，刘泽敏，李雪梅，等. 2014. 田湾河大发水电站"8.10"特大泥石流灾害案例分析. 云南水力发电，（B11）：10-11.

陈利顶，傅伯杰. 2000. 干扰的类型、特征及其生态学意义. 生态学报，（04）：581-586.

陈隆亨. 1981. 风蚀土壤的分类和制图问题. 土壤通报，（01）：30-31.

陈巧俊. 2014. 基于 CALPUFF 模型的漳州市大气环境容量研究. 环境科学与管理，9：6.

陈显利，徐野，李沈平，等. 2009. 加强我国供水安全保障能力建设的建议. 中国给水排水，25（14）：25-27.

戴慎志，曹凯. 2012. 我国城市防洪排涝对策研究. 现代城市研究，（1）：21-22.

杜晓军，高贤明，马克平. 2003. 生态系统退化程度诊断：生态恢复的基础与前提. 植物生态学报，27（5）：700-708.

樊霆，叶文玲，陈海燕，等. 2013. 农田土壤重金属污染状况及修复技术研究. 生态环境学报，（10）：1727-1736.

方精云，于贵瑞，任小波，等. 2015. 中国陆地生态系统固碳效应——中国科学院战略性先导科技专项"应对气候变化的碳收支认证及相关问题"之生态系统固碳任务群研究进展. 中国科学院院刊，（6）：848-857.

高丽萍. 2011. 固体废物污染与人体健康. 内蒙古石油化工，（9）：53-55.

谷清，李云生. 2004. 大气环境模式计算方法. 北京：气象出版社.

郭怀成，黄凯，刘永，等. 2007. 河岸带生态系统管理研究概念框架及其关键问题. 地理研究，26（4）：789-798.

郭然，王效科，欧阳志云，等. 2004. 中国土地沙漠化、水土流失和盐渍化的原因和驱动力：总体分析. 自然资源学报，19（1）：119-127.

郭毅，杨雅媚. 2014. 基于修正 A 值法估算西安市大气环境容量研究. 环境科学与管理，39（2）：69-71.

郭占荣，黄奕普. 2003. 海水入侵问题研究综述. 水文，23（3）：10-15.

国家海洋局《海洋污染及其防护》编写组. 2009. 海洋污染及其防护. 环境工程技术学报，（5）：44-45.

国家环境保护总局环境规划院. 2004. 城市大气环境容量核定技术报告编制大纲.

韩大勇，杨永兴，杨杨，等. 2012. 湿地退化研究进展. 生态学报，32（4）：1293-1307.

郝吉明. 2000. 大气污染控制工程. 北京：高等教育出版社.

贺为民，李智毅，刘敏，等. 2000. 应用灰色聚类法预测小浪底水库诱发地震最大震级. 华北地震科学，18（1）：26-30.

胡小贞，刘倩，李英杰. 2012. 滇池福保湾植被重建对底泥再悬浮及营养盐释放的控制. 中国环境科学，

32（7）：1288-1292.

黄凯，郭怀成，刘永，等.2007. 河岸带生态系统退化机制及其恢复研究进展. 应用生态学报，18（6）：1373-1382.

黄磊，郭占荣.2008. 中国沿海地区海水入侵机理及防治措施研究. 中国地质灾害与防治学报，19（2）：118-123.

黄奕龙，王仰麟.2007. 深圳市河流水质退化及其驱动机制研究. 中国农村水利水电，（7）：10-13.

蒋辉，罗国云.2011. 资源环境承载力研究的缘起与发展. 资源开发与市场，27（5）：453-456.

李春艳，邓玉林.2009. 我国流域生态系统退化研究进展. 生态学杂志，28（3）：535-541.

李大鹏.2009. 城市水社会循环中的水质安全保障. 环境科学学报，29（1）：50-53.

李德亮，刘宪斌.2015. 2005～2014 年中国主要海洋灾害的危害及防治对策. 海洋信息，（4）：37-42.

李东坡，武志杰，梁成华.2008. 土壤环境污染与农产品质量. 水土保持通报，28（4）：71-72.

李洪文，阴秀琦，杨湘奎.2006. 环境地质灾害与可持续发展. 黑龙江水专学报，33（1）：105-107.

李明，李雪铭. 2007. 基于遗传算法改进的 BP 神经网络在我国主要城市人居环境质量评价中的应用. 经济地理，（01）：99-103.

李明生，肖仲凯.2010. 石化行业排污口设置论证报告特点与对策. 黑龙江水利科技，38（02）：7-8.

李巧，陈彦林，周兴银，等.2008. 退化生态系统生态恢复评价与生物多样性. 西北林学院学报，23（4）：69-73.

李益敏.2010. 怒江峡谷人居环境适宜性评价及容量分析. 地域研究与开发，29（04）：135-139.

李英杰，胡小贞，金相灿，等.2010. 清洁底泥吹填技术及其在滇池福保湾的应用. 水处理技术，36（3）：123-127.

李煜蓉.2010. 土壤环境质量评价与污染预测实例研究. 长春：吉林大学硕士学位论文.

李云生.2005. 城市区域大气环境容量总量控制技术指南. 北京：中国环境科学出版社.

李云生，谷清，冯银厂.2005. 城市区域大气环境容量总量控制技术指南. 北京：中国环境科学出版社.

梁海燕，张谦元.2012. 我国土壤污染与食品安全问题探讨. 山东省农业管理干部学院学报，29（5）：42-43.

梁开明，章家恩，赵本良，等.2014. 河流生态护岸研究进展综述. 热带地理，34（1）：116-122.

凌大炯，章家恩，欧阳颖.2007. 酸雨对土壤生态系统影响的研究进展. 土壤，39（4）：514-521.

刘昌明，张永勇，王中根，等.2016. 维护良性水循环的城镇化 LID 模式：海绵城市规划方法与技术初步探讨. 自然资源学报，31（5）：719-731.

刘杜娟.2004. 中国沿海地区海水入侵现状与分析. 地质灾害与环境保护，15（1）：31-36.

刘国华，傅伯杰，陈利顶，等.2000. 中国生态退化的主要类型、特征及分布. 生态学报，20（1）：13-19.

刘国华，傅伯杰.2001. 全球气候变化对森林生态系统的影响. 自然资源学报，16（1）：71-78.

刘宁，刘士梦，李明.2014. 基于 BP 神经网络的调剖效果预测模型分析. 复杂油气藏，7（02）：51-53.

吕效谱，成海容，王祖武，等.2013. 中国大范围雾霾期间大气污染特征分析. 湖南科技大学学报（自然科学版），28（3）：104-110.

骆永明.2009. 中国土壤环境污染态势及预防、控制和修复策略. 环境污染与防治，31（12）：27-31.

马凤山，蔡祖煌，杨明华.1998. 海水入侵灾害与区域农业持续发展对策. 科学与社会，（4）：33-38.

马龙，宋士林，刘婷婷.2013. 潍坊北部沿海地区主要海洋灾害类型及防治探讨. 海洋开发与管理，30（3）：92-97.

马胜男，岳天祥.2006. 中国西部地区遥感数据生态多样性多尺度模拟. 地球信息科学学报，8（1）：97-102.

马胜男，岳天祥，吴世新.2006. 新疆阜康市景观多样性模拟对空间尺度的响应. 地理研究，25（2）：359-367.

马晓明，王东海，易志斌，等.2006. 城市大气污染物允许排放总量计算与分配方法研究. 北京大学学报

（自然科学版），42（2）：271-275.

念宇. 2010. 淡水生态系统退化机制与恢复研究. 上海：东华大学硕士学位论文.

宁淼，叶文虎. 2009. 我国淡水湖泊的水环境安全及其保障对策研究. 北京大学学报（自然科学版），45（5）：848-854.

牛恩宽，王孔伟，艾志雄. 2007. 水库诱发地震机理分析. 灾害与防治工程，（2）：65-70.

钱文婧，贺灿飞. 2011. 中国水资源利用效率区域差异及影响因素研究. 中国人口·资源与环境，21（2）：54-60.

饶静，许翔宇，纪晓婷. 2011. 我国农业面源污染现状、发生机制和对策研究. 农业经济问题，（8）：81-87.

任海，杜卫兵，王俊，等. 2007. 鹤山退化草坡生态系统的自然恢复. 生态学报，27（9）：3593-3600.

任海，李志安，申卫军，等. 2006. 中国南方热带森林恢复过程中生物多样性与生态系统功能的变化. 中国科学，36（6）：563-569.

沈文娟，蒋超群，侍昊，等. 2014. 土壤重金属污染遥感监测研究进展. 遥感信息，（6）：112-117.

史红香，王毓军，胡筱敏. 2006. 城市大气污染物总量测试研究. 环境保护科学，23（1）：11-14.

宋伟，陈百明，刘琳. 2013. 中国耕地土壤重金属污染概况. 水土保持研究，20（2）：293-298.

宋玉芳，周启星，宋雪英，等. 2002. 土壤环境污染的生态毒理学诊断方法研究进展. 生态科学，21（2）：182-186.

苏锦星. 1997. 模糊聚类分析及其在水库诱发地震研究中的应用. 水利水电技术，（6）：18-23.

苏玉明，贾一英，郭澄平. 2016. 水安全与水安全保障管理体系探讨. 中国水利，（8）：12-14.

孙鹏轩. 2012. 土壤重金属污染修复技术及其研究进展. 环境保护与循环经济，（11）：48-51.

唐家琪. 2005. 自然疫源性疾病. 北京：科学出版社.

王宝民，刘辉志，王新生，等. 2004. 基于单纯形优化方法的大气污染物总量控制模型. 气候与环境研究，9（3）：520-526.

王德辉，匡耀求，黄宁生，等. 2008. 广东省县域人居环境适宜性初步评价. 2008中国可持续发展论坛论文集（2）. 中国可持续发展研究会：4.

王帆. 2012. 基于GIS技术的资源与环境承载力研究. 太原：太原理工大学硕士学位论文.

王海云，王军. 2006. 农业面源对水环境污染及防治对策. 环境科学与技术，29（4）：53-55.

王建平. 2013. 土壤污染灾害的致灾性三论——以“谁污染谁治理”原则失效为视角. 社会科学，（7）：92-102.

王建英，邢鹏远，袁海萍. 2012. 我国农业面源污染原因分析及防治对策. 现代农业科技，（11）：216-217.

王开运，邹春静，张桂莲，等. 2007. 生态承载力复合模型系统与应用. 北京：科学出版社.

王坤，尹彦勋. 2008. 浅谈固体废物对人体健康的影响. 环保前线，（1）：36-38.

王磊，张磊，段学军，等. 2011. 江苏省太湖流域产业结构的水环境污染效应. 生态学报，31（22）：6832-6844.

王宁，程林，林剑，等. 2003. 环境影响评价中空气污染物环境容量计算模式的研究. 地质地球化学，31（3）：43.

王世耆，诸叶平，蔡士悦. 1993. 土壤环境容量数学模型——I. 土壤污染动力学模型. 环境科学学报，（01）：51-58.

王维国，冯云. 2011. 基于因子分析法的中国城市人居环境现状综合评价及影响因素分析. 生态经济，（05）：174-177.

王玉军，刘存，周东美，等. 2014. 客观地看待我国耕地土壤环境质量的现状——关于《全国土壤污染状况调查公报》中有关问题的讨论和建议. 农业环境科学学报，33（8）：1465-1473.

文祯中. 2000. 环境容量的界定与调控. 家畜生态，21（4）：24-26.

吴丹洁，詹圣泽，李友华，等. 2016. 中国特色海绵城市的新兴趋势与实践研究. 中国软科学，（1）：79-97.

吴正. 1991. 浅议我国北方地区的沙漠化问题. 地理学报, (03): 266-276.

夏青. 2008. 资源型城市人居环境质量评价研究. 中国矿业, (10): 42-45.

徐鹤, 丁洁, 冯晓飞. 2010. 基于 ADMS-Urban 的城市区域大气环境容量测算与规划. 南开大学学报: 自然科学版, (4): 67-72.

许木启, 黄玉瑶. 1998. 受损水域生态系统恢复与重建研究. 生态学报, (05): 101-112.

薛文博, 付飞, 王金南, 等. 2014. 基于全国城市 PM2.5 达标约束的大气环境容量模拟. 中国环境科学, (10): 2490-2496.

杨善谋. 2010. 铜陵金属矿集区土壤中 Cu、Cd 元素污染评价及其缓变型地球化学灾害研究. 合肥: 合肥工业大学硕士学位论文.

杨玉盛, 何宗明, 邱仁辉, 等. 1999. 严重退化生态系统不同恢复和重建措施的植物多样性与地力差异研究. 生态学报, 19 (4): 490-494.

杨正亮, 冯贵颖, 呼世斌, 等. 2005. 水体重金属污染研究现状及治理技术. 干旱地区农业研究, 23 (1): 219-222.

杨子生. 2001. 论水土流失与土壤侵蚀及其有关概念的界定. 山地学报, (05): 436-445.

余作岳, 彭少麟. 1997. 热带亚热带退化生态系统植被恢复生态学研究. 广州: 广东科技出版社.

俞孔坚, 李迪华, 袁弘, 等. 2015. "海绵城市" 理论与实践. 城市规划, 39 (6): 26-36.

岳文泽, 张亮. 2014. 基于空间一致性的城市规划实施评价研究——以杭州市为例. 经济地理, 34 (8): 47-53.

张虹. 2005. 区域大气环境总量控制模型研究及应用. 中国科技信息, (6): 116-121.

张军. 2011. 基于修正 A 值法的西安市大气环境容量估算. 干旱区资源与环境, 25 (1): 127-129.

张巧显, 柯兵, 刘昕, 等. 2010. 中国西部地区生态环境演变及可持续发展. 农业科学与技术 (英文版), 11 (1): 176-181.

张小斌, 李新. 2013. 我国水环境安全研究进展. 安全与环境工程, 20 (1): 122-125.

张新钰, 辛宝东, 王晓红, 等. 2011. 我国地下水污染研究进展. 地球与环境, 39 (3): 415-422.

张远, 樊瑞莉. 2009. 土壤污染对食品安全的影响及其防治. 中国食物与营养, (3): 10-13.

章家恩, 骆世明. 2004. 农业生态系统健康的基本内涵及其评价指标. 应用生态学报, 15 (8): 1473-1476.

章家恩, 徐琪. 1999a. 恢复生态学研究的一些基本问题探讨. 应用生态学报, (01): 111-115.

章家恩, 徐琪. 1999b. 退化生态系统的诊断特征及其评价指标体系. 长江流域资源与环境, 8 (2): 215-220.

章家恩, 徐琪. 2003. 生态系统退化的动力学解释及其定量表达探讨. 地理科学进展, (03): 151-159.

赵洪武. 2012. 浅析我国水资源现状与问题. 才智, (16): 284.

赵平, 彭少麟, 张经炜. 2000. 恢复生态学——退化生态系统生物多样性恢复的有效途径. 生态学杂志, 19 (1): 53-58.

赵首彩. 2012. 环境污染对人体健康的危害. 科技传播, 8: 97-98.

赵由才, 龙燕. 2003. 固体废物处理技术进展. 有色冶金设计与研究, (3): 10-14.

中国环境规划院. 2004. 应用多源模式核定重点城市大气环境容量技术验收细则. 北京: 气象出版社.

周道玮, 钟秀丽. 1996. 干扰生态理论的基本概念和扰动生态学理论框架. 东北师大学报 (自然科学版), (01): 90-96.

周建军, 周桔, 冯仁国. 2014. 我国土壤重金属污染现状及治理战略. 中国科学院院刊, (3): 315-320.

周劲松. 2005. 水环境安全评估体系研究. 中华环保联合会. 首届九寨天堂国际环境论坛论文集. 中华环保联合会: 6.

周侃, 蔺雪芹, 申玉铭, 等. 2011. 京郊新农村建设人居环境质量综合评价. 地理科学进展, 30 (03): 361-368.

周志田, 王海燕, 杨多贵. 2004. 中国适宜人居城市研究与评价. 中国人口·资源与环境, (01): 29-32.

朱震达，刘恕. 1984. 关于沙漠化的概念及其发展程度的判断. 中国沙漠，（03）：6-12.

Barot S，Yé L，Abbadie L，et al. 2017. Ecosystem services must tackle anthropized ecosystems and ecological engineering. Ecological Engineering，99：486-495.

Li X，Liu X，Li J，et al. 2013. Factor analysis of earthquake-induced geological disasters of the M 7. 0 Lushan earthquake in China. Geodesy and Geodynamics，4（2）：22-29.

Li Y，Wu S H，Hou J，et al. 2017. Progress and prospects of reservoir development geology. Petroleum Exploration and Development，44（4）：603-614.

Núñez-Delgado A，Álvarez-Rodríguez E，Fernández-Sanjurjo M J，et al. 2015. Perspectives on the use of by-products to treat soil and water pollution. Microporous and Mesoporous Materials，210：199-201.

Platt R B. 1997. Conference summary//Carins Jr J，Dickson K L，Herricks E E. Recovery and restoration of damaged ecosystems. Charlottesivlle：University Press of Virginia：526-531.

Shang D，Hu M，Guo Q，et al. 2017. Effects of continental anthropogenic sources on organic aerosols in the coastal atmosphere of East China. Environmental Pollution，229：350.

Song C，Wu L，Xie Y，et al. 2017. Air pollution in China：Status and spatiotemporal variations. Environmental Pollution，227：334.

Sutton P C，Anderson S J，Costanza R，et al. 2016. The ecological economics of land degradation：Impacts on ecosystem service values. Ecological Economics，129：182-192.

Wang Q，Yang Z. 2016. Industrial water pollution，water environment treatment，and health risks in China. Environmental Pollution，218：358.

Zarch M A A，Sivakumar B，Malekinezhad H，et al. 2017. Future aridity under conditions of global climate change. Journal of Hydrology，554：451-469.

Zhang Y X，Chao Q C，Zheng Q H，et al. 2017. The withdrawal of the U. S. from the Paris Agreement and its impact on global climate change governance. Advances in Climate Change Research. https：//doi.org/10. 1016/j.accre.2017.08.005